（2017年版）

国家电网公司输变电工程

通用设计

330～750kV变电站分册

国家电网公司　颁布

中国电力出版社
CHINA ELECTRIC POWER PRESS

内容提要

《国家电网公司输变电工程通用设计》是国家电网公司标准化成果的重要组成部分，对统一建设标准、保证工程质量、提高设计效率具有重大意义。

本书为《国家电网公司输变电工程通用设计 330~750kV变电站分册（2017年版）》，分为总论、750kV变电站通用设计、500kV变电站通用设计、330kV变电站通用设计、330~750kV变电站通用设计方案说明及图纸五篇。其中，第一篇为总论，包括综述、设计依据、变电站通用设计主要技术原则、通用设计使用说明、通用设计技术方案组合五章内容；第二~四篇为330~750kV变电站通用设计，包括330~750kV变电站通用设计技术导则及其方案适用条件，还包括各方案的主要技术条件、基本模块划分和主要设计图纸；第五篇为330~750kV变电站通用设计方案说明及图纸，详见光盘。

本书可供电力系统从事电力工程规划、设计、施工、安装、生产运行等专业技术人员和管理人员使用，也可供大专院校有关专业的师生参考。

图书在版编目（CIP）数据

国家电网公司输变电工程通用设计：2017年版. 330~750kV变电站分册 / 国家电网公司颁布. —北京：中国电力出版社，2018.5
ISBN 978-7-5198-1551-6

Ⅰ.①国… Ⅱ.①国… Ⅲ.①输电–电力工程–工程设计–中国②变电所–电力工程–工程设计–中国
Ⅳ.①TM7②TM63

中国版本图书馆CIP数据核字（2017）第310432号

出版发行：中国电力出版社　　　　　　　　　　印　　刷：三河市百盛印装有限公司
地　　址：北京市东城区北京站西街19号　　　　版　　次：2018年5月第一版
邮政编码：100005　　　　　　　　　　　　　　印　　次：2018年5月北京第一次印刷
网　　址：http://www.cepp.sgcc.com.cn　　　　开　　本：880毫米×1230毫米　横16开本
责任编辑：翟巧珍（010-63412351）　罗　艳　高　芬　　印　　张：18.75
责任校对：太兴华　　　　　　　　　　　　　　字　　数：652千字
装帧设计：张俊霞　　　　　　　　　　　　　　印　　数：0001—1000册
责任印制：邹树群　　　　　　　　　　　　　　定　　价：880.00元（含1DVD）

《国家电网公司输变电工程通用设计　330～750kV变电站分册（2017年版）》工作组、编制人员名单

工 作 组

牵头单位　国家电网公司基建部

成员单位　国网经济技术研究院有限公司

　　　　　中国电力科学研究院有限公司

　　　　　国网北京市电力公司

　　　　　国网上海市电力有限公司

　　　　　国网江苏省电力有限公司

　　　　　国网浙江省电力有限公司

　　　　　国网陕西省电力公司

　　　　　国网甘肃省电力公司

　　　　　国网青海省电力公司

　　　　　国网新疆电力有限公司

总 论 编 制 人 员

葛兆军　白林杰　李锡成　丁燕生　张　强　郭艳霞　褚　农　胡君慧　王　静　吴克芬　陈志蓉　姚秦生

石改萍　王　晖　杨小光　马侠宁　巫怀军　方乙君　张　凯

序

　　电网是关系国计民生的重要基础设施。从党的十九大到二十大是"两个一百年"奋斗目标的历史交汇期，电力需求将保持持续增长。国家电网公司认真贯彻党中央、国务院决策部署，加快建设坚强智能电网，推动能源资源在更大范围实现优化配置，为经济社会发展提供安全、高效、清洁、可持续的电力供应。

　　变电站是坚强智能电网的重要组成部分，关系电网安全、质量和效益。大力推广变电站通用设计、通用设备、通用造价和标准工艺，是以标准化提升电网发展质量的重要举措；是发挥规模效应，提高电网安全水平和经济效益的有效措施；是大力实施集成创新，促进资源节约型、环境友好型社会建设的具体行动。2017年，国家电网公司组织有关研究机构、设计单位，在充分调研、科学比选、反复论证的基础上，编制完成了《国家电网公司输变电工程通用设计 330～750kV变电站分册（2017年版）》。

　　该书凝聚了我国电力系统广大专家学者和工程技术人员的心血和智慧，是国家电网公司推行标准化建设的又一重要成果。希望本书的出版和应用，能够提高我国输变电工程建设水平，促进电网又好又快发展，为建设坚强智能电网、服务经济社会发展做出积极贡献。

刘泽洪

2018年3月，北京

前　言

　　输变电工程通用设计是国家电网公司标准化建设成果的重要组成部分。为提高电网建设能力，深化标准化建设，2017 年，国家电网公司基建部组织国网经济技术研究院有限公司、中国电力科学研究院有限公司和相关设计单位，总结、吸收智能变电站技术创新和实践成果，编制完成《国家电网公司输变电工程通用设计　330～750kV 变电站分册（2017 年版）》。

　　《国家电网公司输变电工程通用设计　330～750kV 变电站分册（2017 年版）》主要包括变电站通用设计方案、通用设计技术导则：

　　一是在现行 330～750kV 变电站通用设计的基础上，结合工程建设需求和技术发展，对原有通用设计方案进行梳理、归并、细化、优化，形成国家电网公司层面统一的 31 个通用设计方案，包括 6 个 750kV、17 个 500kV、8 个 330kV 变电站通用设计方案。

　　二是针对 330～750kV 变电站技术特点，分别制订 750kV、500kV、330kV 变电站通用设计技术导则。

　　本书共分为五篇，第一篇为总论，第二篇～第四篇分别为 750、500、330kV 变电站通用设计，对通用设计技术导则、方案组合、适用条件、主要技术条件、基本模块划分等进行了详细说明；第五篇为 330～750kV 变电站通用设计方案说明及图纸，包括 6 个 750kV 变电站、17 个 500kV 变电站、8 个 330kV 变电站通用设计方案，以电子出版物形式附于书后。

　　由于编者水平有限，不妥之处在所难免，敬请读者批评指正。

编者

2018 年 3 月

目　录

第三篇 500kV变电站通用设计

第四篇　330kV变电站通用设计

第五篇　330~750kV变电站通用设计方案说明及图纸（见光盘）

国家电网公司
STATE GRID
CORPORATION OF CHINA

总　论

第1章　综　述

为继续深化基建标准化，进一步提高工程建设质量、效率、效益，2017年，国网基建部组织相关科研、设计单位在原有通用设计基础上全面修订、完善提升，研究编制了《国家电网公司输变电工程通用设计　330～750kV 变电站分册（2017 年版）》。

1.1　编制原则

按照"标准化设计、工业化生产、智能化技术、装配式建设、机械化施工"总体定位，坚持"安全可靠、设计优化、先进灵活、经济合理"原则，汲取模块化建设、设计竞赛、新技术研究等创新成果和工程实践经验，采用模块化设计方法、全寿命周期理念，深入调研、专题论证，努力做到技术方案可靠性、先进性、经济性、适用性、统一性和灵活性的协调统一。

1.2　成果内容

主要包括以下成果：

（1）750、500、330kV 共 3 个电压等级变电站通用设计技术导则。

（2）750、500、330kV 共 3 个电压等级、31 个变电站通用设计方案（包括设计说明、方案图纸、主要设备材料清册）。其中，750kV 共 6 个方案，包括户外 GIS 方案 2 个、半户内 GIS 方案 1 个、HGIS 方案 1 个、罐式断路器方案 2 个；500kV 共 17 个方案，包括户外 GIS 方案 4 个、全户内 GIS 方案 1 个、半户内 GIS 方案 1 个、HGIS 方案 6 个、柱式断路器方案 2 个、罐式断路器方案 3 个；330kV 共 8 个方案，包括户外 GIS 方案 2 个、全户内 GIS 方案 1 个、半户内 GIS 方案 1 个、HGIS 方案 2 个、柱式断路器方案 1 个、罐式断路器方案 1 个。

1.3　成果特点

（1）采用模块化思路、标准化设计，实现通用互换。采用模块化设计思路，对变电站按照功能区域划分基本模块，各基本模块统一技术标准、设计图纸，全面应用通用设备，实现模块、设备通用互换。

（2）结合 330～750kV 变电站技术特点，推广应用模块化建设，大幅提高工程建设效率。建（构）筑物增加预制装配式结构型式，因地制宜选用，减少现场"湿作业"。户外 110、220kV 配电装置采用预制舱式二次组合设备，最大限度实现工厂内规模生产、集成调试、标准配送。

（3）成果覆盖面广，满足公司系统工程建设需求。根据"十三五"电网规划和技术发展方向，精选、优选通用设计方案，覆盖不同变电站类型，最大程度实现国家电网公司层面统一、兼顾地区差异，满足国家电网公司系统 330～750kV 变电站建设需求。通用设计达到初步设计深度，有利于提升国家电网公司系统内设计、评审、建设单位专业水平。

（4）方案针对性强，满足不同环境条件和运行要求。针对高寒、日温差大、大气腐蚀性严重等特殊环境地区，增加 750、500、330kV 半户内 GIS 方案以及 750kV 户外 HGIS 等方案；对用地紧张、城市规划受限、噪声要求高等地区，增加 500、330kV 全户内 GIS 方案；适应继电保护更高要求，针对一个半断路器接线、柱式断路器方案，补充每串 6TA 模块。

（5）汲取最新设计创新成果，优化设计方案。除常规"一字形"HGIS 布置外，500kV HGIS 配电装置增加"半 C 形"HGIS 布置，330kV HGIS 配电装置增加"C 形"HGIS 布置，减少配电装置构架层数、层高，结构清晰、受力合理，安全可靠。

1.4 工作方式

国家电网公司基建部统一组织，国网经济技术研究院有限公司（简称国网经研院）为技术牵头单位，组织相关设计单位开展编制工作。750、330kV 变电站通用设计由中国电力工程顾问集团西北电力设计院有限公司（简称西北电力设计院）担任组长单位，中国能源建设集团甘肃省电力设计院有限公司（简称甘肃省电力设计院）、中国能源建设集团陕西省电力设计院有限公司（简称陕西省电力设计院）参加编写。500kV 变电站通用设计由中国能源建设集团江苏省电力设计院有限公司（简称江苏省电力设计院）担任组长单位，中国能源建设集团浙江省电力设计院（简称浙江省电力设计院）、中电工程顾问集团华东电力设计院有限公司（简称华东电力设计院）、北京电力经济技术研究院参加编写。

（1）统一组织、分工负责。由国家电网公司基建部统一组织，国网经研院为技术牵头单位，组织编制本通用设计技术导则、技术方案规划、技术方案评审和优化。

（2）广泛调研，征求意见。国家电网公司基建部统一组织，在现行变电站通用设计基础上，广泛调研应用需求，优化确定技术方案组合，并征求各省公司意见。

（3）严格把关、加强协调、控制进度、按期完成。由国家电网公司基建部组织协调工作内容和进度，国网经研院、电力规划设计总院、中国电力企业联合会电力建设技术经济咨询中心和相关设计单位的专家共同把关，保证设计成果质量。

1.5 工作过程

330～750kV 变电站通用设计工作分为需求调研确定技术方案组合、重点问题专题研究、编制设计技术导则、编制通用设计方案统稿四个阶段。

1.5.1 需求调研，确定技术方案组合

为充分了解电网工程建设现状、需求以及发展方向，2017 年 2 月，在国家电网公司所属系统内开展通用设计应用和需求情况调研。调研内容包括：2011～2016 年 330～750kV 变电站新建工程通用设计应用情况、2017～2020 年变电站新建工程规划情况及通用设计需求。

2017 年 3 月，根据调研情况提出技术方案组合建议，组织各省公司和设计单位以及专家进行研讨，明确各方案主要建设规模、接线型式、布置方式等主要技术条件，确定技术方案组合、工作内容和分工。

1.5.2 先行研究重点专题，为通用设计编制提供支撑

2017 年 3 月底，开展 750kV 变电站户外 HGIS 方案、户内 500kV 变电站等 6 项专题研究，为开展通用设计编制提供支撑。

1.5.3 编制完善技术导则，确保技术合理先进

2017 年 4 月初，由西北电力设计院、江苏省电力设计院分别牵头编制 750kV 和 330、500kV 变电站通用设计技术导则，确定变电站通用设计的设计对象、设计内容和各专业设计原则等，并于 7 月完成评审。

1.5.4 编制通用设计方案，形成通用设计成果

根据 330～750kV 变电站通用设计技术导则，各单位编制完成 31 个通用设计方案，国家电网公司基建部先后组织召开多次专家评审会，对通用设计方案进行审查，2017 年 10 月，对通用设计全部内容进行统稿，形成最终成果。

第2章 设计依据

2.1 设计依据性文件

国家电网公司基建部关于启动 330～750kV 变电站通用设计方案修编工作的相关通知和文件。

2.2 主要设计标准、规程规范

下列设计标准、规程规范中凡是注日期的引用文件，其随后所有的修改单（不包括勘误的内容）或修订版均不适用于本通用设计，然而，鼓励根据本标准达成协议的各方研究是否可使用这些文件的最新版本。凡是不注日期的引用文件，其最新版本适用于本通用设计。

GB 311.1—2012　绝缘配合　第1部分：定义、原则和规则

GB 311.2—2012　绝缘配合　第2部分：使用导则

GB 3096—2008　声环境质量标准

GB 11032—2010　交流无间隙金属氧化物避雷器

GB 12348—2008　工业企业厂界环境噪声排放标准

GB/T 14285—2006　继电保护和安全自动装置技术规程

GB/T 26218.1—2010　污秽条件下使用的高压绝缘子的选择和尺寸确定
第1部分：定义、信息和一般原则

GB/T 30155—2013　变电站技术导则

GB 50006—2010　厂房建筑模数协调标准

GB 50009—2012　建筑结构荷载规范

GB 50010—2010　混凝土结构设计规范

GB 50011—2010　建筑抗震设计规范

GB 50016—2014　建筑设计防火规范

GB 50017—2017　钢结构设计标准

GB/T 50064—2014　交流电气装置的过电压保护和绝缘配合设计规范

GB/T 50065—2011　交流电气装置的接地设计规范

GB 50116—2013　火灾自动报警系统设计规范

GB 50140—2005　建筑灭火器配置设计规范

GB 50217—2007　电力工程电缆设计规范

GB 50223—2008　建筑工程抗震设防分类标准

GB 50227—2017　并联电容器装置设计规范

GB 50229—2006　火力发电厂与变电站设计防火规范

GB 50260—2013　电力设施抗震设计规范

GB 50974—2014　消防给水及消火栓系统技术规范

GB/T 51071—2014　330kV～750kV 变电站设计规范

DL/T 448—2016　电能计量装置技术管理规程

DL/T 795—2016　电力系统数字调度交换机规范

DL/T 860.3～4—2004　变电站通信网络和系统

DL/T 1074—2007　电力用直流和交流一体化不间断电源设备

DL/T 1403—2015　变电站监控系统技术规范

DL/T 5003—2017　电力系统调度自动化设计技术规程

DL/T 5014—2010　330kV～750kV 变电站无功补偿装置设计技术规定

DL/T 5035—2004　发电厂供暖通风与空气调节设计规范

DL/T 5044—2014　电力工程直流系统设计技术规程

DL/T 5056—2007　变电站总布置设计技术规程

DL/T 5136—2012　火力发电厂、变电所二次接线设计技术规程

DL/T 5149—2001　220kV～500kV 变电所计算机监控系统设计技术规程

DL/T 5155—2016　220kV～1000kV 变电站站用电设计技术规程

DL/T 5218—2012　220kV～750kV 变电站设计技术规程

DL/T 5222—2005　导体和电器选择设计技术规定

DL/T 5352—2006　高压配电装置设计技术规程

DL/T 5390—2014　火力发电厂和变电站照明设计技术规定

DL/T 5457—2012　变电站建筑结构设计技术规程

DL/T 5496—2015　220kV～500kV 城市户内变电站设计规程

DL/T 5506—2015　电力系统继电保护设计技术规范

2.3 有关国家文件、企业标准及技术要求

Q/GDW 212—2008　电力系统无功补偿配置技术原则

Q/GDW Z 410—2010　高压设备智能化技术导则

Q/GDW 441—2010　变电站继电保护技术规范

Q/GDW 534—2010　变电设备在线监测系统技术导则

Q/GDW 576—2010　站用交直流一体化电源系统技术规范

Q/GDW 688—2012　变电站辅助控制系统技术规范

Q/GDW 1161—2013　线路保护及辅助装置标准化设计规范

Q/GDW 1166.9—2013　国家电网公司输变电工程初步设计内容深度规定

第9部分：330kV～750kV 变电站

Q/GDW 1175—2013　变压器、高压并联电抗器和母线保护及辅助装置标准化设计规范

Q/GDW 2484—2008　输变电工程建设标准强制性条文实施管理规程

Q/GDW 10394—2016　330kV～750kV 变电站设计规范

Q/GDW 11152—2014　变电站模块化建设技术导则

Q/GDW 11154—2014　变电站预制电缆技术规范

Q/GDW 11155—2014　变电站预制光缆技术规范

Q/GDW 11157—2014　预制舱式二次组合设备技术规范

国家电网基建〔2008〕603 号　关于印发《国家电网公司输变电工程抗震设计要点》的通知

国家电网基建〔2008〕964 号　关于进一步加强变电站电缆防火设计和建设工作的通知

国网电网生〔2009〕61 号　关于印发变电站安全技术防范系统配置指导意见的通知

调自〔2009〕146 号　关于印发国家电网公司调度数据网第二平面总体方案的通知

调自〔2009〕258 号　关于落实国家电网公司调度数据网扩充完善的通知

国家电网生〔2009〕1208 号　预防多雷地区变电站断路器等设备雷害事故技术措施

国家电网生〔2012〕352 号　关于印发《国家电网公司十八项电网重大反事故措施》（修订版）的通知

办基建〔2013〕3 号　国家电网公司办公厅关于印发变电站 110kV 保护测控装置集成和 110kV 合并单元智能终端装置集成技术要求的通知

调自〔2013〕185 号　国调中心关于印发变电站二次系统和设备有关技术研讨会纪要的通知

发改委 2014 第 14 号令　电力监控系统安全防护规定

联办技术〔2015〕1 号　国网联办关于印发变电站有关技术问题研讨会纪要的通知

联办技术〔2015〕2 号　国网联办关于印发变电站有关技术问题第二次研讨会纪要的通知

国家电网基建技术〔2015〕55 号　国网基建部关于发布 330～750kV 变电站通用设计二次系统修订版的通知

国家电网运检〔2015〕376 号　国家电网公司关于印发防止变电站全停十六项措施（试行）的通知

国家电网科〔2017〕549 号　国家电网公司关于印发电网设备技术标准差异条款统一意见的通知

基建技术〔2017〕99 号　国网基建部关于印发变电站机械化施工技术导则（试行）的通知

基建技术〔2018〕29 号　国网基建部关于发布输变电工程设计常见病清册（2018 年版）的通知

第3章　变电站通用设计主要技术原则

3.1　设计对象

330～750kV 变电站通用设计对象为国家电网公司层面统一的户内、户外变电站方案，不包括地下、半地下等特殊变电站。

3.2　运行管理模式

330～750kV 变电站运行管理方式按无人值班设计。

变电站一般设有主控通信楼（室）、配电装置楼（室）、继电器小室、站用电室、警卫室等建筑物；辅助及附属房间设值班室、办公室、会议室、资料

室、安全工具间、消防器具间、男女卫生间等。

偏远地区、维稳地区的变电站可根据前期规划要求及工程需要，适当增加附属用房；运维站可根据运检部门相关规定增设辅助用房。

3.3　设计范围

基本方案设计范围是变电站围墙以内，设计标高零米以上。受外部条件影响的项目，如系统通信、保护通道、进站道路、站外给排水、地基处理等不列入设计范围。

3.4　设计深度

变电站通用设计深度原则上按照 Q/GDW 1166.9—2013 有关内容开展工作。

3.5　假定站址环境条件

通用设计方案按照如下站址环境条件进行设计，实际工程中应根据具体环境条件进行校验，必要时进行修订。

（1）海拔：1000m 及以下。

（2）环境温度：-30～+40℃。

（3）最热月平均最高温度：35℃。

（4）覆冰厚度：10mm。

（5）设计风速：30m/s（50 年一遇 10m 高 10min 平均最大风速）。

（6）设计基本地震加速度：0.10g。

（7）地基：地基承载力特征值取 $f_{ak} = 150kPa$，地下水无影响，场地同一标高。

（8）采暖：500kV 按非采暖区设计，330、750kV 按采暖区设计。

（9）声环境：变电站噪声排放需满足国家法律和相关标准要求，实际工程应根据具体情况考虑。

3.6　电气部分

3.6.1　电气主接线

电气主接线应根据系统规划的要求，并结合调度部门的意见，按照规程规范，确定电气主接线方案。

750kV 采用一个半断路器接线。

500kV 采用一个半断路器接线或扩大内桥接线，500-A2-1 方案按照终端站设计，采用扩大内桥接线。在实际工程中，当变电站在系统中占重要地位时，也可采用一个半断路器接线。500-C-1、500-C-2 方案中 500kV 一个半断路器接线考虑了每串 3 组电流互感器（简称"3TA"）、每串 6 组电流互感器（即在断路器两侧布置电流互感器，简称"6TA"）两种接线。

330kV 采用一个半断路器接线、双母线或双母线分段接线，750-A1-1 方案 330kV GIS 采用了一个半断路器接线，其他方案 330kV GIS 采用了双母线分段接线。在实际工程中，应根据系统要求，经技术经济比较，确定接线型式。330-C-1 方案中 330kV 一个半断路器接线考虑了"3TA""6TA"两种接线。

220（110）kV 采用双母线或双母线分段接线。

66（35）kV 采用单元制接线，设总回路断路器。在实际工程中，根据运行需求确定是否设总回路断路器。

3.6.2　电气设备选择

主变压器一般 750kV 为单相、油浸式、无励磁调压、自耦、强迫油循环风冷型。500kV 为单相或三相、油浸式、无励磁调压、自耦、自然油循环风冷型或强迫油循环风冷型。330kV 为三相、油浸式、有载调压、自耦、自然油循环风冷型或强迫油循环风冷型。

750、500、330kV 并联电抗器采用单相、油浸、自冷型；中性点电抗选用油浸、自冷型。

750kV 开关设备采用 GIS、HGIS 或罐式断路器。500、330、220kV 开关设备采用 GIS、HGIS、柱式或罐式断路器。110kV 开关设备采用 GIS、HGIS 或柱式断路器。对用地紧张、高地震烈度、高海拔、高寒和污秽严重等地区，经技术经济论证，可采用 GIS、HGIS。66（35）kV 开关设备采用 GIS、柱式断路器、罐式断路器或开关柜，330kV 变电站 35kV 分支回路一般采用开关柜，总回路根据所接无功补偿装置容量确定设备型式。对高寒地区不能满足低温液化要求时，不应采用柱式断路器。

750、500、330kV 互感器采用常规互感器；220kV 及以下电压等级互感器宜采用常规互感器加合并单元模式。

66（35）kV 并联电容器一般采用组合框架式，串联电抗器一般采用干式空芯式；66（35）kV 并联电抗器一般采用干式空芯式。在土地资源稀缺、布置受限地区可采用集合式并联电容器和油浸式并联电抗器。

3.6.3 电气总平面布置

电气总平面应根据电气主接线和线路出线方向，合理布置各电压等级配电装置的位置，确保各电压等级线路出线顺畅，以避免同电压等级的线路交叉，尽量避免或减少不同电压等级的线路交叉。必要时，需对电气主接线做进一步调整和优化。电气总平面还应近、远期结合，以减少扩建工程量。配电装置应尽量不堵死扩建的可能。

各电压等级配电装置的布置位置应合理，并应因地制宜地采取必要措施，以减少变电站占地面积。

结合站址地质条件，可适当调整电气总平面的布置方位，以减少土石方工程量。

电气总平面的布置应考虑机械化施工的要求，满足电气设备的安装、试验、检修起吊、运行巡视以及气体回收装置所需的空间和通道。

3.6.4 配电装置

配电装置可分为户内 GIS、户外 GIS、户外 HGIS、户外常规敞开式配电装置。

根据站址环境条件和地质条件，对于人口密度高、土地昂贵地区；受外界条件限制、站址选择困难地区；复杂地质条件、高差较大地区；高地震烈度、高海拔、高寒和严重污染等特殊环境条件地区，宜采用 GIS、HGIS 配电装置。位于城市中心的变电站可采用户内 GIS 方案。对人口密度不高、土地资源相对丰富、站址环境条件较好地区，宜采用户外柱式或罐式断路器配电装置。

750kV 配电装置采用户内 GIS、户外 GIS、悬吊管型母线中型 HGIS、户外悬吊软母线中型罐式断路器配电装置。

500kV 配电装置采用户内 GIS、户外 GIS、悬吊管型母线中型 HGIS、悬吊管型母线中型柱式断路器、悬吊管型母线中型罐式断路器配电装置。500-B-5、500-B-6 方案，布置了常规一字形、半 C 形 500kV HGIS 两种方案，在实际工程中，根据站址条件，经技术经济比较，确定布置型式。

330kV 配电装置采用户内 GIS、户外 GIS、悬吊管型母线中型 HGIS、悬吊管型母线中型柱式断路器、悬吊管型母线或软母线中型罐式断路器配电装置。330-B-1 方案，布置了常规一字形、C 形 330kV HGIS 两种方案，在实际工程中，根据站址条件和出线方向，经技术经济比较，确定布置型式。

220kV 配电装置采用户内 GIS、户外 GIS、悬吊管型母线中型 HGIS、悬吊管型母线或支持管型母线中型柱式断路器、悬吊管型母线中型罐式断路器配电

装置。

110kV 配电装置采用户内 GIS、户外 GIS、支持管型母线中型 HGIS（含罐式封闭组合电器）、支持管型母线中型或软母线改进半高型柱式断路器配电装置。

66kV 配电装置采用户内 GIS、户外支持管型母线中型柱式断路器或罐式断路器配电装置。

35kV 配电装置采用户外支持管型母线中型柱式断路器配电装置、户内开关柜配电装置。

3.7 二次系统

330~750kV 变电站自动化系统设备配置和功能按无人值班要求开展设计。

3.7.1 组网方式

采用开放式分层分布式网络结构，通信规约统一采用 DL/T 860。

站控层网络宜采用双重化星形以太网络。站控层、间隔层设备通过两个独立的以太网控制器接入双重化站控层网络。

过程层网络应按电压等级配置。750、500、330kV 电压等级应配置 GOOSE 网络，宜采用星形双网结构；220、110kV 电压等级 GOOSE 网及 SV 网共网设置，220kV 采用星型双网结构，110kV 宜采用星形单网结构；66kV、35kV 不设置 GOOSE 和 SV 网络，GOOSE 报文和 SV 报文采用点对点方式传输。

3.7.2 采样跳闸方式

750、500、330kV 电压等级及主变压器各侧，保护、故障录波、测控、PMU、电能计量等各功能二次设备采用模拟量采样。

220、110kV 及以下电压等级，保护、故障录波、测控、电能计量等各功能二次设备采用合并单元采样。

保护、测控、故障录波等二次设备开关量输入、输出采用 GOOSE 方式，保护跳闸采用 GOOSE 点对点跳闸方式。

3.7.3 二次设备模块化设计原则

（1）户内变电站，各电压等级间隔层设备宜按间隔配置，分散布置于就地预制式智能控制柜内。

（2）户外变电站，750、500、330kV 电压等级及主变压器间隔内间隔层设备，相对集中布置于继电器小室内，过程层设备按间隔设置预制式智能控制

柜；220kV 电压等级设置预制舱式二次组合设备，过程层设备按间隔设置预制式智能控制柜。

（3）预制舱式二次组合设备内部可采用屏柜结构，也可采用机架式结构。预制舱式二次组合设备应根据变电站远期建设规模、总平面布置、配电装置型式等，就近分散布置于配电装置区空余场地。

（4）站控层设备模块、公用设备模块、通信设备模块与电源系统模块布置于主控楼二次设备室内。

（5）宜采用预制光缆和预制电缆实现一次设备与二次设备、二次设备间的光缆、电缆即插即用标准化连接。

（6）变电站高级应用应满足电网大运行、大检修的运行管理需求，采用模块化设计、分阶段实施。

3.7.4 二次设备布置

间隔层二次设备按串或间隔统筹组柜，每个间隔的测控、保护设备共同组柜，按相对集中、就地分散布置原则设置于相应的就地继电器小室和预制舱式二次组合设备中；智能终端、合并单元等过程层设备分散设置于相应的配电装置场地就地控制柜中。

（1）对于户外布置的变电站 330～750kV 配电装置宜按 2～4 串设置一个继电器小室，当配电装置采用 GIS 时，可相对集中布置，按 4～5 串设置一个继电器小室。

（2）110kV 及 220kV 宜在配电装置区域内设置预制舱式二次组合设备。

（3）在靠近主变压器和无功补偿装置处，可设置主变压器和无功补偿装置继电器室，也可与主控室二次设备或高压侧配电装置共用继电器小室。

（4）直流电源宜靠近负荷中心布置。

3.8 土建部分

3.8.1 总布置

变电站的总平面布置应根据生产工艺、运输、防火、防爆、保护和施工等方面的要求，按远期规模对站区的建（构）筑物、管线及道路进行统筹安排，工艺流畅。

3.8.2 建筑物

建筑物设有主控通信楼（室）、配电装置楼（室）、继电器小室、站用电室、警卫室、泡沫消防室、消防泵房等建筑物。

3.8.2.1 主要生产用房

主控通信楼（室）内生产用房设监控室、二次设备室、蓄电池室、通信蓄电池室（如单独设置）、35（10）kV 配电装置室。

配电装置楼（室）内主要生产用房设有主变压器室、散热器室、GIS 室、电抗器室、电抗器散热器室、电容器室、二次设备室、继电器小室、站用电室、监控室、35kV 配电装置室、蓄电池室、电缆层（户内）。

3.8.2.2 辅助用房

主控通信室内辅助及附属房间有办公室 1 间、会议室 1 间、资料室 1 间、安全工具室 1 间、消防器具室 1 间、值班室 2～3 间（330kV 变电站值班室 2 间）、机动用房 1 间、男女卫生间等。

配电装置楼（室）内辅助及附属房间有消防泵房、消防控制室、办公室 1 间、会议室 1 间、资料室 1 间、安全工具室 1 间、机动用房 1 间、值班室 2～3 间（330kV 变电站值班室 2 间）、男女卫生间等。

3.8.3 建筑结构

建筑物结构型式包括钢结构、钢筋混凝土结构、砌体结构。

综合考虑装配式建筑物材料供应条件、现场施工条件、环境气候等因素后，可因地制宜的选用装配式建筑结构型式。

通用设计技术方案组合表、主要技术条件表及基本模块划分表中建筑面积指标均按钢结构建筑面积计列。

3.8.4 暖通、水工、消防

暖通、水工及消防应遵循节能环保和智能控制的设计原则，并统一标准。

3.9 机械化施工

站区场平采用多种施工机具挖土、填土、土方压实、平整场地，道路采用车辆运输混凝土至施工现场后，运用施工机具进行压实路基、振捣、抹光等工序。

混凝土优先选用商品泵送混凝土，利用泵车输送到浇筑工位，直接入模。

构支架、装配式钢结构建筑物采用工厂化加工，运输至现场后采用机械吊装组装。构支架、建筑结构钢柱等柱脚宜采用地脚螺栓连接，柱底与基础之间的二次浇注混凝土采用专用灌浆工具进行施工作业。

采用吊车等机械化安装设备开展电气安装。电气布置设计结合安装地点的自然环境，综合考虑设备进场、安全电气距离等机械化施工作业因素，保证施工安全。

第4章 通用设计使用说明

4.1 适用范围

根据国家电网公司330~750kV变电站通用设计工作会议的要求，结合各省公司调研反馈，确定330~750kV变电站通用设计共31个方案，其中750kV变电站6个、500kV变电站17个、330kV变电站8个。设计应根据具体工程条件，从中选择适用的方案作为变电站本体设计。

通用设计范围是变电站围墙以内，设计标高零米以上，未包括受外部条件影响的项目，如系统通信、保护通道、进站道路、竖向布置、站外给排水、地基处理等。

4.2 方案分类和编号

4.2.1 方案分类

通用设计方案按照变电站高压侧断路器型式划分为四种类型，即 GIS、HGIS 断路器、柱式断路器、罐式断路器。每种类型包含若干基本方案，通用设计采用模块化设计思路，每个基本方案均由若干基本模块组成，具体工程可根据本期规模使用子模块进行调整。

基本方案：综合考虑电压等级、建设规模、无功补偿、电气主接线型式、配电装置型式等，按照 GIS、HGIS 断路器、柱式断路器、罐式断路器四种类型，每种类型进一步划分为若干基本方案（简称方案）。

基本模块：按照布置或功能分区将每个方案划分若干个基本模块。

子模块：在建设规模内增减1回出线、1台主变压器（包括各侧进线及其低压侧无功补偿）或1组无功补偿等。

4.2.2 方案编号

4.2.2.1 通用设计方案编号

方案编号由3个字段组成：变电站电压等级—分类号—方案序列号。

第一字段"变电站电压等级"，为330、500或750，330代表330kV变电站通用设计方案；500代表500kV变电站通用设计方案，750代表750kV变电站通用设计方案。

第二字段"分类号"，由 A、B、C、D 组成，其中：A 代表 GIS 方案，其中 A1 代表户外站，A2 代表全户内站，A3 代表半户内站；B 代表 HGIS 站，C 代表柱式断路器站，D 代表罐式断路器站。

第三字段"方案序列号"用1、2、3、…表示。

4.2.2.2 通用设计基本模块编号

基本模块编号由4个字段组成：变电站电压等级—分类号—方案序列号—模块代号。

第一字段~第三字段：含义同方案编号。

第四字段"模块代号"，由 750、500、330、220、110、66、35、PDL、ZKL、JDQ、YZC 等组成，其中：110~750 代表 110~750kV 配电装置区，35、66 代表主变压器和无功配电装置区，PDL 代表配电装置楼（室），ZKL 代表主控通信楼（室），JDQ 代表继电器小室，YZC 代表预制舱式二次组合设备。

例如，500kV 配电装置模块（500-A1-1-500）。

4.2.2.3 通用设计图纸编号

图纸编号由5个字段组成：变电站电压等级—分类号—方案序列号—所属专业代号—流水号。

第一字段~第三字段：含义同方案的编号。

第四字段"专业代号"，由 D1、D2、T 组成，其中：D1 代表电气一次；D2 代表系统二次；T 代表土建建筑、结构。

第五字段"流水号"，用 01、02、…表示。特殊图纸流水号后加 a、b、…区分。如同一方案编号的 6TA 和 3TA 图纸以及同一方案编号的一字形、C 形、半 C 形 HGIS、罐式半封闭组合电器有关图纸。

4.3 使用方法

4.3.1 方案选用

工程设计选用时，首先应根据工程条件在基本方案中直接选择适用的方案，工程初期规模与通用设计不一致时，可通过调整子模块的方式选取。

当无可直接适用的基本方案时，应因地制宜，分析基本方案后，从中找出适用的基本模块，按照通用设计同类型基本方案的设计原则，合理通过基本模块和子模块的拼接和调整，形成所需要的设计方案。

4.3.2 基本模块的拼接

模块的拼接中，道路中心线是模块拼接衔接线，应注意不同模块道路宽度，如有不同应按总布置要求进行调整。模块的拼接中，当以围墙为对接基准时，应注意对道路、主变压器引线、电缆沟位置的调整。拼接时可先对道路、围墙调整，然后再调整主变压器引线的挂点位置。如主变压器引线偏角过大而影响相间风偏安全距离；或影响导线对构架安全距离时，可将模块整体位移，然后调整主变压器引线的挂点位置，以获得最佳拼接效果。

4.3.3 初步设计的形成

确定变电站设计方案后，应再加入外围部分完成整体设计。实际工程初步设计阶段，对方案选择建议依据如下文件：

（1）国家相关的政策、法规和规章。

（2）工程设计有关的规程、规范。

（3）政府和上级有关部门批准、核准的文件。

（4）可行性研究报告及评审文件。

（5）设计合同或设计委托文件。

（6）城乡规划、建设用地、水土保持、环境保护、防震减灾、地质灾害、压覆矿产、文物保护、消防和劳动安全卫生等相关依据。

第5章 通用设计技术方案组合

本通用设计共 31 个方案，其中 750kV 变电站 6 个、500kV 变电站 17 个、330kV 变电站 8 个。设计应根据具体工程条件，从中选择适用的方案作为变电站本体设计。

5.1 750kV 变电站

750kV 变电站通用设计包括 6 个方案，其中户外 GIS 方案 2 个、半户内方案 1 个、HGIS 方案 1 个、罐式断路器方案 2 个。750kV 变电站通用设计技术方案组合见表 5.1-1。

表 5.1-1   **750kV 变电站通用设计技术方案组合表**

序号	通用设计方案编号	建设规模（本期/远期）	接线型式（本期/远期）	总布置及配电装置	围墙内占地面积（hm²）/总建筑面积（m²）
1	750-A1-1	主变压器：1/3×2100MVA（单相）；出线：750kV 4/9 回，330kV 4/17 回；750kV 高压并联电抗器：4/7 组；每台主变压器 66kV 侧无功：低压并联电容器 2/4 组，低压并联电抗器 2/4 组	750kV：一个半断路器接线，3 组主变压器全部进串；330kV：一个半断路器接线，3 组主变压器全部进串；66kV：单母线单元接线，设总回路断路器	750、330kV 及主变压器场地平行布置；750kV：户外 GIS；330kV：户外 GIS；66kV：户外支持管型母线中型布置、柱式断路器，配电装置一字形布置	8.5612/1498
2	750-A1-2	主变压器：2/3×1500MVA（单相）；出线：750kV 4/7 回，220kV 7/16 回；750kV 高压并联电抗器：4/7 组；每台主变压器 66kV 侧无功：低压并联电容器 2/4 组，低压并联电抗器 2/4 组	750kV：一个半断路器接线，3 组主变压器全部进串；220kV：本期双母线接线，远期双母线双分段接线；66kV：单母线单元接线，设总回路断路器	750、220kV 及主变压器场地平行布置；750kV：户外 GIS；220kV：户外悬吊管型母线中型布置、柱式断路器单列布置，主变压器构架与 220kV 母线平行布置；66kV：户外支持管型母线中型、柱式断路器，配电装置一字形布置	8.3145/1224

序号	通用设计方案编号	建设规模（本期/远期）	接线型式（本期/远期）	总布置及配电装置	围墙内占地面积（hm²）/总建筑面积（m²）
3	750-A3-1	主变压器：1/3×2100MVA（单相）；出线：750kV 4/10 回，330kV 4/18 回；750kV 高压并联电抗器：4/7；每台主变压器 66kV 侧无功：低压并联电容器 2/4 组，低压并联电抗器 2/4 组	750kV：一个半断路器接线，3 组主变压器全部进串；330kV：本期双母线双分段接线，远期双母线双分段接线；66kV：单母线单元接线，设双总回路断路器	750、330kV 及主变压器场地平行布置；750kV：户内 GIS，架空出线；330kV：户内 GIS，架空出线；66kV：户外支持管型母线中型布置、柱式断路器，配电装置一字形布置	10. 1610/20466
4	750-B-1	主变压器：1/3×2100MVA（单相）；出线：750kV 4/9 回，330kV 4/19 回；750kV 高压并联电抗器：无/4 组；每台主变压器 66kV 侧无功：低压并联电容器 2/4 组，低压并联电抗器 2/4 组	750kV：一个半断路器接线，3 组主变压器全部进串；330kV：一个半断路器接线，3 组主变压器全部进串；66kV：单母线单元接线，设双总回路断路器	750、330kV 及主变压器场地平行布置；750kV：户外悬吊管型母线中型、HGIS 三列布置，主变压器构架与 750kV 母线垂直布置；330kV：户外悬吊管型母线中型、HGIS 三列布置，主变压器构架与 330kV 母线平行布置；66kV：户外支持管型母线中型布置、柱式断路器，配电装置一字形布置	9. 1518/1645
5	750-D-1	主变压器：1/3×2100MVA（单相）；出线：750kV 4/11 回，330kV 4/17 回；750kV 高压并联电抗器：3/10；每组主变压器 66kV 侧无功：低压并联电容器 2/4 组，低压并联电抗器 2/4 组	750kV：一个半断路器接线，3 组主变压器全部进串；330kV：一个半断路器接线，3 组主变压器全部进串；66kV：单母线单元接线，设总回路断路器	750、330kV 及主变压器场地平行布置；750kV：户外软母线中型、罐式断路器三列布置，主变压器构架与 750kV 母线垂直布置；330kV：户外悬吊管型母线中型、罐式断路器三列布置，主变压器构架与 330kV 母线平行布置；66kV：户外支持管型母线中型布置、柱式断路器，配电装置一字形布置	15. 5550/1771
6	750-D-2	主变压器：2/3×1500MVA（单相）；出线：750kV 4/7 回，220kV 7/16 回；750kV 高压并联电抗器：2/4 组；每组主变压器 66kV 侧无功：低压并联电容器 2/4 组，低压并联电抗器 2/4 组	750kV：一个半断路器接线，3 组主变压器全部进串；220kV：本期双母线接线，远期双母线双分段接线；66kV：单母线单元接线，设总回路断路器	750、220kV 及主变压器场地平行布置；750kV：户外软母线中型、罐式断路器三列布置，主变压器构架与 750kV 母线垂直布置；220kV：户外悬吊管型母线中型布置、柱式断路器单列布置，主变压器构架与 220kV 母线平行布置；66kV：户外支持管型母线中型、柱式断路器，配电装置一字形布置	11. 5592/1285

5.2 500kV 变电站

500kV 变电站通用设计包括 17 个方案，其中户外 GIS 方案 4 个、全户内 GIS 方案 1 个、半户内方案 1 个、HGIS 方案 6 个、柱式断路器方案 2 个、罐式断路器方案 3 个。500kV 变电站通用设计技术方案组合见表 5.2-1。

表 5.2-1

500kV 变电站通用设计技术方案组合表

序号	通用设计方案编号	建设规模（本期/远期）	接线型式（本期/远期）	总布置及配电装置	围墙内占地面积（hm²）/总建筑面积（m²）
1	500-A1-1	主变压器：2/3×1000MVA（三相）； 出线：500kV 4/8 回，220kV 8/16 回； 500kV 高压并联电抗器：1/2 组；每台主变压器 35kV 侧无功：低压并联电容器 3/3 组，低压并联电抗器 2/2 组	500kV：一个半断路器接线，1 组主变压器经断路器直接接入母线； 220kV：本期双母线双分段接线，远期双母线双分段接线； 35kV：单母线单元接线，设总回路断路器	500、220kV 及主变压器场地平行布置； 500kV：户外 GIS，局部双层出线； 220kV：户外 GIS，局部双层出线； 35kV：户外支持管型母线中型布置、柱式断路器，配电装置一字形布置	2.7043/902
2	500-A1-2	主变压器：2/3×1000MVA（单相）； 出线：500kV 4/8 回，220kV 8/16 回； 500kV 高压并联电抗器：1/2 组；每台主变压器 35kV 侧无功：低压并联电容器 2/2 组，低压并联电抗器 2/2 组	500kV：一个半断路器接线，1 组主变压器经断路器直接接入母线； 220kV：本期双母线双分段接线，远期双母线双分段接线； 35kV：单母线单元接线，设总回路断路器	500、220kV 及主变压器场地平行布置； 500kV：户外 GIS； 220kV：户外 GIS； 35kV：户外支持管型母线中型布置、柱式断路器，配电装置一字形布置	3.1220/902
3	500-A1-3	主变压器：2/4×1000MVA（单相）； 出线：500kV 4/8 回，220kV 8/16 回； 500kV 高压并联电抗器：1/2 组；每台主变压器 35kV 侧无功：低压并联电容器 2/2 组，低压并联电抗器 2/2 组	500kV：一个半断路器接线，4 组主变压器全部进串； 220kV：本期双母线双分段接线，远期双母线双分段接线； 35kV：单母线单元接线，设总回路断路器	500、220kV 及主变压器场地平行布置； 500kV：户外 GIS； 220kV：户外 GIS； 35kV：户外支持管型母线中型布置、柱式断路器，配电装置一字形布置	3.5054/1033
4	500-A1-4	主变压器：2/4×1200MVA（单相）； 出线：500kV 4/8 回，220kV 8/16 回； 500kV 高压并联电抗器：1/2 组；每台主变压器 66kV 侧无功：低压并联电容器 4/4 组，低压并联电抗器 2/2 组	500kV：一个半断路器接线，4 组主变压器全部进串； 220kV：本期双母线双分段接线，远期双母线双分段接线； 66kV：单母线单元接线，设总回路断路器	500、220kV 及主变压器场地平行布置； 500kV：户外 GIS； 220kV：户外 GIS； 66kV：户外支持管型线中型布置、柱式断路器，配电装置一字形布置	3.9276/1066
5	500-A2-1	主变压器：2/3×1000MVA（单相）； 出线：500kV 2/3 回，220kV 8/16 回； 每台主变压器 66kV 侧无功：低压并联电容器 2/2 组，低压并联电抗器 3/3 组	500kV：扩大内桥接线； 220kV：本期双母线双分段接线，远期双母线双分段接线； 66kV：单母线单元接线，设置总回路断路器	全户内一幢楼布置； 一层布置主变压器，500、220、66kV GIS 配电装置，并联电抗器及二次设备等，二层布置并联电容器； 500kV：户内 GIS，电缆出线； 220kV：户内 GIS，电缆出线	1.3356/10420
6	500-A3-1	主变压器：2/4×1200MVA（单相）； 出线：500kV 4/8 回，220kV 8/16 回； 500kV 高压并联电抗器：1/2 组；每台主变压器 66kV 侧无功：低压并联电容器 4/4 组，低压并联电抗器 2/2 组	500kV：一个半断路器接线，4 组主变压器全部进串； 220kV：本期双母线双分段接线，远期双母线双分段接线； 66kV：单母线单元接线，设置总回路断路器	500、220kV 及主变压器场地平行布置； 500kV：户内 GIS，架空出线； 220kV：户内 GIS，架空出线； 主变压器、66kV 配电装置及无功设备户外布置，配电装置 T 字形布置	4.1446/6251

序号	通用设计方案编号	建设规模（本期/远期）	接线型式（本期/远期）	总布置及配电装置	围墙内占地面积（hm²）/总建筑面积（m²）
7	500-B-1	主变压器：2/3×1000MVA（三相）；出线：500kV 4/8 回，220kV 8/16 回；500kV 高压并联电抗器：1/2 组；每台主变压器 35kV 侧无功：低压并联电容器 3/3 组，低压并联电抗器 2/2 组	500kV：一个半断路器接线，1 组主变压器经断路器直接接入母线；220kV：本期双母线双分段接线，远期双母线双分段接线；35kV：单母线单元接线，设总回路断路器	500、220kV 及主变压器场地平行布置；500kV：户外悬吊管型母线中型、HGIS 三列布置，主变压器构架与 500kV 母线垂直；220kV：户外 GIS，局部双层出线；35kV：户外支持管型母线中型布置、柱式断路器，配电装置一字形布置	3.3625/963
8	500-B-2	主变压器：2/3×1000MVA（单相）；出线：500kV 4/8 回，220kV 8/16 回；500kV 高压并联电抗器：1/2 组；每台主变压器 35kV 侧无功：低压并联电容器 2/2 组，低压并联电抗器 2/2 组	500kV：一个半断路器接线，1 组主变压器经断路器直接接入母线；220kV：本期双母线双分段接线，远期双母线双分段接线式二次组合设备；35kV：单母线单元接线，设总回路断路器	500、220kV 及主变压器场地平行布置；500kV：户外悬吊管型母线中型、HGIS 三列布置，主变压器构架与 500kV 母线垂直；220kV：户外 GIS 局部双层出线；35kV：户外支持管型母线中型布置、柱式断路器，配电装置一字形布置	3.1007/963
9	500-B-3	主变压器：2/4×750MVA（单相）；出线：500kV 4/8 回，220kV 8/16 回；每台主变压器 35kV 侧无功：低压并联电容器 3/3 组，低压并联电抗器 2/2 组	500kV：一个半断路器接线，2 组主变压器经断路器直接接入母线；220kV：本期双母线双分段接线，远期双母线双分段接线；35kV：单母线单元接线，设总回路断路器	500、220kV 及主变压器场地平行布置；500kV：户外悬吊管型母线中型、HGIS 三列布置，主变压器构架与 500kV 母线垂直；220kV：户外 GIS；35kV：户外支持管型母线中型布置、柱式断路器，配电装置一字形布置	3.6932/963
10	500-B-4	主变压器：2/4×1200MVA（单相）；出线：500kV 4/8 回，220kV 8/16 回；每台主变压器 66kV 侧无功：低压并联电容器 4/4 组，低压并联电抗器 2/2 组	500kV：一个半断路器接线，4 组主变压器全部进串；220kV：本期双母线单分段接线，远期双母线双分段接线；66kV：单母线单元接线，设总回路断路器	500、220kV 及主变压器场地平行布置；500kV：户外悬吊管型母线中型、HGIS 三列布置，主变压器构架与 500kV 母线平行；220kV：户外悬吊管型母线中型、HGIS 双列布置；66kV：户外支持管型母线中型布置、柱式断路器，配电装置 T 字形布置	4.7221/963
11	500-B-5	主变压器：2/4×1000MVA（单相）；出线：500kV 4/8 回，220kV 8/16 回；500kV 高压并联电抗器：1/2 组；每台主变压器 35kV 侧无功：低压并联电容器 2/2 组，低压并联电抗器 2/2 组	500kV：一个半断路器接线，4 组主变压器全部进串；220kV：本期双母线双分段接线，远期双母线双分段接线；35kV：单母线单元接线，设总回路断路器	500、220kV 及主变压器场地平行布置；500kV：户外悬吊管型母线中型、HGIS 三列布置（一字形、半 C 形两个方案），主变压器构架与 500kV 母线平行；220kV：户外 GIS，两回出线共用一跨构架；35kV：户外支持管型母线中型布置、柱式断路器，配电装置一字形布置	3.6498/1017（一字形 HGIS 方案） 3.5177/1038（半 C 形 HGIS 方案）

序号	通用设计方案编号	建设规模（本期/远期）	接线型式（本期/远期）	总布置及配电装置	围墙内占地面积（hm²）/总建筑面积（m²）
12	500-B-6	主变压器：2/4×1200MVA（单相）； 出线：500kV 4/8 回，220kV 8/16 回； 500kV 高压并联电抗器：1/2 组；每台主变压器66kV侧无功：低压并联电容器4/4 组，低压并联电抗器2/2 组	500kV：一个半断路器接线，4 组主变压器全部进串； 220kV：本期双母线双分段接线，远期双母线双分段接线； 66kV：单母线单元接线，设总回路断路器	500、220kV 及主变压器场地平行布置； 500kV：户外悬吊管型母线中型、HGIS 三列布置（一字形、半 C 形两个方案），主变压器构架与500kV 母线平行； 220kV：户外 GIS，两回出线共用一跨构架； 66kV：户外支持管型母线中型布置、柱式断路器，配电装置 T 字形布置	4.0565/982（一字形 HGIS 方案） 3.9505/990（半 C 形 HGIS 方案）
13	500-C-1	主变压器：2/3×1000MVA（单相）； 出线：500kV 4/10 回，220kV 8/16 回； 500kV 高压并联电抗器：1/2 组；每台主变压器35kV侧无功：低压并联电容器2/2 组，低压并联电抗器2/2 组	500kV：一个半断路器接线（含 3TA、6TA 两种方案），1 组主变压器经断路器直接接入母线； 220kV：本期双母线单分段接线，远期双母线双分段接线； 35kV：单母线单元接线，设总回路断路器	500、220kV 及主变压器场地平行布置； 500kV：户外悬吊管型母线中型、柱式断路器三列布置，主变压器构架与500kV 母线垂直； 220kV：户外支持管型母线中型、柱式断路器双列布置，局部双层出线； 35kV：户外支持管型母线中型布置、柱式断路器，配电装置一字形布置	6.5995/1039（6TA 方案） 6.3145/1039（3TA 方案）
14	500-C-2	主变压器：2/4×1000MVA（单相）； 出线：500kV 4/10 回，220kV 8/16 回； 500kV 高压并联电抗器：1/2 组；每台主变压器35kV侧无功：低压并联电容器2/2 组，低压并联电抗器2/2 组	500kV：一个半断路器接线（含 3TA、6TA 两种方案），2 组主变压器经断路器直接接入母线； 220kV：本期双母线单分段接线，远期双母线双分段接线； 35kV：单母线单元接线，设总回路断路器	500、220kV 及主变压器场地平行布置； 500kV：户外悬吊管型母线中型、柱式断路器三列布置，主变压器构架与500kV 母线垂直； 220kV：户外支持管型母线中型、柱式断路器三列布置； 35kV：户外支持管型母线中型布置、柱式断路器，配电装置一字形装置	7.0820/1039（6TA 方案） 6.8217/1039（3TA 方案）
15	500-D-1	主变压器：1/2×1000MVA（单相）； 出线：500kV 4/10 回，220kV 6/12 回； 500kV 高压并联电抗器：1/2 组；每台主变压器66kV侧无功：低压并联电容器2/2 组，低压并联电抗器2/2 组	500kV：一个半断路器接线； 220kV：本期双母线接线，远期双母线单分段接线； 66kV：单母线接线，设总回路断路器	500、220kV 及主变压器场地平行布置； 500kV：户外悬吊管型母线中型、罐式断路器三列布置，主变压器构架与500kV 母线垂直； 220kV：户外悬吊母线中型、罐式断路器单列布置； 66kV：户外支持管型母线中型布置、罐式断路器，配电装置一字形布置	5.2963/1039
16	500-D-2	主变压器：2/3×1000MVA（单相）； 出线：500kV 4/10 回，220kV 6/12 回； 500kV 高压并联电抗器：1/2 组；每台主变压器66kV侧无功：低压并联电容器2/2 组，低压并联电抗器2/2 组	500kV：一个半断路器接线，1 组主变压器经断路器直接接入母线； 220kV：本期双母线接线，远期双母线双分段接线； 66kV：单母线接线，设总回路断路器	500、220kV 及主变压器场地平行布置； 500kV：户外悬吊管型母线中型、罐式断路器三列布置，主变压器构架与500kV 母线垂直； 220kV：户外悬吊母线中型、罐式断路器双列布置； 66kV：户外支持管型母线中型布置、罐式断路器，配电装置一字形布置	5.8387/1076

序号	通用设计方案编号	建设规模（本期/远期）	接线型式（本期/远期）	总布置及配电装置	围墙内占地面积（hm²）/总建筑面积（m²）
17	500-D-3	主变压器：2/4×1000MVA（单相）；出线：500kV 4/10 回，220kV 6/16 回；500kV 高压并联电抗器：1/2 组；每台主变压器66kV 侧无功：低压并联电容器 2/2 组，低压并联电抗器 2/2 组	500kV：一个半断路器接线，2 组主变压器经断路器直接接入母线；220kV：本期双母线接线，远期双母线双分段接线；66kV：单母线接线，设总回路断路器	500、220kV 及主变压器场地平行布置；500kV：户外悬吊管型母线中型、罐式断路器三列布置，主变压器构架与 500kV 母线垂直；220kV：户外悬吊母线中型、罐式断路器双列布置；66kV：户外支持管型母线中型布置、罐式断路器，配电装置一字形布置	6.6490/1039

5.3 330kV 变电站

330kV 变电站通用设计包括 8 个方案，其中户外 GIS 方案 2 个、全户内方案 1 个、半户内方案 1 个、HGIS 方案 2 个、柱式断路器方案 1 个、罐式断路器方案 1 个。330kV 变电站通用设计技术方案组合见表 5.3-1。

表 5.3-1　　　　　　　　　　　330kV 变电站通用设计技术方案组合表

序号	通用设计方案编号	建设规模（本期/远期）	接线型式（本期/远期）	总布置及配电装置	围墙内占地面积（hm²）/总建筑面积（m²）
1	330-A1-1	主变压器：2/3×240MVA（三相）；出线：330kV 4/8 回，110kV 8/16 回；330kV 高压并联电抗器：1/2 组；每台主变压器 35kV 侧无功：低压并联电容器 3/3 组，低压并联电抗器 1/1 组	330kV：本期双母线双分段接线，远期双母线双分段接线；110kV：本期双母线双分段接线，远期双母线双分段接线；35kV：单母线单元接线，设总回路断路器	330、110kV 及主变压器场地平行布置；330kV：户外 GIS；110kV：户外 GIS；35kV：户内开关柜单列布置	1.8177/1203
2	330-A1-2	主变压器：2/4×360MVA（三相）；出线：330kV 4/8 回，110kV 12/22 回；330kV 高压并联电抗器：1/2 组；每台主变压器 35kV 侧无功：低压并联电容器 3/3 组，低压并联电抗器 1/1 组	330kV：本期双母线双分段接线，远期双母线双分段接线；110kV：本期双母线双分段接线，远期双母线双分段接线；35kV：单母线单元接线，设总回路断路器	330、110kV 及主变压器场地平行布置；330kV：户外 GIS；110kV：户外 GIS；35kV：总回路柱式断路器，分支回路户内开关柜单列布置	2.0361/1321
3	330-A2-1	主变压器：2/4×360MVA（三相）；出线：330kV 4/8 回，110kV 10/22 回；每台主变压器 35kV 侧无功：低压并联电容器 2/2 组，低压并联电抗器 2/2 组	330kV：本期双母线双分段接线，远期双母线双分段接线；110kV：本期双母线双分段接线，远期双母线双分段接线；35kV：单母线单元接线，设总回路断路器	全户内一幢楼布置；一层布置主变压器、330kV GIS、110kV GIS、35kV 开关柜、35kV 并联电抗器；二层布置主变压器散热器、35kV 并联电容器、35kV 站用变压器及备用站用变压器、站用配电盘、蓄电池室及二次设备室；330、110kV 配电装置室下设电缆夹层；330kV：户内 GIS，电缆出线；110kV：户内 GIS，电缆出线；35kV：总回路柱式断路器户内布置，分支回路户内开关柜单列布置	0.8477/8384

序号	通用设计方案编号	建设规模（本期/远期）	接线型式（本期/远期）	总布置及配电装置	围墙内占地面积（hm²）/总建筑面积（m²）
4	330-A3-1	主变压器：2/3×360MVA（三相）； 出线：330kV 4/8 回，110kV 12/24 回； 330kV 高压并联电抗器：1/2 组；每台主变压器 35kV 侧无功：低压并联电容器 3/3 组，低压并联电抗器 1/1 组	330kV：本期双母线双分段接线，远期双母线双分段接线； 110kV：本期双母线双分段接线，远期双母线双分段接线； 35kV：单母线单元接线，设总回路断路器	330、110kV 及主变压器场地平行布置； 330kV：户内 GIS，架空出线； 110kV：户内 GIS，架空出线（局部双层出线）； 35kV：总回路柱式断路器，分支回路户内开关柜单列布置	2.4676/4263
5	330-B-1	主变压器：2/3×240MVA（三相）； 出线：330kV 4/8 回，110kV 8/16 回； 330kV 高压并联电抗器：1/2 组；每台主变压器 35kV 侧无功：低压并联电容器 3/3 组，低压并联电抗器 1/1 组	330kV：一个半断路器接线，1 台主变压器经断路器直接接入母线； 110kV：本期双母线双分段接线，远期双母线双分段接线； 35kV：单母线单元接线，设总回路断路器	330、110kV 及主变压器场地平行布置； 330kV：户外悬吊管型母线中型、HGIS 三列布置，主变压器构架与 330kV 母线平行； 110kV：户外 GIS； 35kV：户内开关柜单列布置	2.4002/1317
6	330-B-2	主变压器：2/3×240MVA（三相）； 出线：330kV 4/8 回，110kV 14/24 回； 330kV 高压并联电抗器：1/2 组；每台主变压器 35kV 侧无功：低压并联电容器 3/3 组，低压并联电抗器 1/1 组	330kV：一个半断路器接线，1 组主变压器经断路器直接接入母线； 110kV：本期双母线双分段接线，远期双母线双分段接线； 35kV：单母线单元接线，设总回路断路器	330、110kV 及主变压器场地平行布置； 330kV：户外悬吊管型母线中型、HGIS 三列布置（一字形、C 形两个方案），主变压器构架与 330kV 母线平行； 110kV：户外支持管型母线中型、HGIS（含罐式封闭组合电器）双列布置； 35kV：户内开关柜单列布置	2.6697/1184（一字形 HGIS 方案） 2.4308/1184（C 形 HGIS 方案）
7	330-C-1	主变压器：2/3×240MVA（三相）； 出线：330kV 4/8 回，110kV 6/16 回； 330kV 高压并联电抗器：1/2 组；每台主变压器 35kV 侧无功：低压并联电容器 3/3 组，低压并联电抗器 1/1 组	330kV：一个半断路器接线（含 3TA、6TA 两种方案），1 组主变压器经断路器直接接入母线； 110kV：本期双母线接线，远期双母线双分段接线； 35kV：单母线单元接线，设总回路断路器	330、110kV 及主变压器场地平行布置； 330kV：户外悬吊管型母线中型、柱式断路器三列布置，主变压器构架与 330kV 母线垂直； 110kV：户外支持管型母线中型、柱式断路器双列布置； 35kV：户外软母线中型布置、柱式断路器双列布置，配电装置一字形布置	3.5368/843（3TA 方案） 3.8489/843（6TA 方案）
8	330-D-1	主变压器：2/3×240MVA（三相）； 出线：330kV 4/8 回，110kV 6/16 回； 330kV 高压并联电抗器：1/2 组；每台主变压器 35kV 侧无功：低压并联电容器 3/3 组，低压并联电抗器 1/1 组	330kV：一个半断路器接线；1 组主变压器经断路器直接接入母线； 110kV：本期双母线接线，远期双母线单分段接线； 35kV：单母线单元接线，设总回路断路器	330、110kV 及主变压器场地平行布置； 330kV：户外软母线中型、罐式断路器三列布置，主变压器构架与 330kV 母线垂直布置； 110kV：户外软母线改进半高型、柱式断路器单列式布置； 35kV：户内开关柜单列布置	3.5349/1173

第二篇

750kV 变电站通用设计

第 6 章　750kV 变电站通用设计技术导则

6.1　概述

6.1.1　设计对象

750kV 变电站通用设计对象为国家电网公司层面统一的 750kV 半户内、户外变电站方案,不包括地下、半地下等特殊变电站。

6.1.2　设计范围

推荐方案设计范围是变电站围墙以内,设计标高零米以上。

受外部条件影响的项目,如系统通信、保护通道、进站道路、站外电源、站外给排水、地基处理等不列入设计范围。

6.1.3　运行管理方式

750kV 变电站运行管理方式按无人值班设计。

6.1.4　假定站址条件

(1) 海拔:1000m。

(2) 环境温度:−30～+40℃。

(3) 最热月平均最高温度:35℃。

(4) 覆冰厚度:10mm。

(5) 设计风速:30m/s(50 年一遇 10m 高 10min 平均最大风速)。

(6) 设计基本地震加速度:0.10g。

(7) 地基:地基承载力特征值取 $f_{ak}=150$kPa,地下水无影响,场地同一标高。

(8) 声环境:变电站噪声排放需满足国家法律和相关标准需求,实际工程应根据具体情况考虑。

6.1.5　模块化建设原则

电气一、二次集成设备最大程度实现工厂内规模生产、调试、模块化配送,减少现场安装、接线、调试工作,提高建设质量、效率。

监控、保护、通信等站内公用二次设备,宜按功能设置一体化监控模块、电源模块、通信模块等;间隔层设备宜按电压等级或按电气间隔设置模块,户外变电站宜采用模块化二次设备、预制舱式二次组合设备和预制式智能控制柜,半户内变电站宜采用模块化二次设备和预制式智能控制柜。

过程层智能终端、合并单元宜下放布置于智能控制柜,智能控制柜与 GIS 控制柜一体化设计。

一次设备与二次设备、二次设备间的光缆、电缆宜采用预制光缆和预制电缆实现即插即用标准化连接。

变电站高级应用应满足电网大运行、大检修的运行管理需求,采用模块化设计、分阶段实施。

建筑物采用钢筋混凝土结构或装配式钢结构,实现标准化设计。

6.1.6　编制说明

750kV 变电站通用设计部分按配电装置设备型式分为 A、B、D 三类,共 6

个方案。

（1）海拔：各方案均按照海拔 1000m 设计，海拔超过 1000m 时，设计方案应根据规程进行海拔修正。

（2）建筑物：变电站内主要建筑物的结构形式，可结合工程特点采用钢筋混凝土框架结构或装配式钢框架结构。

6.2 建设规模

主变压器台数本期为 1～2 组，远期 3 组，单组容量为 1500～2100MVA。

750kV 出线回路数远期为 7～11 回。

330（220）kV 出线回路数远期为 16～19 回。

2100MVA 和 1500MVA 主变压器按每组配置 8 组无功补偿装置考虑。电容器、电抗器单组容量 60、90、120Mvar。在不引起高次谐波谐振、有危害的谐波放大和电压变动过大的前提下，无功补偿装置宜加大分组容量和减少分组组数。

本通用设计按常用组合配置，在实际工程中，出线规模和无功配置应根据系统规划计算确定。

6.3 电气部分

6.3.1 电气主接线

变电站的电气主接线应根据变电站的规划容量，线路、变压器连接元件总数，设备特点等条件确定。结合"两型三新一化"（资源节约型、环境友好型，新技术、新材料、新工艺，工业化）要求，电气主接线应综合考虑供电可靠性、运行灵活、操作检修方便、节省投资、便于过渡或扩建等要求。实际工程中应根据出线规模、变电站在电网中的地位及负荷性质，确定电气接线，当满足运行要求时，宜选择简单接线。

6.3.1.1 750kV 电气接线

（1）当线路、变压器等连接元件数为 6 回及以上且变电站在系统中占重要地位时，宜采用一个半断路器接线。因系统潮流控制或因限制短路电流需要分片运行的情况下，可装设分段断路器。

（2）当线路、变压器等连接元件数总数不大于 6 个且 750kV 变电站为终端变电站时，750kV 配电装置宜采用线路—变压器组、桥形、单母线分段等接线形式。

（3）初期回路数较少时，宜采用断路器较少的简化接线，但在布置上应考虑过渡到最终接线方案。

（4）采用一个半断路器接线时，宜将电源回路与负荷回路配对成串，同名回路配置在不同串内，同名回路可接于同一侧母线。初期为 1～2 组主变压器，主变压器应全部进串；当主变压器组数超过 2 组时，其中 2 组主变压器进串，其他变压器可不进串，直接经断路器接入母线。

（5）当高压并联电抗器与线路需同投同退时，不设置隔离开关。实际工程中根据系统要求可设置隔离开关。

6.3.1.2 330kV 电气接线

（1）接线原则。

1）330kV 配电装置可采用一个半断路器接线或双母线接线，实际工程应结合技术经济比较结果确定。

2）因系统潮流控制或因短路电流需要分片运行时，可将母线分段。

3）采用一个半断路器接线时，宜将电源回路与负荷回路配对成串，同名回路配置在不同串内，同名回路可接于同一侧母线。初期为 1～2 组主变压器，主变压器应全部进串；当主变压器组数超过 2 组时，其中 2 组主变压器进串，其他变压器可不进串，直接经断路器接入母线。

4）初期回路数较少时，宜采用断路器较少的简化接线，但在布置上应考虑过渡到最终接线方案。

5）当高压并联电抗器与线路需同投同退时，不设置隔离开关。实际工程中根据系统要求可设置隔离开关。

（2）GIS 近远期过渡接线。为便于远期 GIS 的扩建和减少停电时间，可采取以下措施：

1）330kV 采用双母线接线时，当远期线路和变压器连接元件总数为 6～7 回时，可在一条母线上装设分段断路器；元件总数为 8 回及以上时，可在两条母线上装设分段断路器。当本期线路和变压器元件总数为 4 回及以上时，本期可按远期接线考虑，分段、母联、母线设备间隔一次上齐。

2）对布置于本期进出线之间的备用间隔，本期提前建设该间隔母线侧隔离开关，在母线扩建接口处预装可拆卸导体的独立隔室。当远期接线为双母线双分段时，建设过程中尽量避免采用双母线单分段接线。

（3）重要回路差异化设计。同一牵引站供电的两路电源如果取自同一变电站，应取自不同段母线。当任一路故障时，另一路应能正常供电。

6.3.1.3 220kV 电气接线

（1）220kV 采用双母线接线。当线路和变压器连接元件总数在 10～14 回时，在一条母线上装设分段断路器；元件总数为 15 回及以上时，在两条母线上装设分段断路器。为了限制 220kV 母线短路电流或者满足系统解列运行的要求，也可根据需要将母线分段。

（2）同一牵引站供电的两路电源若取自同一变电站，则应取自不同段母线。当任一路故障时，另一路应能正常供电。

6.3.1.4 66kV 电气接线

（1）66kV 采用单母线单元接线，本通用设计按装设总断路器考虑，具体工程根据运行需求确定。

（2）当 66kV 总回路电流超过 5000A 时，需采用双分支总断路器；否则可设置单分支总断路器。

（3）66kV 电压互感器配置隔离开关。

（4）66kV 并联电容器、电抗器能分组投切，投切断路器宜装在电源侧。

（5）并联电容器回路串联电抗器值，应限制谐波放大及限制合闸涌流，根据需要计算后确定。

6.3.1.5 主变压器中性点接地方式

主变压器中性点采用直接接地方式，预留远期加装中性点小电抗器条件，实际工程中应根据系统规划计算确定。同时，需结合系统条件考虑是否装设主变压器直流偏磁治理装置。

6.3.2 短路电流控制水平

750kV 电压等级：63kA。

330kV（220kV）电压等级：63kA。

66kV 电压等级：50kA。

在实际工程中，短路电流水平应根据系统情况计算后确定。

6.3.3 主要设备选择

（1）电气设备选型应从最新版《国家电网公司标准化建设成果（通用设计、通用设备）应用目录》中选择，并且须按照最新版《国家电网公司输变电工程通用设备》要求统一技术参数、电气接口、二次接口、土建接口。

（2）变电站内一次设备应综合考虑测量数字化、状态可视化、功能一体化和信息互动化；一次设备应采用"一次设备本体+智能组件"形式；与一次设备本体有安装配合的互感器、智能组件，应与一次设备本体采用一体化设计，优化安装结构，保证一次设备运行的可靠性及安全性。

（3）主变压器采用单相、油浸、无励磁调压、自耦、强迫油循环风冷型。

主变压器可通过集成于设备本体的传感器，配置相关的智能组件实现冷却装置、有载分接开关的智能控制。

（4）750kV 并联电抗器采用单相、油浸、自冷型，中性点电抗器选用油浸、自冷型。

（5）根据站址环境条件和地质条件，通过经济技术比较后确定开关设备型式。750、330（220）kV 开关设备采用 GIS、HGIS、柱式或罐式断路器。对用地紧张、高海拔、高地震烈度、污秽严重等地区，经技术经济论证，可采用 GIS、HGIS。

（6）66kV 开关设备采用 SF_6 柱式断路器。

（7）66kV 并联电容器采用组合框架式，串联电抗器采用干式空芯式；66kV 并联电抗器采用干式空芯式。在土地资源稀缺、布置受限地区可采用集合式并联电容器和油浸式并联电抗器。

（8）330kV 及以上电压等级互感器采用常规互感器；220kV 及以下电压等级互感器采用常规互感器加合并单元模式。

（9）电气设备抗震能力应满足 GB 50260—2013《电力设施抗震设计规范》的规定，高地震烈度地区应进行抗震设计。

（10）状态监测。

1）每台主变压器及高压并联电抗器配置 1 套油中溶解气体状态监测装置；变压器、高压并联电抗器本体预留局部放电监测接口。

2）220kV 以上电压等级每台避雷器配置 1 套传感器，监测泄漏电流、阻性电流、放电次数。

3）220kV 及以上电压等级 GIS 预留局部放电传感器及监测接口。

4）一次设备状态监测的传感器，其设计寿命应不少于被监测设备的使用寿命。

6.3.4 导体选择

母线载流量按最大穿越功率考虑，按发热条件校验。

出线回路的导体截面按最大工作电流考虑。

750、330（220）kV 导线截面应进行电晕校验及对无线电干扰校验。

主变压器 330（220）kV 侧导线载流量按不小于主变压器额定容量 1.05 倍计算，实际工程中可根据需要考虑承担另一台主变压器事故或检修时转移的负荷；330（220）kV 分段导线载流量按系统规划要求的最大通流容量考虑；母联导线载流量按最大一个元件考虑。

主变压器低压侧引线载流量和母线载流量，按变压器低压侧最大可能的无功容量和站用变压器容量计算。

6.3.5 避雷器设置

本通用设计按以下原则设置避雷器，实际工程避雷器设置根据雷电侵入波过电压计算确定。

（1）每组750kV主变压器三侧出口处各装设一组避雷器。

（2）GIS配电装置架空线路均装设避雷器，GIS母线一般不设避雷器。

（3）HGIS配电装置架空出线均装设避雷器。HGIS母线是否装设避雷器需根据计算确定。

（4）750、330kV罐式断路器配电装置每回架空线路入口处装设1组避雷器。罐式断路器方案母线是否装设避雷器需根据计算确定。

（5）本通用设计中，220kV柱式断路器配电装置架空线路入口处不装设避雷器，实际工程中避雷器的设置应根据GB/T 50064—2014和国家电网生〔2009〕1208号《关于印发〈预防多雷地区变电站断路器等设备雷害事故技术措施〉的通知》的规定和要求执行。

（6）对于有高压并联电抗器回路的出线，线路与高压并联电抗器按共用一组避雷器考虑。

6.3.6 电气总平面布置及配电装置

6.3.6.1 电气总平面布置

电气总平面应根据电气主接线和线路出线方向，合理布置各电压等级配电装置的位置，确保各电压等级线路出线顺畅，以避免同电压等级的线路交叉，同时避免或减少不同电压等级的线路交叉。必要时，需对电气主接线做进一步调整和优化。电气总平面还应本、远期结合，以减少扩建工程量。配电装置应尽量不堵死扩建的可能。

各电压等级配电装置的布置位置应合理，并因地制宜地采取必要措施，以减少变电站占地面积。

结合站址地质条件，可适当调整电气总平面的布置方位，以减少土石方工程量。

电气总平面的布置应考虑机械化施工的要求，满足电气设备的安装、试验、检修起吊、运行巡视以及气体回收装置所需的空间和通道。

6.3.6.2 配电装置

（1）配电装置总体布局原则。

1）配电装置布局应紧凑合理，主要电气设备、装配式建（构）筑物以及预制舱式二次组合设备的布置应便于安装、扩建、运维、检修及试验工作，并且需满足消防要求；

2）220kV户外配电装置的布置，应能适应预制舱式二次组合设备的下放布置，缩短一次设备与二次系统之间的距离；

3）户内配电装置应考虑其安装、试验、检修、起吊、运行巡视以及气体回收装置所需的空间和通道。

（2）根据站址环境条件和地质条件，对于人口密度高、土地昂贵地区；受外界条件限制、站址选择困难地区；复杂地址条件、高差较大的地区；高地震烈度、高海拔、高寒和严重污染等特殊环境条件地区宜采用GIS、HGIS配电装置。位于城市中心的变电站可采用户内GIS方案。对人口密度不高、土地资源相对丰富、站址环境条件较好地区，宜采用户外常规敞开式配电装置。

（3）750kV配电装置采用户内GIS、户外GIS、HGIS、罐式断路器配电装置；330kV配电装置采用户内GIS、户外GIS、HGIS、罐式断路器配电装置；220kV配电装置采用柱式断路器配电装置。66kV配电装置采用户外支持管型母线中型柱式断路器配电装置。750、330（220）kV配电装置具体布置参数及原则如下。

1）750kV配电装置。

a. 750kV户外GIS配电装置采用一字形布置方案，户外布置方案一般采用架空出线方式，半户内布置方案一般采用架空出线方式。

b. 为满足安装、运行、检修维护、实验要求，750kV半户内GIS配电装置室纵向跨度为28.5m，设备吊装采用20t行车（2部），配电装置室设备起吊净高参考值12.2m。

c. 750kV HGIS采用户外悬吊管型母线中型、HGIS断路器三列布置。对750kV HGIS设备配电装置，当采用一个半断路器接线时，完整串采用"3+0"方式，不完整串可采用"2+1"方式。

d. 750kV罐式断路器配电装置采用户外软母线中型、断路器三列布置。

e. 750kV户外配电装置布置尺寸一览表（海拔1000m）见表6.3-1。

表6.3-1　　750kV户外配电装置布置尺寸一览表（海拔1000m）　　（m）

构架尺寸	配 电 装 置		
	户外GIS	HGIS	罐式
出线间隔宽度	40	40.5	41.5

构架尺寸	配 电 装 置		
	户外 GIS	HGIS	罐式
出线挂点高度	31	41	41.5
出线挂点相间距离	11	11.25	11.75
出线相—构架柱中心距离	9.0	9.0	9.0
母线挂点高度	/	30	27
低架横穿进线挂点高度	/	/	31

2）330kV 配电装置。

a. 330kV 户外 GIS，出线构架采用单回出线专用一跨构架。

b. 330kV GIS 室跨度宜采用 14.5m，厂房高度按吊装元件考虑，最大起吊重量不大于 10t，配电装置室设备起吊净高参考值 9m。

c. 330kV HGIS 采用户外悬吊管型母线中型、HGIS 断路器三列布置，双层架空出线。对 330kV HGIS 配电装置，当采用一个半断路器接线时，完整串采用"3+0"方式，不完整串可采用"2+1"或"3+0"方式。

d. 330kV 罐式断路器配电装置采用户外悬吊管型母线中型、断路器三列布置。

e. 330kV 户外配电装置布置尺寸一览表（海拔 1000m）见表 6.3-2。

表 6.3-2　　　330kV 户外配电装置布置尺寸一览表（海拔 1000m）　　　（m）

构架尺寸	配 电 装 置		
	户外 GIS	HGIS	罐式
间隔宽度	18	20（无道路间隔）	20（无道路、无高架间隔）
出线挂点高度	18	20.5（下层出线）/ 30（上层出线）	18
出线挂点相间距离	5	5.6	5.6
出线相—构架柱中心距离	4	4.4	4.4
母线相间距离	/	4.5	4.5
母线挂点高度	/	15.7	15.7

构架尺寸	配 电 装 置		
	户外 GIS	HGIS	罐式
高架横跨进出线挂点高度	/	/	23.5（主变压器高架横跨进线挂点高度） 13（主变压器低穿斜拉进线挂点高度）

3）220kV 配电装置。

a. 220kV 户外柱式断路器配电装置采用悬吊管型母线中型布置。

b. 220kV 户外配电装置布置尺寸一览表（海拔 1000m）见表 6.3-3。

表 6.3-3　　　220kV 户外配电装置布置尺寸一览表（海拔 1000m）　　　（m）

构 架 尺 寸	配电装置：柱式
出线间隔宽度	13
出线挂点高度	15.5
出线相间距离	3.0
相—构架柱中心距离	3.5
母线相间距离	3.5
母线挂点高度	12

6.3.7 站用电

750kV 变电站最终站用电源有 3 个，即 2 个工作电源和 1 个备用电源。2 个工作电源分别从 2 组主变压器的低压侧母线上引接。站用备用电源优先考虑从站外可靠电源引接。如站址附近无可靠电源，可考虑采用高压并联电抗器抽能方式或者设置柴油发电机方式作为备用电源，实际工程经技术经济比较后确定。

本通用设计较为典型的站用变压器容量为 1250、1600kVA，实际工程需具体核算。

站用电低压系统应采用 TN-C-S，系统的中性点直接接地。系统额定电压 380/220V。站用电母线采用按工作变压器划分的单母线接线，相邻两段工作母线同时供电分列运行。两段工作母线间不应装设自动投入装置。

站用电源采用交直流一体化电源系统。

6.3.8　电缆

按照 GB 50217—2007《电力工程电缆设计规范》进行设计，并需符合 GB 50229—2006《火力发电厂与变电站设计防火规范》、DL 5027—2015《电力设备典型消防规程》有关要求。

6.3.8.1　电缆选型

−15℃以下低温环境，应按低温条件和绝缘类型要求，选用交联聚乙烯、聚乙烯绝缘、耐寒橡皮绝缘电缆。低温环境不宜选用聚氯乙烯绝缘电缆。除−15℃以下低温环境或药用化学液体浸泡场所，以及有毒难燃性要求的电缆挤塑外护层宜用聚乙烯外，其他可选用聚氯乙烯外护层。

变电站火灾自动报警系统的供电线路、消防联动控制线路应采用耐火铜芯电线电缆。其余线缆采用阻燃电缆，阻燃等级不低于 C 级。

6.3.8.2　电缆敷设通道规划

对于室内电缆敷设，二次设备室不宜设置电缆半层。若二次设备室位于建筑一层，可采用电缆沟作为屏柜电缆进出通道；若二次设备室位于建筑二层及以上，可采用架空活动地板层作为电缆通道，电缆或光缆数量较多时，还可视情况选择带电缆小支架的活动地板托架，以便于电缆规划路由和绑扎。

在满足线缆敷设容量要求的前提下，户外配电装置场地线缆敷设主通道可采用电缆沟或地面槽盒。

6.3.8.3　电缆防火

当电力电缆与控制电缆或通信电缆敷设在同一电缆沟或电缆隧道内时，宜采用防火隔板或防火槽盒进行分隔。

6.4　二次系统

6.4.1　系统继电保护及安全自动装置

6.4.1.1　750kV 线路保护

（1）750kV 每回线路按双重化配置完整的、独立的、能反应各种类型故障、具有选相功能的全线速动保护；每回线路按双重化配置远方跳闸保护；线路过电压及远跳就地判别功能应集成在线路保护装置中，主保护与后备保护、过电压保护及就地判别采用一体化保护装置实现。

（2）线路保护直接模拟量采样，直接 GOOSE 跳断路器；经 GOOSE 网络启动断路器失灵、重合闸；站内其他装置经 GOOSE 网络启动远跳。

（3）每套线路保护宜采用双通道。

6.4.1.2　330（220）kV 线路保护

（1）每回线路按双重化配置完整的、独立的、能反应各种类型故障、具有选相功能的全线速动保护。线路重合闸功能配置在线路保护中，应能实现单相、三相、综合及特殊重合闸方式。

（2）330kV 线路保护模拟量采样，直接 GOOSE 跳断路器；220kV 线路保护直接数字量采样或模拟量采样、直接 GOOSE 跳闸。跨间隔信息（启动母差失灵功能和母差保护动作远跳功能等）采用 GOOSE 网络传输方式。

（3）330kV 母线电压切换由电压切换装置实现。220kV 采用数字量采样时母线电压切换由合并单元实现，每套线路电流合并单元应根据收到的两组母线的电压量及线路隔离开关的位置信息，自动输出本间隔所在母线的电压。

（4）每套线路保护宜采用双通道。

6.4.1.3　母线保护

（1）一个半断路器接线的 750（330）kV 每段母线按远期规模双重化配置母线差动保护装置。母线保护直接模拟量采样，直接 GOOSE 跳断路器。相关设备（交换机）满足保护对可靠性和快速性的要求时，可经 GOOSE 网络跳闸。开入量经 GOOSE 网络传输。

（2）双母线接线的 330（220）kV 每组双母线按远期规模双重化配置母线差动保护装置，包括母线差动保护、母联充电和过电流保护、母联失灵及死区保护、断路器失灵保护等功能。330kV 母线保护直接模拟量采样，220kV 母线保护直接数字量采样或模拟量采样，直接 GOOSE 跳断路器。相关设备（交换机）满足保护对可靠性和快速性的要求时，可经 GOOSE 网络跳闸。开入量（启动失灵、隔离开关位置接点、母联断路器过电流保护启动失灵、主变压器保护动作解除电压闭锁等）采用 GOOSE 网络传输。

6.4.1.4　750（330）kV 断路器保护

（1）一个半断路器接线的断路器保护按断路器双重化配置，每套保护包含失灵保护及重合闸等功能。

（2）断路器保护直接模拟量采样、直接 GOOSE 跳闸；本断路器失灵时，经 GOOSE 网络跳相邻断路器。

（3）断路器保护采用保护、测控独立装置。

6.4.1.5　330（220）kV 母联（分段）保护

（1）330（220）kV 母联（分段）断路器按双重化配置专用的、具备瞬时和延时跳闸功能的过电流保护。

（2）330kV 母联（分段）保护模拟量采样、直接 GOOSE 跳闸，220kV 母联（分段）保护直接数字量采样或模拟量采样、直接 GOOSE 跳闸，启动母线失灵采用 GOOSE 网络传输。

（3）母联（分段）保护采用保护、测控独立装置。

6.4.1.6 故障录波系统

（1）全站故障录波装置宜按照电压等级配置，故障录波不跨小室配置。750、330kV 电压等级宜按每两串配置 1 台故障录波器，母线故障录波也可以独立设置；主变压器故障录波宜独立配置，每 2 台主变压器宜配置 1 台故障录波装置；220kV 宜按网络分别配置。

（2）主变压器和 750、330kV 电压等级故障录波装置的电流及电压采用模拟量采样，开关量通过网络方式接收 GOOSE 报文。主变压器和 750、330kV 电压等级每台故障录波装置录波量模拟式交流量宜为 96 路，开关量宜为 256 路。

（3）220kV 电压等级故障录波装置采用数字量采样或模拟量采样。数字量采样时，通过网络方式接收 SV 报文和 GOOSE 报文，故障录波装置每个百兆 SV 采样值接口接入合并单元数量不宜超过 5 台。220kV 电压等级每台故障录波装置录波交流量宜为 96 路，开关量宜为 256 路。

6.4.1.7 故障测距系统

（1）为了实现线路故障的精确定位，对于大于 80km 的长线路或路径地形复杂、巡检不便的线路，应配置专用故障测距装置；大于 50km 的 220kV 及以上的线路可配置故障测距装置。

（2）750、330kV 采用模拟量采样。

（3）行波测距装置 220kV 采样值采用点对点传输方式，数据采样频率应大于 500kHz。

6.4.1.8 系统安全稳定控制装置

系统安全稳定控制装置应根据接入后的系统稳定计算确定是否配置，若需配置，应遵循如下原则：

（1）安全稳定控制装置按双重化配置。

（2）要求快速跳闸的安全稳定控制装置应采用点对点直接 GOOSE 跳闸方式。

6.4.1.9 保护及故障信息管理子站系统

保护及故障信息管理子站系统不配置独立装置，其功能宜由站控层后台实现，站控层后台应实现保护及故障信息的直采直送。

6.4.2 系统调度自动化

（1）调度关系及远动信息传输原则。调度管理关系宜根据电力系统概况、调度管理范围划分原则和调度自动化系统现状确定。远动信息的传输原则宜根据调度管理关系确定。

（2）远动设备配置。远动通信设备应根据调度数据网情况进行配置，并优先采用专用装置、无硬盘型，采用专用操作系统。

（3）远动信息采集。远动信息采取"直采直送"原则，直接从变电站自动化系统的测控单元获取远动信息并向管辖调度端传送。

（4）远动信息传送。

1）远动通信设备应能实现与相关调控中心的数据通信，宜采用双平面电力调度数据网络方式的方式。网络通信满足 DL/T 634.5104—2009《远动设备及系统 第 5-104 部分：传输规约 采用标准传输协议集的 IEC 60870-5-101 网络访问》的要求。

2）远动信息内容应满足 DL/T 5003《电力系统调度自动化设计技术规程》、Q/GDW 678—2011《变电站一体化监控系统功能规范》、Q/GDW 679—2011《变电站一体化监控系统建设技术规范》、Q/GDW 11398—2015《变电站设备监控信息规范》和相关调度端、无人值班远方监控中心对变电站的监控要求。

（5）电能量计量系统。

1）全站配置一套电能量远方终端。全站电能表宜独立配置；66kV 电压等级也可采用保护测控一体化装置；关口计量点的电能表宜双重化配置，并满足电量结算相关规程的要求。

2）主变压器各侧及 750kV 电压等级电能表采用模拟量电缆接入；关口计量点电能表选择及互感器的配置应满足电能计量规程规范要求。

3）电能量远方终端以串口方式采集各电能量计量表计信息，并通过电力调度数据网与电能量主站通信。

（6）相量测量装置。相量测量装置应单套配置。750（330）kV 电压等级的相量测量装置采用模拟量采样。220kV 电压等级通过网络方式采集过程层 SV 数据或采用模拟量采样。

（7）调度数据网络及安全防护装置。

1）调度数据网应按双平面配置调度数据网络接入设备，含相应的调度数据网络交换机及路由器。

2）横向安全防护：安全Ⅰ区设备与安全Ⅱ区设备之间通信设置防火墙，变电站自动化系统与Ⅲ/Ⅳ区数据通信网关机之间设置正/反向隔离装置传送数据。

3）纵向安全防护：变电站自动化系统与远方调度（调控）中心设置纵向加密认证装置进行数据通信。

6.4.3 系统及站内通信

（1）光纤系统通信。光纤通信电路的设计，应结合通信网现状、工程实际业务需求以及各省级公司通信网规划进行。

1）光缆类型以 OPGW 为主，光缆纤芯类型宜采用 G.652 光纤。750kV 线路光缆纤芯数宜采用 24～48 芯。

2）宜随新建 750kV 电力线路建设光缆，750kV 变电站至相关调度单位应至少具备两条独立的光缆通道。

3）750kV 变电站应按调度关系及审定的地区通信网络规划要求建设相应的光传输系统。光传输系统的传输速率应满足本站各类业务需求及规划发展要求。

4）750kV 变电站应至少配置 2 套光传输设备，接入相应的光传输网。

5）PCM 设备根据业务接入需要配置并满足相关业务要求。

（2）站内通信。

1）750kV 变电站宜设置 1 台程控调度交换机，应至少具有 1 路公网通信电话。

2）配置 1 套综合数据通信网设备。综合数据通信网设备宜采用 2 条独立的上联链路与网络中就近的两个汇聚节点互联。

3）当通信电源独立配置时，应双套配置，采用高频开关模块型，$N+1$ 冗余配置；通信负荷宜按 4h 事故放电时间计算。

4）变电站通信设备宜与二次设备统一布置。

5）通信设备的环境监测功能由站内智能辅助控制系统统一考虑。

6.4.4 变电站自动化系统

6.4.4.1 监控范围及功能

变电站自动化系统设备配置和功能要求按无人值班设计，采用开放式分层分布式网络结构，通信规约统一采用 DL/T 860。监控范围及功能满足 Q/GDW 678—2011《变电站一体化监控系统功能规范》、Q/GDW 679—2011《变电站一体化监控系统建设技术规范》的要求。

系统软件：主机应采用 Linux 操作系统或同等的安全操作系统。

自动化系统实现对变电站可靠、合理、完善的监视、测量、控制、断路器合闸同期等功能，并具备遥测、遥信、遥调、遥控全部的远动功能和时钟同步功能，具有与调度通信中心交换信息的能力，具体功能宜包括信号采集、"五防"闭锁、顺序控制、源端维护、设备状态可视化、智能告警等功能。

6.4.4.2 系统网络

（1）站控层网络。站控层网络宜采用双重化星形以太网络。站控层、间隔层设备通过两个独立的以太网控制器接入双重化站控层网络。

（2）过程层网络。应按电压等级配置过程层网络。750、330kV 电压等级应配置 GOOSE 网络，网络宜采用星形双网结构。220kV 电压等级 GOOSE 网及 SV 网共网设置，网络宜采用星形双网结构。66（35）kV 不宜设置 GOOSE 和 SV 网络，GOOSE 报文和 SV 报文采用点对点方式传输。

（3）双重化配置的保护装置应分别接入各自 GOOSE 和 SV 网络，单套配置的测控装置宜通过独立的数据接口控制器接入双重化网络，对于 220kV 及以下电压等级相量测量装置、电能表等仅需接入过程层单网。

6.4.4.3 设备配置

（1）站控层设备配置。站控层设备按远期规模配置，由以下几部分组成：

1）监控主机双套配置，操作员站、工程师工作站与监控主机合并；

2）综合应用服务器宜单套配置；

3）Ⅰ、Ⅱ区数据通信网关机双套配置；

4）Ⅲ/Ⅳ区数据通信网关机单套配置；

5）设置 2 台网络打印机。

（2）间隔层设备配置。间隔层包括继电保护及安全自动装置、测控装置、故障录波装置、网络分析记录装置、相量测量装置、行波测距装置、电能计量装置等设备。

1）继电保护及安全自动装置、故障录波装置、相量测量装置、行波测距装置、电能计量装置等，具体配置详见相关章节。

2）测控装置。

a. 750（330）kV 断路器宜单套独立配置测控装置；双母线接线的 330（220）kV 电压等级宜按间隔单套独立配置测控装置。

b. 一个半断路器接线的 750（330）kV 线路测量功能，宜由边断路器测控装置实现，也可独立配置测控装置。

c. 66kV 电压等级宜采用保护测控一体化装置，也可采用保护、测控、计量集成装置。

d. 主变压器高压侧测量功能宜由边断路器测控装置实现，也可独立配置单套测控装置；主变压器中压侧采用一个半断路器接线时，中压侧测量功能宜由边断路器测控装置实现，也可独立配置单套测控装置；主变压器中压侧双母线接线时，中压侧测控装置宜单套独立配置；主变压器低压侧及本体测控装置宜单套独立配置；主变压器中压侧（220kV）测控宜采用数字化采样。

e. 750、330（220）、66kV 母线配置单套测控装置。750、330（220）、66kV 根据电压等级及设备布置情况配置公用测控装置。

f. 750kV 高压并联电抗器测控装置宜单套独立配置。

g. 保护装置除失电告警信号以硬接线方式接入测控装置，其余告警信号均以网络方式传输。

3）网络记录分析装置。全站统一配置 1 套网络记录分析装置，由网络记录单元、网络分析单元构成；网络记录分析装置通过网络方式接收 SV 报文和 GOOSE 报文。

网络记录单元宜按照网络配置，网络记录分析范围包括全站站控层网络及过程层网络，网络报文记录装置每个百兆 SV 采样值接口接入合并单元的数量不宜超过 5 台。

（3）过程层设备配置。

1）合并单元（采用数字量采样时）。

a. 220kV 线路、母联、分段间隔电流互感器合并单元按双重化配置。

b. 66kV 除主变压器间隔外，各间隔智能终端合并单元集成装置宜单套配置。

c. 主变压器 220kV 侧按双套配置合并单元用于 220kV 母线差动保护。

d. 220kV 双母线、双母单分段接线，母线按双重化配置 2 台合并单元；220kV 双母双分段接线，Ⅰ—Ⅱ母线、Ⅲ—Ⅳ母线按双重化各配置 2 台合并单元。

e. 220kV 线路、主变压器 220kV 侧的电流互感器和电压互感器宜共用合并单元。

f. 合并单元宜分散布置于配电装置场地智能控制柜内。

2）智能终端。

a. 750（330）kV 断路器智能终端按双重化配置，双母线分段接线的 330（220）kV 线路、母联、分段智能终端按双重化配置。

b. 66kV 断路器（主变压器低压侧除外）各间隔宜配置单套智能终端合并单元集成装置。

c. 750kV 变电站主变压器各侧智能终端宜冗余配置；主变压器本体智能终端宜单套配置，集成非电量保护功能。

d. 750、330、220、66kV 每段母线配置 1 套智能终端。

e. 智能终端宜分散布置于配电装置场地智能控制柜内。

3）智能控制柜。智能控制柜宜按间隔或断路器进行配置。对于 HGIS、GIS，智能控制柜与 HGIS、GIS 汇控柜应一体化设计。

（4）网络通信设备。

1）站控层网络交换机。站控层网络宜按二次设备室和按电压等级配置站控层交换机，站控层交换机电口、光口数量根据实际要求配置。

2）过程层网络交换机。

a. 一个半断路器接线，750、330kV 电压等级过程层 GOOSE 网交换机应按串配置，每串宜按双重化共配置 2 台 GOOSE 交换机。当 750kV 线线串并带线路高压并联电抗器接入量较多时，可按双重化配置 4 台 GOOSE 交换机。

b. 双母线接线的 330、220kV 电压等级，宜按间隔配置过程层交换机。

c. 主变压器高压侧相关设备接入高压侧所在串 GOOSE 网交换机；主变压器中压侧采用一个半断路器接线时，主变压器中压侧相关设备接入中压侧所在串 GOOSE 网交换机；中压侧采用双母线接线时，主变压器中压侧按间隔配置过程层网络交换机，交换机布置在主变压器保护柜上；主变压器低压侧可采用点对点方式接入相关设备或与中压侧共用交换机。

d. 66kV 电压等级不宜设置过程层交换机，SV 报文可采用点对点方式传输，GOOSE 报文可利用站控层网络传输。

e. 按电压等级双重化配置中心交换机，中心交换机可与母线差动保护柜共同组柜。

f. 每台交换机的光纤接入数量不宜超过 24 对，每个虚拟网均应预留 1～2 个备用端口。任意两台智能电子设备之间的数据传输路由不应超过 4 台交换机。

6.4.5 元件保护

（1）750kV 主变压器保护。

1）750kV 主变压器电量保护按双重化配置，每套保护包含完整的主、后备保护功能。

2）主变压器保护采用模拟量采样，直接 GOOSE 跳断路器；主变压器保护跳母联、分段断路器、启动失灵等可采用 GOOSE 网络传输；主变压器保护可通过 GOOSE 网络接收失灵保护跳闸命令，并实现失灵跳变压器各侧断路器。

3）非电量保护单套独立配置，宜与本体智能终端一体化设计，采用就地直接电缆跳闸，安装在变压器本体智能控制柜内；信息通过本体智能终端上送过程层 GOOSE 网。

（2）750kV 高压并联电抗器保护。

1）高压并联电抗器电量保护按双重化配置，每套保护包含完整的主、后备保护功能。

2）高压并联电抗器保护模拟量电缆直接采样，直接 GOOSE 跳断路器。

3）非电量保护单套独立配置，宜与本体智能终端一体化设计，采用就地直接电缆跳闸，安装在电抗器本体智能控制柜内；信息通过本体智能终端上送过程层 GOOSE 网。

（3）66（35）kV 间隔保护。宜按间隔单套配置，采用保护测控一体化装置。

6.4.6 直流系统及不间断电源

（1）系统组成。直流系统及不间断电源由直流电源、交流不间断电源（UPS）、逆变电源（INV，根据工程需要选用）、直流变换电源（DC/DC）及监控装置等组成。监控装置作为电源系统的集中监控管理单元。

通信蓄电池可独立配置，也可采用直流变换电源（DC/DC）。

系统中各电源通信规约应相互兼容，能够实现数据、信息共享。监控装置应通过以太网通信接口采用 DL/T 860 规约与变电站后台设备连接，实现对电源系统的监视及远程维护管理功能。

（2）直流电源。

1）直流系统电压。变电站操作电源额定电压采用 220V 或 110V，通信电源额定电压-48V。

2）蓄电池型式、容量及组数。

a. 直流系统应装设 2 组阀控式密封铅酸蓄电池。

b. 蓄电池容量宜按 2h 事故放电时间计算；对地理位置偏远的变电站，通信负荷宜按 4h 事故放电时间计算。

c. DC/DC 转换装置负荷系数为 0.8，合并单元、智能终端负荷系数参照变电站自动化系统。

3）充电装置台数及型式。直流系统采用高频开关充电装置，配置 3 套。

4）直流系统供电方式。直流系统宜采用辐射型供电方式。在负荷集中区设置直流分屏（柜）。

66（35）kV 及以下的保护、控制、合并单元智能终端宜由直流分电屏直接馈出，若馈电屏直流断路器不足，也可多间隔并接供电。当智能控制柜内设备为单套配置时，宜配置 1 路公共直流电源；当智能控制柜内设备为双重化配置时，应配置 2 路公共直流电源。智能控制柜内各装置采用独立的空气断路器。

（3）交流不停电电源系统。变电站宜配置一套双主机的交流不停电电源系统（UPS）。

（4）直流变换电源装置（DC/DC）。当通信电源与站内直流电源一体化建设时，宜配置 2 套直流变换电源装置，采用高频开关模块型、N+1 冗余配置。

（5）总监控装置。系统应配置 1 套总监控装置，作为直流电源及不间断电源系统的集中监控管理单元，应同时监控站用交流电源、直流电源、交流不间断电源（UPS）、逆变电源（INV）和直流变换电源（DC/DC）等设备。

6.4.7 全站时间同步系统

（1）宜配置 1 套公用的时间同步系统，主时钟应双重化配置，另配置扩展装置实现站内所有对时设备的软、硬对时。支持北斗系统和 GPS 系统单向标准授时信号，优先采用北斗系统，时间同步精度和守时精度满足站内所有设备的对时精度要求。扩展装置的数量应根据二次设备的布置及工程规模确定。该系统宜预留与地基时钟源接口。

（2）时间同步系统对时或同步范围包括变电站自动化系统站控层设备、保护装置、测控装置、故障录波装置、故障测距、相量测量装置、合并单元及站内其他智能设备等。

（3）站控层设备宜采用 SNTP 对时方式。间隔层、过程层设备宜采用 IRIG-B 对时方式，条件具备时也可采用 IEC 61588 网络对时。

6.4.8 一次设备状态监测系统

变电设备状态监测系统宜由传感器、状态监测 IED 构成，后台系统应按变电站对象配置，全站应共用统一的后台系统，功能由综合应用服务器实现。

6.4.9 智能辅助控制系统

全站配置 1 套智能辅助控制系统，包括智能辅助系统综合监控平台、图像监视及安全警卫子系统、火灾自动报警及消防子系统、环境监测子系统等，实现图像监视及安全警卫、火灾报警、消防、照明、采暖通风、环境监测等系统的智能联动控制。

（1）智能辅助控制系统不配置独立后台系统，利用综合应用服务器实现智能辅助控制系统的数据分类存储分析、智能联动功能。

（2）图像监视及安全警卫子系统的功能按满足安全防范要求配置，不考虑对设备运行状态进行监视。

750kV 变电站视频安全监视系统配置一览表见表 6.4-1。

表 6.4-1　　　　750kV 变电站视频安全监视系统配置一览表

序号	安 装 地 点	安 装 数 量
1	主变压器及低压无功补偿区	每台主变压器配置 1 台，无功补偿区配置 1 台
2	750kV 设备区	柱式断路器、罐式断路器、HGIS：根据规模配置 3～5 台；GIS：配置 2～3 台
3	330（220）kV 设备区	柱式断路器、罐式断路器：根据规模配置 2～3 台；GIS：配置 2～3 台
4	站用变压器设备区	每台配置 1 台
5	继电器室	每室配置 2 台
6	站用交、直流配电室	根据需要配置 2 台
7	主控通信楼一楼门厅	配置 1 台低照度摄像机
8	全景（安装在主控通信楼楼顶）	配置 1 台
9	红外对射装置或电子围栏	根据变电站围墙实际情况配置

（3）750kV 变电站应设置 1 套火灾自动报警及消防子系统，火灾探测区域应按独立房（套）间划分。750kV 变电站火灾探测区域有二次设备室、继电器室、通信机房（如有）、直流屏（柜）室、蓄电池室、可燃介质电容器室、各级电压等级配电装置室、油浸变压器及电缆竖井等。

（4）环境监测设备包括环境数据处理单元、温度传感器、湿度传感器、风速传感器（可选）、水浸传感器（可选）等。

6.4.10 二次设备模块化设计

变电站二次设备宜采用模块化设计，二次设备模块宜结合建设规模、总平面布置、配电装置型式等合理设置。

户外变电站宜采用预制式智能控制柜，条件允许时，宜采用预制舱式二次组合设备；户内变电站宜采用模块化二次设备和预制式智能控制柜。

（1）模块划分原则。模块设置主要按照功能及间隔对象进行划分，尽量减少模块间二次接线工作量，二次设备主要设置以下几种模块，实际工程应根据二次设备室及预制舱式二次组合设备的具体布置开展多模块组合设置：

1）站控层设备模块：包含变电站自动化系统站控层设备、调度数据网络设备、二次系统安全防护设备等。

2）公用设备模块：包含公用测控装置、时钟同步系统、电能量计量系统、故障录波装置、网络记录分析装置、辅助控制系统等。

3）通信设备模块：包含光纤系统通信设备、站内通信设备等。

4）电源系统模块：包含站用交流电源、直流电源、交流不间断电源（UPS）、逆变电源（INV，可选）、直流变换电源（DC/DC）、蓄电池等。

5）间隔设备模块：包含各电压等级线路（母联、桥、分段、断路器）保护装置、测控装置、母线保护、电能表、公用测控装置与交换机等。

6）主变压器间隔设备模块：包含主变压器保护装置、主变压器测控装置、电能表、低压无功保护测控装置等。

（2）模块化二次设备型式。模块化二次设备基本型式主要有三种，即模块化的二次设备、预制舱式二次组合设备、预制式智能控制柜。

（3）二次设备模块化设置原则

1）户内变电站，各电压等级间隔层设备宜按间隔配置，分散布置于就地预制式智能控制柜内。

2）户外变电站，750、330kV 电压等级及主变压器间隔内间隔层设备相对集中布置于继电器小室内，过程层设备按间隔设置预制式智能控制柜；220kV 电压等级设置预制舱式二次组合设备，过程层设备按间隔设置预制式智能控制柜。

3）预制舱式二次组合设备内部可采用屏柜结构，也可采用机架式结构。预制舱式二次组合设备应根据变电站远期建设规模、总平面布置、配电装置型式等，就近分散布置于配电装置区空余场地。

4）站控层设备模块、公用设备模块、通信设备模块与电源系统模块布置于主控楼二次设备室内。

5）宜采用预制电缆和预制光缆实现一次设备与二次设备、二次设备间的光缆、电缆即插即用标准化连接。

6）变电站高级应用应满足电网大运行、大检修的运行管理需求，采用模块化设计、分阶段实施。

6.4.11　二次设备组柜及布置

6.4.11.1　二次设备室的设置及布置

新建工程应按工程远期规模规划并布置二次设备室，设备布置应遵循功能统一明确、布置简洁紧凑的原则，并合理考虑预留屏（柜）位。

（1）对于高压配电装置户外布置的变电站 750（330）kV 配电装置，宜按 2～4 串设置一个继电器小室。当 750（330）kV 配电装置采用 GIS 时，可相对集中布置，按 4～5 串设置一个继电器小室；当 750（330）kV 配电装置采用 GIS 且户内布置时，二次设备宜下放就近布置于一次高压配电装置区域；当高压配电装置室内环境条件不具备时，也可就近集中设置继电器小室；主变压器间隔层设备宜集中布置于二次设备室内。

（2）220kV 户外布置时，宜以分段为界设两个预制舱式二次组合设备（模拟量采样时也可采用继电器小室）。当其配电装置采用 GIS 且户内布置时，220kV 二次设备宜下放布置于一次高压配电装置区域。

（3）在靠近主变压器和无功补偿装置处，可设置主变压器和无功补偿装置继电器室，也可与主控楼二次设备或 750、330kV 共用继电器小室。

（4）直流电源室原则上靠近负荷中心布置，当二次设备采用下放布置时，直流电源室与站用变压器室毗邻布置；当二次设备采用集中布置时，直流屏（柜）可布置于继电器室，蓄电池组架布置，设置独立蓄电池室，并毗邻于直流电源室布置。

（5）站控层设备组屏宜按 14～20 面屏（柜）考虑，布置在公用二次设备室。

（6）二次设备屏（柜）位采用集中布置时，备用屏（柜）数宜按屏（柜）总数的 10% 考虑，采用下放布置时，备用屏（柜）数宜按屏（柜）总数 15% 考虑。

6.4.11.2　二次设备组柜原则

本小节规定 220、66（35）kV 数字量采样时的组柜原则，采用模拟量采样时无合并单元装置。

6.4.11.2.1　站控层设备组柜原则

站控层设备组柜安装，显示器根据运行需要进行组柜或布置在控制台上，组柜原则如下：

（1）监控主站兼操作员站柜 1 面，包括 2 套监控主机设备。

（2）Ⅰ区远动通信柜 1 面，包括含 Ⅰ区远动网关机（兼图形网关机）2 台、2 台 Ⅰ区站控层中心交换机，防火墙 2 台。

（3）Ⅱ、Ⅲ/Ⅳ区远动通信柜 1 面，含 Ⅱ区远动网关机 2 台、2 台 Ⅱ区站控层中心交换机、Ⅲ/Ⅳ区数据通信网关机 1 台。

（4）调度数据网设备柜 1～2 面，包括含 2 台路由器、4 台数据网交换机、4 台纵向加密装置。

（5）综合应用服务器柜 1 面，包括含 1 台综合应用服务器，正反向隔离装置 2 台。

6.4.11.2.2　间隔层及过程层设备组柜原则

（1）间隔层设备集中布置。

1）间隔层设备组柜原则。

a. 750（330）kV（一个半断路器接线）系统。

（a）线路保护 1+线路保护 2+测控（若配置）共组 1 面屏（柜）。

（b）断路器保护 1+断路器保护 2+断路器测控共组 1 面屏（柜）。

（c）高压并联电抗器保护 1+高压并联电抗器保护 2+测控（若配置）共组 1 面屏（柜）。

（d）电能表可按电压等级集中组柜。

（e）每段母线两套母线保护组 1 面屏（柜）。

（f）750（330）kV 系统过程层交换机可按串组柜。

（g）750（330）kV 过程层中心交换机与母线保护柜组柜。

b. 330kV 双母线接线系统。

（a）线路保护 1+线路测控+电压切换装置 1 +交换机组 1 面屏（柜）。

（b）线路保护 2+电压切换装置 2+交换机组 1 面屏（柜）。

（c）母联（分段）保护 1+母联（分段）保护 2+母联（分段）测控+交换机组 1 面屏（柜）。

（d）每套母线保护组 1 面屏（柜），共组 4 面屏（柜）

（e）电能表可单独组屏（柜）。

c. 220kV 双母线接线系统。线路、母联、分段保护、测控采用独立装置，测控单套配置，合并单元下放至就地智能控制柜内；交换机按间隔配置，分散组柜。

（a）220kV 线路保护。220kV 线路保护 1+220kV 线路保护 2+线路测控+交换机 1+交换机 2 组 1 面屏（柜）。电能表可单独组柜。

（b）220kV 母线保护。

保护柜 1：220kV Ⅰ M/Ⅱ M 母线保护 1+220kV 过程层 A 网中心交换机。

保护柜 2：220kV Ⅰ M/Ⅱ M 母线保护 2+220kV 过程层 B 网中心交换机。

保护柜 3：220kV Ⅲ M/Ⅳ M 母线保护 1+220kV 过程层 A 网中心交换机。

保护柜 4：220kV Ⅲ M/Ⅳ M 母线保护 2+220kV 过程层 B 网中心交换机。

（c）220kV 母联保护。220kV 母联保护 1+220kV 母联保护 2+母联测控+过程层交换机 1+过程层交换机 2 组 1 面屏（柜）。

（d）220kV 分段保护。220kV 分段保护 1+220kV 分段保护 2+分段测控+过程层交换机 1+过程层交换机 2 组 1 面屏（柜）。

d. 主变压器。

（a）本体智能终端下放至就地智能控制柜内。

（b）主变压器保护 1+中压侧过程层交换机（若配置）组 1 面屏（柜）。

（c）主变压器保护 2+中压侧过程层交换机（若配置）组 1 面屏（柜）。

（d）主变压器中低压侧及本体测控组 1 面屏（柜），也可根据小室布置组屏。

（e）主变压器电能表可单独组柜。

e. 66kV 系统。

（a）站用变压器本体智能终端装置下放至就地智能控制柜内。

（b）站用变压器测控保护组 1 面屏（柜）。

（c）4 台电容器（电抗器）测控保护组 1 面屏（柜）。

2）过程层设备组柜原则。

a. 一个半断路器接线的 750（330）kV 系统。

（a）边断路器智能终端 1+边断路器智能终端 2 组 1 面柜。

（b）中断路器智能终端 1+中断路器智能终端 2 组 1 面柜。

（c）母线智能终端 1+避雷器状态监测 IED 组 1 面柜。

（d）高压并联电抗器本体智能终端+非电量保护组 1 面柜。

b. 双母线接线的 330kV 系统。

（a）智能终端 1+智能终端 2 组 1 面柜。

（b）母线智能终端 1+避雷器状态监测 IED 组 1 面柜。

c. 220kV 系统。

（a）智能终端 1+智能终端 2+合并单元 1+合并单元 2 组 1 面柜。

（b）母线合并单元 1+母线智能终端 1+避雷器状态监测 IED 组 1 面柜。

（c）母线合并单元 2+母线智能终端 2 组 1 面柜。

d. 66（35）kV 系统

（a）总断路器间隔智能终端 1+智能终端 2 组 1 面柜。

（b）其他间隔智能终端合并单元集成装置组 1 面柜。

（c）母线智能终端+合并单元组 1 面柜。

（d）主变压器本体智能终端+非电量保护合一装置就地安装于主变压器本体智能控制柜。

（e）GIS、HGIS 配电装置的智能控制柜宜与汇控柜一体化设计。

（2）间隔层设备下放布置。保护测控、智能终端、合并单元、过程层交换机、状态监测 IED 等设备下放布置于智能控制柜。

1）750kV 系统。

a. 750kV 边断路器间隔（带线路）。

智能控制柜 1：线路保护 1+断路器保护 1+智能终端 1+测控。

智能控制柜 2：线路保护 2+断路器保护 2+智能终端 2+电能表。

b. 750kV 边断路器间隔（带主变压器）。

智能控制柜 1：断路器保护 1+智能终端 1+测控。

智能控制柜 2：断路器保护 2+智能终端 2。

c. 750kV 中断路器间隔。

智能控制柜 1：断路器保护 1+智能终端 1+测控+过程层交换机 1。

智能控制柜 2：断路器保护 2+智能终端 2+过程层交换机 2。

d. 750kV 母线设备间隔。

Ⅰ M 智能控制柜：Ⅰ M/Ⅱ M 母线测控+Ⅰ M 智能终端。

Ⅱ M 智能控制柜：Ⅱ M 智能终端+避雷器状态监测 IED。

2）330kV 一个半断路器接线系统。

a. 330kV 边断路器间隔（带线路）。

智能控制柜 1：线路保护 1+断路器保护 1+智能终端 1+测控。

智能控制柜 2：线路保护 2+断路器保护 2+智能终端 2+电能表。

b. 330kV 边断路器间隔（带主变压器）。

智能控制柜 1：断路器保护 1+智能终端 1+测控。

智能控制柜 2：断路器保护 2+智能终端 2。

c. 330kV 中断路器间隔。

智能控制柜 1：断路器保护 1+智能终端 1+测控+过程层交换机 1。

智能控制柜 2：断路器保护 2+智能终端 2+过程层交换机 2。

d. 330kV 母线设备间隔。

ⅠM 智能控制柜：ⅠM/ⅡM 母线测控+ⅠM 智能终端。

ⅡM 智能控制柜：ⅡM 智能终端+避雷器状态监测 IED。

3）330kV 双母线接线系统。

a. 330kV 线路间隔。

智能控制柜 1：线路保护 1+测控+智能终端 1+过程层交换机 1。

智能控制柜 2：线路保护 2 +智能终端 2+过程层交换机 2+电能表。

b. 330kV 母联（分段）间隔。

智能控制柜 1：母联（分段）保护 1+测控+智能终端 1+过程层交换机 1。

智能控制柜 2：母联（分段）保护 2 +智能终端 2+过程层交换机 2。

c. 主变压器 330kV 间隔。智能控制柜：智能终端 1+智能终端 2。

d. 330kV 母线设备间隔。

ⅠM 智能控制柜：ⅠM/ⅡM 母线测控+ⅠM 智能终端。

ⅡM 智能控制柜：ⅡM 智能终端+避雷器状态监测 IED。

ⅢM 智能控制柜：ⅢM/ⅣM 母线测控+ⅢM 智能终端。

ⅣM 智能控制柜：ⅣM 智能终端+避雷器状态监测 IED。

e. 330kV 母线保护。

保护柜 1：330kV ⅠM/ⅡM 母线保护 1+330kV 过程层 A 网中心交换机。

保护柜 2：330kV ⅠM/ⅡM 母线保护 2+330kV 过程层 B 网中心交换机。

保护柜 3：330kV ⅢM/ⅣM 母线保护 1+330kV 过程层 A 网中心交换机。

保护柜 4：330kV ⅢM/ⅣM 母线保护 2+330kV 过程层 B 网中心交换机。

4）220kV 系统。

a. 220kV 线路间隔。

智能控制柜 1：线路保护 1+测控+智能终端 1+合并单元 1+过程层交换

机 1。

智能控制柜 2：线路保护 2 +智能终端 2+合并单元 2+过程层交换机 2+电能表。

b. 220kV 母联（分段）间隔。

智能控制柜 1：母联（分段）保护 1+测控+智能终端 1+合并单元 1+过程层交换机 1。

智能控制柜 2：母联（分段）保护 2 +智能终端 2+合并单元 2+过程层交换机 2。

c. 主变压器 220kV 间隔。智能控制柜：智能终端 1+智能终端 2+合并单元 1+合并单元 2。

d. 220kV 母线设备间隔。

ⅠM 智能控制柜：ⅠM/ⅡM 母线测控+ⅠM 智能终端+ⅠM/ⅡM 合并单元 1。

ⅡM 智能控制柜：ⅡM 智能终端+ⅠM/ⅡM 合并单元 2+避雷器状态监测 IED。

ⅢM 智能控制柜：ⅢM/ⅣM 母线测控+ⅢM 智能终端+ⅢM/ⅣM 合并单元 1。

ⅣM 智能控制柜：ⅣM 智能终端+ⅢM/ⅣM 合并单元 2+避雷器状态监测 IED。

e. 220kV 母线保护。

保护柜 1：220kV ⅠM/ⅡM 母线保护 1+220kV 过程层 A 网中心交换机。

保护柜 2：220kV ⅠM/ⅡM 母线保护 2+220kV 过程层 B 网中心交换机。

保护柜 3：220kV ⅢM/ⅣM 母线保护 1+220kV 过程层 A 网中心交换机。

保护柜 4：220kV ⅢM/ⅣM 母线保护 2+220kV 过程层 B 网中心交换机。

5）主变压器和高压并联电抗器。

a. 主变压器保护。

保护柜 1：主变压器保护 1+中压侧过程层交换机 1。

保护柜 2：主变压器保护 2+中压侧过程层交换机 2。

b. 高压并联电抗器保护。

高压并联电抗器保护 1+高压并联电抗器保护 2+高压并联电抗器测控（若配置）组柜 1 面。

c. 主变压器测控。主变压器高、中、低压侧及本体各测控装置组柜 1 面。

d. 主变压器电能表柜。每面柜不超过 9 只电能表（电能量集采装置可组于此柜或单独组柜）。

6）66（35）kV 系统。

a. 主变压器 66（35）kV 间隔。智能控制柜：智能终端合并单元集成装置 1+智能终端合并单元集成装置 2。

b. 低压无功补偿及站用变压器保护。智能控制柜：站用变压器（电容器、电抗器）保护测控+智能终端合并单元集成装置。

c. 66kV 母线设备间隔。智能控制柜：母线测控+智能终端+合并单元。

6.4.11.2.3　其他二次系统

（1）故障录波器。当采用模拟量采样时，宜每套录波装置组 1 面柜；当采用数字量采样时，宜每两套录波装置组 1 面柜。

（2）网络记录分析装置。网络记录分析装置组柜 2 面柜。

（3）故障测距。每套故障测距装置组 1 面柜。

（4）时间同步系统。二次设备室设主时钟柜 1 面，扩展柜根据需要配置。

（5）网络设备。

1）网络柜按照 4～6 台交换机原则进行组屏，每面网络柜内针对交换机端口数量分别设置 ODU（光配单元）和网络配线模块。

2）站控层交换机和过程层交换机宜分开组柜。

3）一个半断路器接线的 750（330）kV 电压等级过程层网络交换机按串组柜，双母线接线的 330（220）kV 电压等级及其他过程层网络交换机分散组柜。

（6）电能计量系统。计费关口表每 6 块组一面柜，电能量远方终端与计费关口表共同组柜。

（7）相量测量装置。单独组屏（柜）。

（8）设备状态监测系统。状态监测 IED 布置于就地智能控制柜。

（9）智能辅助控制系统。视频服务器及辅件组 2 面屏（柜）。

（10）集中接线柜。在预制舱和二次设备室内设置集中接线柜，单独组柜。

（11）预留屏柜。预制舱式二次组合设备内宜预留 2～3 面屏柜；二次设备室内可按远期规模的 10%～15% 预留。

6.4.11.3　屏（柜）的统一要求

根据配电装置型式选择不同型式的屏柜，GIS 汇控柜宜与户外智能终端箱统一组柜。

（1）柜体要求。

1）屏（柜）的尺寸。二次系统设备屏（柜）的外形尺寸宜采用 2260mm×800mm×600mm（高×宽×深，高度中包含 60mm 眉头）；站控层服务器柜可采用 2260mm×800mm×900mm（高×宽×深，高度中包含 60mm 眉头）屏柜；通信设备屏（柜）的外形尺寸宜采用 2260mm×600mm×600mm（高×宽×深，高度中包含 60mm 眉头）。

当二次设备舱采用机架式结构时，机架单元尺寸宜采用 2260mm×700mm×600mm（高×宽×深，高度中包含 60mm 眉头）。

2）屏（柜）的结构。二次设备室内屏（柜）结构为屏（柜）前后开门、垂直自立、柜门内嵌式的柜式结构。

舱内屏（柜）结构为屏（柜）前开门、垂直自立，靠墙布置。柜内二次设备采用前接线前显示设备。

3）屏（柜）的颜色。全站二次系统设备屏（柜）体颜色应统一。

（2）预制式智能控制柜要求。

1）柜的结构。屏（柜）结构为屏（柜）前后开门、垂直自立、柜门内嵌式的柜式结构。

2）柜的颜色。全站户外智能控制屏（柜）体颜色应统一。

3）柜的要求。

a. 宜采用双层不锈钢结构，内层密闭，夹层通风，当采用户内布置时，防护等级不低于 IP40，当采用户外布置时，防护等级不低于 IP55。

b. 宜具有散热和加热除湿装置，在温/湿度传感器达到预设条件时启动。

c. 户外智能控制柜内部的环境能够满足智能终端等二次元件的长年正常工作温度、电磁干扰、防水防尘条件，不影响其运行寿命。

d. 智能控制柜宜设置空调。

6.4.12　互感器二次参数选择

（1）对电流互感器的要求。

1）两套主保护应分别接入电流互感器的不同二次绕组，后备保护与主保护共用二次绕组；2 台断路器保护装置宜共用二次绕组；故障录波器可与保护共用 1 个二次绕组；当母线故障录波独立配置时，可与母线保护共用二次绕组；故障测距装置宜与合并单元串接共用保护用二次绕组；测量、计量宜共用二次绕组。

2）保护用的电流互感器准确级：一个半断路器接线的 750（330）kV 线

路保护、750（330）kV 母线保护宜采用能适应暂态要求的 TPY 类电流互感器；双母线接线的 330kV 线路保护宜采用 TPY 类电流互感器，也可采用 P 类电流互感器，330kV 母线保护采用 P 类电流互感器；220kV 线路保护、220kV 母线保护可采用 P 类电流互感器，但其暂态系数不宜低于 2；失灵保护可采用 P 类电流互感器。P 类保护用电流互感器的准确限值系数宜为 5% 的误差限值要求。

750kV 变电站电流互感器二次参数配置一览表见表 6.4-2。

表 6.4-2 　　　　　　　　　　　　　　　　　　**750kV 变电站电流互感器二次参数配置一览表**

项目	电压等级（kV）			
	750（330）	330	220	66
主接线	一个半断路器接线（柱式）	双母线（GIS）	双母线（柱式）	单母线
台数	9 台/每串	3 台/间隔	3 台/间隔	3 台/间隔
二次额定电流（A）	1	1	1	1
准确级	柱式*：边 TA：TPY/TPY/TPY/TPY/5P/0.2/0.2S； 中 TA：TPY/TPY/TPY/TPY/5P/0.2/0.2/0.2S/0.2S； GIS、HGIS、罐式断路器：边 TA：TPY/TPY/5P/0.2-断口-0.2S/TPY/TPY； 中 TA：TPY/TPY/5P/0.2/0.2S-断口-0.2S/0.2/TPY/TPY。 主变压器 750kV 侧套管：5P/0.2	出线、主变压器进线：TPY/TPY/0.2-断口-0.2S/5P/5P； 分段、母联：5P/5P/5P/0.2-断口-5P/5P/5P； 主变压器 330kV 侧套管：5P/0.2	主变压器进线：TPY/TPY/5P/5P/0.2S/0.2S； 出线、分段、母联：数字量采样时，5P/5P/0.2S/0.2S； 模拟量采样时，5P/5P/5P/5P/0.2S/0.2S（柱式断路器），5P/5P/0.2S-断口-0.2S/5P/5P（GIS、HGIS 和罐式断路器）； 主变压器 220kV 侧套管：5P/0.2	电抗器、电容器及站用变压器：5P/0.2； 主变压器进线断路器：0.2S/5P/TPY/TPY； 主变压器低压侧套管：0.2/5P/TPY/TPY； 主变压器公共绕组：0.2/5P/TPY/TPY
二次绕组数量	边 TA：7； 中 TA：9；主变压器 750kV 侧：2	主变压器：6； 出线：6； 母联：7； 分段：7； 主变压器 330kV 侧：2	主变压器：6； 出线、母联、分段：数字量采样时，4； 模拟量采样时，6； 主变压器 220kV 侧：2	电抗器、电容器及站用变压器：2； 主变压器：4； 主变压器中性点：4
二次绕组容量	按计算结果选择	按计算结果选择	按计算结果选择	按计算结果选择

注 1. 当变电站存在安全稳定问题时，主变压器套管 TA 数量可根据工程需要进行调整。

2. 考虑到特高压直流对保护的更高要求，对于经系统方式计算，可能导致多回特高压直流发生连续换相失败的变电站，相关电压等级 TA 应布置于母联间隔断路器两侧，确保主保护无死区。

* 当采用柱式断路器、TA 两侧布置时，其二次绕组排列参照 GIS、HGIS 和罐式断路器。

（2）对电压互感器的要求。

1）对于 750（330）kV 一个半断路器接线，每回进线、出线应装设三相电压互感器，母线可装设单相电压互感器；主变压器 220kV 侧宜装设三相电压互感器；330（220）kV 双母线接线，每回进线、出线宜装设三相电压互感器，也可装设单相电压互感器，母线装设三相电压互感器；66kV 母线宜装设三相电压互感器。220kV 电压并列由母线合并单元完成，电压切换由线路合并单元完成。330kV 电压并列切换由电压并列切换装置完成。

2）两套主保护的电压回路宜分别接入电压互感器的不同二次绕组，故障录波器可与保护共用一个二次绕组。对于 I、II 类计费用途的计量装置，宜设置专用的电压互感器二次绕组。

（3）计量用电压互感器的准确级，最低要求选 0.2 级；保护、测量共用电压互感器的准确级为 0.5（3P）。

750kV 变电站电压互感器二次参数配置一览表见表 6.4-3。

表 6.4-3　　750kV 变电站电压互感器二次参数配置一览表

项目	电压等级（kV）		
	750（330）	330（220）	66
主接线	一个半断路器接线	双母线	单母线
台数	母线：单相； 线路、主变压器：三相	母线：三相； 线路、主变压器：三相	母线：三相
准确级	母线：0.2/0.5(3P)/0.5(3P)/3P； 线路、主变压器：0.2/0.5(3P)/0.5(3P)/3P	母线、线路、主变压器：0.2/0.5(3P)/0.5(3P)/3P	母线：0.2/0.5(3P)/0.5(3P)/3P
二次绕组数量	母线：4； 线路、主变压器：4	母线、线路、主变压器：4	母线：4
额定变比	母线、线路、主变压器： $\dfrac{765}{\sqrt{3}} \Big/ \dfrac{0.1}{\sqrt{3}} \Big/ \dfrac{0.1}{\sqrt{3}} \Big/ \dfrac{0.1}{\sqrt{3}} \Big/ 0.1$	母线、线路、主变压器： $\dfrac{330(220)}{\sqrt{3}} \Big/ \dfrac{0.1}{\sqrt{3}} \Big/ \dfrac{0.1}{\sqrt{3}} \Big/ \dfrac{0.1}{\sqrt{3}} \Big/ 0.1$	母线： $\dfrac{66}{\sqrt{3}} \Big/ \dfrac{0.1}{\sqrt{3}} \Big/ \dfrac{0.1}{\sqrt{3}} \Big/ \dfrac{0.1}{\sqrt{3}} \Big/ \dfrac{0.1}{3}$
二次绕组容量	按计算结果选择	按计算结果选择	按计算结果选择

6.4.13　光/电缆选择

（1）光缆选择要求。

1）采样值和保护 GOOSE 等可靠性要求较高的信息传输应采用光纤。

2）主控楼计算机房与各小室之间的网络连接应采用光缆。

3）光缆起点、终点在同一智能控制柜内且同属于继电保护的同一套的保护测控装置、合并单元、智能终端、过程层交换机等多个装置，可合用同一根光缆进行连接，一根光缆的芯数不宜超过 24 芯。

4）跨房间、跨场地不同屏柜间二次装置连接可采用室外双端预制光缆。

5）光缆选择。

a. 光缆的选用根据其传输性能、使用的环境条件决定。

b. 除线路纵联保护专用光纤外，其余宜采用多模光纤。

c. 室外预制光缆宜采用铠装非金属加强芯阻燃光缆，当采用槽盒或穿管敷设时，宜采用非金属加强芯阻燃光缆。光缆芯数宜选取 4 芯、8 芯、12 芯、24 芯。

d. 室内不同屏柜间二次装置连接宜采用尾缆或软装光缆，尾缆（软装光缆）宜采用 4 芯、8 芯、12 芯规格。柜内二次装置间连接宜采用跳线，柜内跳线宜采用单芯或多芯跳线。

e. 每根光缆或尾缆应至少预留 2 芯备用芯，一般预留 20% 备用芯。

（2）网线选择要求。二次设备室内通信联系宜采用超五类屏蔽双绞线。

（3）电缆选择及敷设要求。

1）电缆选择及敷设的设计应符合 GB 50217 的规定。

2）为增强抗干扰能力，机房和小室内强电和弱电线应采用不同的走线槽进行敷设。

3）主变压器、GIS/HGIS 本体与智能控制柜之间二次控制电缆宜采用预制电缆连接；电流、电压互感器与智能控制柜之间二次控制电缆可视工程情况选用预制电缆。交直流电源电缆可视工程情况选用预制电缆。

6.4.14　二次设备的接地、防雷、抗干扰

二次设备防雷、接地和抗干扰应满足现行 DL/T 621《交流电气装置的接地》、DL/T 5136《火力发电厂、变电站二次接线设计技术规程》和 DL/T 5149《220kV～500kV 变电所计算机监控系统设计技术规程》的规定。

（1）在二次设备室、敷设二次电缆的沟道、就地端子箱及保护用结合滤波器等处，使用截面积不小于 $100mm^2$ 的裸铜排敷设与变电站主接地网紧密连接的等电位接地网。

（2）在二次设备室内，沿屏（柜）布置方向敷设截面积不小于 $100mm^2$ 的专用接地铜排，并首末端连接后构成室内等电位接地网。室内等电位接地网必须用至少 4 根以上、截面积不小于 $50mm^2$ 的铜排（缆）与变电站的主接地网可靠接地。

（3）沿二次电缆的沟道敷设截面积不少于 $100mm^2$ 的裸铜排（缆），构建室外的等电位接地网。开关场的就地端子箱内应设置截面积不少于 $100mm^2$ 的裸铜排，并使用截面积不少于 $100mm^2$ 的铜缆与电缆沟道内的等电位接地网连接。

6.5　土建部分

站址基本技术条件：海拔 $\leqslant 1000m$，设计基本地震加速度 $0.10g$，设计风速 $\leqslant 30m/s$，地基承载力特征值 $f_{ak}=150kPa$，地下水无影响，场地同一标高，采暖区。

6.5.1　总平面布置

（1）变电站的总平面布置应根据生产工艺、运输、防火、防爆、保护和施工等方面的要求，按远期规模对站区的建构筑物、管线及道路进行统筹安排，工艺流畅。

（2）站内道路。

1）站内消防道路宜采用环形道路，消防道路边缘距离建筑物外墙不宜小于 5m；变电站大门宜面向站内主变压器运输道路。

2）变电站大门及道路的设置应满足主变压器、大型装配式预制件、预制舱式二次组合设备等整体运输的要求。

3）站内主变压器运输道路宽度为 5.5m、转弯半径不小于 12m；750kV 高压并联电抗器运输道路宽度为 4.5m、转弯半径不小于 9m；消防道路宽度为 4m、转弯半径不小于 9m；检修道路宽度为 3m、转弯半径 7m。

4）站内道路宜采用公路型道路，湿陷性黄土地区、膨胀土地区宜采用城市型道路，可采用混凝土路面或其他路面。采用公路型道路时，路面宜高于场地设计标高 150mm。

（3）场地处理。户外配电装置区场地不应采用人工绿化草坪，应因地制宜地采用碎石、卵石、灰土封闭或简易绿化等地坪处理方式，满足设备运行环境。缺少碎石或卵石且雨水充沛地区，可采用简易绿化，但不应设置浇灌管网等绿化设施。

6.5.2　建筑

（1）站内建筑应按工业建筑标准设计，应统一标准、统一风格布置，方便生产运行，并做好建筑"四节（指节能、节地、节水、节材）一环保"工作。

建筑材料上宜选用节能、环保、经济、合理的材料，标准集约、节能环保。

建筑物名称：变电站内建筑物名称应统一设有主控通信楼（室）、配电装置楼（室）、继电器小室、站用电室、泡沫消防室、消防泵房、警卫室等建筑物。

（2）主控通信楼（室）内生产用房设监控室、二次设备室、蓄电池室、通信蓄电池室（如单独设置）；辅助及附属房间有办公室 1 间、会议室 1 间、资料室 1 间、安全工具室 1 间、消防器具室 1 间、值班室 2～3 间、机动用房 1 间、男女卫生间等。

偏远地区、维稳地区的变电站可根据前期规划要求及工程需要适当增加附属用房；运维站可根据运检部门相关规定增设辅助用房。

（3）建筑物体型应紧凑、规整，在满足工艺要求和总布置的前提下，优先布置成单层建筑；外立面及色彩与周围环境相协调。对于严寒地区，建筑物屋面宜采用坡屋面。

（4）外墙、内墙涂料装饰；卫生间采用瓷砖墙面，设铝板吊顶。门窗几何规整，预留洞口位置应与装配式外墙板尺寸相适应，门采用木门、钢门、铝合金门、防火门，窗采用铝合金窗、塑钢窗，并采取密封、节能、防盗等措施。除卫生间外其余房间和走道均不宜设置吊顶。当采用坡屋面时宜设吊顶。

（5）屋面应采用 I 级防水屋面。

（6）建筑物在满足工艺要求的条件下，二次设备室净高 3.0m，跨度根据工艺布置确定。

750kV GIS 室跨度为 28.5m，起吊净高 12.2m，采用桁车起吊方式。330kV GIS 室跨度为 14.5m，起吊净高 9m，采用桁车起吊方式。

（7）钢筋混凝土建筑墙体材料采用砖、砌块或其他节能环保材料。装配式建筑物外墙板及其接缝设计应满足结构、热工、防水、防火及建筑装饰等要求，内墙板设计应满足结构、隔声及防火要求。外墙板宜采用压型钢板复合板或纤维水泥复合板，城市中心地区可采用铝镁锰复合板，西北寒冷地区可采用纤维水泥复合板，选择时应满足热工计算。内墙板采用防火石膏板、复合轻质内墙板。防火墙板宜采用纤维水泥复合板。

（8）装配式建筑设计的模数应结合工艺布置要求协调，宜按 GB 50006—2010《厂房建筑模数协调标准》执行，建筑物柱距一般不宜超过三种。

6.5.3　结构

全站建筑物结构型式可选用钢结构、钢筋混凝土结构。

（1）装配式建筑物宜采用钢框架结构，或轻型门式刚架结构。当单层建筑物屋面活载不大于 $0.7kN/m^2$，基本风压不大于 $0.7kN/m^2$ 时可采用轻型门式刚架结构。地下电缆层采用钢筋混凝土结构。

（2）钢结构梁宜采用 H 型钢，结构柱宜采用 H 形、箱形截面柱。楼面板宜采用压型钢板为底模的现浇钢筋混凝土板，屋面板采用钢筋桁架楼承板，轻型门式刚架结构屋面板宜采用压型钢板复合板。

（3）钢结构的防腐可采用镀层防腐和涂层防腐。

（4）丙类钢结构多层厂房的耐火等级为一级、二级，丁、戊类单层钢结构厂房耐火等级为二级。

1）耐火等级为一级时，钢柱的耐火极限为 3h，钢梁的耐火极限为 2h；如为单层布置，钢柱的耐火极限为 2.5h。耐火等级为二级时，钢柱耐火极限为 2.5h，钢梁的耐火极限为 1.5h，如为单层布置，钢柱的耐火极限为 2h。

2）耐火等级为一级的丙类钢结构多层厂房柱可采用防火涂料和防火板外包，其余各构件应根据耐火等级确定耐火极限，选择厚、薄型的防火涂料。

6.5.4　构筑物

6.5.4.1　围墙及大门

围墙宜采用大砌块实体围墙，当经济性较好时可采用装配式围墙，围墙高度不低于 2.3m。城市规划有特殊要求的变电站可采用通透式围墙。

围墙饰面采用水泥砂浆或干粘石抹面，围墙顶部宜设置预制压顶。大砌块推荐尺寸为 600mm（长）×300mm（宽）×300mm（高）或 600mm（长）×200mm（宽）×300mm（高）。围墙中及转角处设置构造柱，构造柱间距不宜

大于 3m，采用标准钢模浇制。

站区大门宜采用电动实体推拉门。

6.5.4.2　防火墙

防火墙宜采用框架+大砌块、框架+墙板、组合钢模混凝土防火墙等装配型式，耐火极限≥3h。

根据主变压器构架柱根开和防火墙长度设置钢筋混凝土现浇柱，采用标准钢模浇制混凝土；框架+大砌块防火墙墙体材料采用大砌块，水泥砂浆抹面；框架+墙板防火墙墙体材料采用 150mm 厚清水混凝土预制板或 150mm 厚蒸压轻质加气混凝土板。

6.5.4.3　电缆沟

（1）配电装置区不设电缆支沟，可采用电缆埋管、电缆排管或成品地面槽盒系统。除电缆出线外，电缆沟截面尺寸宜采用：800mm（宽）×800mm（高）、1100mm（宽）×1000mm（高）。

（2）主电缆沟宜采用砌体或现浇混凝土沟体，当造价不超过现浇混凝土时，也可采用预制装配式电缆沟。砌体沟体顶部宜设置预制压顶。沟深≤1000mm 时，沟体宜采用砌体；沟深>1000mm 或离路边距离<1000mm 时，沟体宜采用现浇混凝土。在湿陷性黄土及寒冷地区，不宜采用砖砌体电缆沟。电缆沟沟壁应高出场地地坪 100mm。

（3）电缆沟采用成品盖板，材料为包角钢混凝土盖板或有机复合盖板。风沙地区盖板应采用带槽口盖板。

6.5.4.4　构支架

（1）构架结构型式可采用钢管构架或格构式构架，构架梁采用格构式钢梁，钢结构连接方式宜采用螺栓连接，构架柱与基础宜采用地脚螺栓。

（2）设备支架柱采用圆形钢管结构或型钢，支架横梁采用钢管或型钢横梁，支架柱与基础宜采用杯口插入式。

（3）独立避雷针及构架上避雷针设计应统筹考虑站址环境条件、配电装置构架结构型式等，采用圆管型避雷针或格构式避雷针等结构型式。对严寒大风地区，避雷针结构型式宜选用格构式。避雷针钢材应具有常温冲击韧性的合格保证。当结构工作环境温度低于 0℃但高于-20℃时，Q235 钢和 Q345 钢应具有 0℃冲击韧性的合格保证；当结构工作环境温度低于-20℃时，Q235 钢和 Q345 钢应具有-20℃冲击韧性的合格保证。

（4）构支架防腐均采用热镀锌或冷喷锌防腐。

6.5.5　暖通、水工、消防

暖通、水工及消防应遵循节能环保和智能控制的设计原则，并统一标准。

二次设备室、继电器小室房间空调控制温度夏季 26～28℃左右，冬季 18～20℃左右，位于采暖区的变电站供暖方式为电采暖。

户内变电站应优先采用自然通风。含 SF₆ 气体设备房间应设置有害气体报警和自动排风设施，其室内温度范围宜为-25～+40℃。

变电站主变压器消防主要有排油充氮、合成型泡沫喷雾、水喷雾灭火装置三种方式，根据各地消防部门的要求选择合适的消防方式。

变电站内建筑物满足耐火等级不低于二级，体积不超过 3000m³ 且火灾危险性为戊类时，可不设消防给水；变电站内耐火等级为一、二级且可燃物较少的单、多层丁、戊类厂房（仓库），可不设室内消火栓系统，但宜设置消防软管卷盘或轻便消防水龙。

污水处理设施根据当地环保部门要求设置。

6.5.6　降噪

变电站噪声须满足 GB 12348—2008《工业企业厂界环境噪声排放标准》和 GB 3096—2008《声环境质量标准》要求。

6.6　机械化施工

站区场平采用多种施工机具挖土、填土、土方压实、平整场地，道路采用车辆运输混凝土至施工现场后，运用施工机具进行压实路基、振捣、抹光等工序。

混凝土优先选用商品泵送混凝土，利用泵车输送到浇筑工位，直接入模。

构支架、装配式钢结构建筑，均采用工厂化加工，运输至现场后采用机械吊装组装。构支架、建筑结构钢柱等柱脚宜采用地脚螺栓连接，柱底与基础之间的二次浇注混凝土采用专用灌浆工具进行施工作业。

采用吊车等机械化安装设备开展电气安装。电气布置设计结合安装地点的自然环境，综合考虑设备进场、安全电气距离等机械化施工作业因素，保证施工安全。

第7章　750kV 变电站通用设计方案适用条件

750kV 变电站通用设计方案适用条件见表 7.0-1。

表 7.0-1　　　　**750kV 变电站通用设计方案适用条件表**　　　　续表

序号	方案类型	适用条件	技术方案	序号	方案类型	适用条件	技术方案
1	A1（户外 GIS）	（1）人口密度高、土地昂贵地区； （2）受外界条件限制，站址选择困难地区； （3）复杂地质条件、高差较大的地区； （4）特殊环境条件地区，如高地震烈度、高海拔和严重污染等地区	电压等级 750kV/330（220）kV/66kV； 750kV 采用一个半断路器接线，GIS，户外布置； 330kV 采用一个半断路器接线，GIS，户外布置（A1-1 方案）； 220kV 采用双母双分段接线，柱式断路器，户外悬吊管型母线中型布置（A1-2 方案）； 66kV 采用单元制接线，设总回路断路器；采用户外敞开式设备，柱式断路器；支持管型母线中型布置	2	A3（半户内 GIS）	（1）人口密度高、土地昂贵地区； （2）受外界条件限制，站址选择困难地区； （3）复杂地质条件、高差较大的地区； （4）特殊环境条件地区，如高地震烈度、高海拔、高寒、大温差、严重污染和大气腐蚀性严重等地区	电压等级 750kV/330kV/66kV； 750kV 采用一个半断路器接线，GIS，户内布置，架空出线； 330kV 采用双母线双分段接线，GIS，户内布置，架空出线； 66kV 采用单元制接线，设总回路断路器，采用户外敞开式设备，柱式断路器；支持管型母线中型布置； 主变压器户外布置

序号	方案类型	适用条件	技术方案
3	B（HGIS）	（1）人口密度高，土地较昂贵的地区； （2）外界条件限制，站址选择困难地区； （3）特殊环境条件地区，如高地震烈度、高海拔、高寒和严重污染地区	电压等级 750kV/330kV/66kV； 750kV 采用一个半断路器接线，HGIS，一字形，户外悬吊管型母线中型布置； 330kV 采用一个半断路器接线，HGIS，一字形，户外悬吊管型母线中型布置； 66kV 采用单元制接线，设总回路断路器；采用户外敞开式设备，柱式断路器；支持管型母线中型布置

序号	方案类型	适用条件	技术方案
4	D（罐式断路器）	（1）人口密度不高，土地相对便宜的地区； （2）特殊环境条件地区，如高地震烈度、高寒地区	电压等级 750kV/330（220）kV/66kV； 750kV 采用一个半断路器接线，罐式断路器，户外软母线中型布置； 330kV 采用一个半断路器接线，罐式断路器，户外悬吊管型母线中型布置（D-1 方案）； 220kV 采用双母双分段接线，柱式断路器，户外悬吊管型母线中型布置（D-2 方案）； 66kV 采用单元制接线，设总回路断路器；采用户外敞开式设备，柱式断路器；支持管型母线中型布置

第 8 章　750-A1-1 方案

8.1　750-A1-1 方案主要技术条件

750-A1-1 方案主要技术条件见表 8.1-1。

表 8.1-1　　　　　750-A1-1 方案主要技术条件表

序号	项目		技 术 条 件
1	建设规模	主变压器	本期 1 组 2100MVA，远期 3 组 2100MVA
		出线	750kV：本期 4 回，远期 9 回； 330kV：本期 4 回，远期 17 回
		无功补偿装置	750kV 高压并联电抗器：本期 4 组 300Mvar，远期 7 组，为线路高压并联电抗器，均装设中性点电抗器； 66kV 并联电抗器：本期 2 组 90Mvar，远期 12 组 90Mvar； 66kV 并联电容器：本期 2 组 90Mvar，远期 12 组 90Mvar
2	站址基本条件		海拔≤1000m，设计基本地震加速度 0.10g，设计风速≤30m/s，地基承载力特征值 f_{ak}=150kPa，无地下水影响，场地同一设计标高

序号	项目	技 术 条 件
3	电气主接线	750kV 一个半断路器接线，本期 2 个完整串、1 个不完整串，远期 6 个完整串，高压并联电抗器回路不设置隔离开关； 330kV 本期一个半断路器接线，远期一个半断路器接线双分段接线； 66kV 单母线单元接线，设总回路断路器
4	主要设备选型	750、330、66kV 短路电流控制水平分别为 63、63、50kA； 主变压器采用单相、自耦、无励磁调压；高压并联电抗器采用单相，自冷式；750kV 采用户外 GIS；330kV 采用户外 GIS；66kV 采用柱式断路器；66kV 并联电容器采用框架式、66kV 并联电抗器采用干式空芯

序号	项目	技 术 条 件
5	电气总平面及配电装置	750、330kV 及主变压器场地平行布置； 7500kV GIS 户外布置，间隔宽度 39.5m，主变压器构架与 750kV 母线平行布置，间隔宽度 60m； 330kV GIS 户外布置，间隔宽度 18m； 66kV 户外支持管型母线中型布置，配电装置一字形布置
6	二次系统	变电站自动化系统按照一体化监控设计； 750、330kV 及主变压器各侧采用常规互感器模拟量采样，66kV 采用合并单元智能终端集成装置； 750、330kV 及主变压器仅 GOOSE 组网； 750、330kV 及主变压器保护、测控装置独立配置，66kV 采用保护测控一体化装置； 采用站内一体化电源系统，通信电源独立配置； 主变压器、750kV 及 66kV 设置 2 个继电器小室；330kV 设置 2 个继电器小室
7	土建部分	围墙内占地面积 8.5514hm²； 全站总建筑面积 1498m²，其中主控通信室建筑面积 515m²； 建筑物结构型式为钢结构或钢筋混凝土结构； 主变压器消防采用合成型泡沫喷雾消防方式

8.2 750-A1-1 方案基本模块划分

750-A1-1 方案主要包括 750kV 配电装置模块，330kV 配电装置模块，主变压器、66kV 无功配电装置模块，主控通信室模块，继电器小室模块 5 个基本模块，模块内容见表 8.2-1。

表 8.2-1 **750-A1-1 方案基本模块划分表**

序号	基本模块编号	基本模块名称	基本模块描述
1	750-A1-1-750	7500kV 配电装置模块	750kV 本期 4 回出线、1 回主变压器进线，远期 9 回出线、3 回主变压器进线；高压并联电抗器本期 4 组 300Mvar，远期 7 组；750kV 采用一个半断路器接线，本期 2 个完整串、1 个不完整串，远期 6 个完整串。750kV GIS 户外布置
2	750-A1-1-330	330kV 配电装置模块	330kV 出线本期 4 回出线、1 回主变压器进线，远期 17 回出线、3 回主变压器进线；330kV 本期采用一个半断路器接线，远期采用一个半断路器双分段接线。330kV GIS 户外布置
3	750-A1-1-66	主变压器、66kV 无功配电装置模块	主变压器本期 1 组 2100MVA，远期 3 组 2100MVA，采用 750kV/330kV/55kV 单相、自耦、无励磁调压变压器。本期每组主变压器 66kV 侧分别设置 2 组 90Mvar 并联电抗器和 2 组 90Mvar 并联电容器，远期每组主变压器 66kV 侧分别设置 4 组 90Mvar 并联电抗器和 4 组 90Mvar 并联电容器；全站本期设置 1 台 66kV、1600kVA 站用变压器，1 台 35kV、1600kVA 站用备用变压器，远期设置 2 台 66kV、1600kVA 站用变压器，1 台 35kV、1600kVA 站用备用变压器。66kV 单母线单元接线，设总回路断路器。66kV 采用柱式断路器，屋外支持管型母线中型布置。无功补偿设备平行于主变压器排列方向一列布置
4	750-A1-1-ZKL	主控通信室模块	主控通信室为单层建筑，单体建筑面积为 515m²，建筑体积为 1906m³，结构型式采用钢结构或钢筋混凝土结构
5	750-A1-1-JDQ	继电器小室模块	继电器小室为单层建筑，其中 1 号 750kV 继电器小室建筑面积为 214m²，建筑体积为 888m³；2 号 750kV 继电器小室建筑面积为 169m²，建筑体积为 701m³；1 号 330kV 继电器小室建筑面积为 151m²，建筑体积为 627m³；2 号 330kV 继电器小室建筑面积为 151m²，建筑体积为 627m³；结构型式采用钢结构或钢筋混凝土结构

8.3 750-A1-1 方案主要设计图纸

750-A1-1 方案主要设计图纸详见图 8.3-1～图 8.3-4。

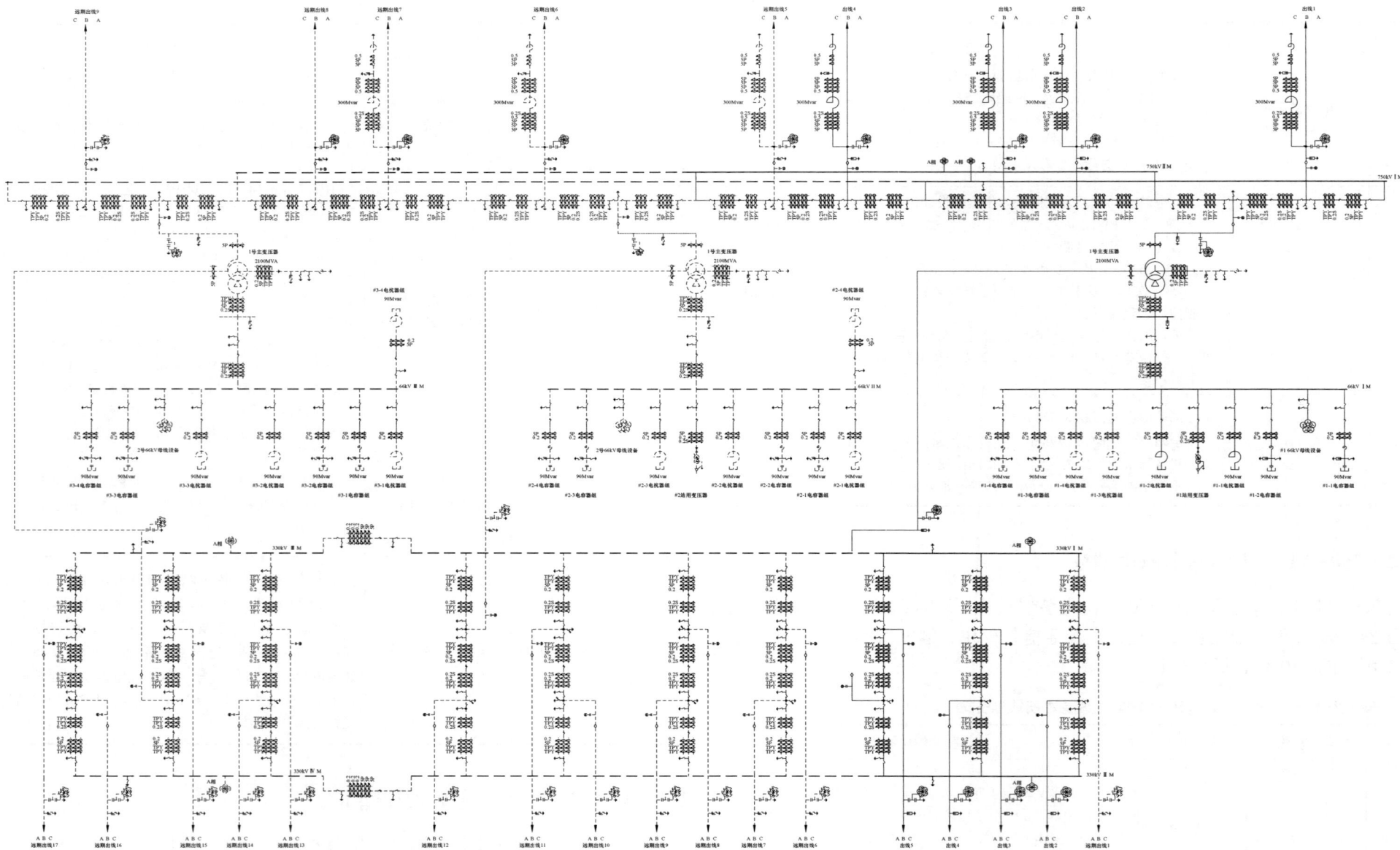

说明：实线部分表示本期工程，虚线部分表示远期工程。

图 8.3-1 电气主接线图（750-A1-1-D1-01）

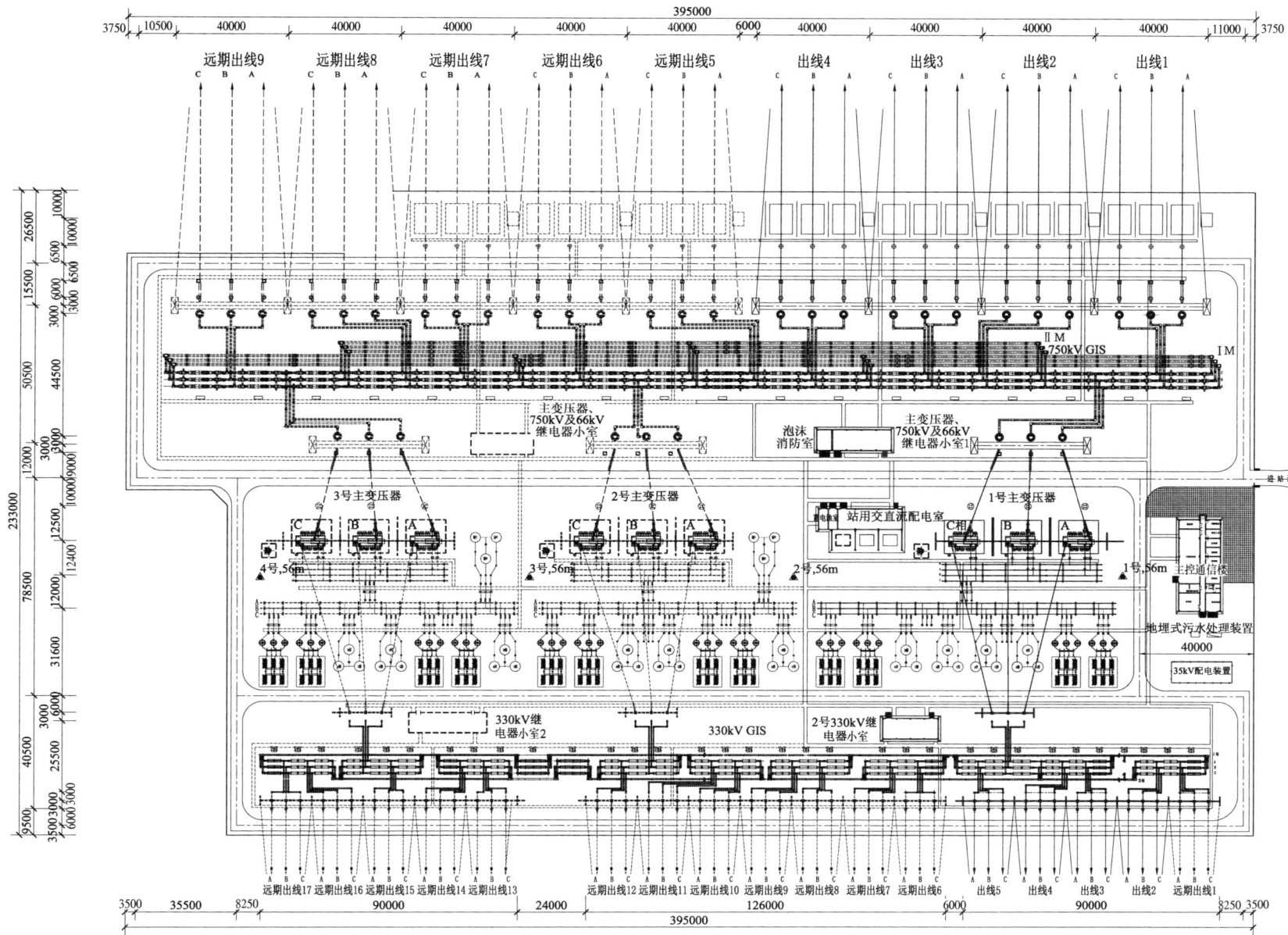

说明：实线部分表示本期工程，虚线部分表示远期工程。

图 8.3-2 电气总平面布置图（750-A1-1-D1-02）

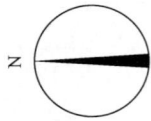

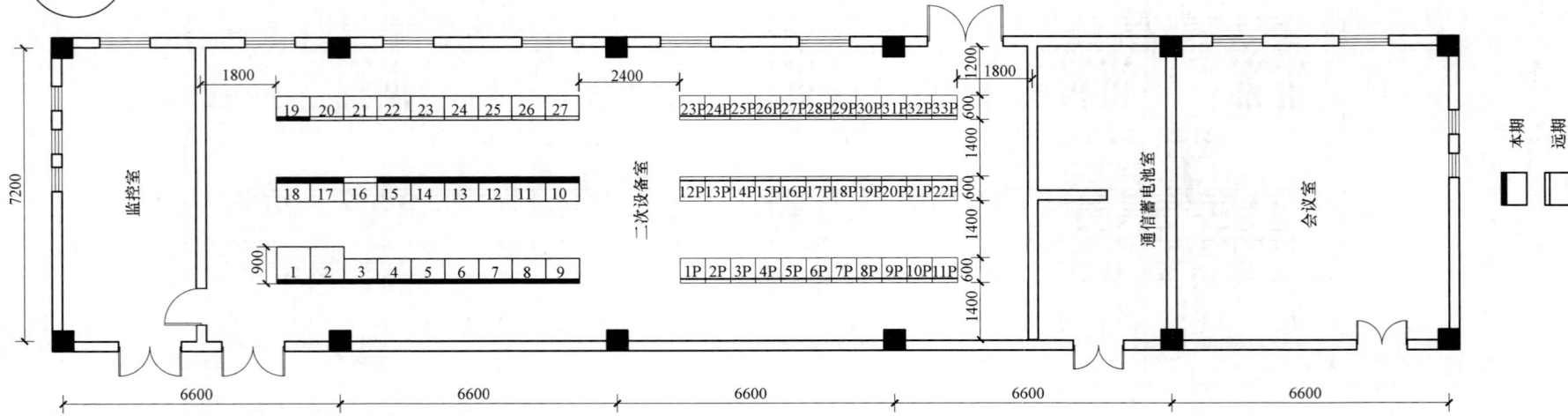

屏位一览表

屏号	名称	单位	本期	远期	备注
1	主机兼操作员柜	面	1		
2	综合应用服务器柜	面	1		
3	I区通信网关机柜	面	1		
4	II/III/IV区通信网关备机柜	面	1		
5~6	调度数据网设备柜	面	2		
7	电能量计量终端柜	面	1		
8	同步时钟系统主时钟柜	面	1		
9	网络报文分析系统柜	面	1		
10	站控层交换机柜	面	1		
11	UPS分电柜	面	1		
12~13	直流分电柜	面	2		
14	试验电源柜	面	1		
15~16	智能辅助控制系统柜	面	1	1	
17~18	同步相量主机及采集柜	面	2		
19	公用测控柜	面	1		
20~27	备用	面		8	
1P~33P	通信屏位	面	1		

图 8.3-3 二次设备室屏位布置图 (750-A1-1-D2-05)

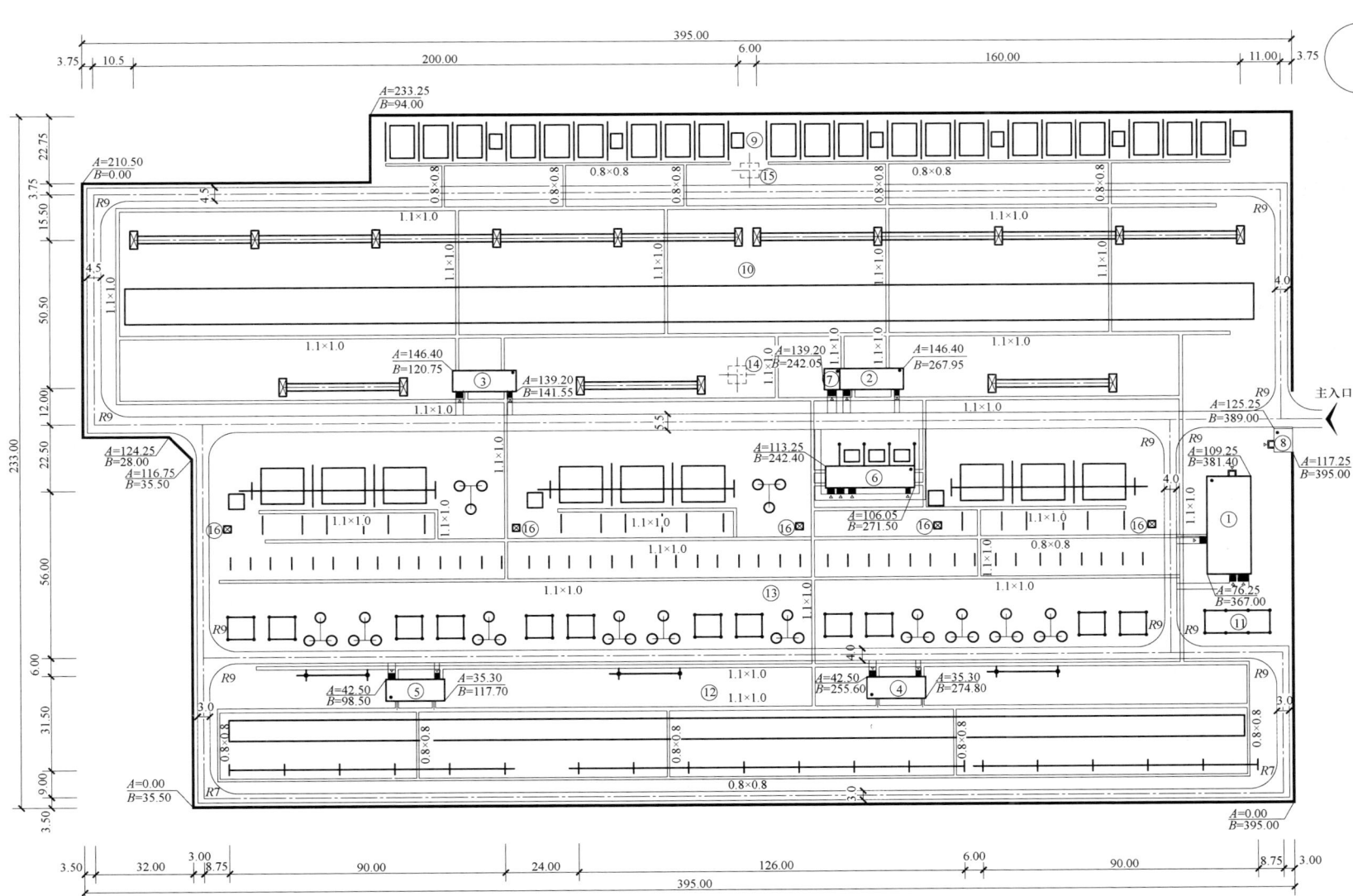

建（构）筑物一览表

编号	建（构）筑物名称	占地面积（m²）	备注
①	主控通信楼室	515	
②	1号750kV继电器小室	169	
③	2号750kV继电器小室	169	
④	1号330kV继电器小室	320	
⑤	2号330kV继电器小室	320	
⑥	站用电室	240	
⑦	泡沫消防室	45	
⑧	警卫室	40	
⑨	750kV高压并联电抗器场地	7263	
⑩	750kV配电装置场地	28091	
⑪	主变压器及66kV配电装置场地	15160	
⑫	330kV配电装置区场地	2322	
⑬	35kV配电装置场地	160	
⑭	主变压器事故油池	36	共1座
⑮	750kV高压并联电抗器事故油池	30	共1座
⑯	独立避雷针		共5座

主要技术经济指标表

序号	名称	单位	数量	备注
1	站内围墙内占地面积	hm²	8.5612	
2	电缆沟长度	m	2400	
3	站内道路面积	m²	8254	
4	总建筑面积	m²	1498	钢结构
5	站区围墙长度	m	1231	

说明：图中尺寸的计量单位均为 m。

图 8.3-4 总平面布置图（750-A1-1-T-01）

第9章 750-A1-2方案

9.1 750-A1-2方案主要技术条件

750-A1-2方案主要技术条件见表9.1-1。

表9.1-1 **750-A1-2方案主要技术条件表**

序号	项目		技 术 条 件
1	建设规模	主变压器	本期2组1500MVA，远期3组1500MVA
		出线	750kV：本期4回，远期7回； 220kV：本期7回，远期16回
		无功补偿装置	750kV高压并联电抗器：本期4组240Mvar，远期7组240Mvar，为线路高压并联电抗器，均装设中性点电抗器； 66kV并联电抗器：本期4组60Mvar，远期12组60Mvar； 66kV并联电容器：本期4组60Mvar，远期12组60Mvar
2	站址基本条件		海拔≤1000m，设计基本地震加速度0.10g，设计风速≤30m/s，地基承载力特征值f_{ak}=150kPa，无地下水影响，场地同一设计标高
3	电气主接线		750kV本期及远期均采用一个半断路器接线，高压并联电抗器回路不设置隔离开关； 220kV本期采用双母线接线，远期采用双母线双分段接线； 66kV单母线单元接线，设单总回路断路器
4	主要设备选型		750、220、66kV短路电流控制水平分别为63、63、50kA； 主变压器采用三相、自耦、无励磁调压；高压并联电抗器采用单相、自冷式；750kV采用户外GIS；220kV采用户外柱式断路器；66kV总回路和分支回路均采用柱式断路器；66kV并联电容器采用框架式、66kV并联电抗器采用干式空芯
5	电气总平面及配电装置		750、220kV及主变压器场地平行布置； 750kV GIS户外布置，架空出线，间隔宽度37.5/39.5m（进/出线构架宽度）； 220kV户外悬吊管型母线中型布置、柱式断路器三列布置，间隔宽度14/13m（主变压器进线、母联间隔/其余间隔宽度） 66kV总回路柱式断路器户外中型布置，配电装置一字形布置

续表

序号	项目	技 术 条 件
6	二次系统	变电站自动化系统按照一体化监控设计； 750kV及主变压器各侧采用常规互感器模拟量采样，220kV采用常规互感器+合并单元，66kV采用合并单元智能终端集成装置； 750kV及主变压器仅GOOSE组网，220kV GOOSE与SV共网，保护直采直跳； 750、220kV及主变压器保护、测控装置独立配置，66kV采用保护测控一体化装置； 采用站内一体化电源系统，通信电源独立配置； 750kV及主变压器设置两个继电器小室，220kV设置两个III型预制舱式二次组合设备
7	土建部分	围墙内占地面积8.3145hm²； 全站总建筑面积1224m²，其中主控通信室建筑面积515m²； 建筑物结构型式为钢结构或钢筋混凝土结构； 主变压器消防采用合成型泡沫喷雾消防方式

9.2 750-A1-2方案基本模块划分

750-A1-2方案主要包括750kV配电装置模块，220kV配电装置模块，主变压器、66kV无功配电装置模块，主控通信室模块，继电器小室模块，预制舱式二次组合设备模块6个基本模块，模块内容见表9.2-1。

表9.2-1 **750-A1-2方案基本模块划分表**

序号	基本模块编号	基本模块名称	基本模块描述
1	750-A1-2-750	750kV配电装置模块	750kV本期4回出线、2回主变压器进线，远期7回出线、3回主变压器进线；高压并联电抗器本期4组240Mvar，远期7组；750kV采用一个半断路器接线，本期2个完整串、2个不完整串，远期5个完整串，主变压器进串。750kV GIS户外布置，架空出线

序号	基本模块编号	基本模块名称	基本模块描述
2	750-A1-2-220	220kV 配电装置模块	220kV 本期 8 回出线、2 回主变压器进线；远期 16 回出线、3 回主变压器进线。220kV 本期采用双母线接线，远期采用双母线双分段接线。220kV 户外悬吊管型母线中型布置、柱式断路器三列布置
3	750-A1-2-66	主变压器、66kV 无功配电装置模块	主变压器本期 2 组 1500MVA，远期 3 组 1500MVA，采用 750kV/220kV/66kV 三相、自耦、无励磁调压变压器。本期/远期每组主变压器 66kV 侧分别设置 2/4 组 60Mvar 并联电抗器和 2/4 组 60Mvar 并联电容器；全站设置 2 台 66kV、1600kVA 站用变压器及 1 台 35kV、1600kVA 站用变压器。66kV 单母线单元接线，设单总回路断路器。66kV 采用柱式断路器，屋外支持管型母线中型布置。无功补偿设备平行于主变压器排列方向一列布置

序号	基本模块编号	基本模块名称	基本模块描述
4	750-A1-2-ZKL	主控通信室模块	主控通信室为单层建筑，单体建筑面积为 515m²，建筑体积为 1906m³，结构型式采用钢结构或钢筋混凝土结构
5	750-A1-2-JDQ	继电器小室模块	继电器小室为单层建筑，其中 1 号 750kV 及主变压器继电器小室建筑面积为 156m²，建筑体积为 647m³；2 号 750kV 及主变压器继电器小室建筑面积为 160m²，建筑体积为 664m³；结构型式采用钢结构或钢筋混凝土结构
6	750-A1-2-YZC	预制舱式二次组合设备模块	采用预制舱式二次组合设备，全站设置 2 个 Ⅲ 型预制舱式二次设备，舱内二次设备双列布置

9.3　750-A1-2 方案主要设计图纸

750-A1-2 方案主要设计图纸详见图 9.3-1～图 9.3-4。

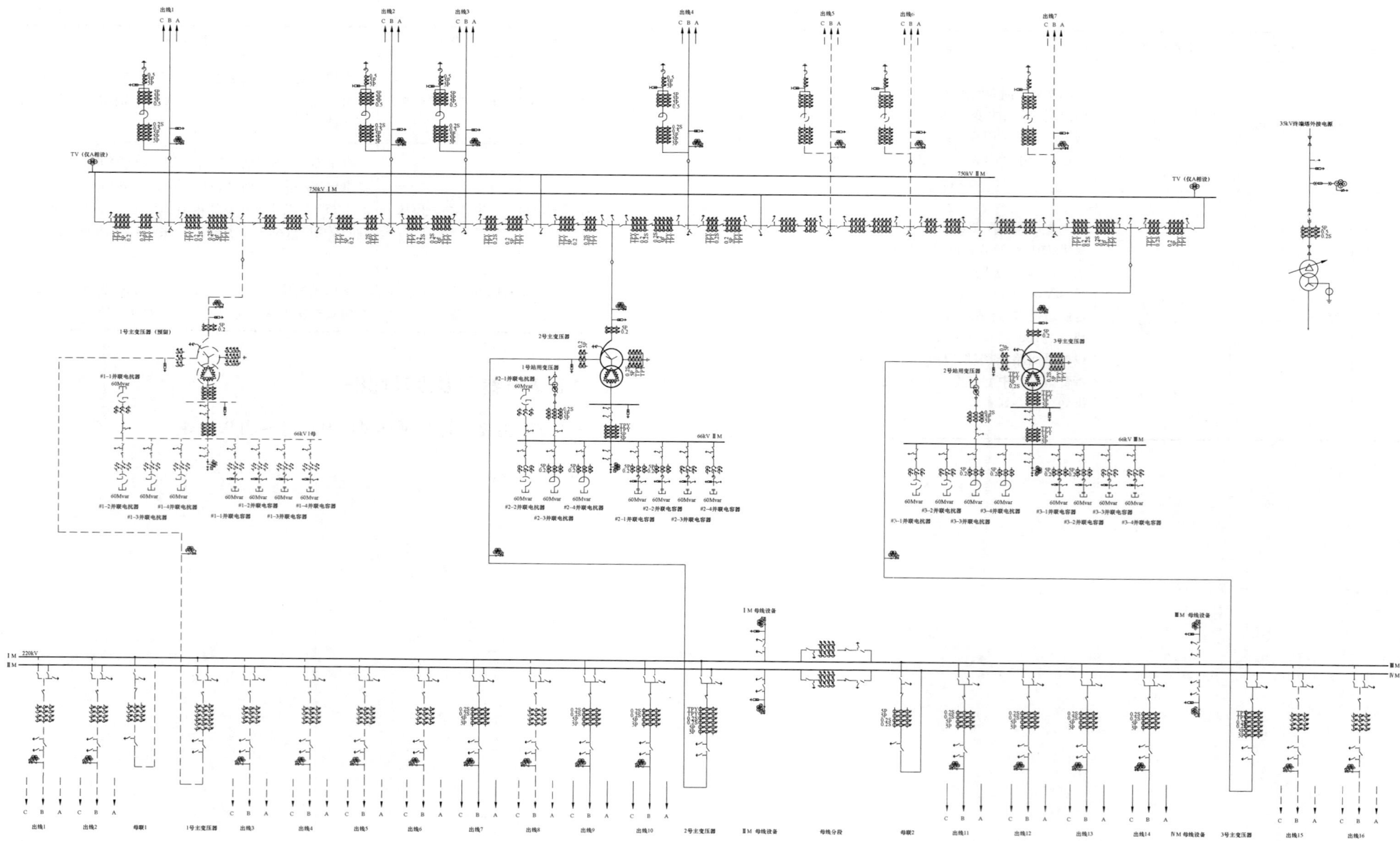

说明：实线部分表示本期工程，虚线部分表示远期工程。

图 9.3-1　电气主接线图（750-A1-2-D1-01）

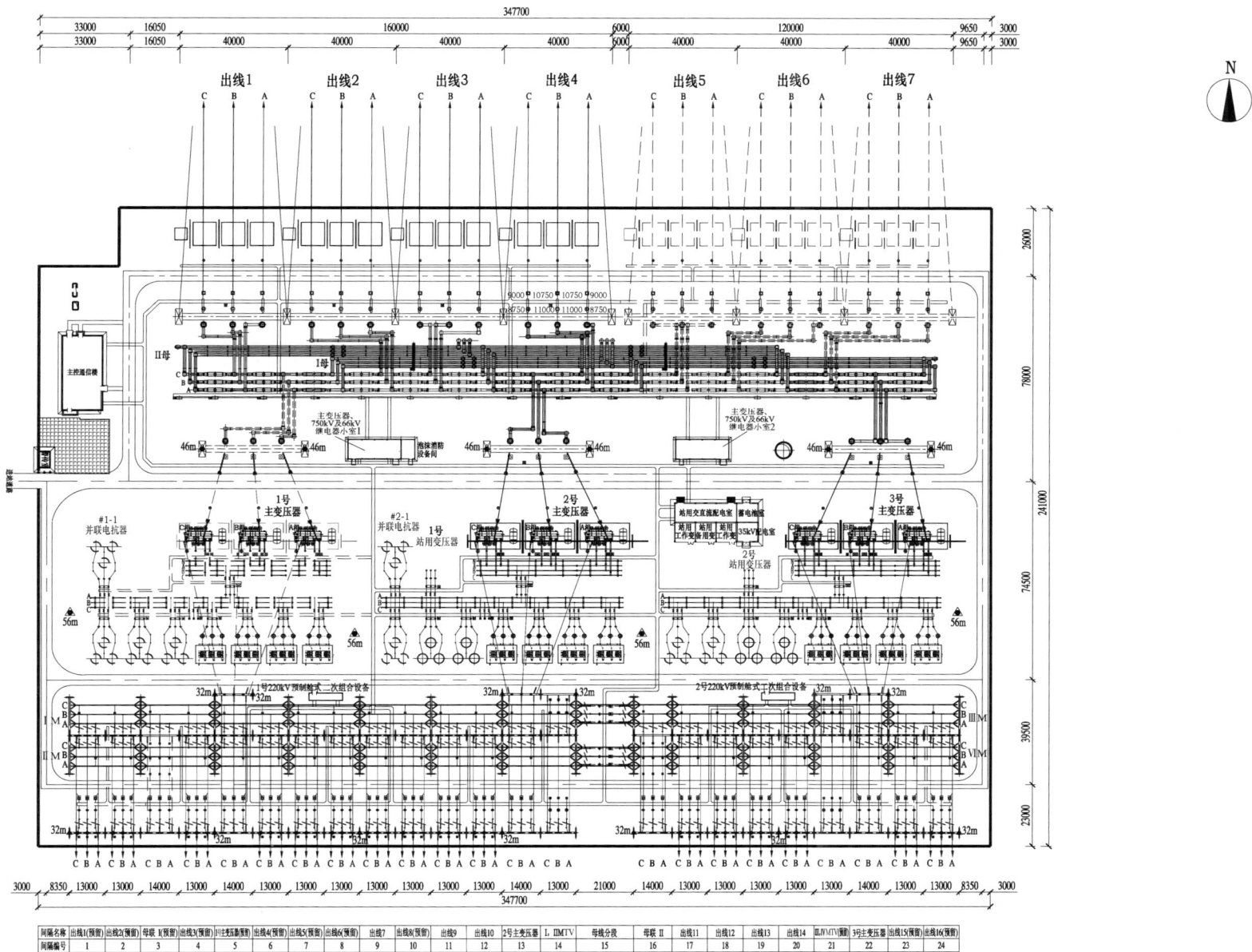

图 9.3-2 电气总平面图 （750-A1-2-D1-02）

说明：实线部分表示本期工程，虚线部分表示远期工程。

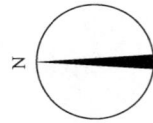

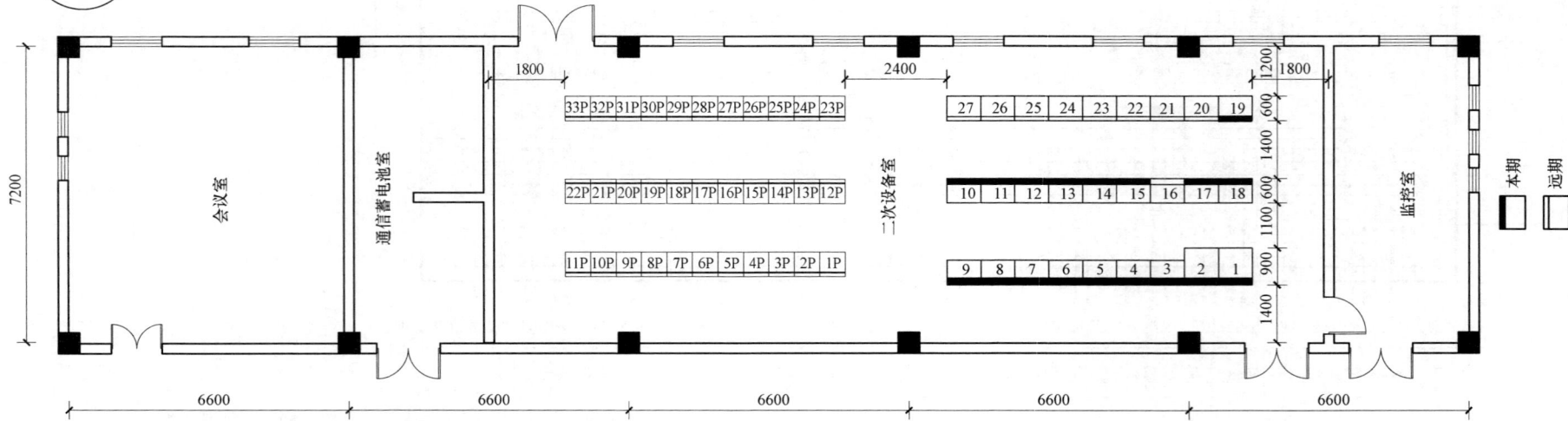

屏 位 一 览 表

屏号	名称	单位	数量 本期	数量 远期	备注
1	主机兼操作员柜	面	1		
2	综合应用服务器柜	面	1		
3	I区通信网关机柜	面	1		
4	II/III/IV区通信网关机柜	面	1		
5~6	调度数据网设备柜	面	2		
7	电能量计量终端柜	面	1		
8	同步时钟系统主时钟柜	面	1		
9	网络报文分析系统柜	面	1		
10	站控层交换机柜	面	1		
11	UPS分电柜	面	1		
12~13	直流分电柜	面	2		
14	试验电源柜	面	1		
15~16	智能辅助控制系统柜	面	1	1	
17~18	同步相量主机及采集柜	面	2		
19	公用测控柜	面	1		
20~27	备用	面		8	
1P~33P	通信屏位	面	1		

图 9.3-3　二次设备室屏位布置图（750-A1-2-D2-05）

会议室　通信蓄电池室　二次设备室　监控室

7200　6600　6600　6600　6600　6600

1800　2400　1200　1800

33P 32P 31P 30P 29P 28P 27P 26P 25P 24P 23P

22P 21P 20P 19P 18P 17P 16P 15P 14P 13P 12P

11P 10P 9P 8P 7P 6P 5P 4P 3P 2P 1P

27 26 25 24 23 22 21 20 19

10 11 12 13 14 15 16 17 18

9 8 7 6 5 4 3 2 1

600 1400 600 1100 900 1400

■ 本期　□ 远期

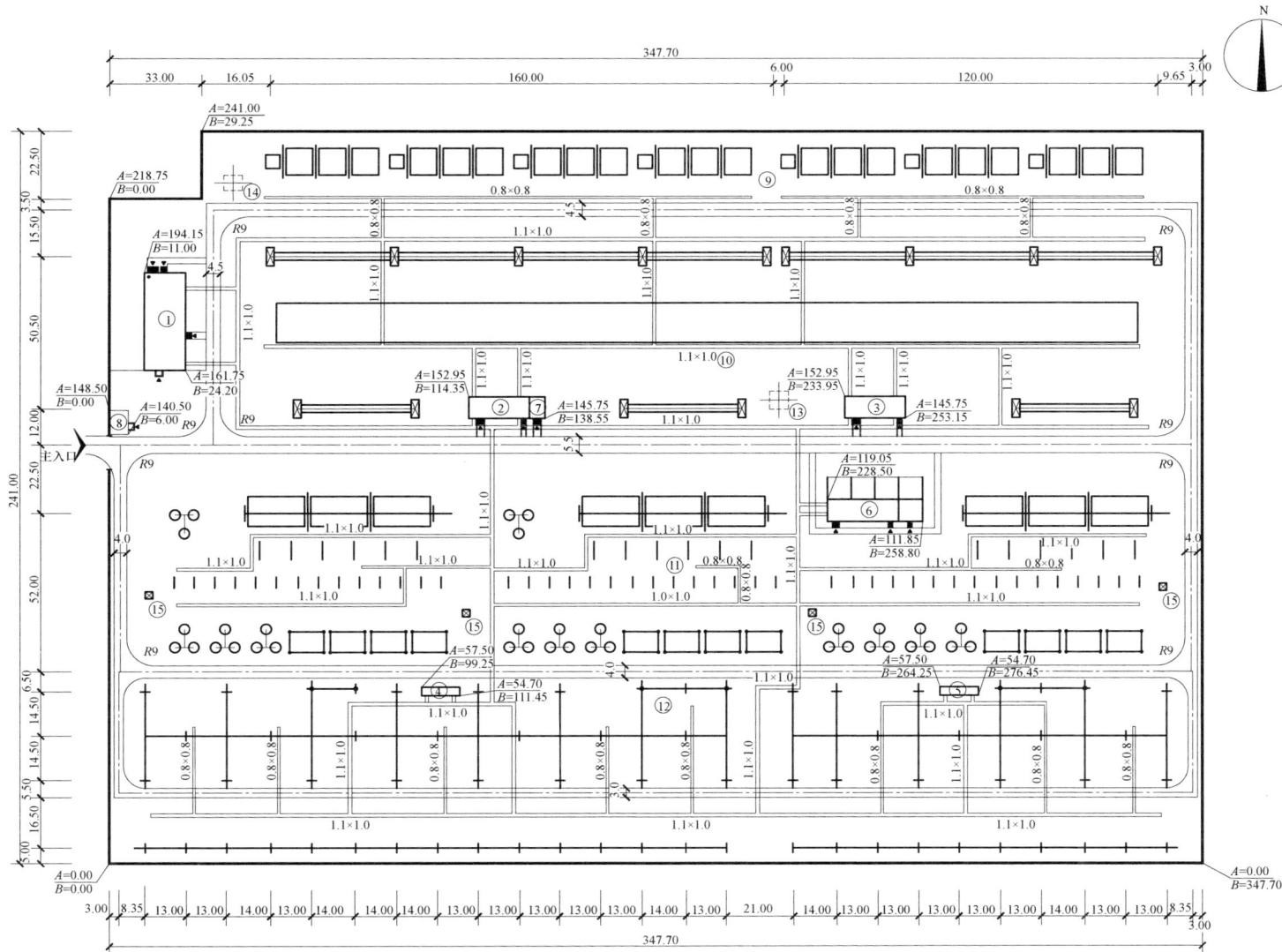

图 9.3-4　总平面布置图（750-A1-2-T-01）

建（构）筑物一览表

编号	建（构）筑物名称	占地面积（m²）	备注
①	主控通信楼室	428	
②	1 号 750kV 继电器小室	165	
③	2 号 750kV 继电器小室	165	
④	1 号 220kV 预制舱式二次组合设备	198	
⑤	2 号 220kV 预制舱式二次组合设备	198	
⑥	站用电室	210	
⑦	泡沫消防室	36	
⑧	警卫室	40	
⑨	750kV 高压并联电抗器场地	7563	
⑩	750kV 配电装置场地	22407	
⑪	主变压器及 66kV 配电装置场地	23485	
⑫	220kV 配电装置区	19475	
⑬	主变压器事故油池	36	共 1 座
⑭	750kV 高压并联电抗器事故油池	30	共 1 座
⑮	独立避雷针		共 4 座

主要技术经济指标表

序号	名称	单位	数量	备注
1	站内围墙内占地面积	hm²	8.3145	
2	电缆沟长度	m	2900	
3	站内道路面积	m²	7338	
4	总建筑面积	m²	1224	钢结构
5	站区围墙长度	m	1166	

说明：图中尺寸的计量单位均为 m。

第 10 章　750-A3-1 方案

10.1　750-A3-1 方案主要技术条件

750-A3-1 方案主要技术条件见表 10.1-1。

表 10.1-1　　　　　　　　750-A3-1 方案主要技术条件表

序号	项目		技 术 条 件
1	建设规模	主变压器	本期 1 组 2100MVA，远期 3 组 2100MVA
		出线	750kV：本期 4 回，远期 10 回； 330kV：本期 4 回，远期 18 回
		无功补偿装置	750kV 高压并联电抗器：本期 4 组 360Mvar，远期 7 组，为线路高压并联电抗器，均装设中性点电抗器； 66kV 并联电抗器：本期 2 组 120Mvar，远期 4 组 120Mvar； 66kV 并联电容器：本期 2 组 120Mvar，远期 4 组 120Mvar
2	站址基本条件		海拔≤1000m，设计基本地震加速度 0.10g，设计风速≤30m/s，地基承载力特征值 f_{ak}=150kPa，无地下水影响，场地同一设计标高
3	电气主接线		750kV 一个半断路器接线，本期 1 个完整串、3 个不完整串、远期 6 个完整串、1 个不完整串，主变压器进串；高压并联电抗器回路不设置隔离开关； 330kV 本期采用双母线双分段接线，远期采用双母线双分段接线； 66kV 单母线单元接线，设双总回路断路器
4	主要设备选型		750、330、66kV 短路电流控制水平分别为 63、63、50kA； 主变压器采用单相、自耦、无励磁调压；高压并联电抗器采用单相，自冷式；750kV 采用户内 GIS；330kV 采用户内 GIS；66kV 采用柱式断路器；66kV 并联电容器采用框架式、66kV 并联电抗器采用干式空芯
5	电气总平面及配电装置		750、330kV 及主变压器场地平行布置； 750kV GIS 户内布置，架空出线，间隔宽度 37.5/39.5m（进、出线构架宽度）； 330kV GIS 户内布置，架空出线，间隔宽度 18/18m（进、出线构架宽度）； 66kV 总回路柱式断路器户外中型布置，配电装置一字形布置

续表

序号	项目	技 术 条 件
6	二次系统	变电站自动化系统按照一体化监控设计； 750、330kV 及主变压器各侧采用常规互感器模拟量采样，66kV 采用常规互感器+合并单元（66kV 采用合并单元智能终端集成装置）； 750、330kV 及主变压器仅 GOOSE 组网，66kV 不设置 GOOSE 和 SV 网络，采用点对点方式传输，保护直采直跳； 750、330kV 及主变压器保护、测控装置独立配置，66kV 采用保护测控一体化装置； 采用站内一体化电源系统，通信电源独立配置； 750kV 及 330kV 户内 GIS 不设置继电器小室，主变压器及 66kV 设置 1 个继电器小室
7	土建部分	围墙内占地面积 10.1610hm²； 全站总建筑面积 20466m²，其中主控通信室建筑面积 515m²； 建筑物结构型式为钢结构或钢筋混凝土结构； 主变压器消防采用合成型泡沫喷雾消防方式

10.2　750-A3-1 方案基本模块划分

750-A3-1 方案主要包括 750kV 配电装置模块，330kV 配电装置模块，主变压器、66kV 无功配电装置模块，主控通信室模块，继电器小室模块、GIS 配电装置室模块 6 个基本模块，模块内容见表 10.2-1。

表 10.2-1　　　　　　　750-A3-1 方案基本模块划分表

序号	基本模块编号	基本模块名称	基本模块描述
1	750-A3-1-750	750kV 配电装置模块	750kV 本期 4 回出线、1 回主变压器进线，远期 10 回出线、3 回主变压器进线；高压并联电抗器本期 4 组 360Mvar，远期 7 组；750kV 采用一个半断路器接线，本期 1 个完整串、3 个不完整串，远期 6 个完整串、1 个不完整串，主变压器进串。750kV GIS 户内布置，架空出线

序号	基本模块编号	基本模块名称	基本模块描述
2	750-A3-1-330	330kV 配电装置模块	330kV 本期 4 回出线、1 回主变压器进线，远期 18 回出线、3 回主变压器进线；330kV 本期采用双母线双分段接线，远期采用双母线双分段接线。330kV GIS 户内布置，架空出线
3	750-A3-1-66	主变压器、66kV 无功配电装置模块	主变压器本期 1 组 2100MVA，远期 3 组 2100MVA，采用 750kV/330kV/66kV 单相、自耦、无励磁调压变压器。本期/远期每组主变压器 66kV 侧分别设置 2/4 组 120Mvar 并联电抗器和 2/4 组 120Mvar 并联电容器；全站本期/远期设置 1/2 台 66kV、1600kVA 站用变压器，1 台 35（10）kV、1600kVA 站用变压器。66kV 单母线单元接线，设双总回路断路器。 66kV 单母线单元接线，设双总回路断路器。66kV 采用柱式断路器，屋外支持管型母线中型布置。无功补偿设备平行于主变压器排列成一字形

序号	基本模块编号	基本模块名称	基本模块描述
4	750-A3-1-ZKL	主控通信室模块	主控通信室为单层建筑，单体建筑面积为 515m²，建筑体积为 1906m³，结构型式采用钢结构或钢筋混凝土结构
5	750-A3-1-JDQ	继电器小室模块	继电器小室为单层建筑，主变压器继电器小室建筑面积为 173m²，建筑体积为 718m³；结构型式采用钢结构或钢筋混凝土结构
6	750-A3-1-GIS	GIS 配电装置室模块	750kV GIS 配电装置室为单层建筑，单体建筑面积 13826m²，建筑体积为 215828m³，结构型式采用门式钢架结构；330kV GIS 配电装置室为单层建筑，单体建筑面积 5410m²，建筑体积为 79120m³，结构型式采用门式钢架结构

10.3　750-A3-1 方案主要设计图纸

750-A3-1 方案主要设计图纸详见图 10.3-1～图 10.3-4。

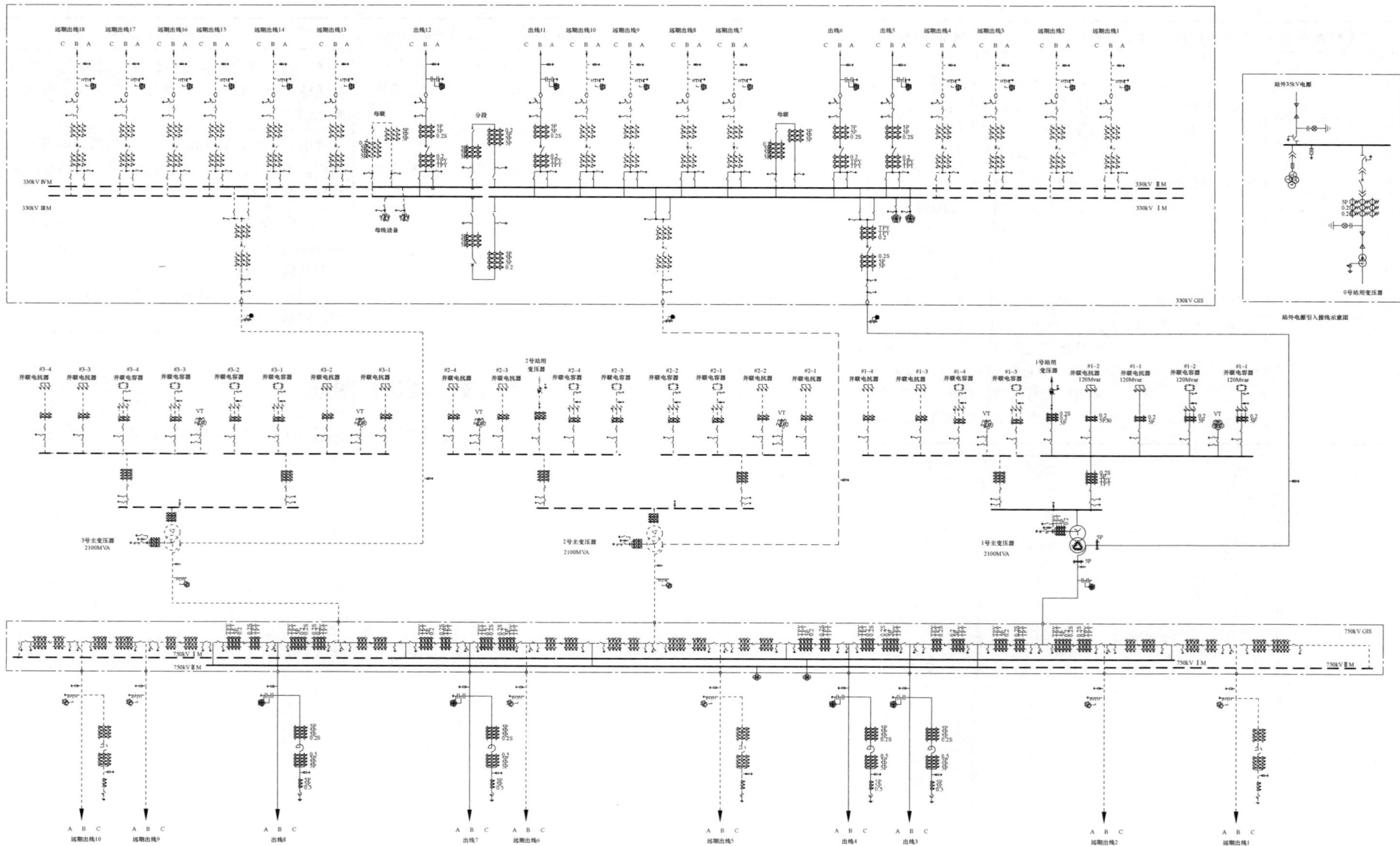

说明：实线部分表示本期工程，虚线部分表示远期工程。

图 10.3-1　电气主接线图（750-A3-1-D1-01）

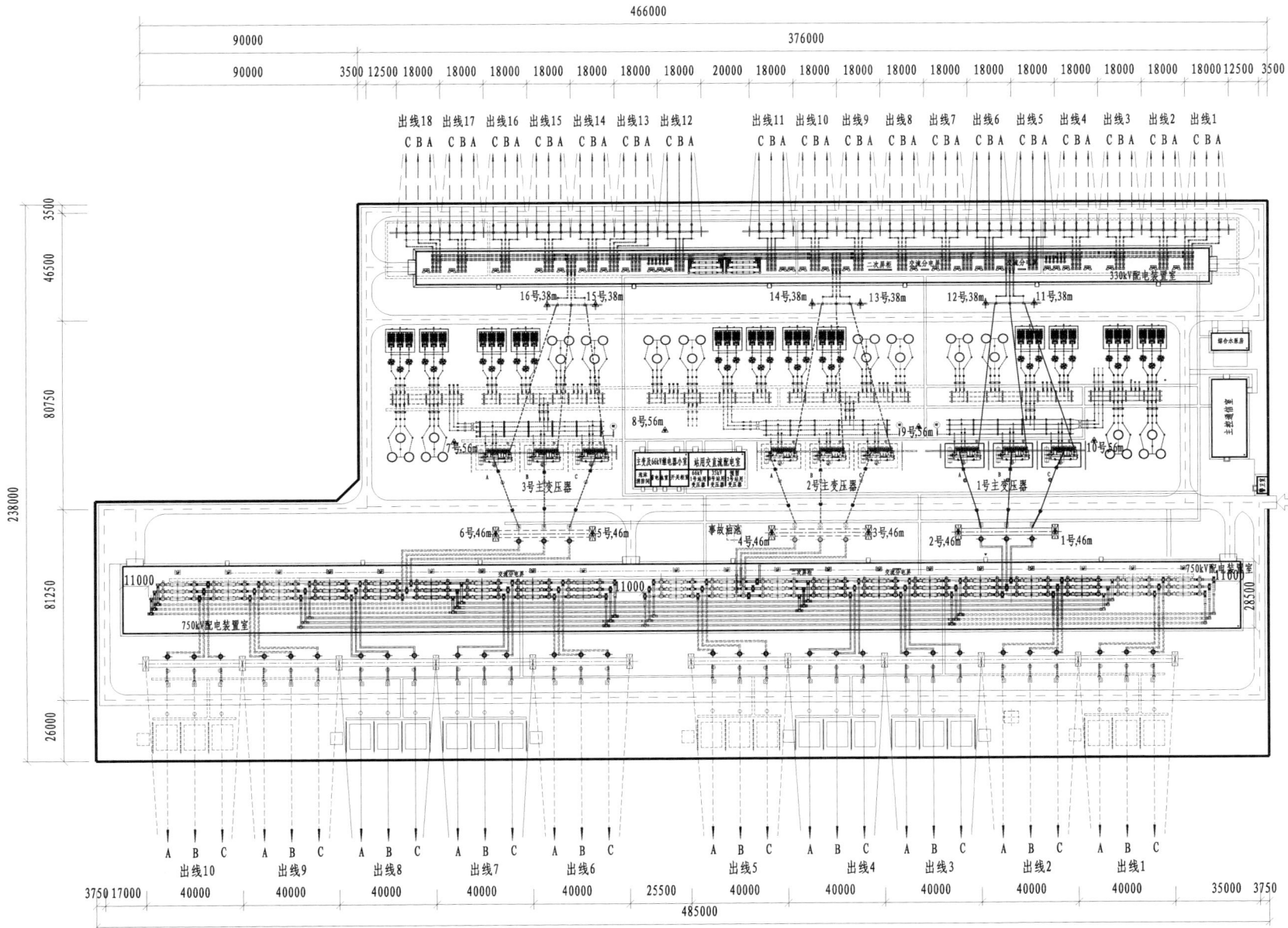

说明：实线部分表示本期工程，虚线部分表示远期工程。

图 10.3-2　电气总平面布置图（750-A3-1-D1-02）

屏位一览表

屏号	名称	单位	数量 本期	数量 远期	备注
1	主机兼操作员柜	面	1		
2	综合应用服务器柜	面	1		
3	I区通信网关机柜	面	1		
4	II/III/IV区通信网关机柜	面	1		
5~6	调度数据网设备柜	面	2		
7	电能量计量终端柜	面	1		
8	同步时钟系统主时钟柜	面	1		
9	网络报文分析系统柜	面	1		
10	站控层交换机柜	面	1		
11	UPS分电柜	面	1		
12~13	直流分电柜	面	2		
14	试验电源柜	面	1		
15~16	智能辅助控制系统柜	面	1	1	
17~18	330kV线路行波测距柜	面	1	1	
19~22	330kV母线保护柜	面	4		
23	330kV母线测控柜	面	1		
24~26	330kV线路故障录波柜	面	1	2	
27	330kV对时扩展柜	面	1		
28	公用测控柜	面	1		
29~31	同步相量主机及采集柜	面	1	2	
32	保护光配线柜	面	1		
33~42	备用	面		10	
1P~33P	通信屏位	面	33		

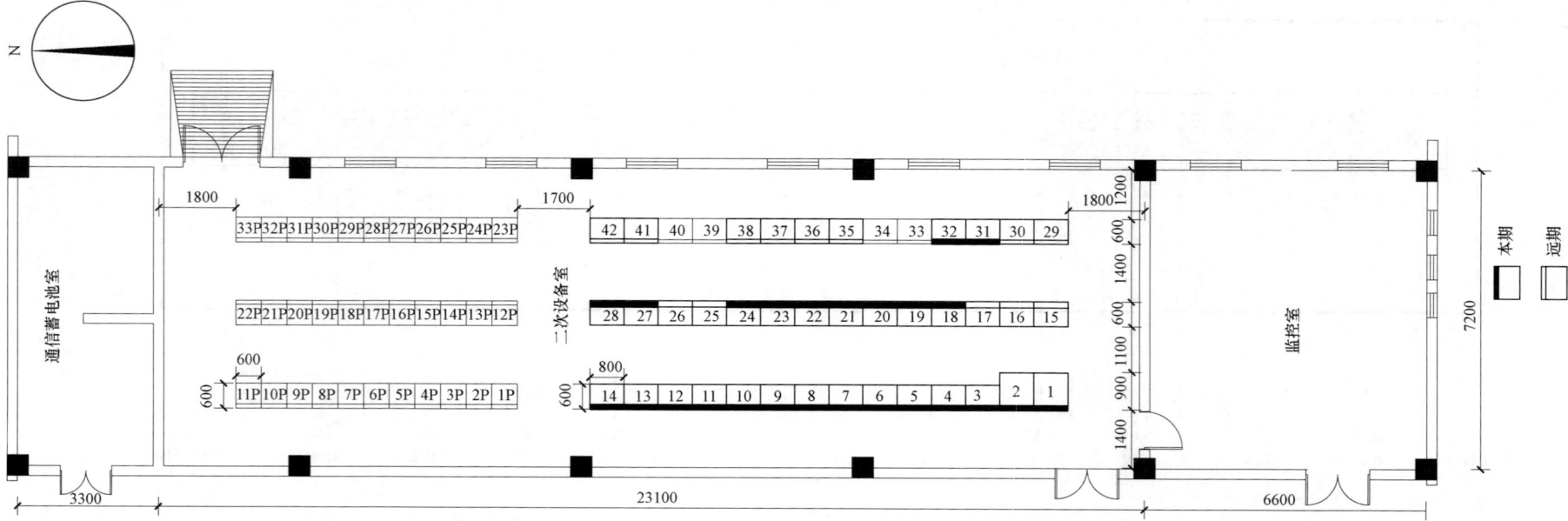

图 10.3-3　二次设备室屏位布置图（750-A3-1-D2-05）

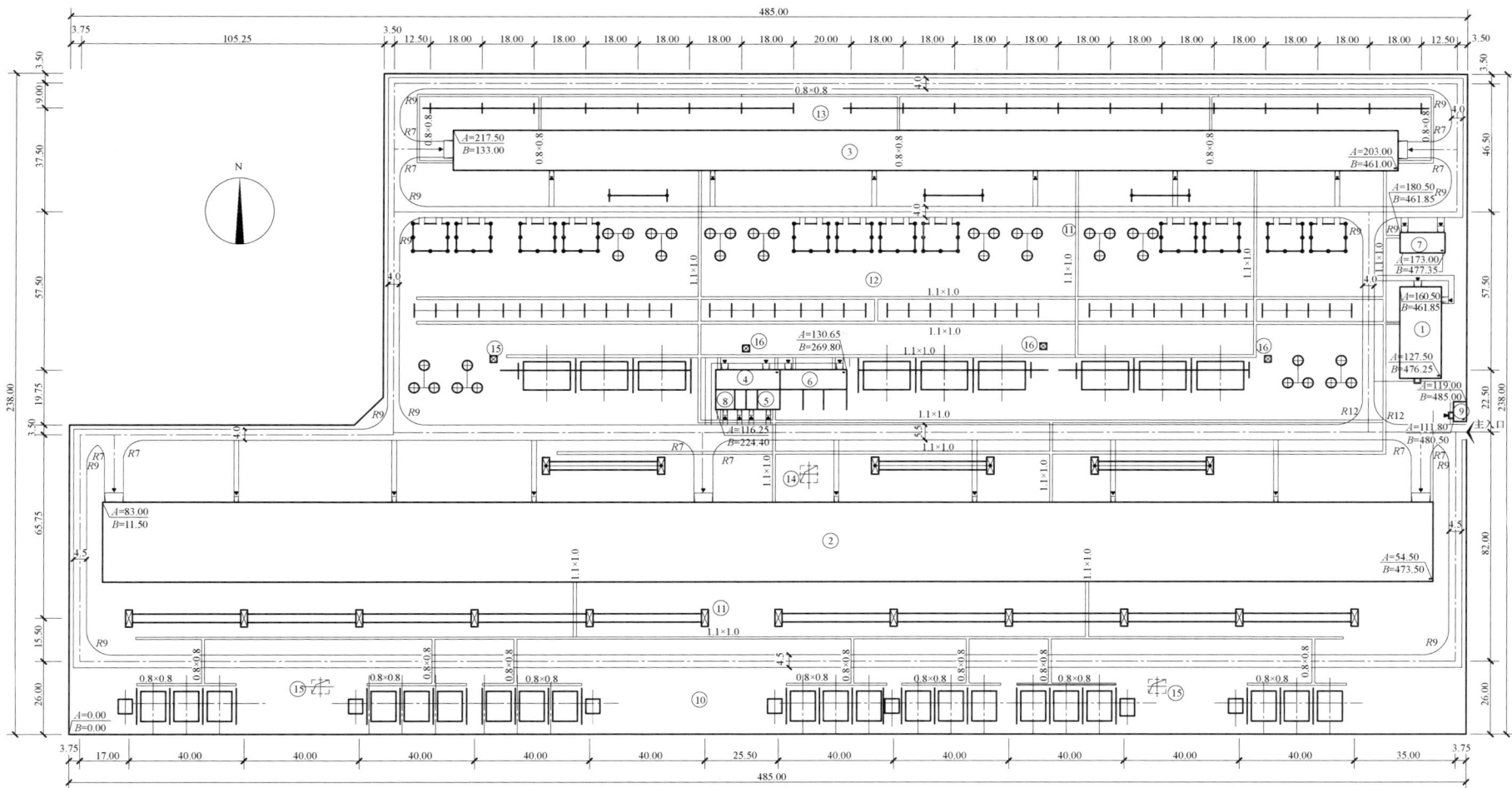

图 10.3-4 站区总平面布置图（750-A3-1-T-01）

主要技术经济指标表

序号	名称	单位	数量	备注
1	站内围墙内占地面积	hm²	10.1610	
2	电缆沟长度	m	3087	
3	站内道路面积	m²	10577	
4	总建筑面积	m²	20466	钢结构
5	站区围墙长度	m	1427	

建（构）筑物一览表

编号	建（构）筑物名称	占地面积（m²）	备注	编号	建（构）筑物名称	占地面积（m²）	备注
①	主控通信楼室	515		⑨	警卫室	40	
②	750kV GIS 配电装置室	14275		⑩	750kV 高压并联电抗器场地	11519	
③	330kV GIS 配电装置室	5410		⑪	750kV 配电装置场地	36421	
④	主变压器及 66kV 继电器小室	176		⑫	主变压器及 66kV 配电装置	25160	
⑤	站用电室	311		⑬	330kV 配电装置场地	15513	
⑥	35kV 配电装置室	311		⑭	主变压器事故油池	36	共 1 座
⑦	消防泵房	138		⑮	高压并联电抗器事故油池	60	共 2 座
⑧	泡沫消防室	45	1 座	⑯	独立避雷针		共 4 座

说明：图中尺寸的计量单位均为 m。

第 11 章 750-B-1 方案

11.1 750-B-1 方案主要技术条件

750-B-1 方案主要技术条件见表 11.1-1。

表 11.1-1　　　　　**750-B-1 方案主要技术条件表**

序号	项目		技 术 条 件
1	建设规模	主变压器	本期 1 组 2100MVA，远期 3 组 2100MVA
		出线	750kV：本期 4 回，远期 9 回； 330kV：本期 4 回，远期 19 回
		无功补偿装置	750kV 高压并联电抗器：本期无，远期 4 组，为线路高压并联电抗器，均装设中性点电抗器； 66kV 并联电抗器：本期 2 组 120Mvar，远期 12 组 120Mvar； 66kV 并联电容器：本期 2 组 120Mvar，远期 12 组 120Mvar
2	站址基本条件		海拔≤1000m，设计基本地震加速度 0.10g，设计风速≤30m/s，地基承载力特征值 f_{ak}=150kPa，无地下水影响，场地同一设计标高
3	电气主接线		750kV 一个半断路器接线，本期 5 个不完整串，远期 6 个完整串，高压并联电抗器回路不设置隔离开关； 330kV 一个半断路器接线，本期 5 个不完整串，远期 11 个完整串； 66kV 单母线单元接线，设双总回路断路器
4	主要设备选型		750、330、66kV 短路电流控制水平分别为 63、63、50kA； 主变压器采用单相、自耦、无励磁调压；高压并联电抗器采用单相，自冷式；750kV 采用户外 HGIS；330kV 采用户外 HGIS；66kV 采用柱式断路器；66kV 并联电容器采用框架式、66kV 并联电抗器采用干式空芯
5	电气总平面及配电装置		750、330kV 及主变压器场地平行布置； 750kV 户外悬吊管型母线中型、HGIS 三列布置，主变压器构架与母线垂直布置，间隔宽度 40.5m； 330kVGIS 户外布置，间隔宽度 20m（消防环道间隔宽度 27m）； 66kV 户外支持管型母线中型布置，配电装置一字形布置

序号	项目	技 术 条 件
6	二次系统	变电站自动化系统按照一体化监控设计； 750、330kV 及主变压器各侧采用常规互感器模拟量采样，66kV 采用常规互感器+合并单元智能终端集成装置； 750、330kV 及主变压器仅 GOOSE 组网，66kV 不组网，保护直采直跳； 750、330kV 及主变压器保护、测控装置独立配置，66kV 采用保护测控一体化装置； 采用站内一体化电源系统，通信电源独立配置； 750kV 设置 3 个继电器小室；主变压器及 66kV 设置 1 个继电器小室；330kV 设置 2 个继电器小室
7	土建部分	围墙内占地面积 9.1518hm^2； 全站总建筑面积 1645m^2，主控通信室建筑面积 519m^2； 建筑物结构型式为钢结构或钢筋混凝土结构； 主变压器消防采用泡沫喷淋系统

11.2 750-B-1 方案基本模块划分

750-B-1 方案共设计了 750kV 配电装置模块，330kV 配电装置模块，主变压器、66kV 配电装置模块，主控通信室模块，继电器小室模块 5 个基本模块，方案基本模块划分表见 11.2-1。

表 11.2-1　　　　　**750-B-1 方案基本模块划分表**

序号	基本模块编号	基本模块名称	基本模块描述
1	750-B-1-750	750kV 配电装置模块	750kV 本期 4 回出线、1 回主变压器进线；远期 9 回出线、3 回主变压器进线；本期无高压并联电抗器，远期 4 组高压并联电抗器；750kV 采用一个半断路器接线，本期 5 个不完整串，远期 6 个完整串，3 组主变压器全部进串。750kV 采用户外悬吊管型母线中型、HGIS 三列布置。750kV 母线和串中跨线按远期规模一次建设

序号	基本模块编号	基本模块名称	基本模块描述
2	750-B-1-330	330kV 配电装置模块	330kV 本期 4 回出线、1 回主变压器进线；远期 19 回出线、3 回主变压器进线；330kV 采用一个半断路器接线，本期 5 个不完整串，远期 11 个完整串，3 组主变压器全部进串。330kV 采用户外悬吊管型母线中型、HGIS 三列布置。330kV 母线和串中跨线按远期规模一次建设
3	750-B-1-66	主变压器、66kV 配电装置模块	主变压器本期 1 组 2100MVA，远期 3 组 2100MVA，采用 750kV/330kV/66kV 单相、自耦、无励磁调压变压器。本期每组主变压器 66kV 侧分别设置本期 2 组 120Mvar 并联电抗器和 2 组 120Mvar 并联电容器；远期每组主变压器 66kV 侧分别设置本期 4 组 120Mvar 并联电抗器和 4 组 120Mvar 并联电容器。本期全站设置 2 台 1600kVA 站用变压器，远期全站设置 3 台 1600kVA 站用变压器。66kV 母线单元接线，设双总回路断路器。66kV 采用柱式断路器，屋外支持管型母线中型布置。无功补偿设备平行于主变压器排列方向双列布置

序号	基本模块编号	基本模块名称	基本模块描述
4	750-B-1-ZKL	主控通信室模块	主控通信室为单层建筑，单体建筑面积为 519m^2，建筑体积为 2154m^3。结构型式采用钢结构或钢筋混凝土结构
5	750-B-1-JDQ	继电器小室模块	继电器小室为单层建筑，其中 750kV 继电器小室建筑面积为 114m^2，建筑体积为 456m^3；330kV 继电器小室建筑面积为 160m^2，建筑体积为 672m^3；主变压器及 66kV 继电器小室建筑面积为 160m^2，建筑体积为 672m^3；站用电室建筑面积为 211m^2，建筑体积为 886m^3。结构型式采用钢结构或钢筋混凝土结构

11.3　750-B-1 方案主要设计图纸

750-B-1 方案主要图纸详见图 11.3-1～图 11.3-4。

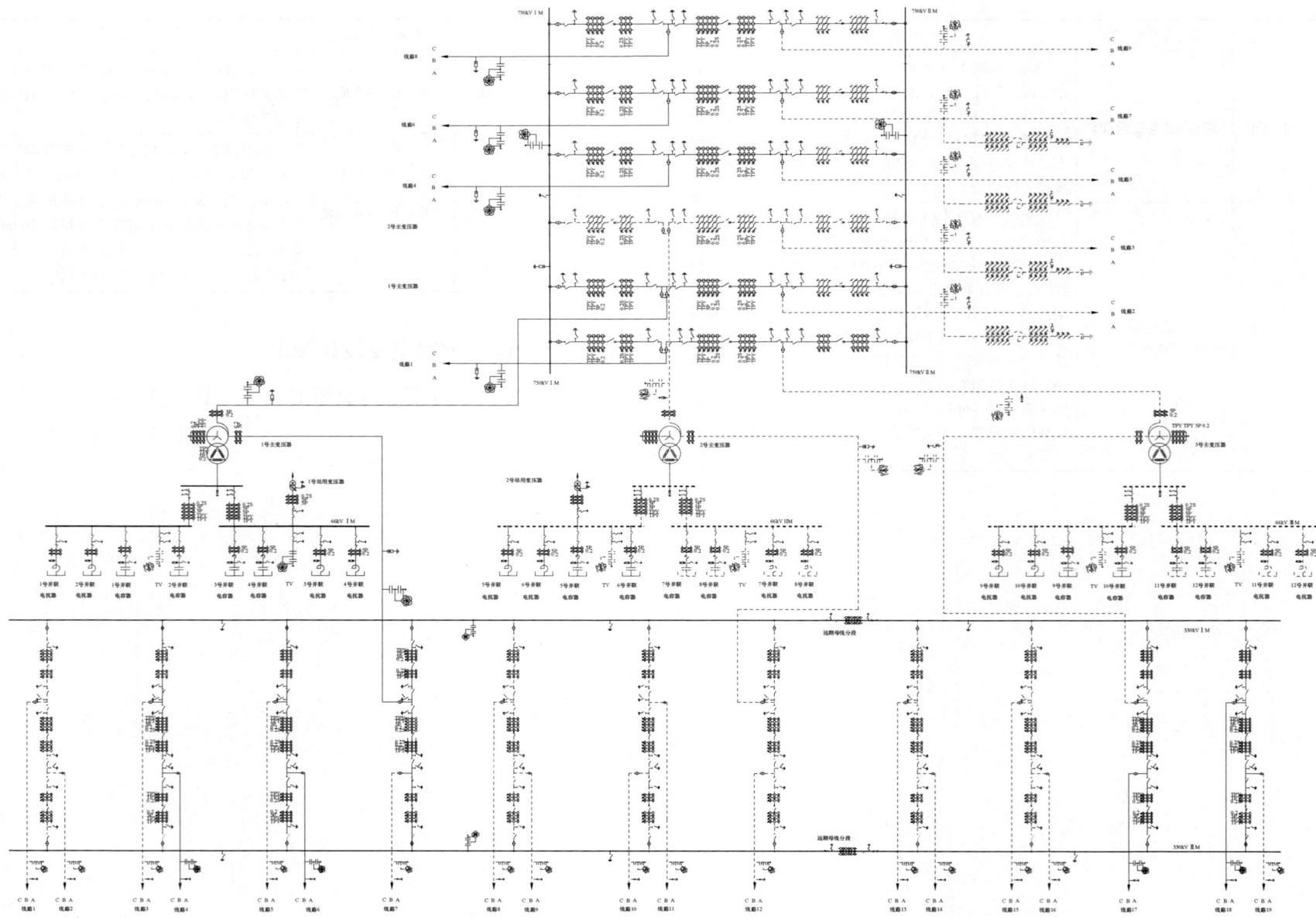

说明：实线部分表示本期工程，虚线部分表示远期工程。

图 11.3-1　电气主接线图（750-B-1-D1-01）

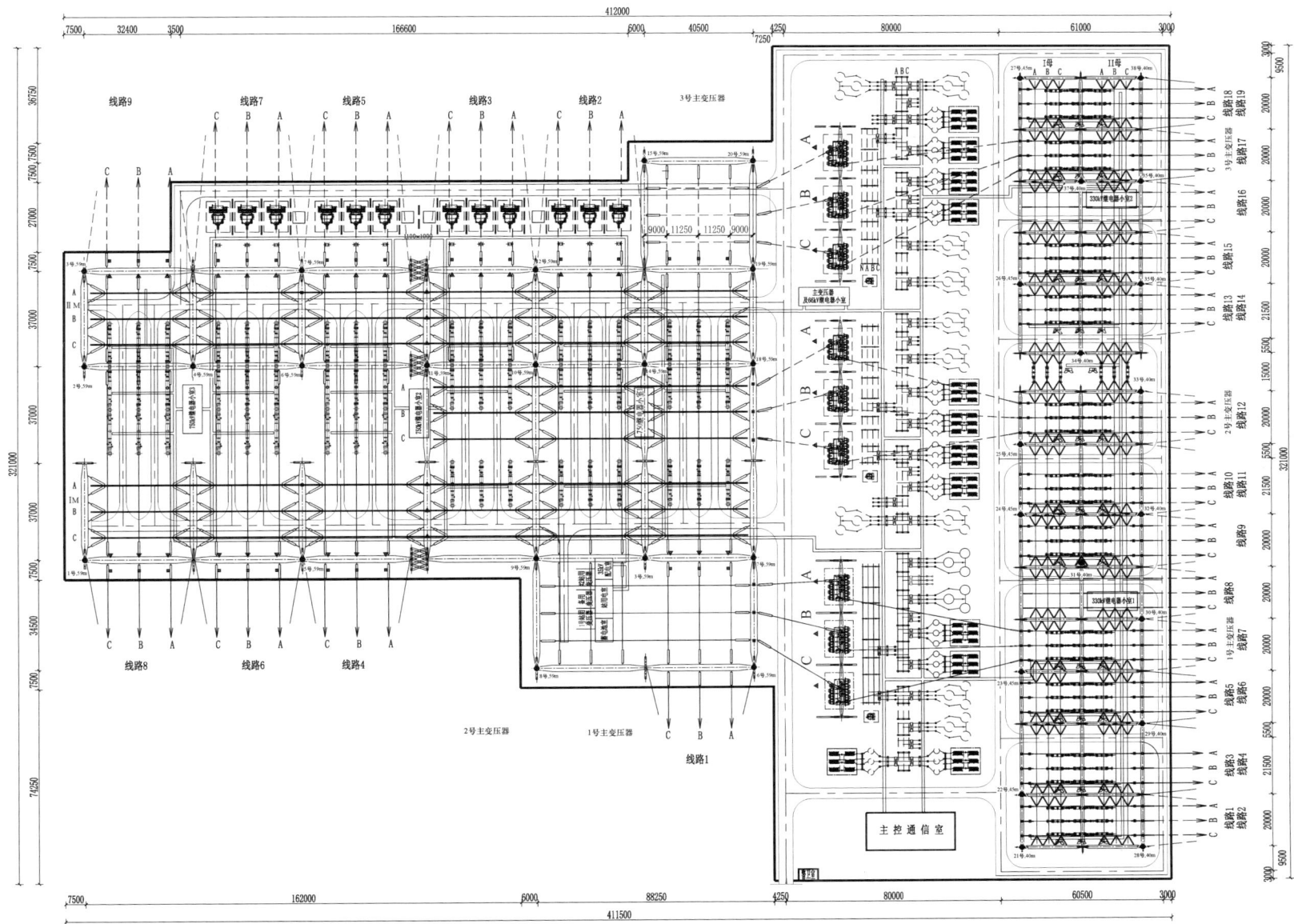

图 11.3-2　电气总平面图（750-B-1-D1-02）

说明：图中尺雨的计量单位均为 mm。

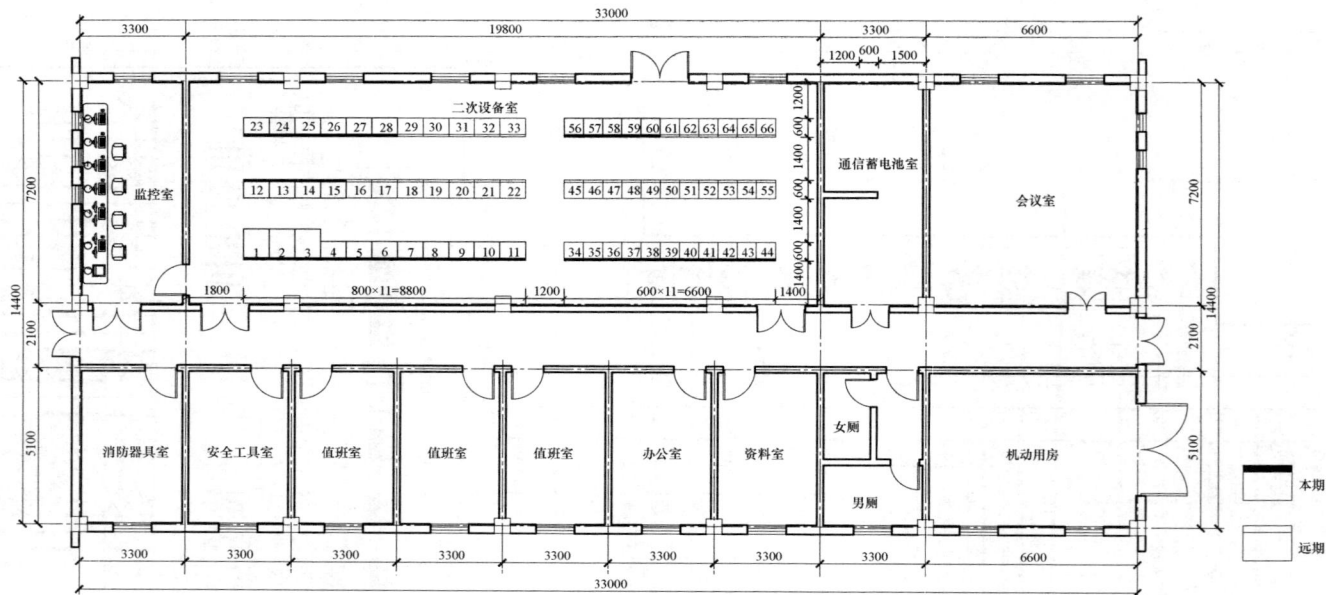

屏位一览表

屏号	名 称	数量			备 注
		单位	本期	远期	
1	主机兼操作员站柜	面	1		
2	综合应用服务器柜	面	1		
3	Ⅰ区通信网关机柜	面	1		
4	Ⅱ/Ⅲ/Ⅳ区通信网关机柜	面	1		
5～6	调度数据网设备柜	面	2		
7	电能量计量终端柜	面	1		
8	同步时钟系统主时钟柜	面	1		
9	网络报文分析系统柜	面	1		
10	站控层交换机柜	面	1		
11	智能辅助控制系统柜	面	1		
12～13	同步向量主机柜	面	2		
14	站控层公用测控柜	面	1		
15	主变压器消防控制柜	面	1		
16～22	备用	面		7	
23～24	直流分电柜	面	1		
25～26	交流分电柜	面	1		
27～28	UPS分电柜	面	1		
29～33	备用	面		5	
34～66	通信屏柜	面	33		

图 11.3-3　主控制室平面布置图（750-B-1-D2-05）

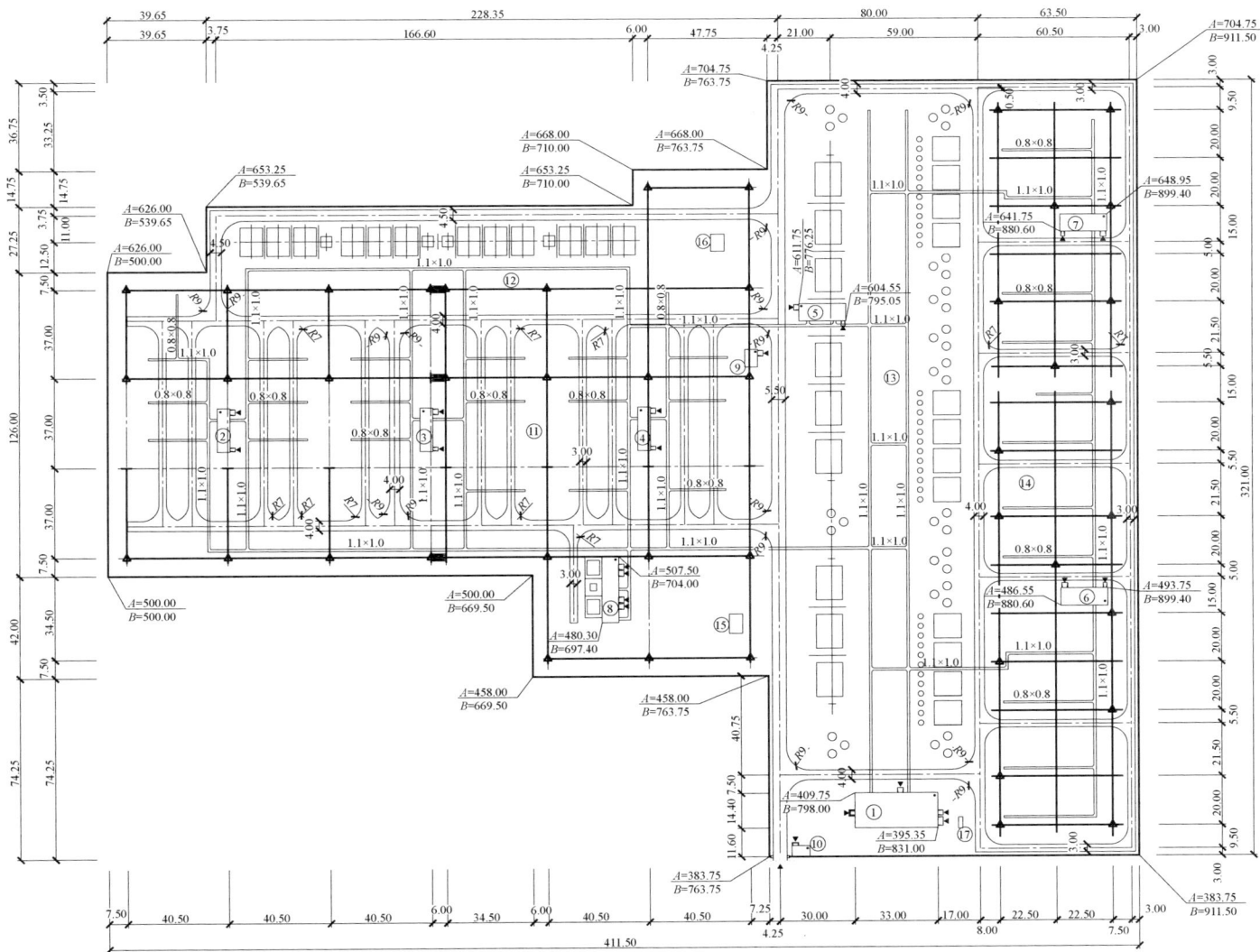

建（构）筑物一览表

编号	建（构）筑物名称	占地面积（m²）	备注
①	主控通信室	519	
②	1 号 750kV 继电器小室	114	
③	2 号 750kV 继电器小室	114	
④	3 号 750kV 继电器小室	114	
⑤	主变压器及 66kV 继电器小室	160	
⑥	1 号 330kV 继电器小室	160	
⑦	2 号 330kV 继电器小室	160	
⑧	站用电室	211	
⑨	泡沫消防室	49	
⑩	警卫室	44	
⑪	750kV 配电装置场地	45444	
⑫	750kV 高压并联电抗器场地	9540	
⑬	主变压器及 66kV 配电场地	23000	
⑭	330kV 配电装置场地	20193	
⑮	主变压器事故油池	44	
⑯	750kV 高压并联电抗器事故油池	38	
⑰	化粪池	8	

主要技术经济指标表

序号	指标名称	单位	数量	备注
1	站区围墙内占地面积	hm²	9.1518	
2	站内电缆沟长度	m	3335	
3	站内道路面积	m²	13193	
4	总建筑面积	m²	1645	
5	站区围墙长度	m	1465	

说明：图中尺寸的计量单位均为 m。

图 11.3-4　总平面布置图（750-B-1-T-01）

第 12 章　750-D-1 方案

12.1　750-D-1 方案主要技术条件

750-D-1 方案主要技术条件见表 12.1-1。

表 12.1-1　　　　750-D-1 方案主要技术条件表

序号	项目		技术条件
1	建设规模	主变压器	本期 1 组 2100MVA，远期 3 组 2100MVA
		出线	750kV：本期 4 回，远期 11 回； 330kV：本期 4 回，远期 17 回
		无功补偿装置	750kV 高压并联电抗器：本期 3 组 300Mvar，远期 10 组，为线路高压并联电抗器，均装设中性点电抗器； 66kV 并联电抗器：本期 2 组 90Mvar，远期 12 组 90Mvar； 66kV 并联电容器：本期 2 组 90Mvar，远期 12 组 90Mvar
2	站址基本条件		海拔≤1000m，设计基本地震加速度 0.10g，设计风速≤30m/s，地基承载力特征值 f_{ak}=150kPa，无地下水影响，场地同一设计标高
3	电气主接线		750kV 一个半断路器接线，本期 2 个完整串、1 个半串，远期 7 个完整串，高压并联电抗器回路不设置隔离开关； 330kV 本期及远期均采用一个半断路器接线； 66kV 单母线单元接线，设总回路断路器
4	主要设备选型		750、330、66kV 短路电流控制水平分别为 63、63、50kA； 主变压器采用单相、自耦、无励磁调压；高压并联电抗器采用单相、油浸、自冷式；750kV 采用户外罐式断路器；330kV 采用户外罐式断路器；66kV 采用户外柱式断路器；66kV 并联电容器采用框架式、66kV 并联电抗器采用干式空芯
5	电气总平面及配电装置		750、330kV 及主变压器场地平行布置； 750kV 户外软母线中型、罐式断路器三列布置，主变压器构架与 750kV 母线垂直布置，间隔宽度 41.5m； 330kV 户外悬吊管型母线中型、罐式断路器三列布置，主变压器构架与 330kV 母线平行布置，间隔宽度 20m（单侧高跨间隔 21m，双侧高跨间隔 22m，环道间隔宽度 27m）； 66kV 户外支持管型母线中型布置，柱式断路器单列布置，配电装置一字形布置

续表

序号	项目	技术条件
6	二次系统	变电站自动化系统按照一体化监控设计； 750、330kV 及主变压器各侧采用常规互感器模拟量采样，66kV 采用常规互感器+合并单元智能终端集成装置采样； 750、330kV 及主变压器仅 GOOSE 组网，66kV 不设置过程层网络，保护直采直跳； 750、330kV 及主变压器保护、测控装置独立配置，66kV 采用保护测控一体化装置； 采用站内一体化电源系统，通信电源独立配置； 750kV 设置 3 个继电器小室、330kV 设置 2 个继电器小室、主变压器及 66kV 设置 1 个继电器小室
7	土建部分	围墙内占地面积：15.5550hm²； 全站总建筑面积 1771m²，其中主控通信室建筑面积 524m²； 建筑物结构形式：钢结构或钢筋混凝土结构。 主变压器消防采用泡沫喷淋系统

12.2　750-D-1 方案基本模块划分

750-D-1 方案主要包括 750kV 配电装置模块，330kV 配电装置模块，主变压器、66kV 无功配电装置模块，主控通信室模块，继电器小室模块 5 个基本模块，模块内容见表 12.2-1。

表 12.2-1　　　　750-D-1 方案基本模块划分表

序号	基本模块编号	基本模块名称	基本模块描述
1	750-D-1-750	750kV 配电装置模块	750kV 本期 4 回出线、1 回主变压器进线，远期 11 回出线、3 回主变压器进线；高压并联电抗器本期 3 组 300Mvar，远期 10 组；750kV 采用一个半断路器接线，本期 2 个完整串、1 个半串，远期 7 个完整串，主变压器进串。750kV 户外软母线中型，2 组主变压器低架横穿侧向进串，1 组主变压器高架横穿进串。750kV 母线和串中跨线按远期规模一次建设

序号	基本模块编号	基本模块名称	基本模块描述
2	750-D-1-330	330kV 配电装置模块	330kV 本期 4 回出线、1 回主变压器进线,远期 17 回出线、3 回主变压器进线;330kV 本期采用一个半断路器接线,远期接线型式不变。330kV 户外悬吊管型母线中型布置、罐式断路器三列布置,主变压器进串
3	750-D-1-66	主变压器、66kV 无功配电装置模块	主变压器本期 1 组 2100MVA,远期 3 组 2100MVA,采用 750kV/330kV/66kV 单相、自耦、无励磁调压变压器。本期每组主变压器 66kV 侧分别设置 2 组 90Mvar 并联电抗器和 2 组 90Mvar 并联电容器,远期每组主变压器 66kV 侧分别设置 4 组 90Mvar 并联电抗器和 4 组 90Mvar 并联电容器;全站本期设置 1 台 66kV、1600kVA 站用变压器,1 台 35kV、1600kVA 站用变压器。66kV 单母线单元接线,设总回路断路器。66kV 采用柱式断路器,户外支持管型母线中型布置。无功补偿设备平行于主变压器排列方向单列布置

序号	基本模块编号	基本模块名称	基本模块描述
4	750-D-1-ZKL	主控通信室模块	主控通信室为单层建筑,单体建筑面积为 524m^2,建筑体积为 1937m^3,结构型式采用钢结构或钢筋混凝土结构
5	750-D-1-JDQ	继电器小室模块	继电器小室为单层建筑,1 号 750kV 继电器小室和 3 号 750kV 继电器小室单体建筑面积为 112m^2,建筑体积均为 403m^3;2 号 750kV 继电器小室建筑面积为 149m^2,建筑体积为 536m^3,1 号 330kV 继电器小室和 2 号 330kV 继电器小室单体建筑面积均为 186m^2,建筑体积为 725m^3,结构型式采用钢结构或钢筋混凝土结构

12.3 750-D-1 方案主要设计图纸

750-D-1 方案主要设计图纸详见图 12.3-1~图 12.3-4。

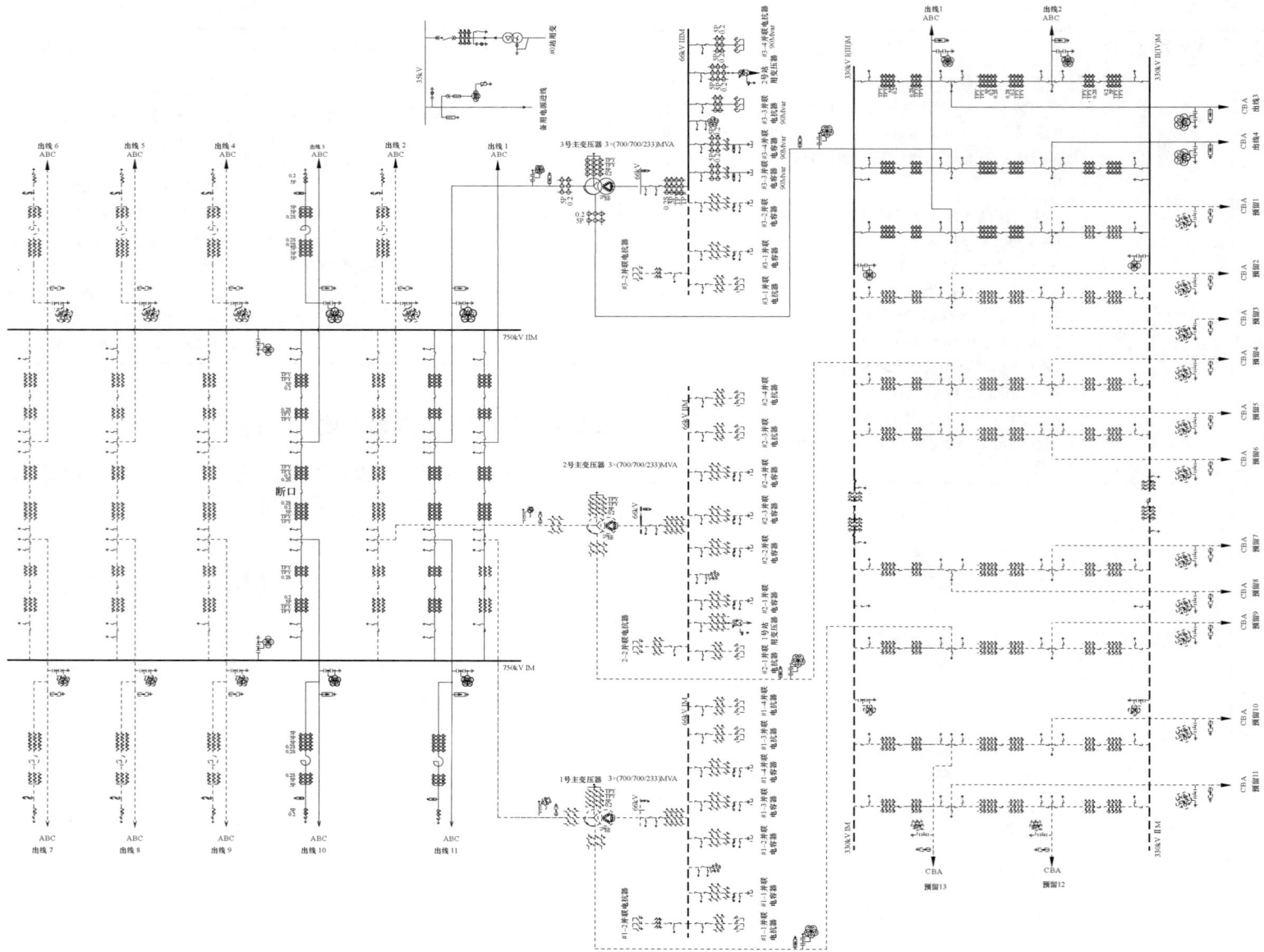

说明：实线部分表示本期工程，虚线部分表示远期工程。

图 12.3-1　电气主接线图（750-D-1-D1-01）

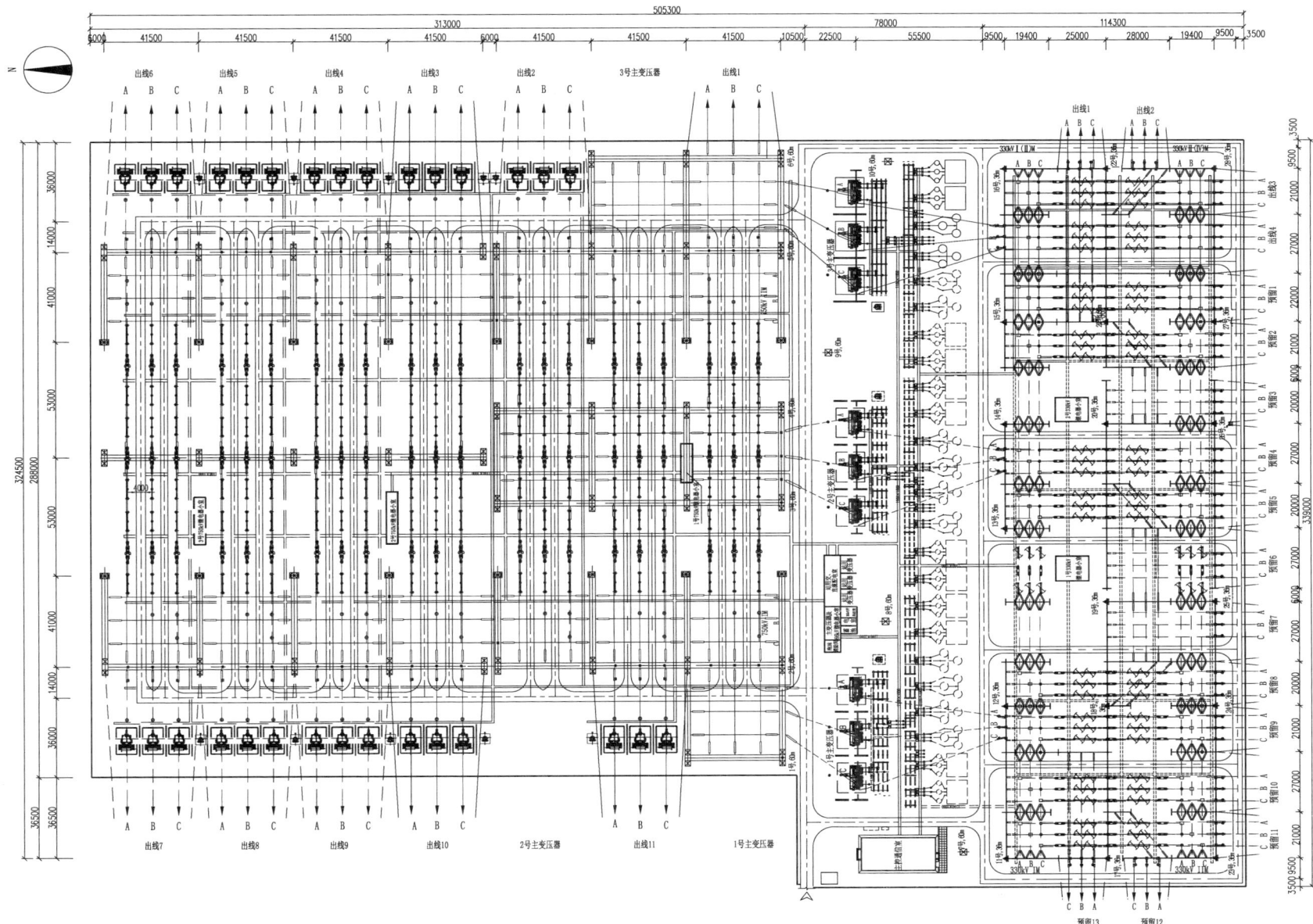

说明：实线部分表示本期工程，虚线部分表示远期工程。

图 12.3-2　电气总平面图（750-D-1-D1-02）

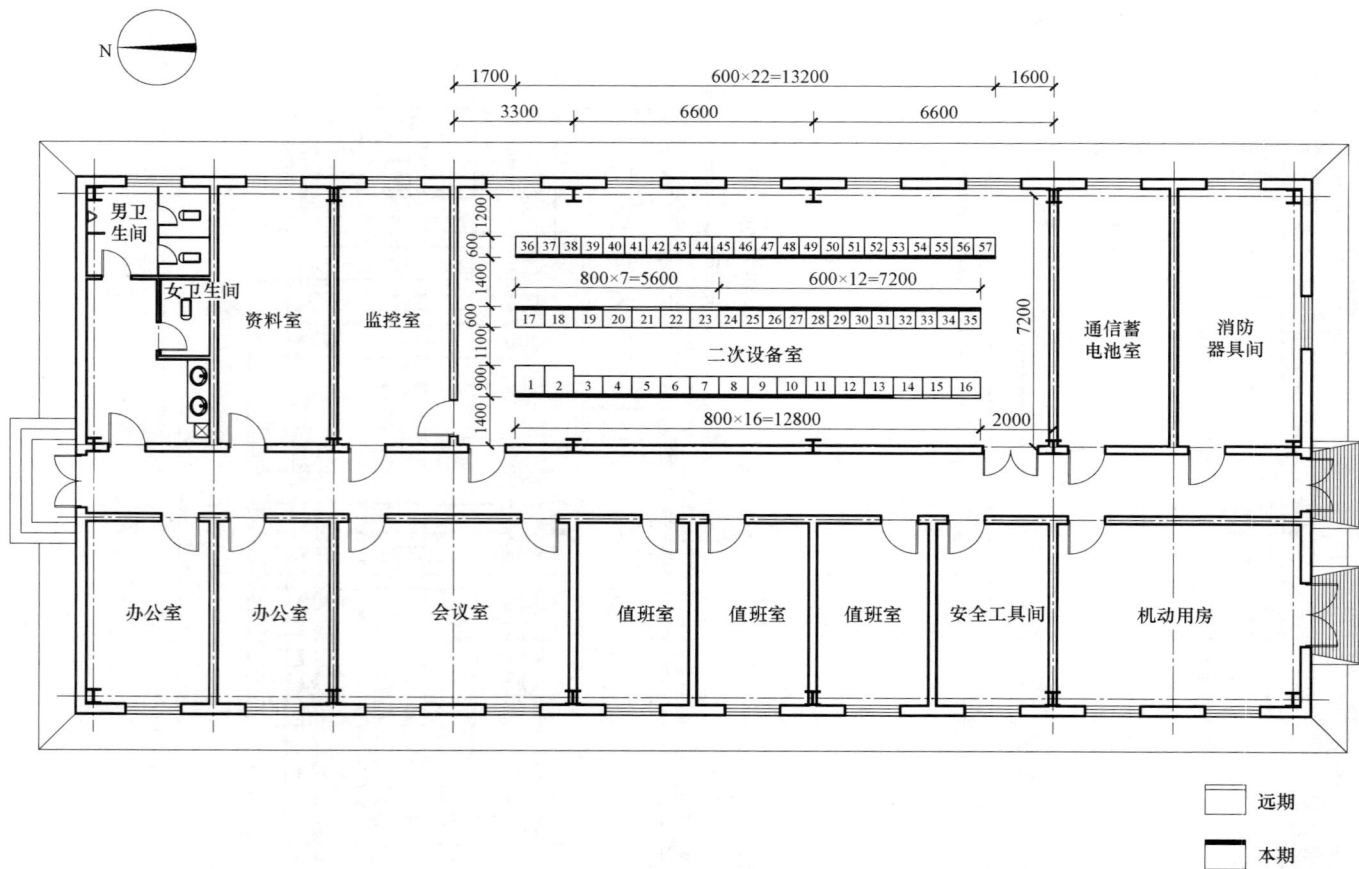

二次设备室屏位一览表

屏号	名称	数量		备注
		单位	本期	远期	
1	监控主站兼操作员站柜	面	1		
2	综合应用服务器柜	面	1		
3	数据网接入设备柜1	面	1		
4	数据网接入设备柜2	面	1		
5	Ⅰ区数据通信网关机柜	面	1		
6	Ⅱ、Ⅲ/Ⅳ区远动通信柜	面	1		
7	网络分析主机柜	面	1		
8	站控层公用测控柜	面	1		
9	智能辅助控制系统柜1	面	1		
10	智能辅助控制系统柜2	面	1		
11	全站时间同步系统主机柜	面	1		
12	主变压器消防控制柜	面	1		
13	同步相量测量主机柜	面	1		
14～16	备用柜	面		3	
17～18	直流分电柜	面	2		
19	UPS电源馈线柜	面	1		
20～23	备用柜	面		4	
24～57	通信屏柜	面	34		

远期

本期

图 12.3-3　二次设备室屏位布置图（750-D-1-D2-05）

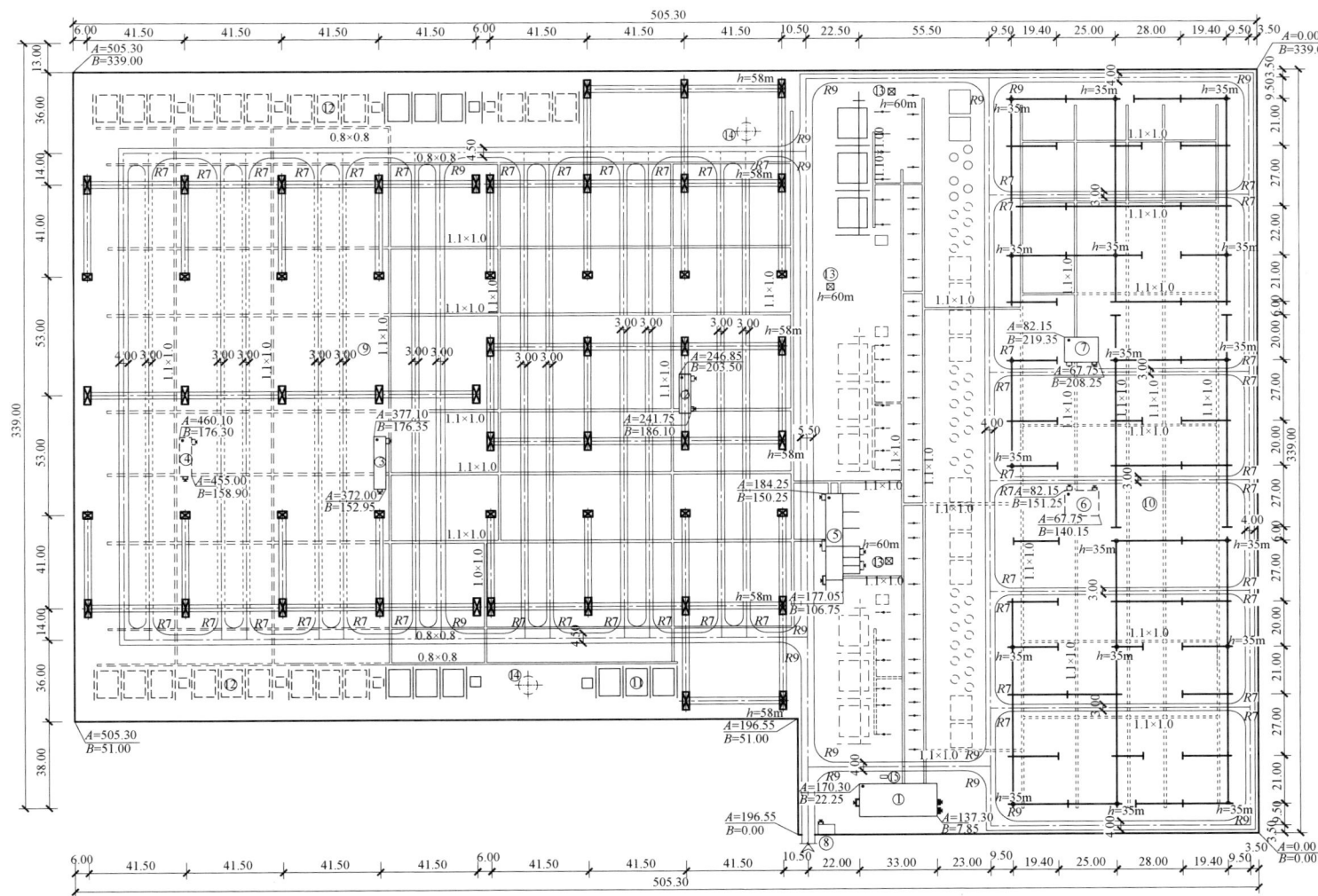

图 12.3-4 总平面布置图（750-D-1-T-01）

建（构）筑物一览表

编号	建（构）筑物名称	占地面积（m²）	备注
①	主控通信室	524	
②	1 号 750kV 继电器小室	112	
③	2 号 750kV 继电器小室	149	
④	3 号 750kV 继电器小室	112	
⑤	主变压器、66kV 继电器小室及站用电室	462	
⑥	1 号 330kV 继电器小室	186	
⑦	2 号 330kV 继电器小室	186	
⑧	警卫室	40	
⑨	750kV 配电装置场地	96561	
⑩	330kV 配电装置场地	38239	
⑪	主变压器及 66kV 配电场地	7560	
⑫	750kV 高压并联电抗器场地	5768	
⑬	独立避雷针	3	
⑭	事故油池	28	
⑮	化粪池	4	

主要技术经济指标表

序号	名称	单位	数量	备注
1	站区围墙内占地面积	hm²	15.555	0
2	站区主电缆沟长度	m	3915	
3	站内道路面积	m²	20236	
4	总建筑面积	m²	1771	钢结构
5	站区围墙长度	m	1689	

说明：图中尺寸的计量单位均为 m。

13.1　750-D-2 方案主要技术条件

750-D-2 方案主要技术条件见表 13.1-1。

表 13.1-1　　750-D-2 方案主要技术条件表

序号	项目		技 术 条 件
1	建设规模	主变压器	本期 2 组 1500MVA，远期 3 组 1500MVA
		出线	750kV：本期 4 回，远期 7 回； 220kV：本期 7 回，远期 16 回
		无功补偿装置	750kV 高压并联电抗器：本期 2 组 300Mvar，远期 4 组，为线路高压并联电抗器，均装设中性点电抗器； 66kV 并联电抗器：本期 4 组 60Mvar，远期 12 组 60Mvar； 66kV 并联电容器：本期 4 组 60Mvar，远期 12 组 60Mvar
2	站址基本条件		海拔≤1000m，设计基本地震加速度 0.10g，设计风速≤30m/s，地基承载力特征值 f_{ak} = 150kPa，无地下水影响，场地同一设计标高
3	电气主接线		750kV 一个半断路器接线，本期 3 个完整串，远期 5 个完整串，高压并联电抗器回路不设置隔离开关； 220kV 本期采用双母线接线，远期采用双母线双分段接线； 66kV 单母线单元接线，设总回路断路器
4	主要设备选型		750、220、66kV 短路电流控制水平分别为 63、63、50kA； 主变压器采用单相、自耦、无励磁调压；高压并联电抗器采用单相、油浸、自冷式；750kV 采用户外罐式断路器；220kV 采用户外柱式断路器；66kV 采用户外柱式断路器；66kV 并联电容器采用框架式、66kV 并联电抗器采用干式空芯
5	电气总平面及配电装置		750、220kV 及主变压器场地平行布置； 750kV 户外软母线中型、罐式断路器三列布置，主变压器构架与 750kV 母线垂直布置，间隔宽度 41.5m； 220kV 户外悬吊管型母线中型、柱式断路器单列布置，主变压器构架与 220kV 母线平行布置，间隔宽度 13m（主变压器进线、母联间隔宽度 14m）； 66kV 户外支持管型母线中型布置，柱式断路器单列布置，配电装置一字形布置

续表

序号	项目	技 术 条 件
6	二次系统	变电站自动化系统按照一体化监控设计； 750kV 及主变压器各侧采用常规互感器模拟量采样，其余采用常规互感器+合并单元智能终端集成装置采样； 750kV 及主变压器仅 GOOSE 组网，220kV GOOSE 与 SV 共网，66kV 不设置过程层网络，保护直采直跳； 750、220kV 及主变压器保护、测控装置独立配置，66kV 采用保护测控一体化装置； 采用站内一体化电源系统，通信电源独立配置； 750kV 设置 2 个继电器小室、主变压器及 66kV 设置 1 个继电器小室，220kV 设置 2 个 III 型预制舱式二次组合设备
7	土建部分	围墙内占地面积：11.5592hm²； 全站总建筑面积 1285m²，其中主控通信室建筑面积 524m²； 建筑物结构形式：钢结构或钢筋混凝土结构； 主变压器消防采用泡沫喷淋系统

13.2　750-D-2 方案基本模块划分

750-D-2 方案主要包括 750kV 配电装置模块，220kV 配电装置模块，主变压器、66kV 无功配电装置模块，主控通信室模块，继电器小室模块，预制舱式二次组合设备模块 6 个基本模块，模块内容见表 13.2-1。

表 13.2-1　　750-D-2 方案基本模块划分表

序号	基本模块编号	基本模块名称	基本模块描述
1	750-D-2-750	750kV 配电装置模块	750kV 本期 4 回出线、2 回主变压器进线，远期 7 回出线、3 回主变压器进线；高压并联电抗器本期 2 组 300Mvar，远期 4 组；750kV 采用一个半断路器接线，本期 3 个完整串，远期 5 个完整串，主变压器进串。750kV 户外软母线中型布置，2 组主变压器低架横穿侧向进串，1 组主变压器高架斜拉横穿进串。750kV 母线和串中跨线按远期规模一次建设

序号	基本模块编号	基本模块名称	基本模块描述
2	750-D-2-220	220kV 配电装置模块	220kV 本期 7 回出线、2 回主变压器进线,远期 16 回出线、3 回主变压器进线;220kV 本期采用双母线接线,远期采用双母线双分段接线。220kV 户外悬吊管型母线中型、柱式断路器单列布置
3	750-D-2-66	主变压器、66kV 无功配电装置模块	主变压器本期 2 组 1500MVA,远期 3 组 1500MVA,采用 750/220/66kV 单相、自耦、无励磁调压变压器。本期每组主变压器 66kV 侧分别设置 2 组 60Mvar 并联电抗器和 2 组 60Mvar 并联电容器,远期每组分别设置 4 组 60Mvar 并联电抗器和 4 组 60Mvar 并联电容器;全站本期设置 2 台 66kV、1600kVA 站用变压器,1 台 35kV、1600kVA 站用变压器。66kV 单母线单元接线,设总回路断路器。66kV 采用柱式断路器,户外支持管型母线中型布置。无功补偿设备平行于主变压器排列方向单列布置

序号	基本模块编号	基本模块名称	基本模块描述
4	750-D-2-ZKL	主控通信室模块	主控通信室为单层建筑,单体建筑面积为 524m²,建筑体积为 1937m³,结构型式采用钢结构或钢筋混凝土结构
5	750-D-2-JDQ	继电器小室模块	继电器小室为单层建筑,1 号 750kV 继电器小室建筑面积为 116m²,建筑体积均为 418m³,2 号 750kV 继电器小室建筑面积均为 143m²,建筑体积均为 515m³,结构型式采用钢结构或钢筋混凝土结构
6	750-D-2-YZC	预制舱式二次组合设备模块	采用预制舱式二次组合设备,全站设置 2 个 Ⅲ 型预制舱式二次组合设备,舱内二次设备双列布置

13.3 750-D-2 方案主要设计图纸

750-D-2 方案主要设计图纸详见图 13.3-1～图 13.3-4。

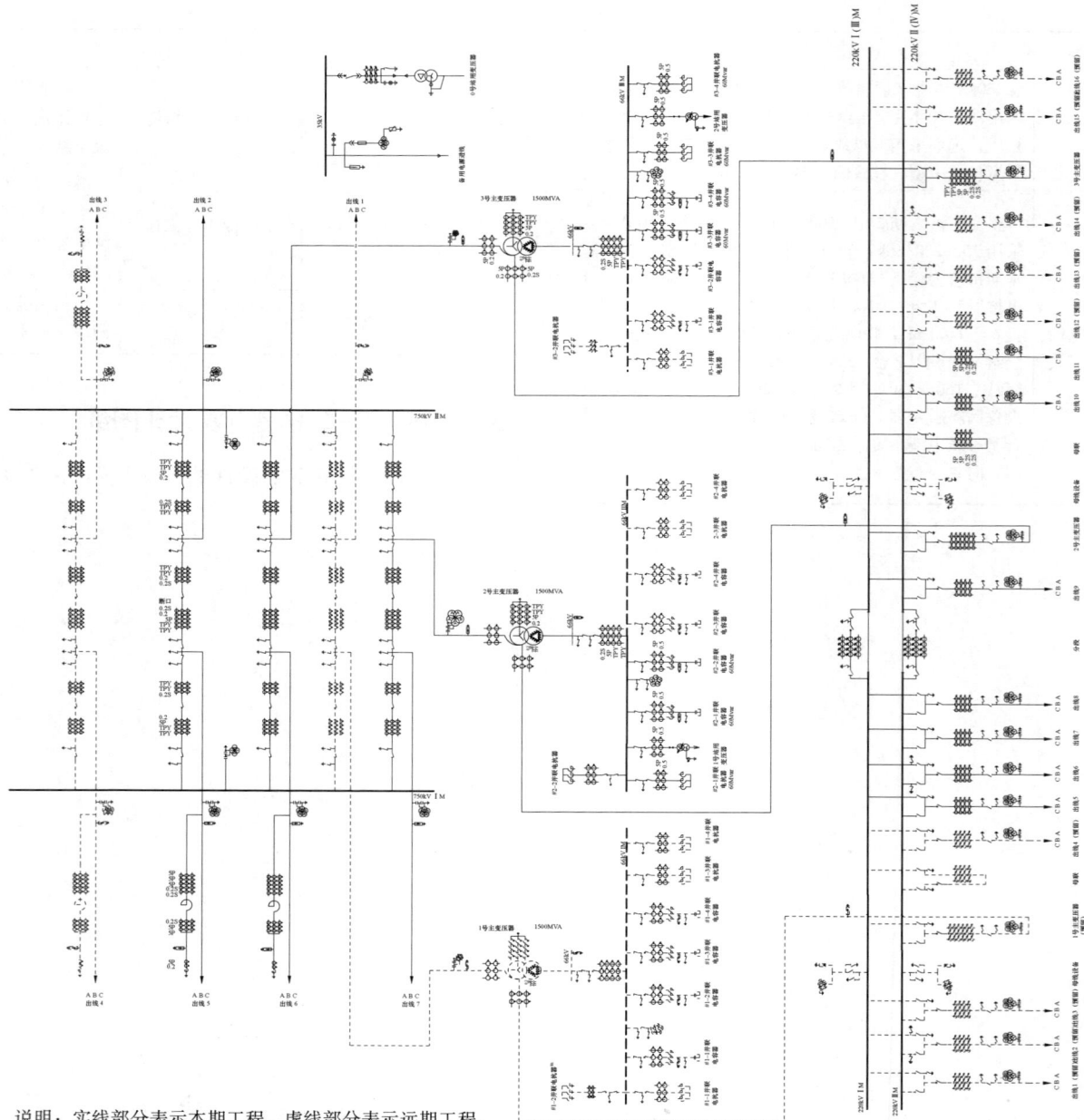

说明：实线部分表示本期工程，虚线部分表示远期工程。

图 13.3-1　电气主接线图（750-D-2-D1-01）

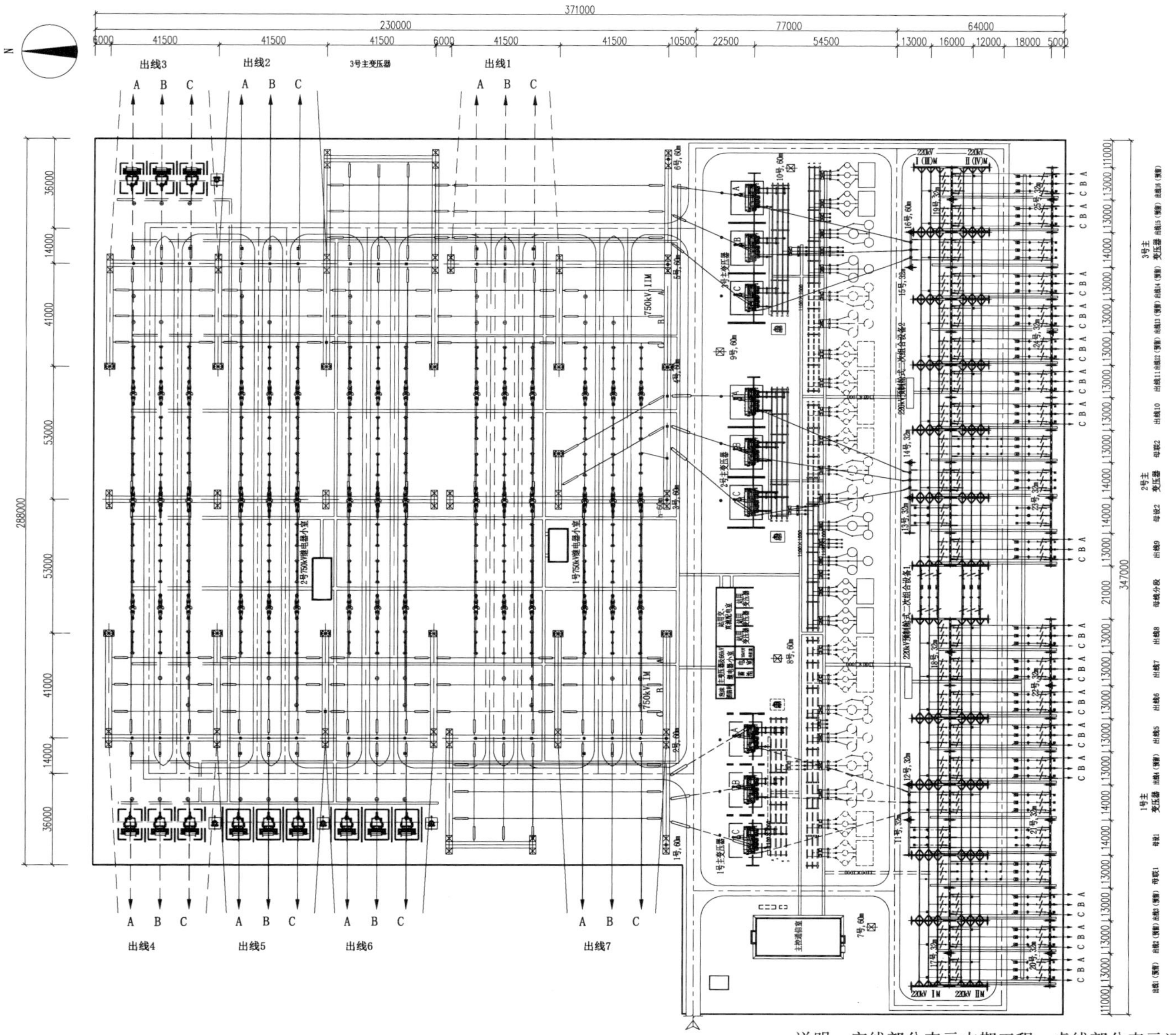

说明：实线部分表示本期工程，虚线部分表示远期工程。

图 13.3-2　电气总平面布置图（750-D-2-D1-02）

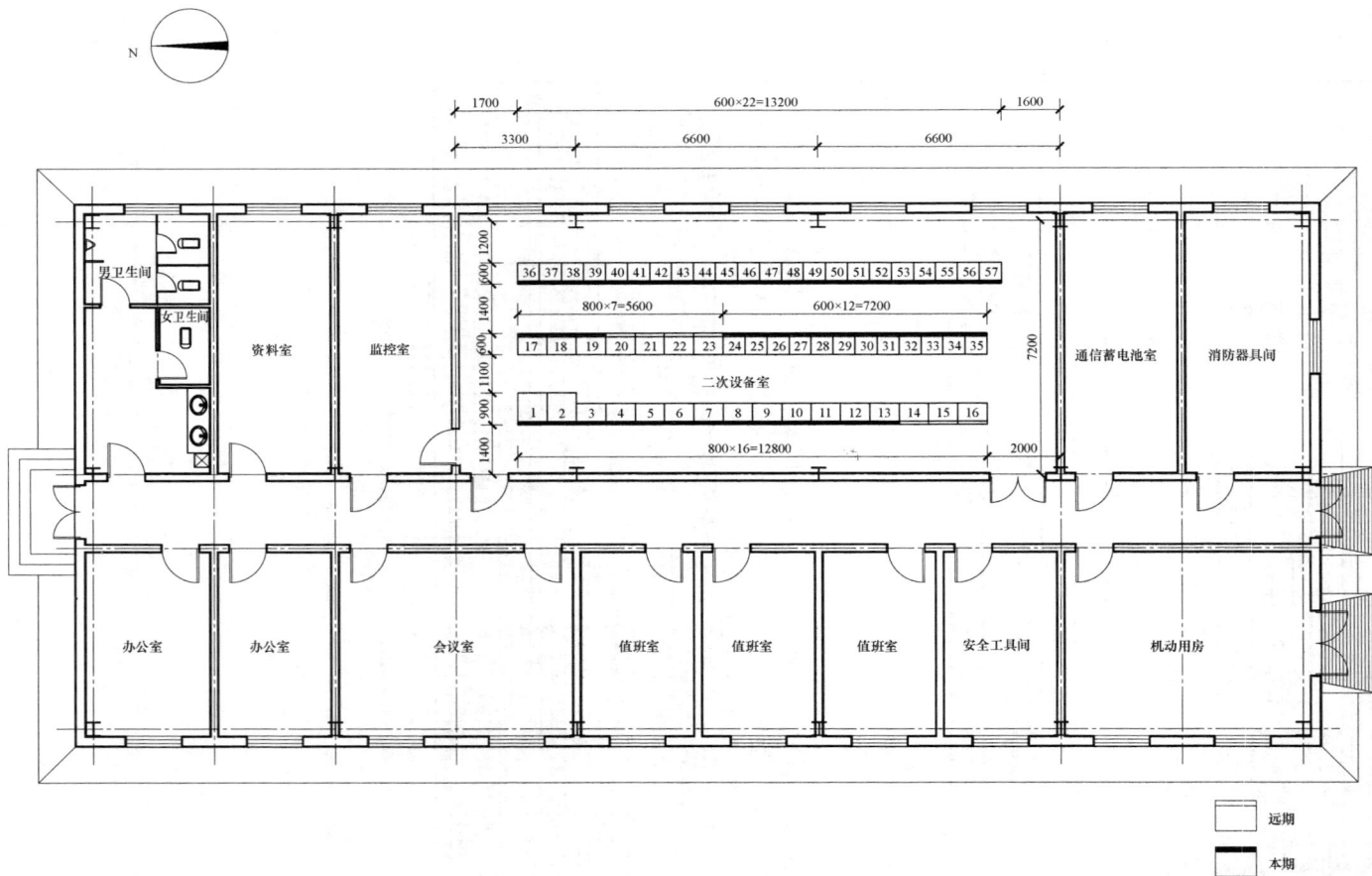

二次设备室屏位一览表				
屏号	名 称	数 量		备注
		单位	本期	远期	
1	监控主站兼操作员站柜	面	1	
2	综合应用服务器柜	面	1	
3	数据网接入设备柜1	面	1	
4	数据网接入设备柜2	面	1	
5	Ⅰ区数据通信网关机柜	面	1	
6	Ⅱ、Ⅲ/Ⅳ区远动通信柜	面	1	
7	网络分析主机柜	面	1	
8	站控层公用测控柜	面	1	
9	智能辅助控制系统柜1	面	1	
10	智能辅助控制系统柜2	面	1	
11	全站时间同步系统主机柜	面	1	
12	主变压器消防控制柜	面	1	
13	同步相量测量主机柜	面	1	
14～16	备用柜	面		3
17～18	直流分电柜	面	2	
19	UPS电源馈线柜	面	1	
20～23	备用柜	面		4
24～57	通信屏柜	面	34	

图 13.3-3 二次设备室屏位布置图（750-D-2-D2-05）

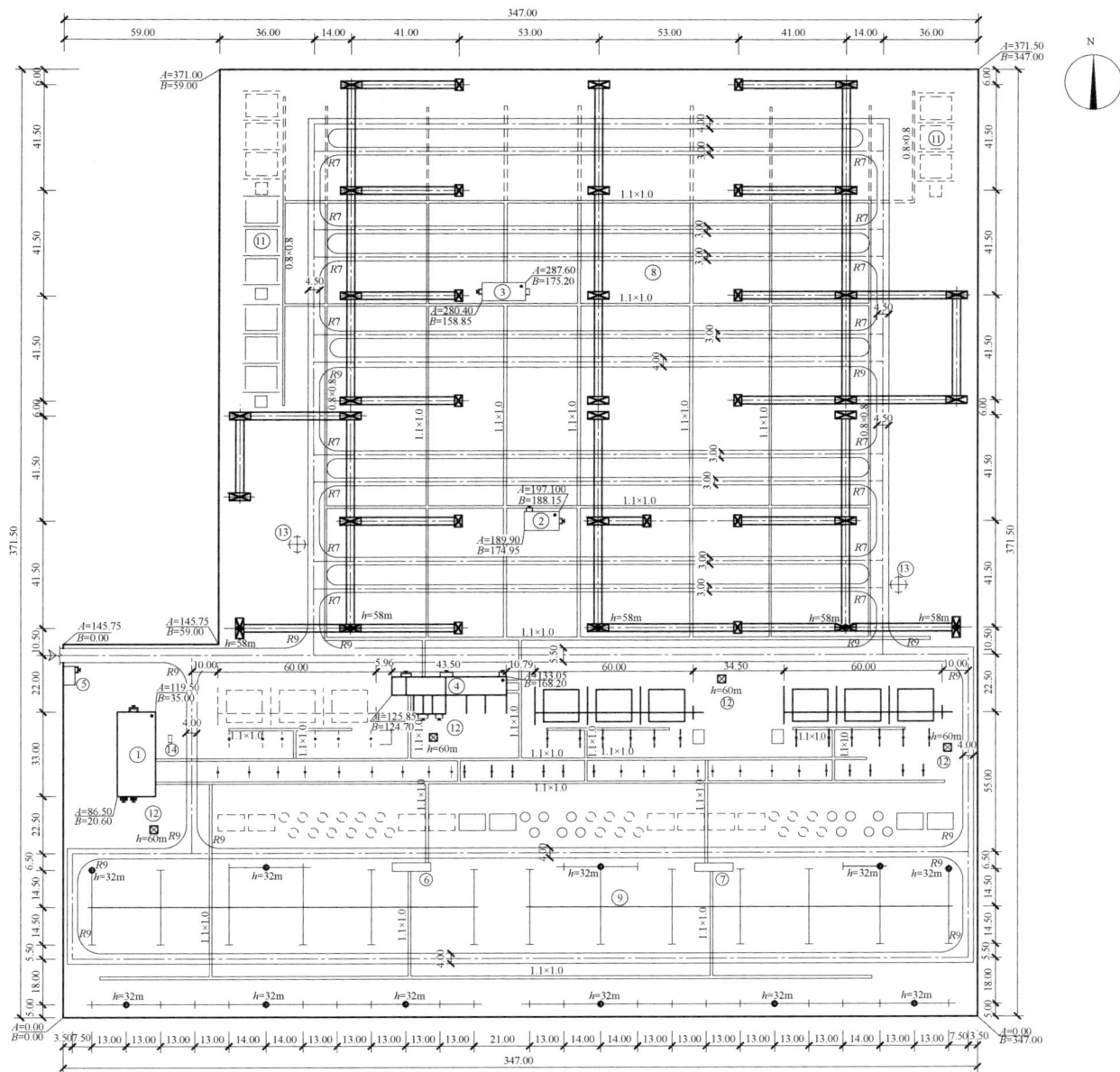

图 13.3-4　总平面布置图（750-D-2-T-01）

建（构）筑物一览表

编号	建（构）筑物名称	占地面积（m²）	备注
①	主控通信室	524	
②	1 号 750kV 继电器小室	116	
③	2 号 750kV 继电器小室	143	
④	主变压器、66kV 继电器小室及站用电室	462	
⑤	警卫室	40	
⑥	预制舱式二次组合设备 1	49	
⑦	预制舱式二次组合设备 2	49	
⑧	750kV 配电装置区场地	70955	
⑨	220kV 配电装置区场地	20853	
⑩	主变压器及 66kV 配电场地	7560	
⑪	高压电抗器场地	5768	
⑫	独立避雷针	3	
⑬	事故油池	28	
⑭	化粪池	4	

主要技术经济指标表

序号	名称	单位	数量	备注
1	站区围墙内占地面积	hm²	11.5592	
2	站区主电缆沟长度	m	3730	
3	站内道路面积	m²	13918	
4	总建筑面积	m²	1283	钢结构
5	站区围墙长度	m	1437	

说明：图中尺寸的计量单位均为 m。

第三篇

500kV 变电站通用设计

第 14 章　500kV 变电站通用设计技术导则

14.1　概述

14.1.1　设计对象

500kV 变电站通用设计对象为国家电网公司层面统一的 500kV 全户内、半户内、户外变电站方案，不包括地下、半地下等特殊变电站。

14.1.2　设计范围

推荐方案设计范围是变电站围墙以内，设计标高零米以上（户内站包括电缆夹层）。

受外部条件影响的项目，如系统通信、保护通道、进站道路、站外电源站外给排水、地基处理等不列入设计范围。

14.1.3　运行管理方式

500kV 变电站运行管理方式按无人值班设计。

14.1.4　假定站址条件

（1）海拔：1000m；

（2）环境温度：$-30\sim+40℃$；

（3）最热月平均最高温度：$35℃$；

（4）覆冰厚度：10mm；

（5）设计风速：30m/s（50 年一遇 10m 高 10min 平均最大风速）；

（6）设计基本地震加速度：$0.10g$；

（7）地基：地基承载力特征值取 $f_{ak}=150kPa$，地下水无影响，场地同一标高。

（8）声环境：变电站噪声排放需满足国家法律和相关标准要求，实际工程应根据具体情况考虑。

14.1.5　模块化建设原则

电气一、二次集成设备最大程度实现工厂内规模生产、调试、模块化配送，减少现场安装、接线、调试工作，提高建设质量、效率。

监控、保护、通信等站内公用二次设备，宜按功能设置一体化监控模块、电源模块、通信模块等；间隔层设备宜按电压等级或按电气间隔设置模块，户外变电站宜采用模块化二次设备、预制舱式二次组合设备和预制式智能控制柜，户内变电站宜采用模块化二次设备和预制式智能控制柜。

过程层智能终端、合并单元宜下放布置于智能控制柜，智能控制柜与 GIS 控制柜一体化设计。

一次设备与二次设备、二次设备间的光缆、电缆宜采用预制光缆和预制电缆实现即插即用标准化连接。

变电站高级应用应满足电网大运行、大检修的运行管理需求，采用模块化设计、分阶段实施。

建筑物采用钢筋混凝土结构或装配式钢结构，实现标准化设计。

14.1.6　编制说明

500kV 变电站通用设计部分按配电装置设备型式分为 A、B、C、D 四类，共 17 个方案。

（1）海拔：各方案均按照海拔 1000m 设计，海拔超过 1000m 时，设计方案应根据规程进行海拔修正。

（2）建筑物：变电站内主要建筑物的结构形式，可结合工程特点采用钢筋混凝土框架结构或装配式钢框架结构。

14.2　建设规模

主变压器台数本期为 1～2 组，远期 2～4 组，单组容量为 750～1200MVA。

500kV 出线回路数远期为 3～10 回。

220kV 出线回路数远期为 12～16 回。

1000MVA 和 750MVA 主变压器按每组配置 4～5 组无功补偿装置考虑，1200MVA 主变压器按每组配置 6 组无功补偿装置考虑，电容器、电抗器单组容量 60Mvar。在不引起高次谐波谐振、有危害的谐波放大和电压变动过大的前提下，无功补偿装置宜加大分组容量和减少分组组数。

本通用设计按常用组合配置，在实际工程中，出线规模和无功配置应根据系统规划计算确定。

14.3　电气部分

14.3.1　电气主接线

变电站的电气主接线应根据变电站的规划容量，线路、变压器连接元件总数，设备特点等条件确定。结合"两型三新一化"要求，电气主接线应综合考虑供电可靠性、运行灵活、操作检修方便、节省投资、便于过渡或扩建等要求。实际工程中应根据出线规模、变电站在电网中的地位及负荷性质，确定电气接线，当满足运行要求时，宜选择简单接线。

14.3.1.1　500kV 电气接线

（1）当线路、变压器等连接元件数为 6 回及以上且变电站在系统中占重要地位时，宜采用一个半断路器接线。因系统潮流控制或因限制短路电流需要分片运行的情况下，可装设分段断路器。

（2）当线路、变压器等连接元件数总数不大于 6 个且 500kV 变电站为终端变电站时，500kV 配电装置宜采用线路—变压器组、桥形、单母线分段等接线形式。

（3）初期回路数较少时，应采用断路器较少的简化接线，但在布置上应考虑过渡到最终接线方案。

（4）采用一个半断路器接线时，宜将电源回路与负荷回路配对成串，同名回路配置在不同串内，同名回路可接于同一侧母线。初期为 1～2 组主变压器，主变压器应全部进串；当主变压器组数超过 2 组时，其中 2 组主变压器进串，其他变压器可不进串，直接经断路器接入母线。

（5）当高压并联电抗器与线路需同投同退时，不设置隔离开关。实际工程中根据系统要求可设置隔离开关。

14.3.1.2　220kV 电气接线

（1）接线原则。

1）220kV 采用双母线接线。

2）当线路和变压器连接元件总数在 10～14 回时，可在一条母线上装设分段断路器；元件总数为 15 回及以上时，可在两条母线上装设分段断路器。

3）为了限制 220kV 母线短路电流或者满足系统解列运行的要求，也可根据需要将母线分段。

（2）GIS 近远期过渡接线。为便于远期 GIS 的扩建和减少停电时间，可采取以下措施：

1）220kV 远期采用双母线分段接线，当本期线路和变压器元件总数为 4 回及以上时，本期可按远期接线考虑，分段、母联、母线设备间隔一次上齐。

2）对布置于本期进出线之间的备用间隔，本期提前建设该间隔母线侧隔离开关，在母线扩建接口处预装可拆卸导体的独立隔室。当远期接线为双母线双分段时，建设过程中尽量避免采用双母线单分段接线。

（3）重要回路差异化设计。同一牵引站供电的两路电源如果取自同一变电站，应取自不同段母线。当任一回路故障时，另一回路应能正常供电。

14.3.1.3　66（35）kV 电气接线

（1）66（35）kV 采用单母线单元接线，本通用设计按装设总断路器考虑，具体工程根据运行需求确定。在实际工程中，可根据系统实际情况，经技术经济比较后确定采用 35kV 或者 66kV。

（2）66（35）kV 电压互感器配置隔离开关。

（3）66（35）kV 并联电容器、电抗器能分组投切，投切断路器宜装在电源侧。

（4）并联电容器回路串联电抗器值，应限制谐波放大及限制合闸涌流，根据需要计算后确定。

14.3.1.4 主变压器中性点接地方式

主变压器中性点采用直接接地方式，预留远期加装中性点小电抗器条件，实际工程中应根据系统规划计算确定。同时，需结合系统条件考虑是否装设主变压器直流偏磁治理装置。

14.3.2 短路电流控制水平

500kV 电压等级：63kA。

220kV 电压等级：50kA。

66kV 电压等级：31.5kA。

35kV 电压等级：40kA。

在实际工程中，短路电流控制水平应根据系统情况计算后确定。

14.3.3 主要设备选择

（1）电气设备选型应从最新版《国家电网公司标准化建设成果（通用设计、通用设备）应用目录》中选择，并且须按照最新版《国家电网公司输变电工程通用设备》要求统一技术参数、电气接口、二次接口、土建接口。

（2）变电站内一次设备应综合考虑测量数字化、状态可视化、功能一体化和信息互动化；一次设备应采用"一次设备本体+智能组件"形式；与一次设备本体有安装配合的互感器、智能组件，应与一次设备本体采用一体化设计，优化安装结构，保证设备运行的可靠性及安全性。

（3）主变压器采用单相或三相、油浸、无励磁调压、自耦、自然油循环风冷型或强迫油循环风冷型。在满足大件运输条件的情况下，750～1000MVA 主变压器宜采用三相一体变压器。主变压器可通过集成于设备本体的传感器，配置相关的智能组件实现冷却装置、有载分接开关的智能控制。

（4）500kV 并联电抗器采用单相、油浸、自冷型，中性点电抗选用油浸、自冷型。

（5）根据站址环境条件和地质条件，通过经济技术比较后确定开关设备型式。500、220kV 开关设备采用 GIS、HGIS、柱式或罐式断路器。对用地紧张、高海拔、高地震烈度、污秽严重等地区，经技术经济论证，可采用 GIS、HGIS。

（6）主变压器低压侧 66（35）kV 户外开关设备采用 SF₆ 柱式或罐式断路器，全户内方案采用 GIS。

（7）66（35）kV 并联电容器宜采用组合框架式，串联电抗器宜采用干式

空芯式；66（35）kV 并联电抗器采用干式空芯式。在土地资源稀缺、布置受限地区可采用集合式并联电容器和油浸式并联电抗器。

（8）500kV 互感器采用常规互感器，220kV 及以下电压等级互感器宜采用常规互感器加合并单元模式。

（9）电气设备抗震能力应满足 GB 50260—2013《电力设施抗震设计规范》的规定，高地震烈度地区应进行抗震设计。

（10）状态监测。

1）每台主变压器及高压并联电抗器配置 1 套油中溶解气体状态监测装置；变压器、高压并联电抗器本体预留局部放电监测接口。

2）220kV 及以上电压等级每台避雷器配置 1 套传感器，监测泄漏电流、阻性电流、放电次数。

3）220kV 及以上电压等级 GIS 预留局部放电传感器及监测接口。

4）一次设备状态监测的传感器，其设计寿命不应少于被监测设备的使用寿命。

14.3.4 导体选择

母线载流量按最大穿越功率考虑，按发热条件校验。

出线回路的导体截面按最大工作电流考虑。

500、220kV 导线截面应进行电晕校验及无线电干扰校验。

主变压器 220kV 侧导线载流量按不小于主变压器额定容量 1.05 倍计算，实际工程中可根据需要考虑承担另一台主变压器事故或检修时转移的负荷；220kV 分段导线载流量按系统规划要求的最大通流容量考虑；母联导线载流量按最大一个元件考虑。

主变压器低压侧引线载流量和母线载流量按变压器低压侧最大可能的无功容量和站用变压器容量计算。

14.3.5 避雷器设置

本通用设计按以下原则设置避雷器，实际工程避雷器设置根据雷电侵入波过电压计算确定。

（1）每台 500kV 主变压器三侧出口处各装设一组避雷器。

（2）GIS 配电装置架空线路均装设避雷器，GIS 母线一般不设避雷器。

（3）GIS 配电装置全部出线间隔采用电缆连接时，A2 方案按不设置母线避雷器考虑（实际工程根据计算确定）。电缆与架空线连接处设置避雷器。

（4）HGIS 配电装置架空出线均装设避雷器。HGIS 母线是否装设避雷器

需根据计算确定。

（5）500kV 柱式断路器、罐式断路器配电装置每回架空线路入口处装设 1 组避雷器。

（6）本通用设计中，220kV 柱式断路器、罐式断路器配电装置架空线路入口处不装设避雷器，实际工程中避雷器的设置应根据 GB/T 50064—2014 和国家电网生〔2009〕1208 号《关于印发〈预防多雷地区变电站断路器等设备雷害事故技术措施〉的通知》的规定和要求执行。

（7）对于有高压并联电抗器回路的出线，线路与高压并联电抗器宜共用一组避雷器。

14.3.6 电气总平面布置及配电装置

14.3.6.1 电气总平面布置

电气总平面应根据电气主接线和线路出线方向，合理布置各电压等级配电装置的位置，确保各电压等级线路出线顺畅，以避免同电压等级的线路交叉，同时避免或减少不同电压等级的线路交叉。必要时，需对电气主接线做进一步调整和优化。电气总平面还应本、远期结合，以减少扩建工程量。配电装置应尽量不堵死扩建的可能。

各电压等级配电装置的布置位置应合理，并因地制宜地采取必要措施，以减少变电站占地面积。

结合站址地质条件，可适当调整电气总平面的布置方位，以减少土石方工程量。

电气总平面的布置应考虑机械化施工的要求，满足电气设备的安装、试验、检修起吊、运行巡视以及气体回收装置所需的空间和通道。

14.3.6.2 配电装置

（1）配电装置总体布局原则。

1）配电装置布局应紧凑合理，主要电气设备、装配式建（构）筑物以及预制舱式二次组合设备的布置应便于安装、扩建、运维、检修及试验工作，并且需满足消防要求；

2）220kV 户外配电装置的布置，应能适应预制舱式二次组合设备的下放布置，缩短一次设备与二次系统之间的距离；

3）户内配电装置应考虑其安装、试验、检修、起吊、运行巡视以及气体回收装置所需的空间和通道。

（2）根据站址环境条件和地质条件，对于人口密度高、土地昂贵地区；受外界条件限制、站址选择困难地区；复杂地质条件、高差较大的地区；高地震烈度、高海拔、高寒和严重污染等特殊环境条件地区宜采用 GIS、HGIS 配电装置。位于城市中心的变电站可采用户内 GIS 方案。对人口密度不高、土地资源相对丰富、站址环境条件较好地区，宜采用户外常规敞开式配电装置。

（3）500kV 配电装置采用户内 GIS、户外 GIS、HGIS、柱式断路器、罐式断路器配电装置；220kV 配电装置采用户内 GIS、户外 GIS、HGIS、柱式断路器、罐式断路器配电装置；66kV 配电装置采用户内 GIS、户外支持管型母线中型柱式断路器或罐式断路器配电装置；35kV 配电装置采用户外支持管型母线中型柱式断路器配电装置。500、220kV 配电装置具体布置参数及原则如下：

1）500kV 配电装置。

a. 500kV 户外 GIS 配电装置根据布置需要采用一字形或 Z 字形等布置方案，户外布置方案一般采用架空出线方式，户内布置方案一般采用全电缆或架空出线方式。

b. 为满足安装、运行、检修维护、试验要求，500kV 户内 GIS 室配电装置纵向跨度为 15.5m（全电缆出线）、15m（全架空出线），设备吊装采用 10t 行车，配电装置室设备起吊净高参考值 11.4m。

c. 500kV HGIS 采用户外悬吊管型母线中型、HGIS 断路器三列布置（含 HGIS 半 C 形布置方案）。对 500kV HGIS 配电装置，当采用一个半断路器接线时，完整串采用"3+0"方式，不完整串可采用"2+1"或"3+0"方式。

d. 500kV 柱式断路器配电装置采用户外悬吊管型母线中型、断路器三列布置。

e. 500kV 罐式断路器配电装置采用户外悬吊管型母线中型、断路器三列布置。

f. 500kV 户外配电装置布置尺寸一览表（海拔 1000m）见表 14.3-1。

表 14.3-1　500kV 户外配电装置布置尺寸一览表（海拔 1000m） （m）

构架尺寸	配电装置			
	户外 GIS	HGIS	柱式	罐式
间隔宽度	26	27（环形道路间隔按 29m）	28	28

构架尺寸	配电装置			
	户外 GIS	HGIS	柱式	罐式
出线挂点高度	24	26	28m（主变压器低架横穿）、26m（主变压器高架横穿）	28m（主变压器低架横穿）、26m（主变压器高架横穿）
出线相间距离	7	7.5	8	8
相—构架柱中心距离	6	6	6	6
母线挂点高度	/	20	20.5	20.5
高架横跨进出线挂点高度	/	33/34（一字形/半 C 形）	33	33

2）220kV 配电装置。

a. 220kV 配电装置采用户外 GIS，出线构架采用两回出线共用一跨构架或单回出线专用一跨构架。

b. 220kV 户内 GIS 配电装置间隔宽度取 2m，220kV GIS 室跨度宜采用 12.5m，厂房高度按吊装元件考虑，最大起吊重量不大于 5t，配电装置室内净高不小于 8m。

c. 220kV 户外 HGIS 配电装置采用悬吊管型母线中型布置。

d. 220kV 户外柱式断路器配电装置，采用支持或悬吊管型母线中型布置。

e. 220kV 户外罐式断路器配电装置，采用悬吊管型母线中型布置。

f. 220kV 户外配电装置布置尺寸一览表（海拔 1000m）见表 14.3-2。

表 14.3-2　220kV 户外配电装置布置尺寸一览表（海拔 1000m）　　（m）

构架尺寸	配电装置			
	户外 GIS	HGIS	柱式	罐式
间隔宽度	13/24（单回/双回出线）	13/25（单回/双回出线）	13	13
出线挂点高度	14	18	15（支持式管型母线）	15

构架尺寸	配电装置			
	户外 GIS	HGIS	柱式	罐式
出线挂点相间距离	4/3.75（单回/双回出线）	4/3.75（单回/双回出线）	4	4
出线挂点相—构架柱中心距离	2.5/2.25（单回/双回出线）	2.75	2.5	2.5
母线相间距离	/	3.5	3.5	3.5
母线高度	/	11.5	9.3	9.3

注　若爬梯装在内侧，宜装设防护笼。

14.3.7　站用电

500kV 变电站最终站用电源有 3 个，即 2 个工作电源、1 个备用电源。2 个工作电源分别从 2 组主变压器的低压侧母线上引接。站用备用电源优先考虑从站外可靠电源引接。如站址附近无可靠电源，可考虑采用高压并联电抗器抽能方式或者设置柴油发电机方式作为备用电源，实际工程经技术经济比较后确定。

本通用设计较为典型的站用变压器容量为 630、800kVA，实际工程需具体核算。

站用电低压系统应采用 TN-C-S，系统的中性点直接接地。系统额定电压 380/220V。站用电母线采用按工作变压器划分的单母线接线，相邻两段工作母线同时供电分列运行。两段工作母线间不应装设自动投入装置。

站用电源采用交直流一体化电源系统。

14.3.8　电缆

按照 GB 50217—2007《电力工程电缆设计规范》进行设计，并需符合 GB 50229—2006《火力发电厂与变电站设计防火规范》、DL 5027—2015《电力设备典型消防规程》有关要求。

14.3.8.1　电缆选型

-15℃ 以下低温环境，应按低温条件和绝缘类型要求，选用交联聚乙烯、聚乙烯绝缘、耐寒橡皮绝缘电缆。低温环境不宜选用聚氯乙烯绝缘电缆。除 -15℃ 以下低温环境或药用化学液体浸泡场所，以及有毒难燃性要求的电缆挤塑外护层宜用聚乙烯外，其他可选用聚氯乙烯外护层。

变电站火灾自动报警系统的供电线路、消防联动控制线路应采用耐火铜芯电钱电缆。其余线缆采用阻燃电缆，阻燃等级不低于 C 级。

14.3.8.2　电缆敷设通道规划

对于室内电缆敷设，二次设备室不宜设置电缆半层。若二次设备室位于建筑一层，可采用电缆沟作为屏柜电缆进出通道；若二次设备室位于建筑二层及以上，可采用架空活动地板层作为电缆通道，电缆或光缆数量较多时，还可视情况选择带电缆小支架的活动地板托架，以便于电缆规划路由和绑扎。

在满足线缆敷设容量要求的前提下，户外配电装置场地线缆敷设主通道可采用电缆沟或地面槽盒。

14.3.8.3　电缆防火

当电力电缆与控制电缆或通信电缆敷设在同一电缆沟或电缆隧道内时，宜采用防火隔板或防火槽盒进行分隔。

14.4　二次系统

14.4.1　系统继电保护及安全自动装置

14.4.1.1　500kV 线路保护。

（1）500kV 每回线路按双重化配置完整的、独立的、能反应各种类型故障、具有选相功能的全线速动保护；线路过电压及远跳就地判别功能应集成在线路保护装置中，主保护与后备保护、过电压保护及就地判别采用一体化保护装置实现。

（2）线路保护直接模拟量采样，直接 GOOSE 跳断路器；经 GOOSE 网络启动断路器失灵、重合闸；站内其他装置经 GOOSE 网络启动远跳。

（3）线路保护通道宜分别采用两个不同路由的通道。

14.4.1.2　短引线保护

短引线保护（如需配置）按双重化配置。保护直接模拟量采样，直接 GOOSE 跳断路器。

14.4.1.3　220kV 线路保护

（1）每回线路按双重化配置完整的、独立的、能反应各种类型故障、具有选相功能的全线速动保护。线路重合闸功能配置在线路保护中，应能实现单相、三相、综合及特殊重合闸方式。

（2）线路保护直接数字量采样或模拟量采样、直接 GOOSE 跳闸。跨间隔信息（启动母差失灵功能和母差保护动作远跳功能等）采用 GOOSE 网络传输方式。

（3）数字量采样时母线电压切换由合并单元实现，每套线路电流合并单元应根据收到的两组母线的电压量及线路隔离开关的位置信息，自动输出本间隔所在母线的电压。

（4）线路保护通道宜分别采用两个不同路由的通道。

14.4.1.4　母线保护

（1）500kV 每段母线按远期规模双重化配置母线差动保护装置。母线保护直接模拟量电缆采样，直接 GOOSE 跳断路器。相关设备（交换机）满足保护对可靠性和快速性的要求时，可经 GOOSE 网络跳闸。失灵启动经 GOOSE 网络传输。

（2）220kV 每组双母线按远期规模双重化配置母线保护装置，包括母线差动保护、母联充电和过电流保护、母联失灵及死区保护、断路器失灵保护等功能。母线保护直接数字量采样或模拟量采样，直接 GOOSE 跳断路器。相关设备（交换机）满足保护对可靠性和快速性的要求时，可经 GOOSE 网络跳闸。开入量（启动失灵、隔离开关位置接点、母联断路器过电流保护启动失灵、主变压器保护动作解除电压闭锁等）采用 GOOSE 网络传输。

14.4.1.5　500kV 断路器保护

（1）一个半断路器接线的断路器保护按断路器双重化配置，具备失灵保护及重合闸等功能。

（2）断路器保护直接模拟量采样、直接 GOOSE 跳闸；本断路器失灵时，经 GOOSE 网络跳相邻断路器。

（3）断路器保护采用保护、测控独立装置。

14.4.1.6　220kV 母联（分段）保护

（1）220kV 母联（分段）断路器按双重化配置专用的、具备瞬时和延时跳闸功能的过电流保护。

（2）母联（分段）保护直接数字量采样或模拟量采样、直接 GOOSE 跳闸，启动母差失灵采用 GOOSE 网络传输。

（3）母联（分段）断路器保护采用保护、测控独立装置。

14.4.1.7　故障录波系统

（1）全站故障录波装置宜按照电压等级配置，故障录波不跨小室配置。500kV 电压等级宜按每两串配置 1 台故障录波器，母线故障录波也可以独立设置；主变压器故障录波宜独立配置，每 2 台主变压器宜配置 1 台故障录波装置；220kV 宜按网络分别配置。

（2）主变压器、500kV 电压等级故障录波装置的电流、电压采用模拟量采集，开关量通过网络方式接收 GOOSE 报文。主变压器、500kV 电压等级每台故障录波装置录波量模拟式交流量宜为 96 路，开关量宜为 256 路。

（3）220kV 电压等级故障录波装置采用数字量采样或模拟量采样。数字量采样时，通过网络方式接收 SV 报文和 GOOSE 报文，故障录波装置每个百兆 SV 采样值接口接入合并单元数量不宜超过 5 台。220kV 电压等级每台故障录波装置录波交流量宜为 96 路，开关量宜为 256 路。

14.4.1.8 故障测距系统

（1）为了实现线路故障的精确定位，对于大于 80km 的长线路或路径地形复杂、巡检不便的线路，应配置专用故障测距装置；大于 50km 的 220kV 及以上的线路可配置故障测距装置。

（2）行波测距装置采样值采用模拟量采样，数据采样频率应大于 500kHz。

14.4.1.9 系统安全稳定控制装置

系统安全稳定控制装置应根据接入后的系统稳定计算确定是否配置。若需配置，应遵循如下原则：

（1）安全稳定控制装置按双重化配置。

（2）要求快速跳闸的安全稳定控制装置应采用点对点直接 GOOSE 跳闸方式。

14.4.1.10 保护及故障信息管理子站系统

保护及故障信息管理子站系统不配置独立装置，其功能宜由综合应用服务器实现，站控层后台应实现保护及故障信息的直采直送。

14.4.2 系统调度自动化

（1）调度关系及远动信息传输原则。调度管理关系宜根据电力系统概况、调度管理范围划分原则和调度自动化系统现状确定。远动信息的传输原则宜根据调度管理关系确定。

（2）远动设备配置。远动通信设备应根据调度数据网情况进行配置，并优先采用专用装置、无硬盘型，采用专用操作系统。

（3）远动信息采集。远动信息采取"直采直送"原则，直接从变电站自动化系统的测控单元获取远动信息并向调度端传送。

（4）远动信息传送。

1）远动通信设备应能实现与相关调控中心的数据通信，宜采用双平面电力调度数据网络方式的方式。网络通信满足 DL/T 634.5 104—2009《远动设备及系统　第 5-104 部分：传输规约　采用标准传输协议集的 IEC60870-5-101

网络访问》的要求。

2）远动信息内容应满足 DL/T 5003《电力系统调度自动化设计技术规程》、Q/GDW 678—2011《变电站一体化监控系统功能规范》、Q/GDW 679—2011《变电站一体化监控系统建设技术规范》、Q/GDW 11398—2015《变电站设备监控信息规范》和相关调度端、无人值班远方监控中心对变电站的监控要求。

（5）电能量计量系统。

1）全站配置一套电能量远方终端。全站电能表宜独立配置；66（35）kV 电压等级也可采用保护、测控、计量集成装置；关口计量点的电能表宜双重化配置，并满足电量结算相关规程要求。

2）主变压器各侧及 500kV 电压等级电能表采用模拟量电缆接入。

3）电能量远方终端以串口方式采集各电能量计量表计信息，并通过电力调度数据网与电能量主站通信。

（6）相量测量装置。相量测量装置应单套配置。500kV 电压等级采用模拟量采样；220kV 电压等级通过网络方式采集过程层 SV 数据或采用模拟量采样。

（7）调度数据网络及安全防护装置。

1）调度数据网应配置双平面调度数据网络设备，含相应的调度数据网络交换机及路由器。

2）安全 I 区设备与安全 II 区设备之间通信可设置防火墙；变电站自动化系统通过正反向隔离装置向 III/IV 区数据通信网关机传送数据，实现与其他主站的信息传输；监控系统与远方调度（调控）中心进行数据通信应设置纵向加密认证装置。

14.4.3 系统及站内通信

（1）光纤系统通信。光纤通信电路的设计，应结合通信网现状、工程实际业务需求以及各省级公司通信网规划进行。

1）光缆类型以 OPGW 为主，光缆纤芯类型宜采用 G.652 光纤。500kV 线路光缆纤芯数宜采用 24～48 芯。

2）宜随新建 500kV 电力线路建设光缆，500kV 变电站至相关调度单位应至少具备两条独立的光缆通道。

3）500kV 变电站应按调度关系及审定的地区通信网络规划要求建设相应的光传输系统。光传输系统的传输速率应满足本站各类业务需求及规划发展要求。

4) 500kV变电站应至少配置2套光传输设备，接入相应的光传输网。

5) PCM设备根据业务接入需要配置并满足相关业务要求。

（2）站内通信。

1) 500kV变电站宜设置1台程控调度交换机，应至少具有1路公网通信电话。

2) 配置1套综合数据通信网设备。综合数据通信网设备宜采用两条独立的上联链路与网络中就近的两个汇聚节点互联。

3) 当通信电源独立配置时，应双套配置，采用高频开关模块型，N+1冗余配置；通信负荷宜按4h事故放电时间计算。

4) 变电站通信设备宜与二次设备统一布置。

5) 通信设备的环境监测功能由站内智能辅助控制系统统一考虑。

14.4.4 变电站自动化系统

14.4.4.1 监控范围及功能

变电站自动化系统设备配置和功能要求按无人值班设计，采用开放式分层分布式网络结构，通信规约统一采用DL/T 860。监控范围及功能满足Q/GDW 678—2011《变电站一体化监控系统功能规范》、Q/GDW 679—2011《变电站一体化监控系统建设技术规范》的要求。

系统软件：主机应采用Linux操作系统或同等的安全操作系统。

自动化系统实现对变电站可靠、合理、完善的监视、测量、控制、断路器合闸同期等功能，并具备遥测、遥信、遥调、遥控全部的远动功能和时间同步功能，具有与调度通信中心交换信息的能力，具体功能宜包括信号采集、"五防"闭锁、顺序控制、远端维护、顺序控制、智能告警等功能。

14.4.4.2 系统网络

（1）站控层网络。站控层网络宜采用双重化星形以太网络。站控层、间隔层设备通过两个独立的以太网控制器接入双重化站控层网络。

（2）过程层网络。应按电压等级配置过程层网络。500kV电压等级应配置GOOSE网络，宜采用星形双网结构；220kV电压等级GOOSE网及SV网共网设置，宜采用星形双网结构；66（35）kV不宜设置GOOSE和SV网络，GOOSE报文和SV报文采用点对点方式传输。

（3）双重化配置的保护装置应分别接入各自GOOSE和SV网络，单套配置的测控装置宜通过独立的数据接口控制器接入双重化网络，对于220kV及以下电压等级相量测量装置、电能表等仅需接入过程层单网。

14.4.4.3 设备配置

（1）站控层设备配置。站控层设备按远期规模配置，由以下几部分组成：

1) 监控主机双套配置，操作员站、工程师工作站与监控主机合并；

2) Ⅰ、Ⅱ区数据通信网关机双套配置；

3) Ⅲ/Ⅳ区数据通信网关机单套配置；

4) 综合应用服务器单套配置。

5) 设置2台网络打印机。

（2）间隔层设备配置。间隔层包括继电保护及安全自动装置、测控装置、故障录波装置、网络分析记录装置、相量测量装置、行波测距装置、电能计量装置等设备。

1) 继电保护及安全自动装置、故障录波装置、相量测量装置、行波测距装置、电能计量装置等，具体配置详见保护及调度自动化相关章节。

2) 测控装置。

a. 500kV断路器宜单套独立配置测控装置；220kV电压等级宜按间隔单套独立配置测控装置。

b. 一个半断路器接线的500kV线路测量功能宜由边断路器测控装置实现，也可独立配置测控装置。

c. 66（35）kV电压等级宜采用保护测控一体化装置，也可采用保护、测控、计量集成装置。

d. 主变压器高压侧测量功能宜由边断路器测控装置，也可独立配置单套测控装置，中、低压侧及本体测控装置宜单套独立配置，主变压器中压侧测控宜采用数字化采样。

e. 500、220、66（35）kV母线配置单套测控装置。500、220、66（35）kV按电压等级及设备布置配置公用测控装置。

f. 500kV高压并联电抗器测控装置宜单套独立配置。

g. 保护装置除失电告警信号以硬接线方式接入测控装置，其余告警信号均以网络方式传输。

3) 网络记录分析装置。全站统一配置1套网络记录分析装置，由网络记录单元、网络分析单元构成；网络记录分析装置通过网络方式接收SV报文和GOOSE报文。

网络记录单元宜按照网络配置，网络记录分析范围包括全站站控层网络及过程层网络，网络报文记录装置每个百兆SV采样值接口接入合并单元的数量不宜超过 5 台。

（3）过程层设备配置。

1）合并单元（采用数字量采样时）。

a. 220kV 线路、母联、分段间隔电流互感器合并单元按双重化配置。

b. 66（35）kV 断路器（主变压器低压侧除外），各间隔智能终端合并单元集成装置宜单套配置。

c. 主变压器 220kV 侧按双套配置合并单元用于 220kV 母线差动保护。

d. 220kV 双母线、双母单分段接线，母线按双重化配置 2 台合并单元；220kV 双母双分段接线，Ⅰ-Ⅱ母线、Ⅲ-Ⅳ母线按双重化各配置 2 台合并单元。

e. 220kV 线路、主变压器 220kV 侧的电流互感器和电压互感器宜共用合并单元。

f. 合并单元宜分散布置于配电装置场地智能控制柜内。

2）智能终端。

a. 500kV 断路器智能终端按双重化配置，220kV 线路、母联、分段智能终端按双重化配置。

b. 66（35）kV 断路器（主变压器低压侧除外）各间隔宜配置单套智能终端合并单元集成装置。

c. 主变压器各侧智能终端宜双套配置；主变压器本体智能终端宜单套配置，集成非电量保护功能。

d. 500、220、66（35）kV 每段母线配置 1 套智能终端。

e. 智能终端宜分散布置于配电装置场地智能控制柜内。

3）智能控制柜。智能控制柜宜按间隔或断路器进行配置；对于 HGIS、GIS，智能控制柜与汇控柜应一体化设计。

（4）网络通信设备。

1）站控层网络交换机。站控层网络宜按二次设备室和按电压等级配置站控层交换机，站控层交换机电口、光口数量根据实际要求配置。

2）过程层网络交换机。

a. 一个半断路器接线，500kV 电压等级过程层 GOOSE 网交换机应按串配置，每串宜按双重化共配置 2 台 GOOSE 交换机。当 500kV 线线串并带线路高压并联电抗器接入量较多时，可按双重化配置 4 台 GOOSE 交换机。

b. 220kV 宜按间隔配置过程层交换机。

c. 主变压器高压侧相关设备接入高压侧所在串 GOOSE 网交换机；主变压器中压侧按间隔配置过程层交换机，交换机布置在主变压器保护柜上；主变压器低压侧可采用点对点方式接入相关设备或与 220kV 侧共用交换机。

d. 66（35）kV 电压等级不宜设置过程层交换机，SV 报文可采用点对点方式传输，GOOSE 报文可利用站控层网络传输。

e. 按电压等级双重化配置中心交换机，中心交换机可与母线保护柜共组柜。

f. 每台交换机的光纤接入数量不宜超过 24 对，每个虚拟网均应预留 1～2 个备用端口。任意两台智能电子设备之间的数据传输路由不应超过 4 台交换机。

14.4.5　元件保护

（1）500kV 主变压器保护。

1）主变压器电量保护按双重化配置，每套保护包含完整的主、后备保护功能。

2）主变压器保护采用模拟量采样，直接 GOOSE 跳各侧断路器；主变压器保护跳母联、分段断路器、启动失灵等可采用 GOOSE 网络传输；主变压器保护可通过 GOOSE 网络接收失灵保护跳闸命令，实现失灵跳变压器各侧断路器。

3）非电量保护单套独立配置，宜与本体智能终端一体化设计，采用就地直接电缆跳闸，安装在变压器本体智能控制柜内；信息通过本体智能终端上送过程层 GOOSE 网。

（2）500kV 高压并联电抗器保护。

1）高压并联电抗器电量保护按双重化配置，每套保护包含完整的主、后备保护功能。

2）高压并联电抗器保护模拟量电缆直接采样，直接 GOOSE 跳断路器。

3）非电量保护单套独立配置，宜与本体智能终端一体化设计，采用接地直接电缆跳闸，安装在电抗器本体智能控制柜内；信息通过本体智能终端上送过程层 GOOSE 网。

（3）66（35）kV 间隔保护。宜按间隔单套配置，采用保护测控一体化装置。

14.4.6　直流系统及不间断电源

（1）系统组成。直流系统及不间断电源系统由直流电源、交流不间断电源（UPS）、逆变电源（INV，根据工程需要选用）、直流变换电源（DC/DC）及监控装置等组成。监控装置作为一体化电源系统的集中监控管理单元。

通信蓄电池可独立配置，也可采用直流变换电源（DC/DC）。

系统中各电源通信规约应相互兼容，能够实现数据、信息共享。监控装置应通过以太网通信接口采用 DL/T 860 规约与变电站后台设备连接，实现对一体化电源系统的监视及远程维护管理功能。

（2）直流电源。

1）直流系统电压。变电站操作电源额定电压采用 220V 或 110V，通信电源额定电压-48V。

2）蓄电池型式、容量及组数。直流系统应装设 2 组阀控式密封铅酸蓄电池。

蓄电池容量宜按 2h 事故放电时间计算；对地理位置偏远的变电站，通信负荷宜按 4h 事故放电时间计算。

DC/DC 转换装置负荷系数为 0.8，合并单元、智能终端负荷系数参照变电站自动化系统。

3）充电装置台数及型式。直流系统采用高频开关充电装置，配置 3 套。

4）直流系统供电方式。直流系统宜采用辐射型供电方式。在负荷集中区设置直流分屏（柜）。

66（35）kV 及以下的保护、控制、合并单元智能终端宜由直流分电屏直接馈出，若馈电屏直流断路器不足，也可多间隔并接供电。当智能控制柜内设备为单套配置时，宜配置 1 路公共直流电源；当智能控制柜内设备为双重化配置时，应配置 2 路公共直流电源。智能控制柜内各装置采用独立的空气断路器。

（3）交流不停电电源系统。变电站宜配置两套交流不停电电源系统（UPS）。

（4）直流变换电源装置（DC/DC）。当通信电源与站内直流电源一体化建设是，宜配置 2 套直流变换电源装置，采用高频开关模块型，N+1 冗余配置。

（5）总监控装置。系统应配置 1 套总监控装置，作为直流电源及不间断电源系统的集中监控管理单元，应同时监控站用交流电源、直流电源、交流不间断电源（UPS）、逆变电源（INV）和直流变换电源（DC/DC）等设备。

14.4.7 时间同步系统

（1）宜配置 1 套公用的时间同步系统，主时钟应双重化配置，另配置扩展装置实现站内所有对时设备的软、硬对时。支持北斗系统和 GPS 系统单向标准授时信号，优先采用北斗系统，时间同步精度和守时精度满足站内所有设备的对时精度要求。扩展装置的数量应根据二次设备的布置及工程规模确定。该系统宜预留与地基时钟源接口。

（2）时间同步系统对时或同步范围包括变电站自动化系统站控层设备、保护装置、测控装置、故障录波装置、故障测距、相量测量装置、智能终端、合并单元及站内其他智能设备等。

（3）站控层设备宜采用 SNTP 对时方式。间隔层、过程层设备宜采用 IRIG-B 对时方式，条件具备时也可采用 IEC 61588 网络对时。

14.4.8 一次设备状态监测系统

变电设备状态监测系统宜由传感器、状态监测 IED 构成，后台系统应按变电站对象配置，全站应共用统一的后台系统，功能由综合应用服务器实现。

14.4.9 智能辅助控制系统

全站配置 1 套智能辅助控制系统，包括智能辅助系统综合监控平台、图像监视及安全警卫子系统、火灾自动报警及消防子系统、环境监测子系统等，实现图像监视及安全警卫、火灾报警、消防、照明、采暖通风、环境监测等系统的智能联动控制。

（1）智能辅助控制系统不配置独立后台系统，利用综合应用服务器实现智能辅助控制系统的数据分类存储分析、智能联动功能。

（2）图像监视及安全警卫子系统的功能按满足安全防范要求配置，不考虑对设备运行状态进行监视。

500kV 变电站视频安全监视系统配置一览表见表 14.4-1。

表 14.4-1   500kV 变电站视频安全监视系统配置一览表

序号	安 装 地 点	安 装 数 量
1	主变压器及低压无功补偿区	每台主变压器配置 1 台，无功补偿区配置 1 台
2	500kV 设备区	柱式断路器、罐式断路器、HGIS：根据规模配置 3～5 台； GIS：配置 2～3 台
3	220kV 设备区	柱式断路器、罐式断路器设备：根据规模配置 2～3 台； GIS：根据规模配置 2～3 台
4	低压站用变压器	每台配置 1 台
5	二次设备室	每室配置 2～4 台

序号	安 装 地 点	安 装 数 量
6	低压配电室	根据需要配置1台
7	主控通信室门厅	配置1台低照度摄像机
8	全景（安装在主控通信室屋顶）	配置1台
9	红外对射装置或电子围栏	根据变电站围墙实际情况配置

（3）500kV变电站应设置1套火灾自动报警及消防子系统，火灾探测区域应按独立房（套）间划分。500kV变电站火灾探测区域有公用二次设备室、继电器室、通信机房（如有）、直流屏（柜）室、蓄电池室、可燃介质电容器室、各级电压等级配电装置室、油浸变压器及电缆竖井等。

（4）环境监测设备包括环境数据处理单元、温度传感器、湿度传感器、风速传感器（可选）、水浸传感器（可选）等。

14.4.10 二次设备模块化设计

变电站二次设备宜采用模块化设计，二次设备模块宜结合建设规模、总平面布置、配电装置型式等合理设置。

户外变电站宜采用预制式智能控制柜，条件允许时，宜采用预制舱式二次组合设备；户内变电站宜采用模块化二次设备和预制式智能控制柜。

（1）模块划分原则。模块设置主要按照功能及间隔对象进行划分，尽量减少模块间二次接线工作量，二次设备主要设置以下几种模块，实际工程应根据二次设备室及预制舱式二次组合设备的具体布置开展多模块组合设置：

1）站控层设备模块：包含变电站自动化系统站控层设备、调度数据网络设备、二次系统安全防护设备等。

2）公用设备模块：包含公用测控装置、时间同步系统、电能量计量系统、故障录波装置、网络记录分析装置、辅助控制系统等。

3）通信设备模块：包含光纤系统通信设备、站内通信设备等。

4）电源系统模块：包含站用交流电源、直流电源、交流不间断电源（UPS）、逆变电源（INV，可选）、直流变换电源（DC/DC）、蓄电池等。

5）间隔设备模块：包含各电压等级线路（母联、桥、分段、断路器）保护装置、测控装置，母线保护、电能表、公用测控装置与交换机等。

6）主变压器间隔设备模块：包含主变压器保护装置、主变压器测控装置、电能表、低压无功保护测控装置等。

（2）模块化二次设备型式。模块化二次设备基本型式主要有三种，即模块化的二次设备、预制舱式二次组合设备、预制式智能控制柜。

（3）二次设备模块化设置原则。

1）户内变电站，各电压等级间隔层设备宜按间隔配置，分散布置于就地预制式智能控制柜内。

2）户外变电站，500kV电压等级及主变压器间隔内间隔层设备相对集中布置于继电器小室内，过程层设备按间隔设置预制式智能控制柜；220kV电压等级设置预制舱式二次组合设备（模拟量采样时也可采用继电器小室），过程层设备按间隔设置预制式智能控制柜。

3）预制舱式二次组合设备内部可采用屏柜结构，也可采用机架式结构。预制舱式二次组合设备应根据变电站远期建设规模、总平面布置、配电装置型式等，就近分散布置于配电装置区空余场地。

4）站控层设备模块、公用设备模块、通信设备模块与电源系统模块布置于主控楼二次设备室内。

5）一次设备与二次设备、二次设备间的光缆、电缆宜采用预制光缆和预制电缆实现即插即用标准化连接。

6）变电站高级应用应满足电网大运行、大检修的运行管理需求，采用模块化设计、分阶段实施。

14.4.11 二次设备布置及组柜

14.4.11.1 二次设备室的设置及布置

新建工程应按工程远期规模规划并布置二次设备室，设备布置应遵循功能统一明确、布置简洁紧凑的原则，并合理考虑预留屏（柜）位。

（1）对于高压配电装置户外布置的变电站500kV配电装置宜按2～4串设置一个继电器小室，当500kV配电装置采用GIS时，可相对集中布置，按4～5串设置一个继电器小室；当500kV配电装置采用GIS且户内布置时，二次设备宜下放就近布置于一次高压配电装置区域；当高压配电装置室内环境条件不具备时，也可就近集中设置继电器小室；主变压器间隔层设备宜集中布置于二次设备室内。

（2）220kV户外布置时，宜以分段为界设两个预制舱式二次组合设备（模拟量采样时也可采用继电器小室）。当其配电装置采用GIS且户内布置时，220kV二次设备宜下放布置于一次高压配电装置区域。

（3）在靠近主变压器和无功补偿装置处可设置主变压器和无功补偿装置继电器室，也可与二次设备室二次设备或500kV共用继电器小室。

（4）直流电源室原则上靠近负荷中心布置，当二次设备采用下放布置时，直流电源室与站用电室毗邻布置；当二次设备采用集中布置时，直流屏（柜）可布置于继电器室，蓄电池组架布置，设置独立蓄电池室，并毗邻于直流电源室布置。

（5）站控层设备组屏宜按 14～20 面屏（柜）考虑，布置在公用二次设备室。

（6）二次设备屏（柜）位采用集中布置时，备用屏（柜）数宜按屏（柜）总数的 10%考虑，采用下放布置时，备用屏（柜）数宜按屏（柜）总数的 15%考虑。

14.4.11.2 二次设备组柜原则

本小节规定了 220、66（35）kV 数字量采样时的组柜原则，采用模拟量采样时无合并单元装置。

14.4.11.2.1 站控层设备

站控层设备组柜安装，显示器根据运行需要进行组柜或布置在控制台上，组柜如下：

（1）监控主站兼操作员站柜 1 面，包括 2 套监控主机设备。

（2）Ⅰ区远动通信柜 1 面，包括含Ⅰ区远动网关机（兼图形网关机）2台、2 台Ⅰ区站控层中心交换机，防火墙 2 台。

（3）Ⅱ、Ⅲ/Ⅳ区远动通信柜 1 面，含Ⅱ区远动网关机 2 台、2 台Ⅱ区站控层中心交换机、Ⅲ/Ⅳ区数据通信网关机 1 台。

（4）调度数据网设备柜 1～2 面，包括含 2 台路由器、4 台数据网交换机、4 台纵向加密装置。

（5）综合应用服务器柜 1 面，包括含 1 台综合应用服务器，正反向隔离装置 2 台。

14.4.11.2.2 间隔层及过程层设备

（1）间隔层设备集中布置。

1）间隔层设备组柜原则。

a. 500kV 系统。

（a）线路保护 1+线路保护 2+测控（若配置）共组 1 面屏（柜）。

（b）断路器保护 1+断路器保护 2+断路器测控共组 1 面屏（柜）。

（c）短引线保护 1+短引线保护 2 共组 1 面屏（柜）。

（d）电能表可按电压等级集中组屏（柜）。

（e）每段母线两套母线保护组 1 面屏（柜）。

（f）500kV 系统过程层交换机可按串组屏（柜）。

（g）500kV 过程层中心交换机与母线保护柜组屏（柜）。

b. 220kV 系统。线路、母联、分段保护、测控采用独立装置，测控单套配置，合并单元下放至就地智能控制柜内；交换机按间隔配置，分散组屏（柜）。

（a）220kV 线路保护。220kV 线路保护 1+220kV 线路保护 2+线路测控+过程层交换机 1+过程层交换机 2 组 1 面屏（柜）。

电能表可单独组屏（柜）。

（b）220kV 母线保护。保护柜 1：220kV ⅠM/ⅡM 母线保护 1+220kV 过程层 A 网中心交换机。

保护柜 2：220kV ⅠM/ⅡM 母线保护 2+220kV 过程层 B 网中心交换机。

保护柜 3：220kV ⅢM/ⅣM 母线保护 1+220kV 过程层 A 网中心交换机。

保护柜 4：220kV ⅢM/ⅣM 母线保护 2+220kV 过程层 B 网中心交换机。

（c）220kV 母联保护。220kV 母联保护 1+220kV 母联保护 2+母联测控+过程层交换机 1+过程层交换机 2 组 1 面屏（柜）。

（d）220kV 分段保护。220kV 分段保护 1+220kV 分段保护 2+分段测控+过程层交换机 1+过程层交换机 2 组 1 面屏（柜）。

c. 主变压器。

（a）主变压器保护。

保护柜 1：主变压器保护 1+中压侧过程层交换机 1。

保护柜 2：主变压器保护 2+中压侧过程层交换机 2。

（b）主变压器测控。主变压器高、中、低压侧及本体测控装置组柜 1 面。

（c）主变压器电能表柜。每面柜不超过 9 只电能表（电能量采集装置可组于此柜或单独组柜）。

d. 66（35）kV 系统。

（a）站用变压器本体智能终端装置下放至就地智能控制柜内。

（b）站用变压器测控保护组 1 面屏（柜）。

（c）4 台电容器（电抗器）测控保护组 1 面屏（柜）。

2）过程层设备组柜原则。

a. 500kV 系统。

（a）边断路器智能终端 1+边断路器智能终端 2 组 1 面柜。

（b）中断路器智能终端 1+中断路器智能终端 2 组 1 面柜。

（c）母线智能终端 1+避雷器状态监测 IED 组 1 面柜。

（d）高压并联电抗器本体智能终端+非电量保护组 1 面柜。

b. 220kV 系统。

（a）智能终端 1+智能终端 2+合并单元 1+合并单元 2 组 1 面柜。

（b）ⅠM/ⅡM 母线合并单元 1+ⅠM 母线智能终端+避雷器状态监测 IED 组 1 面柜。

（c）ⅠM/ⅡM 母线合并单元 2+ⅡM 母线智能终端组 1 面柜。

（d）ⅢM/ⅣM 母线合并单元 1+ⅢM 母线智能终端组 1 面柜。

（e）ⅢM/ⅣM 母线合并单元 2+ⅣM 母线智能终端组 1 面柜。

c. 66（35）kV 系统。

（a）总断路器间隔智能终端 1+智能终端 2 组 1 面柜。

（b）其他间隔智能终端合并单元集成装置组 1 面柜。

（c）母线智能终端+合并单元组 1 面柜。

（d）主变压器本体智能终端+非电量保护合一装置就地安装于主变压器本体智能控制柜。

（e）GIS、HGIS 配电装置的智能控制柜宜与汇控柜一体化设计。

（2）间隔层设备下放布置。保护测控、智能终端、合并单元、过程层交换机、状态监测 IED 等设备下放布置于智能控制柜。

1）500kV 系统。

a. 500kV 边断路器间隔（带线路）。

智能控制柜 1：线路保护 1+断路器保护 1+智能终端 1+测控；

智能控制柜 2：线路保护 2+断路器保护 2+智能终端 2+电能表。

b. 500kV 边断路器间隔（带主变压器）。

智能控制柜 1：断路器保护 1+智能终端 1；

智能控制柜 2：断路器保护 2+智能终端 2。

c. 500kV 中断路器间隔。

智能控制柜 1：断路器保护 1+智能终端 1+测控+过程层交换机 1；

智能控制柜 2：断路器保护 2+智能终端 2+过程层交换机 2。

d. 500kV 桥断路器间隔。

智能控制柜 1：断路器保护 1+测控+智能终端 1+过程层交换机 1；

智能控制柜 2：断路器保护 2+智能终端 2+过程层交换机 2。

e. 500kV 桥接线线路间隔。

智能控制柜 1：线路保护 1+断路器保护 1+智能终端 1+测控+过程层交换

机 1；

智能控制柜 2：线路保护 2+断路器保护 2+智能终端 2+电能表+过程层交换机 2。

2）220kV 系统。

a. 220kV 线路间隔。

智能控制柜 1：线路保护 1+测控+智能终端 1+合并单元 1+过程层交换机 1；

智能控制柜 2：线路保护 2+智能终端 2+合并单元 2+过程层交换机 2+电能表。

b. 220kV 母联（分段）间隔。

智能控制柜 1：母联保护 1+测控+智能终端 1+合并单元 1+过程层交换机 1；

智能控制柜 2：母联保护 2+智能终端 2+合并单元 2+过程层交换机 2。

c. 主变压器 220kV 间隔。智能控制柜：智能终端 1+智能终端 2+合并单元 1+合并单元 2。

d. 220kV 母线设备间隔。

ⅠM 智能控制柜：ⅠM/ⅡM 母线测控+ⅠM 智能终端+ⅠM/ⅡM 合并单元 1。

ⅡM 智能控制柜：ⅡM 智能终端+ⅠM/ⅡM 合并单元 2+避雷器状态监测 IED。

ⅢM 智能控制柜：ⅢM/ⅣM 母线测控+ⅢM 智能终端+ⅢM/ⅣM 合并单元 1。

ⅣM 智能控制柜：ⅣM 智能终端+ⅢM/ⅣM 合并单元 2。

e. 220kV 母线保护。

保护柜 1：220kV ⅠM/ⅡM 母线保护 1+220kV 过程层 A 网中心交换机；

保护柜 2：220kV ⅠM/ⅡM 母线保护 2+220kV 过程层 B 网中心交换机；

保护柜 3：220kV ⅢM/ⅣM 母线保护 1+220kV 过程层 A 网中心交换机；

保护柜 4：220kV ⅢM/ⅣM 母线保护 2+220kV 过程层 B 网中心交换机。

3）主变压器。

a. 主变压器保护。

（a）保护柜 1：主变压器保护 1+中压侧过程层交换机 1。

（b）保护柜 2：主变压器保护 2+中压侧过程层交换机 2。

b. 主变压器测控。主变压器高、中、低压侧及本体测控装置组柜 1 面。

c. 主变压器电能表柜。每面柜不超过 9 只电能表（电能量集采装置可组于此柜或单独组柜）。

4）66（35）kV 系统。

a. 主变压器 66（35）kV 间隔。智能控制柜：智能终端 1+智能终端 2。

b. 低压无功补偿及站用变压器保护。智能控制柜：站用变压器（电容器、电抗器）保护测控+智能终端合并单元集成装置。

c. 66（35）kV 母线设备间隔。智能控制柜：母线测控+智能终端+合并单元。

14.4.11.2.3 其他二次系统

（1）故障录波器。当采用模拟量采样时，宜每套录波装置组 1 面柜；当采用数字量采样时，宜每两套录波装置组 1 面柜。

（2）网络记录分析装置。网络记录分析装置组柜 2 面柜。

（3）故障测距。每套故障测距装置组 1 面柜。

（4）时间同步系统。二次设备室设主时钟柜 1 面，扩展柜根据需要配置。

（5）网络设备。

1）网络柜按照 4～6 台交换机原则进行组屏，每面网络柜内针对交换机端口数量分别设置 ODU（光配单元）和网络配线模块。

2）站控层交换机和过程层交换机宜分开组柜。

3）500kV 电压等级过程层网络交换机按串组柜，220kV 电压等级及其他过程层网络交换机分散组柜。

（6）电能计量系统。计费关口表每 6 块组一面柜，电能量远方终端与计费关口表共同组柜。

（7）相量测量装置。单独组屏（柜）。

（8）设备状态监测系统。状态监测 IED 布置于就地智能控制柜。

（9）智能辅助控制系统。视频服务器及辅件组 2 面屏（柜）。

（10）集中接线柜。在预制舱式二次组合设备和二次设备室内设置集中接线柜，单独组柜。

（11）预留屏柜。预制舱式二次组合设备宜预留 2～3 面屏柜；二次设备室内可按终期规模的 10%～15% 预留。

14.4.11.3 屏（柜）的统一要求

根据配电装置型式选择不同型式的屏柜，断路器汇控柜宜与智能智能控制柜一体化设计。

（1）柜体要求。

1）屏（柜）的尺寸。二次系统设备屏（柜）的外形尺寸宜采用 2260mm×800mm×600mm（高×宽×深，高度中包含 60mm 眉头）；站控层服务器柜可采用 2260mm×800mm×900mm（高×宽×深，高度中包含 60mm 眉头）屏柜；通信设备屏（柜）的外形尺寸宜采用 2260mm×600mm×600mm（高×宽×深，高度中包含 60mm 眉头）。

当预制舱式二次组合设备采用机架式结构时，机架单元尺寸宜采用 2260mm×700mm×600mm（高×宽×深，高度中包含 60mm 眉头）。

2）屏（柜）的结构。二次设备室内屏（柜）结构为屏（柜）前后开门、垂直自立、柜门内嵌式的柜式结构。

舱内屏（柜）结构为屏（柜）前开门、垂直自立，靠墙布置。柜内二次设备采用前接线前显示设备。

3）屏（柜）的颜色。全站二次系统设备屏（柜）体颜色应统一。

（2）预制式智能控制柜要求。

1）柜的结构。屏（柜）结构为屏（柜）前后开门、垂直自立、柜门内嵌式的柜式结构。

2）柜的颜色。全站户外智能控制屏（柜）体颜色应统一。

3）柜的要求。

a. 宜采用双层不锈钢结构，内层密闭，夹层通风，当采用户内布置时，防护等级不低于 IP40，当采用户外布置时，防护等级不低于 IP55。

b. 宜具有散热和加热除湿装置，在温湿度传感器达到预设条件时启动。

c. 户外智能控制柜内部的环境能够满足智能终端等二次元件的长年正常工作温度、电磁干扰、防水防尘条件，不影响其运行寿命。

d. 智能控制柜宜设置空调。

14.4.12 互感器二次参数选择

（1）对电流互感器的要求。

1）两套主保护应分别接入电流互感器的不同二次绕组，后备保护与主保护共用二次绕组；两台断路器保护装置宜共用二次绕组；故障录波器可与保护共用一个二次绕组；当母线故障录波独立配置时，可与母线保护共用二次绕组；故障测距装置宜与合并单元串接共用保护用二次绕组；测量、计量宜共用二次绕组。

2）保护用的电流互感器准确级：500kV 线路保护、500kV 母线保护、500kV 主变压器保护宜采用能适应暂态要求的 TPY 类电流互感器；220kV 线路保护、220kV 母线保护可采用 P 类电流互感器，但其暂态系数不宜低于 2；失灵保护应采用 P 类电流互感器。

500kV 变电站电流互感器二次参数配置一览表见表14.4-2。

表 14.4-2　　　　500kV 变电站电流互感器二次参数配置一览表

项目	电压等级（kV）		
	500	220	66（35）
主接线	一个半断路器接线	双母线（双母线双分段）	单母线
台数	9（18）台/每串	3（6）台/间隔	3（2）台/间隔
二次额定电流（A）	1	1	1
准确级	柱式*： 边 TA：TPY/TPY/TPY/TPY/5P/0.2/0.2S，中 TA：TPY/TPY/TPY/TPY/5P/0.2/0.2S/0.2S; GIS、HGIS 和罐式断路器：边 TA：TPY/TPY/5P/0.2－断口－0.2S/TPY/TPY，中 TA：TPY/5P/0.2/0.2S－断口－0.2S/0.2/TPY/TPY; 主变压器 500kV 侧套管：5P/0.2	主变压器进线： 柱式：TPY/TPY/5P/5P/0.2S/0.2S; GIS、HGIS 和罐式断路器：TPY/TPY/0.2S－断口－5P/5P/0.2S; 出线、分段、母联：数字量采样时，5P/5P/0.2S/0.2S;模拟量采样时，5P/5P/5P/5P/0.2S/0.2S（柱式断路器），5P/5P/0.2S－断口－0.2S/5P/5P（GIS、HGIS 和罐式断路器）; 主变压器 220kV 侧套管：5P/0.2	电抗、电容器及站用变压器：5P/0.2; 主变压器进线断路器：0.2S/5P/TPY/TPY; 主变压器低压侧套管：0.2/5P/TPY/TPY; 主变压器公共绕组：0.2/5P/TPY/TPY
二次绕组数量	柱式： 边 TA：7，中 TA：9; GIS、HGIS 和罐式断路器： 边 TA：7，中 TA：9; 主变压器 500kV 侧套管：2	主变压器：6; 出线、母联、分段：数字量采样时，4;模拟量采样时，6; 主变压器 220kV 侧套管：2	电抗、电容器及站用变压器：2; 主变压器公共绕组：4
二次绕组容量	按计算结果选择	按计算结果选择	按计算结果选择

注　1. 当变电站存在安全稳定问题时，主变压器高、中压侧套管 TA 可根据实际需求增加二次绕组。

　　2. 考虑到特高压直流对保护的更高要求，对于经系统方式计算，可能导致多回特高压直流发生连续换相失败的变电站，相关电压导致 TA 应布置于母联间隔断路器两侧，确保主保护无死区。

* 当采用柱式断路器、TA 两侧布置时，其二次绕组排列参照 GIS、HGIS 和罐式断路器。

（2）对电压互感器的要求。

1）对于 500kV 一个半断路器接线，每回出线及进线应装设三相电压互感器，母线可装设单相电压互感器；220kV 电压等级均装设三相电压互感器；35kV 母线宜装设三相电压互感器。电压并列由母线合并单元完成，电压切换由线路合并单元完成。

2）两套主保护的电压回路宜分别接入电压互感器的不同二次绕组，故障录波器可与保护共用一个二次绕组。对于Ⅰ、Ⅱ类计费用途的计量装置，宜设置专用的电压互感器二次绕组。

3）计量用电压互感器的准确级，最低要求选 0.2 级；保护、测量共用电压互感器的准确级为 0.5（3P）。

500kV 变电站电压互感器二次参数配置一览表见表 14.4-3。

表 14.4-3　　　　500kV 变电站电压互感器二次参数配置一览表

项目	电压等级（kV）		
	500	220	66（35）
主接线	一个半断路器接线	双母线（双母线双分段）	单母线
台数	母线：单相; 线路、主变压器 500kV 侧：三相	母线：三相; 线路、主变压器 220kV 侧：三相	母线：三相
准确级	母线：0.2/0.5（3P）/0.5（3P）; 线路、主变压器 500kV 侧：0.2/0.5（3P）/0.5（3P）/6P	母线：0.2/0.5（3P）/0.5（3P）/6P; 主变压器 220kV 侧：0.2/0.5（3P）/0.5（3P）/6P; 线路：0.2/0.5（3P）/0.5（3P）/6P	母线：0.2/0.5（3P）/0.5（3P）/6P
二次绕组数量	母线：3; 线路、主变压器 500kV 侧：4	母线：4; 线路、主变压器 220kV 侧：4	母线：4
额定变比	母线：$\dfrac{500}{\sqrt{3}}/\dfrac{0.1}{\sqrt{3}}/\dfrac{0.1}{\sqrt{3}}/\dfrac{0.1}{\sqrt{3}}$; 线路、主变压器 500kV 侧：$\dfrac{500}{\sqrt{3}}/\dfrac{0.1}{\sqrt{3}}/\dfrac{0.1}{\sqrt{3}}/\dfrac{0.1}{\sqrt{3}}/0.1$	母线：$\dfrac{220}{\sqrt{3}}/\dfrac{0.1}{\sqrt{3}}/\dfrac{0.1}{\sqrt{3}}/\dfrac{0.1}{\sqrt{3}}/0.1$; 线路、主变压器 220kV 侧：$\dfrac{220}{\sqrt{3}}/\dfrac{0.1}{\sqrt{3}}/\dfrac{0.1}{\sqrt{3}}/\dfrac{0.1}{\sqrt{3}}/0.1$	母线：$\dfrac{35(66)}{\sqrt{3}}/\dfrac{0.1}{\sqrt{3}}/\dfrac{0.1}{\sqrt{3}}/\dfrac{0.1}{3}$
二次绕组容量	按计算结果选择	按计算结果选择	按计算结果选择

14.4.13　光/电缆选择

（1）光缆及敷设要求。

1）采样值和保护 GOOSE 等可靠性要求较高的信息传输应采用光纤。

2）主控楼计算机房与各小室之间的网络连接应采用光缆。

3）光缆起点、终点在同一智能控制柜内并且同属于继电保护的同一套的保护测控装置、合并单元、智能终端、过程层交换机等多个装置，可合用同一根光缆进行连接，一根光缆的芯数不宜超过 24 芯。

4）跨房间、跨场地不同屏柜间二次装置连接可采用室外双端预制光缆。

5）光缆选择。

a. 光缆的选用根据其传输性能、使用的环境条件决定；

b. 除线路纵联保护专用光纤外，其余宜采用缓变型多模光纤；

c. 室外预制光缆宜采用铠装非金属加强芯阻燃光缆，当采用槽盒或穿管敷设时，宜采用非金属加强芯阻燃光缆。光缆芯数宜选取 4 芯、8 芯、12 芯、24 芯；

d. 室内不同屏柜间二次装置连接宜采用尾缆或软装光缆，尾缆（软装光缆）宜采用 4 芯、8 芯、12 芯规格。柜内二次装置间连接宜采用跳线，柜内跳线宜采用单芯或多芯跳线；

e. 每根光缆或尾缆应至少预留 2 芯备用芯，一般预留 20% 备用芯。

（2）网线选择要求。二次设备室内通信联系宜采用超五类屏蔽双绞线。

（3）电缆选择及敷设要求。

1）电缆选择及敷设的设计应符合 GB 50217 的规定。

2）为增强抗干扰能力，机房和小室内强电和弱电线应采用不同的走线槽进行敷设。

3）主变压器、GIS/HGIS 本体与智能控制柜之间二次控制电缆宜采用预制电缆连接；电流、电压互感器与智能控制柜之间二次控制电缆可视工程情况选用预制电缆。交直流电源电缆可视工程情况选用预制电缆。

14.4.14　二次设备的接地、防雷、抗干扰

二次设备防雷、接地和抗干扰应满足现行 DL/T 621《交流电气装置的接地》、DL/T 5136《火力发电厂、变电站二次接线设计技术规程》和 DL/T 5149《220kV～500kV 变电所计算机监控系统设计技术规程》的规定。

（1）在二次设备室、敷设二次电缆的沟道、就地端子箱及保护用结合滤波器等处，使用截面积不小于 100mm^2 的裸铜排敷设与变电站主接地网紧密连接的等电位接地网。

（2）在二次设备室内，沿屏（柜）布置方向敷设截面积不小于 100mm^2 的专用接地铜排，并首末端连接后构成室内等电位接地网。室内等电位接地网必须用至少 4 根以上、截面积不小于 50mm^2 的铜排（缆）与变电站的主接地网可靠接地。

（3）沿二次电缆的沟道敷设截面积不少于 100mm^2 的裸铜排（缆），构建室外的等电位接地网。开关场的就地端子箱内应设置截面积不少于 100mm^2 的裸铜排，并使用截面积不少于 100mm^2 的铜缆与电缆沟道内的等电位接地网连接。

14.5　土建部分

海拔 ≤1000m，设计基本地震加速度 0.10g，设计风速 ≤30m/s，地基承载力特征值 f_{ak}=150kPa，无地下水影响，场地同一设计标高。

14.5.1　总平面布置

（1）变电站的总平面布置应根据生产工艺、运输、防火、防爆、保护和施工等方面的要求，按远期规模对站区的建（构）筑物、管线及道路进行统筹安排，工艺流畅。

（2）站内道路。

1）变电站消防道路宜采用环形道路，消防道路边缘距离建筑物外墙不宜小于 5m，变电站大门宜面向站内主变压器运输道路。

2）变电站大门及道路的设置应满足主变压器、大型装配式预制件、预制舱式二次组合设备等整体运输的要求。

3）站内主变压器运输道路宽度为 5.5m、转弯半径不小于 12m；高压并联电抗器运输道路及消防道路宽度为 4m、转弯半径不小于 9m；检修道路宽度为 3m、转弯半径 7m。

4）站内道路宜采用公路型道路，湿陷性黄土地区、膨胀土地区宜采用城市型道路，可采用混凝土路面或其他路面。采用公路型道路时，路面宜高于场地设计标高 150mm。

（3）场地处理。户外配电装置区场地不应采用人工绿化草坪，应因地制宜地采用碎石、卵石、灰土封闭或简易绿化等地坪处理方式，满足设备运行环境。缺少碎石或卵石且雨水充沛地区，可采用简易绿化，但不应设置浇灌管网等绿化设施。

14.5.2　建筑

（1）站内建筑应按工业建筑标准设计，应统一标准、统一风格布置，方便生产运行，并做好建筑"四节（指节能、节地、节水、节材）一环保"

工作。

建筑材料上宜选用节能、环保、经济、合理的材料，标准集约、节能环保。

建筑物名称：变电站内建筑物名称应统一，设有主控通信楼（室）、配电装置楼（室）、继电器小室、站用电室、警卫室、泡沫消防室、消防泵房等建筑物。

（2）主控通信楼（室）内主要生产用房设有二次设备室、监控室、蓄电池室、通信蓄电池室（如单独设置）、35（10）kV 配电装置室；辅助及附属房间有办公室 1 间、会议室 1 间、资料室 1 间、安全工具室 1 间、消防器具室 1 间、值班室 2～3 间、机动用房 1 间、男女卫生间等。

配电装置楼（室）内主要生产用房设有主变压器室、散热器室、500kV GIS 室、220kV GIS 室、66kV GIS 室、电抗器室、电抗器散热器室、电容器室、二次设备室、继电器小室、监控室、蓄电池室、电缆层（户内）、辅助及附属房间有消防泵房、消防控制室、办公室 1 间、会议室 1 间、资料室 1 间、安全工具室 1 间、机动用房 1 间、值班室 2～3 间、男女卫生间等。

边远地区、维稳地区的变电站可根据需要适当增加附属用房；运维站可根据运检部门相关规定增设辅助用房。

（3）建筑物体型应紧凑、规整，在满足工艺要求和总布置的前提下，优先布置成单层建筑；外立面及色彩与周围环境相协调。对于严寒地区，建筑物屋面宜采用坡屋面。

（4）外墙、内墙涂料装饰；卫生间采用瓷砖墙面，设铝板吊顶。门窗几何规整，预留洞口位置应与装配式外墙板尺寸相适应，门采用木门、钢门、铝合金门、防火门，窗采用铝合金窗、塑钢窗，并采取密封、节能、防盗等措施。除卫生间外其余房间和走道均不宜设置吊顶。当采用坡屋面时宜设吊顶。

（5）屋面应采用Ⅰ级防水屋面。

（6）建筑物在满足工艺要求的条件下，二次设备室净高 3.0m，跨度根据工艺布置确定。

对于配电装置楼（室），主变压器室开间 10m，进深 14m，净高 13.5m；散热器室开间 10m，进深 9m。

500kV GIS 配电装置室起吊净高 11.4m，架空出线跨度 15m，全电缆出线跨度 15.5m，220kV GIS 配电装置室净高 8m，跨度 12.5m。

35kV 配电装置室层高 4m，单列布置时，跨度 7.5m；双列布置时，跨

度 12m。

500kV 全户内站电缆层层高 4.5m。

全户内变电站电缆层高出室外地坪高度按 1.5m 考虑。

（7）钢筋混凝土建筑墙体材料采用砖、砌块或其他节能环保材料。装配式建筑外墙板及其接缝设计应满足结构、热工、防水、防火及建筑装饰等要求，内墙板设计应满足结构、隔声及防火要求。外墙板宜采用压型钢板复合板或纤维水泥复合板，城市中心地区可采用铝镁锰复合板，华北、东北、西北等寒冷地区可采用纤维水泥复合板，选择时应满足热工计算。内墙板采用防火石膏板、复合轻质内墙板。防火墙板宜采用纤维水泥复合板。

（8）装配式建筑设计的模数应结合工艺布置要求协调，宜按 GB 50006—2010《厂房建筑模数协调标准》执行，建筑物柱距一般不宜超过三种。

14.5.3　结构

全站建筑物结构型式可选用钢结构、钢筋混凝土框架结构。若采用装配式建筑，应遵循以下原则：

（1）装配式建筑物宜采用钢框架结构或轻型门式刚架结构。当单层建筑物屋面活载不大于 0.7kN/m²，基本风压不大于 0.7kN/m² 时可采用轻型门式刚架结构。地下电缆层采用钢筋混凝土结构。

（2）钢结构梁宜采用 H 型钢，结构柱宜采用 H 形、箱形截面柱。楼面板宜采用压型钢板为底模的现浇钢筋混凝土板，屋面板采用钢筋桁架楼承板，轻型门式钢架结构屋面板宜采用压型钢板复合板。

（3）钢结构的防腐可采用镀层防腐和涂层防腐。

（4）丙类钢结构多层厂房的耐火等级为一级、二级，丁、戊类单层钢结构厂房耐火等级为二级。

1）耐火等级为一级时，钢柱的耐火极限为 3h，钢梁的耐火极限为 2h；如为单层布置，钢柱的耐火极限为 2.5h。耐火等级为二级时，钢柱耐火极限为 2.5h，钢梁的耐火极限为 1.5h；如为单层布置，钢柱的耐火极限为 2.0h。

2）耐火等级为一级的丙类钢结构多层厂房柱可采用防火板外包和防火涂料。钢结构构件应根据耐火等级确定耐火极限，选择厚、薄型的防火涂料。

14.5.4　构筑物

14.5.4.1　围墙及大门

围墙宜采用大砌块实体围墙，当经济性较好时可采用装配式围墙，围墙高

度不低于 2.3m。城市规划有特殊要求的变电站可采用通透式围墙。

围墙饰面采用水泥砂浆或干粘石抹面，围墙顶部宜设置预制压顶。大砌块推荐尺寸为 600mm（长）×300mm（宽）×300mm（高）或 600mm（长）×200mm（宽）×300mm（高）。围墙中及转角处设置构造柱，构造柱间距不宜大于 3M，采用标准钢模浇制。

站区大门宜采用电动实体推拉门。

14.5.4.2 防火墙

防火墙宜采用框架+大砌块、框架+墙板、组合钢模混凝土防火墙等装配型式，耐火极限≥3h。

根据主变压器构架柱根开和防火墙长度设置钢筋混凝土现浇柱，采用标准钢模浇制混凝土；框架+大砌块防火墙墙体材料采用大砌块，水泥砂浆抹面；框架+墙板防火墙墙体材料采用 150mm 厚清水混凝土预制板或 150mm 厚蒸压轻质加气混凝土板。

14.5.4.3 电缆沟

（1）配电装置区不设电缆支沟，可采用电缆埋管、电缆排管或成品地面槽盒系统。除电缆出线外，电缆沟截面尺寸宜采用：800mm（宽）×800mm（高）、1100mm（宽）×1000mm（高）。

（2）主电缆沟宜采用砌体或现浇混凝土沟体，当沟体造价不超过现浇混凝土时，也可采用预制装配式电缆沟。砌体沟体顶部宜设置预制压顶。沟深≤1000mm 时，沟体宜采用砌体；沟深>1000mm 或离路边距离<1000mm 时，沟体宜采用现浇混凝土。在湿陷性黄土及寒冷地区，不宜采用砖砌体电缆沟。电缆沟沟壁应高出场地地坪 100mm。

（3）电缆沟采用成品盖板，材料为包角钢混凝土盖板或有机复合盖板。风沙地区盖板应采用带槽口盖板。

14.5.4.4 构、支架

（1）构架结构型式可采用钢管构架或格构式构架，构架梁采用格构式钢梁。钢结构连接方式采用螺栓连接，构架柱与基础宜采用地脚螺栓连接。

（2）设备支架柱采用圆形钢管结构或型钢，支架横梁采用钢管或型钢横梁，支架柱与基础宜采用地脚螺栓连接。

（3）独立避雷针及构架上避雷针设计应统筹考虑站址环境条件、配电装置构架结构型式等，采用圆管形避雷针或格构式避雷针等结构型式。对严寒大风地区，避雷针结构型式宜选用格构式。避雷针钢材应具有常温冲击韧性的合格

保证。当结构工作环境温度低于 0℃但高于－20℃时，Q235 钢和 Q345 钢应具有 0℃冲击韧性的合格保证；当结构工作环境温度低于－20℃时，Q235 钢和 Q345 钢应具有－20℃冲击韧性的合格保证。

（4）构、支架防腐均采用热镀锌或冷喷锌防腐。

14.5.5 暖通、水工、消防

暖通、水工及消防应遵循节能环保和智能控制的设计原则，并统一标准。

二次设备室、继电器小室房间空调控制温度夏季 26～28℃左右，冬季 18～20℃左右，位于采暖区的变电站供暖方式为电采暖。

户内变电站应优先采用自然通风。含 SF₆ 气体设备房间应设置有害气体报警和自动排风设施，其室内的温度范围宜为－25～+40℃。

变电站主变压器消防主要有排油充氮、泡沫喷雾、水喷雾灭火装置三种方式，根据各地消防部门的要求选择合适的消防方式。

变电站内建筑物满足耐火等级不低于二级，体积不超过 3000m³，且火灾危险性为戊类时，可不设消防给水；耐火等级为一、二级且可燃物较少的单、多层丁、戊类厂房（仓库）可不设室内消火栓系统，但宜设置消防软管卷盘或轻便消防水龙。

污水处理设施根据当地环保部门要求设置。

14.5.6 降噪要求

变电站噪声须满足 GB 12348—2008《工业企业厂界环境噪声排放标准》及 GB 3096—2008《声环境质量标准》要求。

14.6 机械化施工

站区场平采用多种施工机具挖土、填土、土方压实、平整场地，道路采用车辆运输混凝土至施工现场后，运用施工机具进行压实路基、振捣、抹光等工序。

混凝土优先选用商品泵送混凝土，利用泵车输送到浇筑工位，直接入模。

构支架、装配式钢结构建筑，均采用工厂化加工，运输至现场后采用机械吊装组装。构支架、建筑结构钢柱等柱脚宜采用地脚螺栓连接，柱底与基础之间的二次浇注混凝土采用专用灌浆工具进行施工作业。

采用吊车等机械化安装设备开展电气安装。电气布置设计结合安装地点的自然环境，综合考虑设备进场、安全电气距离等机械化施工作业因素，保证施工安全。

第 15 章　500kV 变电站通用设计方案适用条件

500kV 变电站通用设计方案适用条件见一览表 15.0-1。

表 15.0-1　　500kV 变电站通用设计方案适用条件一览表

序号	方案类型	适 用 条 件	技 术 方 案
1	A1（户外 GIS）	（1）人口密度高、土地昂贵地区； （2）受外界条件限制，站址选择困难地区； （3）复杂地质条件、高差较大的地区； （4）特殊环境条件地区，如高地震烈度、高海拔和严重污染等地区	电压等级 500kV/220kV/66（35）kV； 500kV 采用一个半断路器接线，GIS，户外布置； 220kV 采用双母双分段接线，GIS，户外布置； 66（35）kV 采用单元制接线，设总回路断路器；采用户外敞开式设备，柱式断路器；支持管型母线中型布置
2	A2（全户内 GIS）	（1）人口密度高、土地昂贵地区； （2）受外界条件限制，站址选择困难地区； （3）复杂地质条件、高差较大的地区； （4）特殊环境条件地区，如高地震烈度、高海拔、严寒、严重污染和大气腐蚀性严重等地区； （5）对噪声环境要求较高的地区	电压等级 500kV/220kV/66kV； 500kV 采用扩大内桥接线，GIS，户内布置，全电缆出线； 220kV 采用双母线双分段接线，GIS，户内布置，全电缆出线； 66kV 采用单元制接线，设总回路断路器，GIS，户内布置； 主变压器户内布置
3	A3（半户内 GIS）	（1）人口密度高、土地昂贵地区； （2）受外界条件限制，站址选择困难地区； （3）复杂地质条件、高差较大的地区； （4）特殊环境条件地区，如高地震烈度、高海拔、高寒、大温差、严重污染和大气腐蚀性严重等地区	电压等级 500kV/220kV/66kV； 500kV 采用一个半断路器接线，GIS，户内布置，架空出线； 220kV 采用双母线双分段接线，GIS，户内布置，架空出线； 66kV 采用单元制接线，设总回路断路器，采用户外敞开式设备，柱式断路器；支持管型母线中型布置 主变压器户外布置
4	B（HGIS）	（1）人口密度高，土地较昂贵的地区； （2）外界条件限制，站址选择困难地区； （3）特殊环境条件地区，如高地震烈度、高海拔、高寒和严重污染地区	电压等级 500kV/220kV/66（35）kV； 500kV 采用一个半断路器接线，HGIS，一字型或半 C 型户外布置； 220kV 采用双母线双分段接线，GIS 或 HGIS，户外布置； 66（35）kV 采用单元制接线，设总回路断路器，采用户外敞开式设备，柱式断路器；支持管型母线中型布置
5	C（柱式断路器）	（1）人口密度不高，土地相对便宜的地区； （2）环境条件较好地区	电压等级 500kV/220kV/35kV； 500kV 采用一个半断路器接线，柱式 SF_6 断路器，户外悬吊管型母线中型布置； 220kV 采用双母双分段接线，柱式 SF_6 断路器，户外支持管型母线中型布置； 35kV 采用单元制接线，设总回路断路器，采用户外敞开式设备，柱式断路器；支持管型母线中型布置
6	D（罐式断路器）	（1）人口密度不高，土地相对便宜的地区； （2）特殊环境条件地区，如高地震烈度、高寒地区	电压等级 500kV/220kV/66kV； 500kV 采用一个半断路器接线，罐式 SF_6 断路器，户外悬吊管型母线中型布置； 220kV 采用双母线双分段接线或双母线单分段接线（D-1 方案），罐式 SF_6 断路器，户外悬吊管型母线中型布置； 66kV 采用单元制接线，设总回路断路器，采用户外敞开式设备，罐式 SF_6 断路器；支持管型母线中型布置

第16章 500-A1-1方案

16.1 500-A1-1方案主要技术条件

500-A1-1方案主要技术条件见表16.1-1。

表16.1-1 **500-A1-1方案主要技术条件表**

序号	项目		技术条件
1	建设规模	主变压器	本期2组1000MVA，远期3组1000MVA
		出线	500kV：本期4回，远期8回； 220kV：本期8回，远期16回
		无功补偿装置	500kV高压并联电抗器：本期1组150Mvar，远期2组，为线路高压并联电抗器，均装设中性点电抗器； 35kV并联电抗器：本期4组60Mvar，远期6组60Mvar； 35kV并联电容器：本期6组60Mvar，远期9组60Mvar
2	站址基本条件		海拔≤1000m，设计基本地震加速度0.10g，设计风速≤30m/s，地基承载力特征值f_{ak}=150kPa，无地下水影响，场地同一设计标高
3	电气主接线		500kV一个半断路器接线，本期2个完整串、2个不完整串，远期5个完整串，1组主变压器经断路器直接接入母线，高压并联电抗器回路不设置隔离开关； 220kV本期及远期均采用双母线双分段接线； 35kV单母线单元接线，设总回路断路器
4	主要设备选型		500、220、35kV短路电流控制水平分别为63、50、40kA； 主变压器采用三相、自耦、无励磁调压；高压并联电抗器采用单相、自冷式；500kV采用户外GIS；220kV采用户外GIS；35kV采用柱式断路器；35kV并联电容器采用框架式、35kV并联电抗器采用油浸式
5	电气总平面及配电装置		500、220kV及主变压器场地平行布置； 500kV GIS户外布置，主变压器构架与500kV母线平行布置，间隔宽度26m，局部双层出线； 220kV GIS户外布置，间隔宽度12m（局部双层出线间隔宽度13m）； 35kV户外支持管型母线中型布置，配电装置一字形布置

序号	项目	技术条件
6	二次系统	变电站自动化系统按照一体化监控设计； 500kV及主变压器各侧采用常规互感器模拟量采样，其余采用常规互感器+合并单元（35kV采用合并单元智能终端集成装置）； 500kV及主变压器仅GOOSE组网，220kV GOOSE与SV共网，保护直采直跳； 500、220kV及主变压器保护、测控装置独立配置，35kV采用保护测控一体化装置； 采用站内一体化电源系统，通信电源独立配置； 500kV设置1个继电器小室；主变压器及35kV二次设备布置在二次设备室；220kV设置2个Ⅲ型预制舱式二次组合设备
7	土建部分	围墙内占地面积2.7043hm²； 全站总建筑面积902m²，其中主控通信室建筑面积694m²； 建筑物结构型式为钢结构或钢筋混凝土结构； 主变压器消防采用排油充氮系统

16.2 500-A1-1方案基本模块划分

500-A1-1方案主要包括500kV配电装置模块，220kV配电装置模块，主变压器、35kV无功配电装置模块，主控通信室模块，继电器小室模块，预制舱式二次组合设备模块6个基本模块，模块内容见表16.2-1。

表16.2-1 **500-A1-1方案基本模块划分表**

序号	基本模块编号	基本模块名称	基本模块描述
1	500-A1-1-500	500kV配电装置模块	500kV本期4回出线、2回主变压器进线，远期8回出线、3回主变压器进线；高压并联电抗器本期1组150Mvar，远期2组；500kV采用一个半断路器接线，本期2个完整串、2个不完整串，远期5个完整串，一组主变压器经断路器直接接入母线。500kV GIS户外布置

序号	基本模块编号	基本模块名称	基本模块描述
2	500-A1-1-220	220kV 配电装置模块	220kV 本期 8 回出线、2 回主变压器进线,远期 16 回出线、3 回主变压器进线;220kV 本期采用双母线双分段接线,远期接线型式不变。220kV GIS 户外布置
3	500-A1-1-35	主变压器、35kV 无功配电装置模块	主变压器本期 2 组 1000MVA,远期 3 组 1000MVA,采用 500kV/220kV/35kV 三相、自耦、无励磁调压变压器。本期及远期每组主变压器 35kV 侧分别设置 2 组 60Mvar 并联电抗器和 3 组 60Mvar 并联电容器;全站设置 3 台 35kV、800kVA 站用变压器。35kV 单母线单元接线,设总回路断路器。35kV 采用柱式断路器,户外支持管型母线中型布置。无功补偿设备平行于主变压器排列方向布置

序号	基本模块编号	基本模块名称	基本模块描述
4	500-A1-1-ZKL	主控通信室模块	主控通信室为单层建筑,建筑面积为 694m^2,建筑体积为 2880m^3。结构型式采用钢结构或钢筋混凝土结构
5	500-A1-1-JDQ	继电器小室模块	继电器小室为单层建筑,500kV 继电器小室建筑面积为 168m^2,建筑体积为 697m^3,结构型式采用钢结构或钢筋混凝土结构
6	500-A1-1-YZC	预制舱式二次组合设备模块	采用预制舱式二次组合设备,全站设置 2 个 Ⅲ 型预制舱式二次组合设备,舱内二次设备双列布置

16.3　500-A1-1 方案主要设计图纸

500-A1-1 方案主要设计图纸详见图 16.3-1~图 16.3-4。

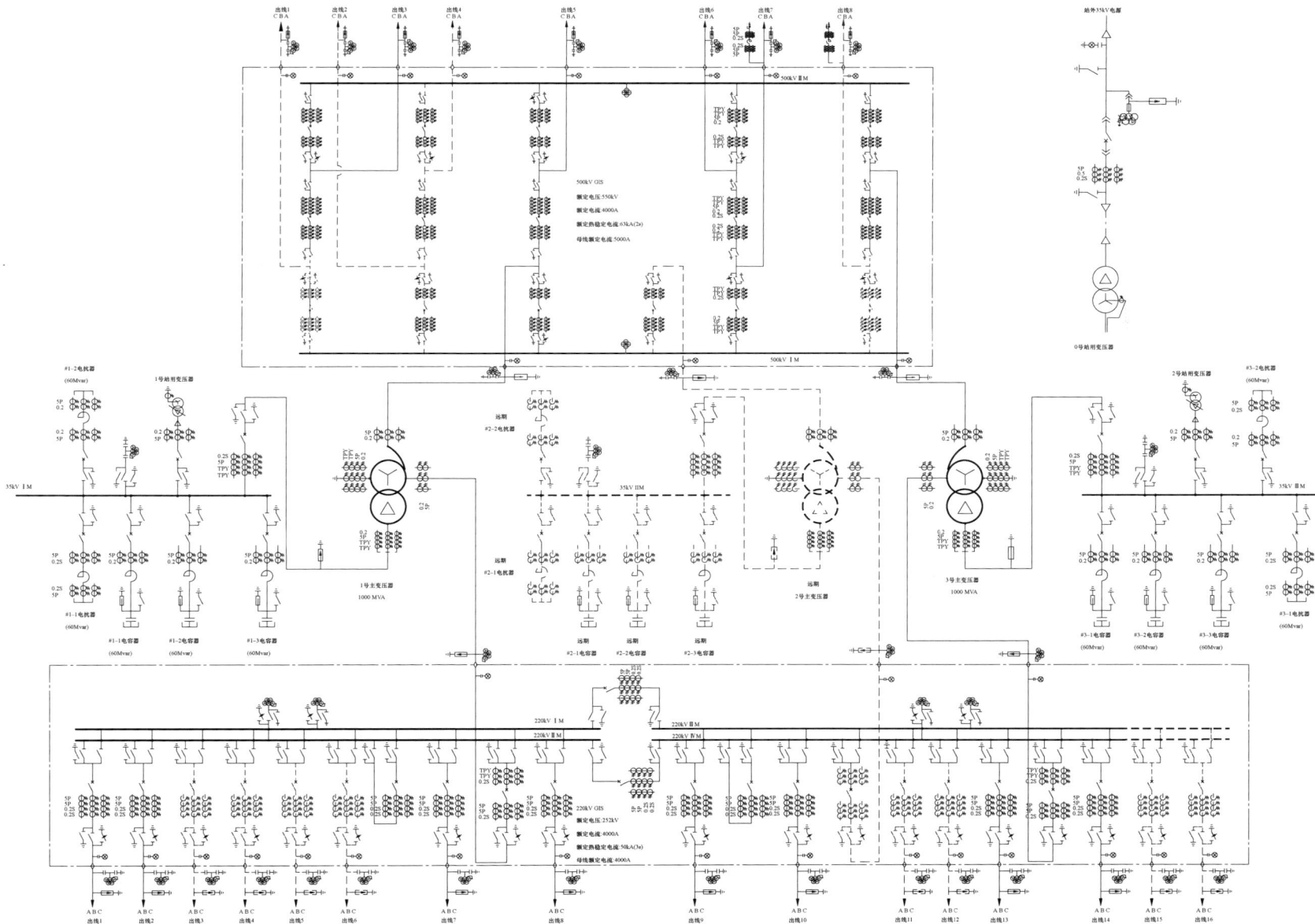

说明：实线部分表示本期工程，虚线部分表示远期工程。

图 16.3-1　电气主接线图（500-A1-1-D1-01）

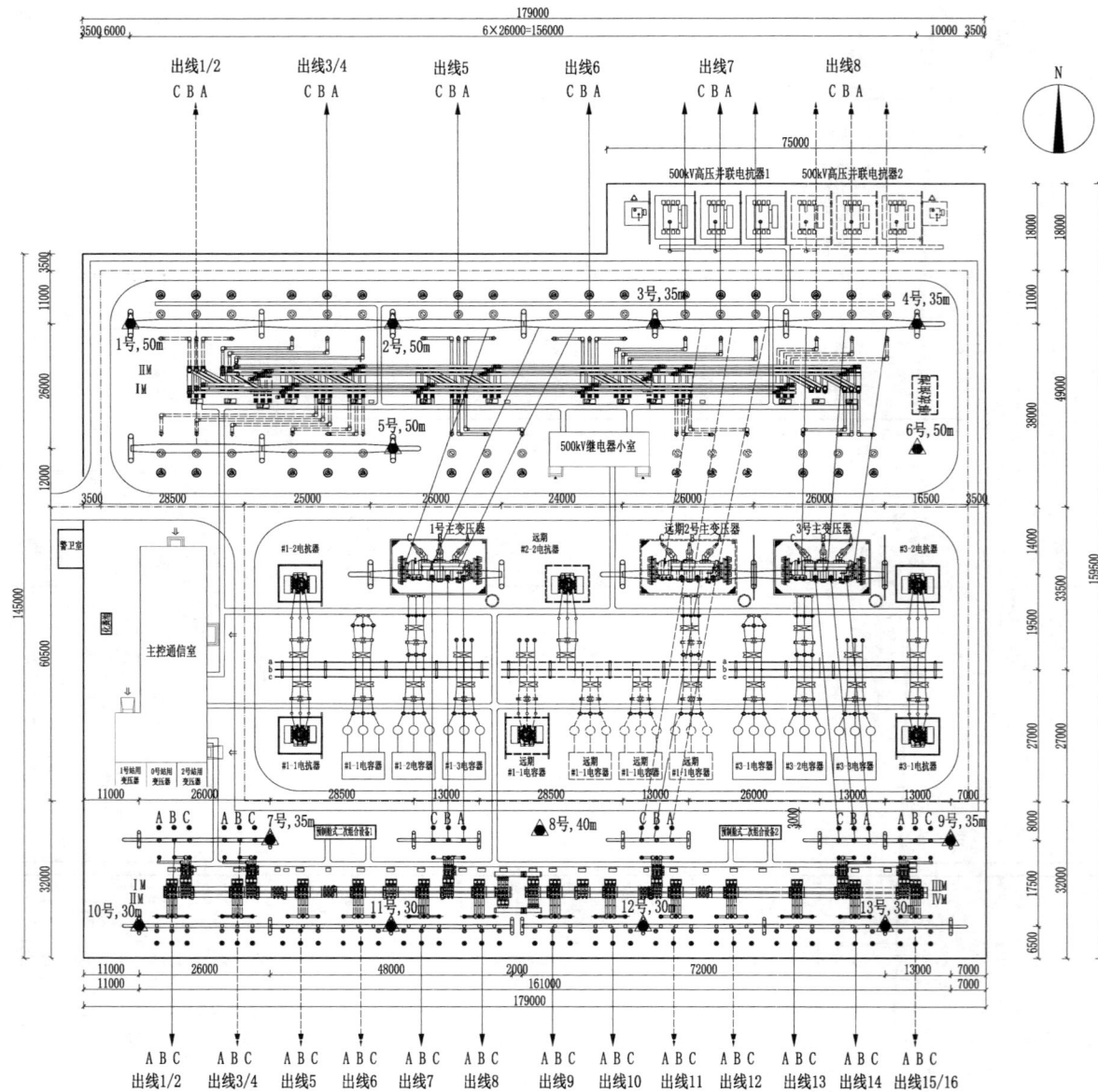

说明：实线部分表示本期工程，虚线部分表示远期工程。

图 16.3-2 电气总平面图（500-A1-1-D1-02）

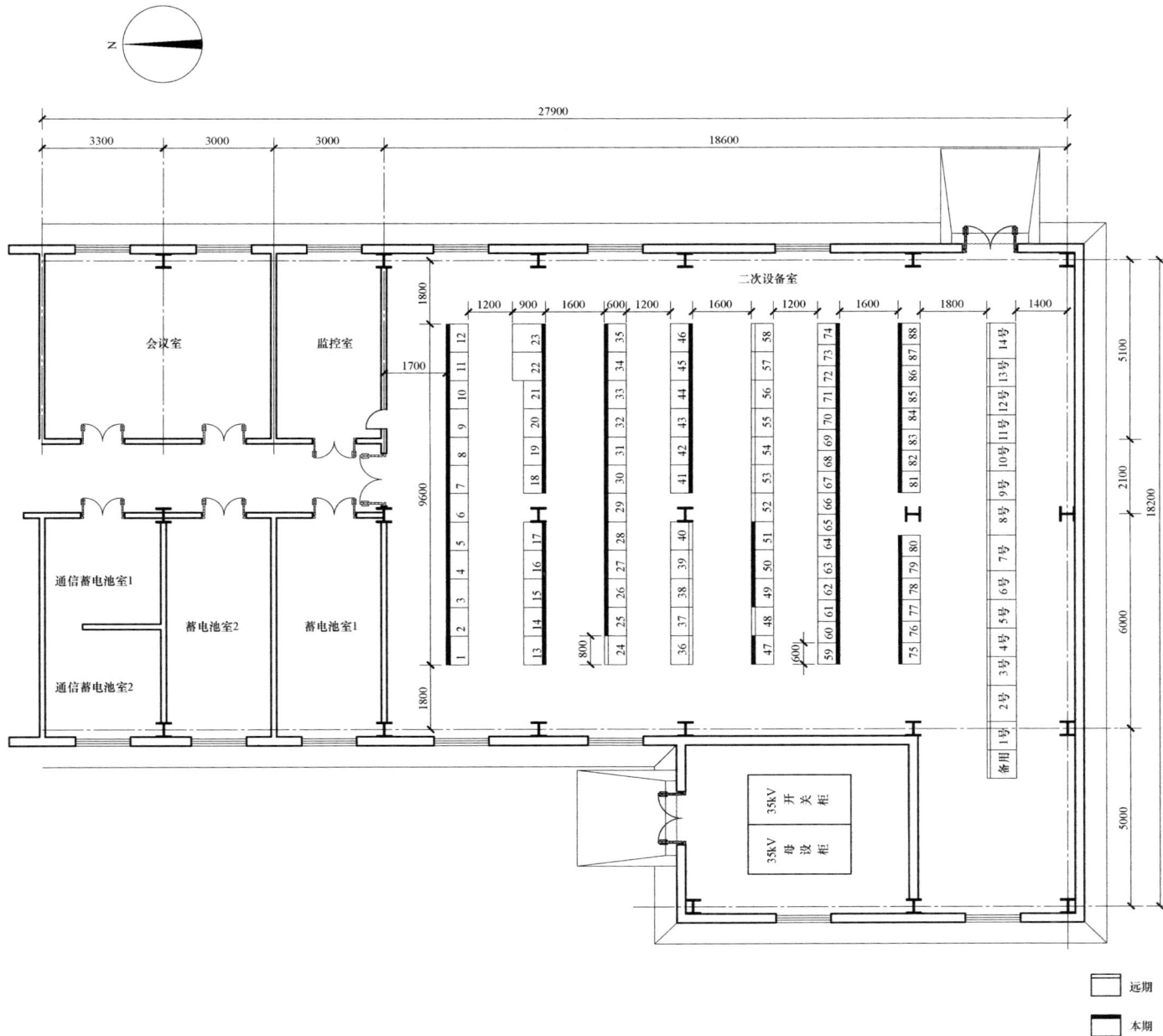

图 16.3-3 二次设备室屏位布置图（500-A1-1-D2-05）

二次设备室屏位一览表

屏号	名 称	数量			备注
		单位	本期	远期	
1	1 号直流馈电柜	面	1		
2	1 号高频开关充电柜	面	1		
3	1 号直流联络柜	面	1		
4	3 号高频开关充电柜	面	1		
5	2 号直流联络柜	面	1		
6	2 号高频开关充电柜	面	1		
7	2 号直流馈电柜	面	1		
8	一体化电源监控柜	面	1		
9～10	UPS 电源主机柜	面	2		
11	UPS 电源馈线柜	面	1		
12	逆变电源柜	面	1		
13	公用测控柜	面	1		
14	智能辅助控制系统柜 1	面	1		
15	智能辅助控制系统柜 2	面	1		
16	同步相量测量主机柜	面	1		
17	网络报文分析系统柜	面	1		
18	同步时钟系统主时钟柜	面	1		
19	调度数据网设备柜	面	1		
20	Ⅱ/Ⅲ/Ⅳ区通信网关机柜	面	1		
21	Ⅰ区通信网关机柜	面	1		
22	综合应用服务器柜	面	1		
23	主机兼操作员站主机柜	面	1		
24	备用	面		1	
25	试验电源柜	面	1		
26	交流分电柜	面	1		
27～28	直流分电柜	面	2		
29	网络设备柜	面	1		
30	35kV 公用及母线测控柜	面	1		
31～32	35kV Ⅰ M 电容器、电抗器保护测控柜	面	2		
33～34	1 号主变压器保护柜	面	2		
35	1 号主变压器测控柜	面	1		
36～37	预留 35kV Ⅱ M 电容器、电抗器保护测控柜	面		2	
38	预留 2 号主变压器测控柜	面		1	
39～40	预留 2 号主变压器保护柜	面		2	
41	35kV 站用变压器保护测控柜	面	1		
42～43	35kV Ⅲ M 电容器、电抗器保护测控柜	面	2		
44	3 号主变压器测控柜	面	1		
45～46	3 号主变压器保护柜	面	2		
47	1 号、3 号主变压器故障录波柜	面	1		
48	预留主变压器故障录波柜	面		1	
49	主变压器电能表柜	面	1		
50～51	35kV 电能表柜	面	2		
52～58	备用	面		7	
59～88	通信屏柜	面	30		

说明：1 号～14 号交流电源柜体布置详见电气一次专业图纸。

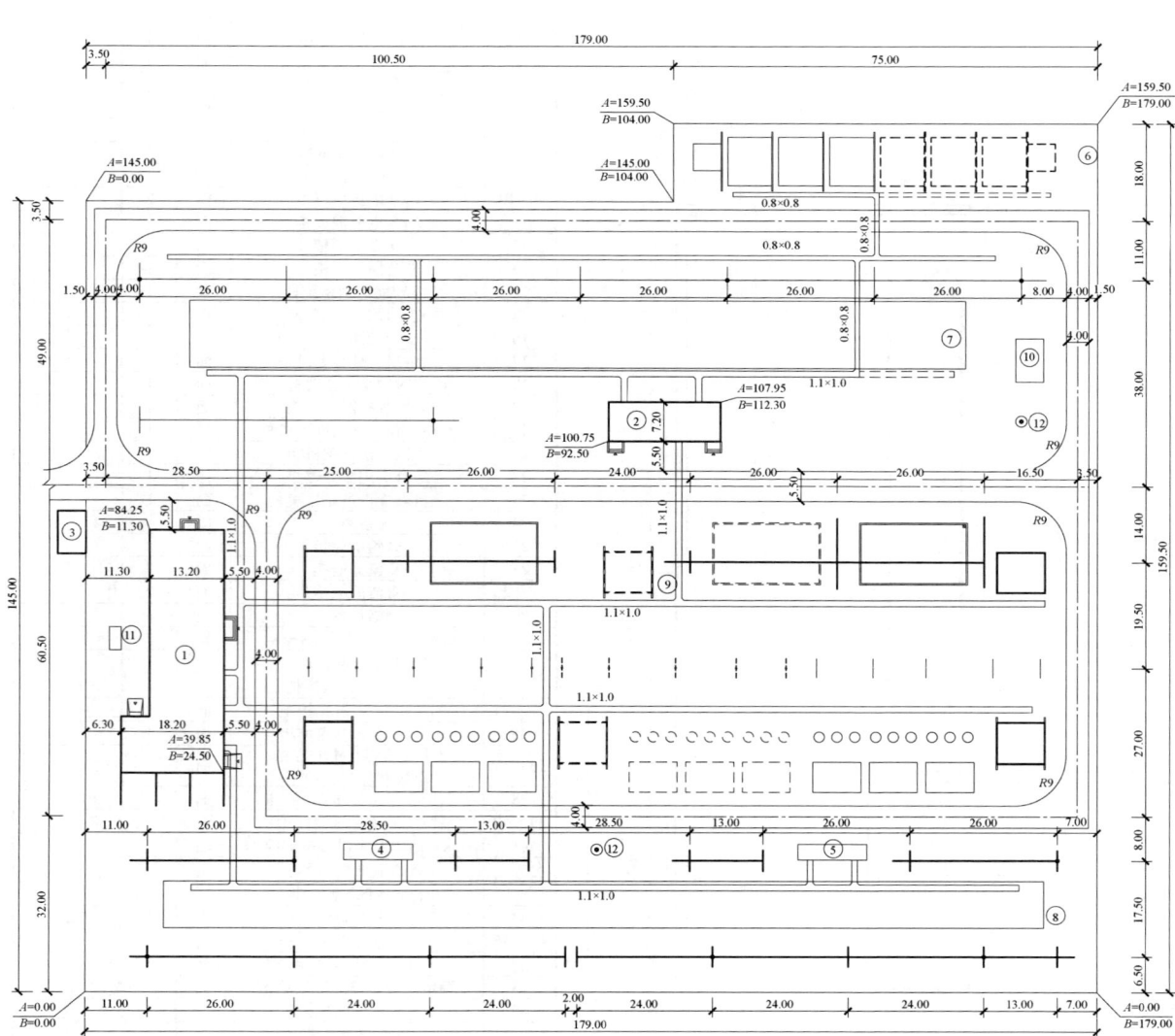

图 16.3-4 总平面布置图（500-A1-1-T-01）

建（构）筑物一览表

编号	建（构）筑物名称	占地面积（m²）	备注
①	主控通信室	694	
②	500kV 继电器小室	168	
③	警卫室	40	
④	预制舱式二次组合设备 1	35	
⑤	预制舱式二次组合设备 2	35	
⑥	高压并联电抗器场地	1077	
⑦	500kV 配电装置场地	7364	
⑧	220kV 配电装置场地	5370	
⑨	主变压器及 35kV 配电装置场地	7707	
⑩	事故油池	40	
⑪	化粪池	9	
⑫	独立避雷针		

主要技术经济指标表

序号	项　目	单位	数理	备注
1	站区围墙内占地面积	hm²	2.7043	
2	站区主电缆沟长度	m	962	
3	站内道路面积	m²	3236	
4	总建筑面积	m²	902	钢结构
5	站区围墙长度	m	677	

说明：图中尺寸的计量单位均为 m。

第 17 章 500-A1-2 方案

17.1 500-A1-2 方案主要技术条件

500-A1-2 方案主要技术条件见表 17.1-1。

表 17.1-1 **500-A1-2 方案主要技术条件表**

序号	项 目		技 术 条 件
1	建设规模	主变压器	本期 2 组 1000MVA，远期 3 组 1000MVA
		出线	500kV：本期 4 回，远期 8 回； 220kV：本期 8 回，远期 16 回
		无功补偿装置	500kV 高压并联电抗器：本期 1 组 150Mvar，远期 2 组，为线路高压并联电抗器，均装设中性点电抗器； 35kV 并联电抗器：本期 4 组 60Mvar，远期 6 组 60Mvar； 35kV 并联电容器：本期 4 组 60Mvar，远期 6 组 60Mvar
2	站址基本条件		海拔 ≤1000m，设计基本地震加速度 0.10g，设计风速 ≤30m/s，地基承载力特征值 $f_{ak}=150$kPa，无地下水影响，场地同一设计标高
3	电气主接线		500kV 一个半断路器接线，本期 3 个完整串，远期 5 个完整串，1 组主变压器经断路器直接接入母线，高压并联电抗器回路不设置隔离开关； 220kV 本期及远期均采用双母线双分段接线； 35kV 单母线单元接线，设总回路断路器
4	主要设备选型		500、220、35kV 短路电流控制水平分别为 63、50、40kA； 主变压器采用单相、自耦、无励磁调压；高压并联电抗器采用单相、自冷式；500kV 采用户外 GIS；220kV 采用户外 GIS；35kV 采用柱式断路器；35kV 并联电容器采用框架式、35kV 并联电抗器采用干式空芯
5	电气总平面及配电装置		500、220kV 及主变压器场地平行布置； 500kV GIS 户外布置，主变压器构架与 500kV 母线平行，间隔宽度 26m，局部侧向出线； 220kV GIS 户外布置，间隔宽度 12m； 35kV 户外支持管型母线中型布置，配电装置一字形布置

续表

序号	项 目	技 术 条 件
6	二次系统	变电站自动化系统按照一体化监控设计； 500kV 及主变压器各侧采用常规互感器模拟量采样，其余采用常规互感器+合并单元（35kV 采用合并单元智能终端集成装置）； 500kV 及主变压器仅 GOOSE 组网，220kV GOOSE 与 SV 共网，保护直采直跳； 500、220kV 及主变压器保护、测控装置独立配置，35kV 采用保护测控一体化装置； 采用站内一体化电源系统，通信电源独立配置； 500kV 设置 1 个继电器小室；主变压器及 35kV 二次设备布置在二次设备室；220kV 设置 2 个 Ⅲ 型预制舱式二次组合设备
7	土建部分	围墙内占地面积 3.1220hm²； 全站总建筑面积 902m²，其中主控通信室建筑面积 694m²； 建筑物结构型式为钢结构或钢筋混凝土结构； 主变压器消防采用排油充氮系统

17.2 500-A1-2 方案基本模块划分

500-A1-2 方案主要包括 500kV 配电装置模块，220kV 配电装置模块，主变压器、35kV 无功配电装置模块，主控通信室模块，继电器小室模块，预制舱式二次组合设备模块 6 个基本模块，模块内容见表 17.2-1。

表 17.2-1 **500-A1-2 方案基本模块划分表**

序号	基本模块编号	基本模块名称	基本模块描述
1	500-A1-2-500	500kV 配电装置模块	500kV 本期 4 回出线、2 回主变压器进线，远期 8 回出线、3 回主变压器进线；高压并联电抗器本期 1 组 150Mvar，远期 2 组；500kV 采用一个半断路器接线，本期 3 个完整串，远期 5 个完整串，一组主变压器经断路器直接接入母线。500kV GIS 户外布置

序号	基本模块编号	基本模块名称	基本模块描述
2	500-A1-2-220	220kV 配电装置模块	220kV 本期 8 回出线、2 回主变压器进线，远期 16 回出线、3 回主变压器进线；220kV 本期采用双母线双分段接线，远期接线型式不变。220kV GIS 户外布置
3	500-A1-2-35	主变压器、35kV 无功配电装置模块	主变压器本期 2 组 1000MVA，远期 3 组 1000MVA，采用 500kV/220kV/35kV 单相、自耦、无励磁调压变压器。本期及远期每组主变压器 35kV 侧分别设置 2 组 60Mvar 并联电抗器和 3 组 60Mvar 并联电容器；全站设置 3 台 35kV、800kVA 站用变压器。35kV 单母线单元接线，设总回路断路器。35kV 采用柱式断路器，户外支持管型母线中型布置。无功补偿设备平行于主变压器排列方向一列布置

序号	基本模块编号	基本模块名称	基本模块描述
4	500-A1-2-ZKL	主控通信室模块	主控通信室为单层建筑，建筑面积为 694m²，建筑体积为 2880m³。结构型式采用钢结构或钢筋混凝土结构
5	500-A1-2-JDQ	继电器小室模块	继电器小室为单层建筑，500kV 继电器小室建筑面积为 168m²，建筑体积为 697m³，结构型式采用钢结构或钢筋混凝土结构
6	500-A1-2-YZC	预制舱式二次组合设备模块	采用预制舱式二次组合设备，全站设置 2 个 Ⅲ 型预制舱式二次组合设备，舱内二次设备双列布置

17.3 500-A1-2 方案主要设计图纸

500-A1-2 方案主要设计图纸详见图 17.3-1～图 17.3-4。

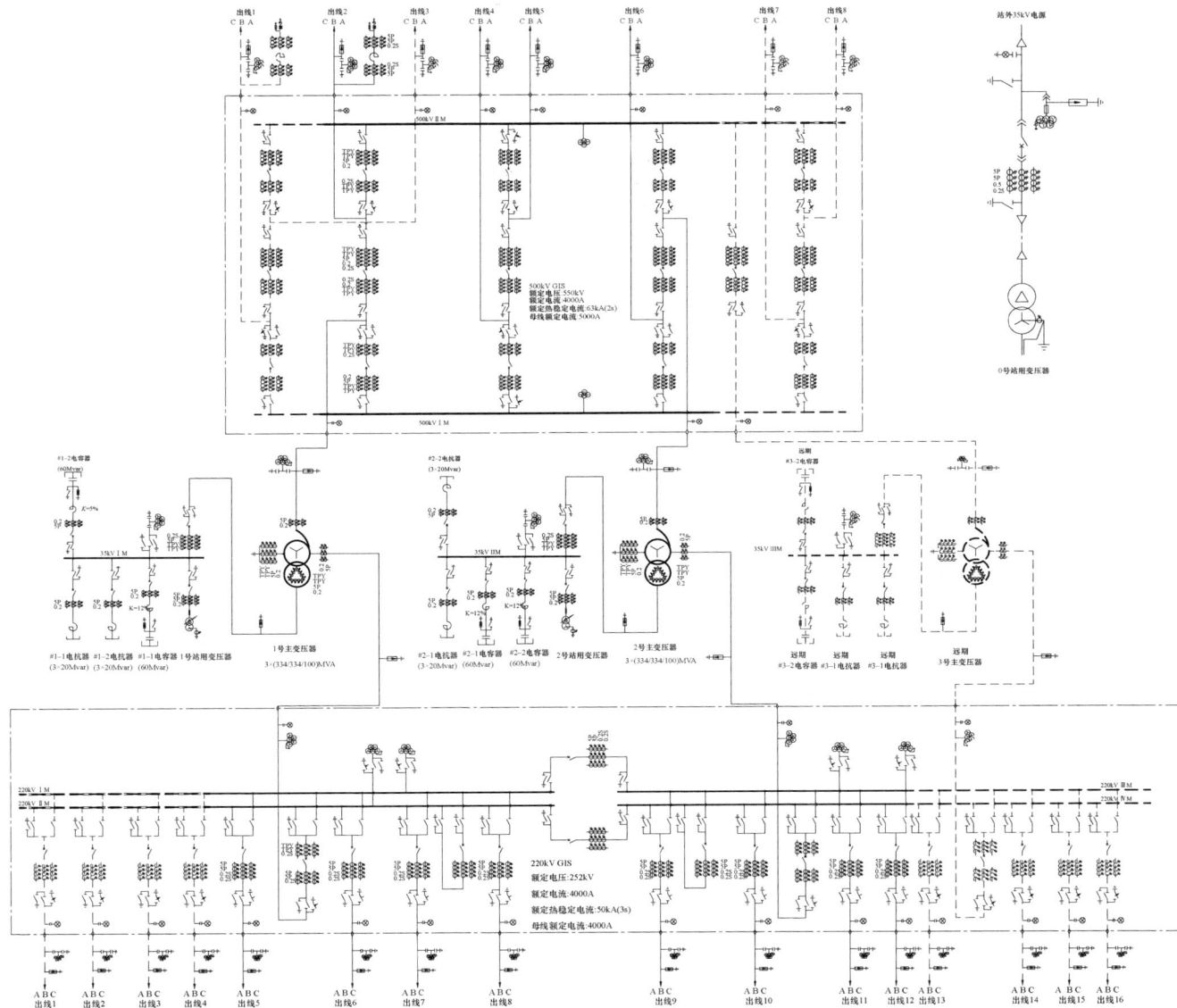

说明：实线部分表示本期工程，虚线部分表示远期工程。

图 17.3-1　电气主接线图（500-A1-2-D1-01）

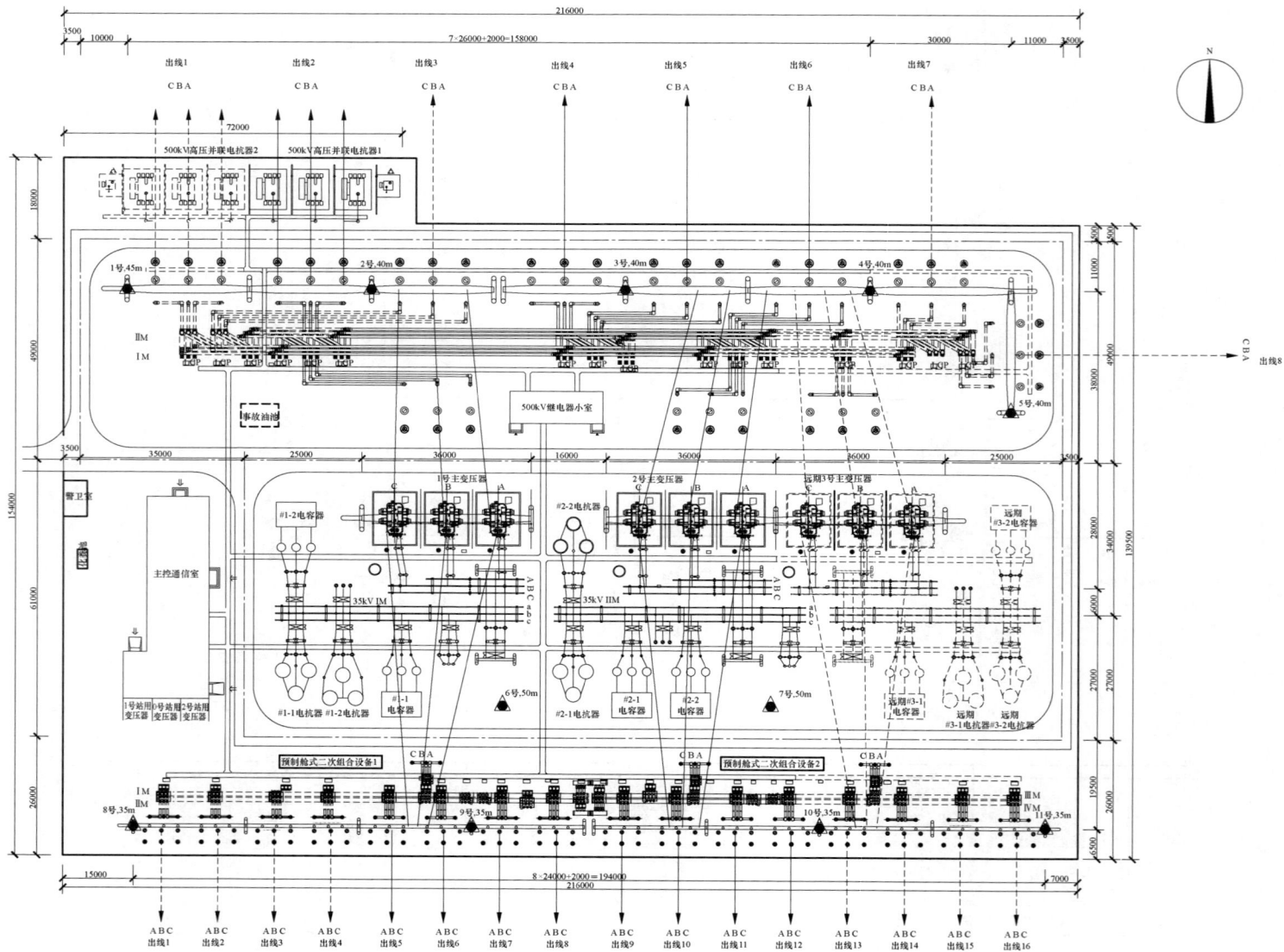

图 17.3-2 电气总平面图（500-A1-2-D1-02）

图中标注（平面图）：

N

27900

3300　3000　3000　18600

会议室　监控室

二次设备室

通信蓄电池室1

蓄电池室2　蓄电池室1

通信蓄电池室2

35kV 开关柜　35kV 母设柜

1800　1700　9600　1800

5100　2100　6000　18200　5000

1200　900　1600　1600　1200　1600　1200　1600　1800　1400

800　600

远期　本期

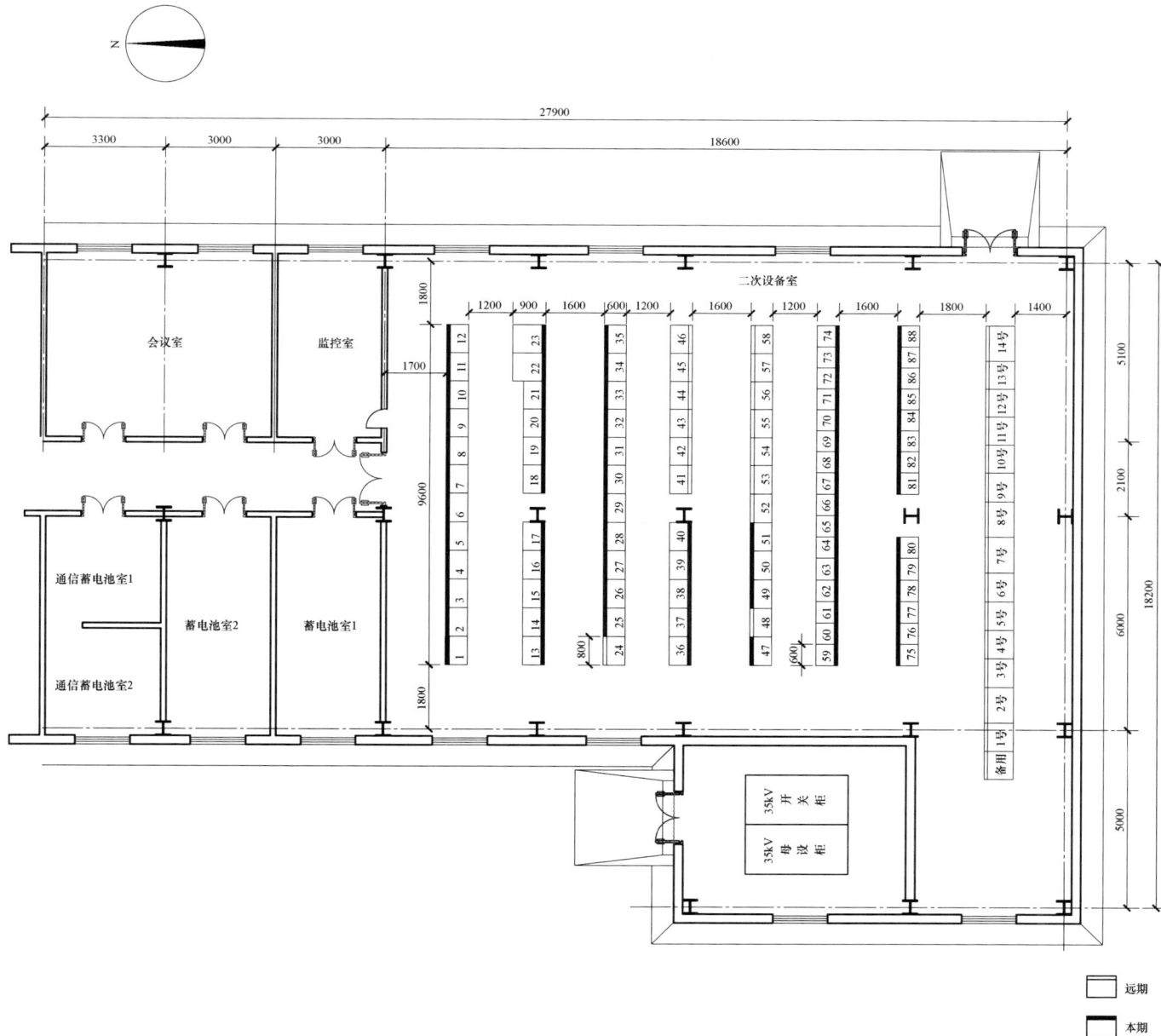

图 17.3-3　二次设备室屏位布置图（500-A1-2-D2-05）

二次设备室屏位一览表

屏号	名　　称	单位	数量 本期	数量 远期	备注
1	1 号直流馈电柜	面	1		
2	1 号高频开关充电柜	面	1		
3	1 号直流联络柜	面	1		
4	3 号高频开关充电柜	面	1		
5	2 号直流联络柜	面	1		
6	2 号高频开关充电柜	面	1		
7	2 号直流馈电柜	面	1		
8	一体化电源监控柜	面	1		
9～10	UPS 电源主机柜	面	2		
11	UPS 电源馈线柜	面	1		
12	逆变电源柜	面	1		
13	公用测控柜	面	1		
14	智能辅助控制系统柜 1	面	1		
15	智能辅助控制系统柜 2	面	1		
16	同步相量测量主机柜	面	1		
17	网络报文分析系统柜	面	1		
18	同步时钟系统主时钟柜	面	1		
19	调度数据网设备柜	面	1		
20	Ⅱ/Ⅲ/Ⅳ 区通信网关机柜	面	1		
21	Ⅰ 区通信网关机柜	面	1		
22	综合应用服务器柜	面	1		
23	主机兼操作员站主机柜	面	1		
24	备用	面		1	
25	试验电源柜	面	1		
26	交流分电柜	面	1		
27～28	直流分电柜	面	2		
29	网络设备柜	面	1		
30	35kV 公用及母线测控柜	面	1		
31～32	35kV Ⅰ M 电容器、电抗器保护测控柜	面	2		
33～34	1 号主变压器保护柜	面	2		
35	1 号主变压器测控柜	面	1		
36～37	35kV Ⅱ M 电容器、电抗器保护测控柜	面		2	
38	2 号主变压器测控柜	面		1	
39～40	2 号主变压器保护柜	面		2	
41	35kV 站用变压器保护测控柜	面	1		
42～43	预留 35kV Ⅲ M 电容器、电抗器保护测控柜	面		2	
44	预留 3 号主变压器测控柜	面		1	
45～46	预留 3 号主变压器保护柜	面		2	
47	1 号、3 号主变压器故障录波柜	面	1		
48	预留主变压器故障录波柜	面		1	
49	主变压器电能表柜	面	1		
50～51	35kV 电能表柜	面	2		
52～58	备用	面		7	
59～88	通信屏柜	面	30		

说明：1 号～14 号交流电源柜体布置详见电气一次专业图纸。

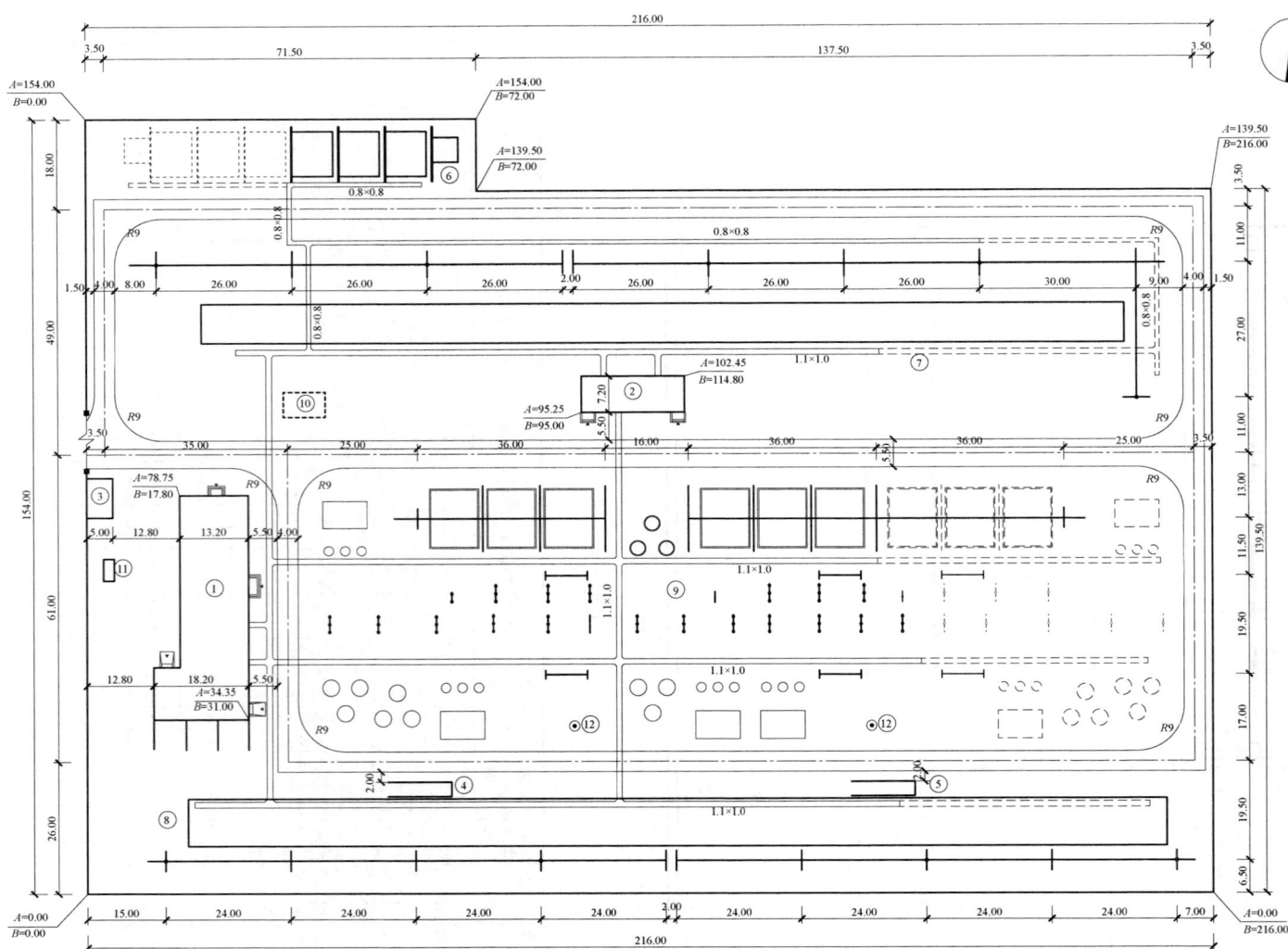

建（构）筑物一览表

编号	建（构）筑物名称	占地面积（m²）	备注
①	主控通信室	694	
②	500kV 继电器小室	168	
③	警卫室	40	
④	预制舱式二次组合设备 1	35	
⑤	预制舱式二次组合设备 2	35	
⑥	高压并联电抗器场地	1076	
⑦	500kV 配电装置场地	9002	
⑧	220kV 配电装置场地	5508	
⑨	主变压器及 35kV 配电装置场地	9493	
⑩	事故油池	40	
⑪	化粪池	9	
⑫	独立避雷针		

主要技术经济指标表

序号	项 目	单位	数理	备注
1	站区围墙内占地面积	hm²	3.1220	
2	站区主电缆沟长度	m	890	
3	站内道路面积	m²	3713	
4	总建筑面积	m²	902	钢结构
5	站区围墙长度	m	740	

说明：图中尺寸的计量单位均为 m。

图 17.3-4 总平面布置图（500-A1-2-T-01）

第 18 章 500-A1-3 方案

18.1 500-A1-3 方案主要技术条件

500-A1-3 方案主要技术条件见表 18.1-1。

表 18.1-1 　　　　　　　500-A1-3 方案主要技术条件表

序号	项目		技 术 条 件
1	建设规模	主变压器	本期 2 组 1000MVA，远期 4 组 1000MVA
		出线	500kV：本期 4 回，远期 8 回； 220kV：本期 8 回，远期 16 回
		无功补偿装置	500kV 高压并联电抗器：本期 1 组 150Mvar，远期 2 组，为线路高压并联电抗器，均装设中性点电抗器； 35kV 并联电抗器：本期 4 组 60Mvar，远期 8 组 60Mvar； 35kV 并联电容器：本期 4 组 60Mvar，远期 8 组 60Mvar
2	站址基本条件		海拔≤1000m，设计基本地震加速度 0.10g，设计风速≤30m/s，地基承载力特征值 f_{ak}=150kPa，无地下水影响，场地同一设计标高
3	电气主接线		500kV 一个半断路器接线，本期 3 个完整串，远期 6 个完整串，4 组主变压器全部进串，高压并联电抗器回路不设置隔离开关； 220kV 本期及远期均采用双母线双分段接线； 35kV 单母线单元接线，设总回路断路器
4	主要设备选型		500、220、35kV 短路电流控制水平分别为 63、50、40kA； 主变压器采用单相、自耦、无励磁调压；高压并联电抗器采用单相、自冷式；500kV 采用户外 GIS；220kV 采用户外 GIS；35kV 采用柱式断路器；35kV 并联电容器采用框架式、35kV 并联电抗器采用干式空芯
5	电气总平面及配电装置		500、220kV 及主变压器场地平行布置； 500kV GIS 户外布置，主变压器构架与 500kV 母线平行，间隔宽度 26m，局部侧向出线； 220kV GIS 户外布置，间隔宽度 12m； 35kV 户外支持管型母线中型布置，配电装置一字形布置

续表

序号	项目	技 术 条 件
6	二次系统	变电站自动化系统按照一体化监控设计； 500kV 及主变压器各侧采用常规互感器模拟量采样，其余采用常规互感器+合并单元（35kV 采用合并单元智能终端集成装置）； 500kV 及主变压器仅 GOOSE 组网，220kV GOOSE 与 SV 共网，保护直采直跳； 500、220kV 及主变压器保护、测控装置独立配置，35kV 采用保护测控一体化装置； 采用站内一体化电源系统，通信电源独立配置； 500kV 设置 1 个继电器小室；主变压器及 35kV 设置 2 个继电器小室；220kV 设置 2 个 Ⅲ 型预制舱式二次组合设备
7	土建部分	围墙内占地面积 3.5054hm²； 全站总建筑面积 1033m²，其中主控通信室建筑面积 635m²； 建筑物结构型式为钢结构或钢筋混凝土结构； 主变压器消防采用排油充氮系统

18.2 500-A1-3 方案基本模块划分

500-A1-3 方案主要包括 500kV 配电装置模块，220kV 配电装置模块，主变压器、35kV 无功配电装置模块，主控通信室模块，继电器小室模块，预制舱式二次组合设备模块 6 个基本模块，模块内容见表 18.2-1。

表 18.2-1 　　　　　　　500-A1-3 方案基本模块划分表

序号	基本模块编号	基本模块名称	基本模块描述
1	500-A1-3-500	500kV 配电装置模块	500kV 本期 4 回出线、2 回主变压器进线，远期 8 回出线、4 回主变压器进线；高压并联电抗器本期 1 组 150Mvar，远期 2 组；500kV 采用一个半断路器接线，本期 3 个完整串，远期 6 个完整串，4 组主变压器全部进串。500kV GIS 户外布置

序号	基本模块编号	基本模块名称	基本模块描述
2	500-A1-3-220	220kV 配电装置模块	220kV 本期 8 回出线、2 回主变压器进线，远期 16 回出线、4 回主变压器进线；220kV 本期采用双母线双分段接线，远期接线型式不变。220kV GIS 户外布置
3	500-A1-3-35	主变压器、35kV 无功配电装置模块	主变压器本期 2 组 1000MVA，远期 4 组 1000MVA，采用 500kV/220kV/35kV 单相、自耦、无励磁调压变压器。本期及远期每组主变压器 35kV 侧分别设置 2 组 60Mvar 并联电抗器和 2 组 60Mvar 并联电容器；全站设置 3 台 35kV、800kVA 站用变压器。35kV 单母线单元接线，设总回路断路器。35kV 采用柱式断路器，户外支持管型母线中型布置。无功补偿设备平行于主变压器排列方向一列布置

序号	基本模块编号	基本模块名称	基本模块描述
4	500-A1-3-ZKL	主控通信室模块	主控通信室为单层建筑，建筑面积为 635m^2，建筑体积为 2635m^3。结构型式采用钢结构或钢筋混凝土结构
5	500-A1-3-JDQ	继电器小室模块	继电器小室为单层建筑，其中 500kV 继电器小室建筑面积为 174m^2，建筑体积为 722m^3，35kV 及主变继电器小室建筑面积为 92m^2，建筑体积为 382m^3，结构型式采用钢结构或钢筋混凝土结构
6	500-A1-3-YZC	预制舱式二次组合设备模块	采用预制舱式二次组合设备，全站设置 2 个 Ⅲ 型预制舱式二次组合设备，舱内二次设备双列布置

18.3 500-A1-3 方案主要设计图纸

500-A1-3 方案主要设计图纸详见图 18.3-1～图 18.3-4。

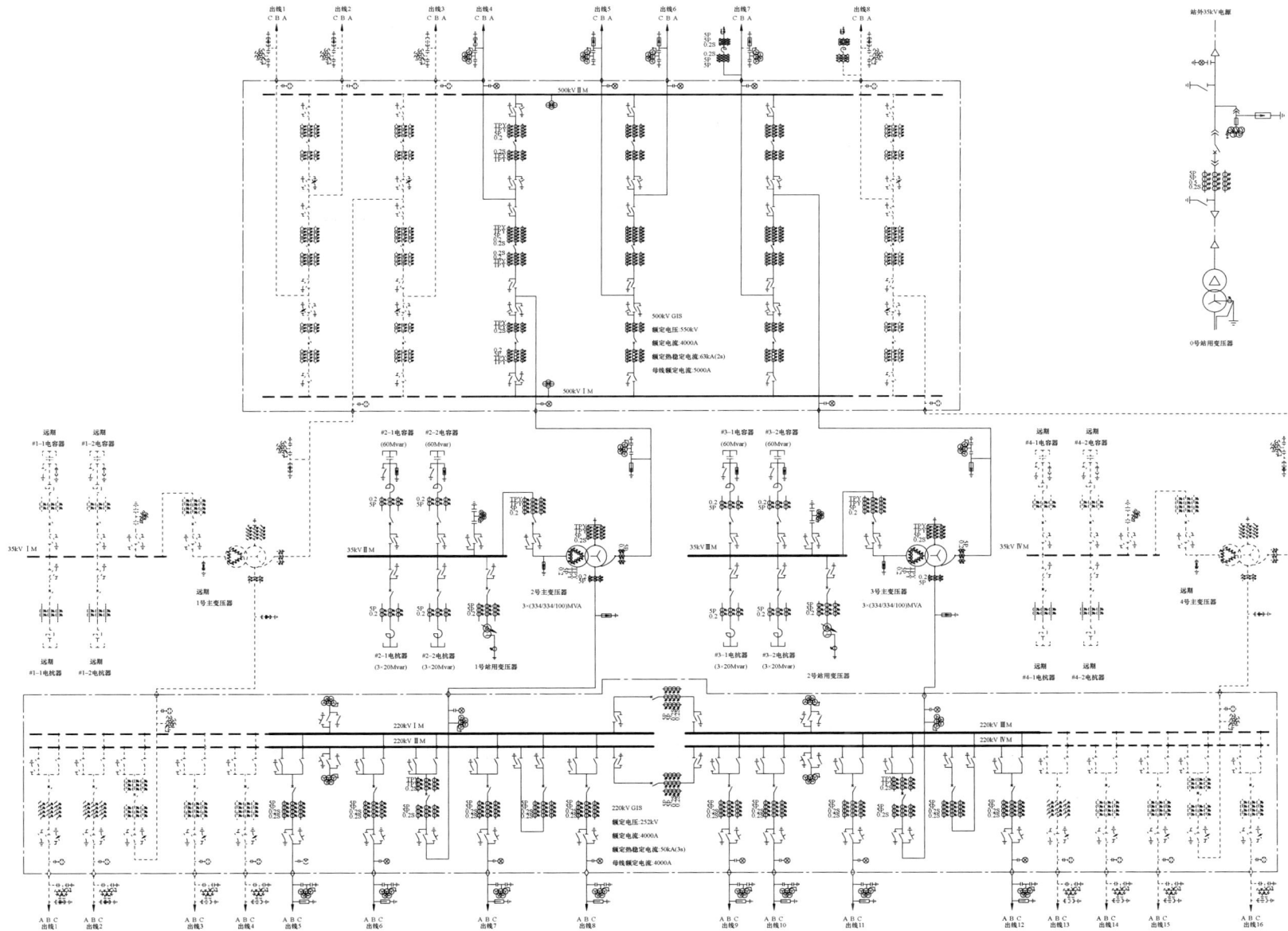

说明：实线部分表示本期工程，虚线部分表示远期工程。

图 18.3-1　电气主接线图（500-A1-3-D1-01）

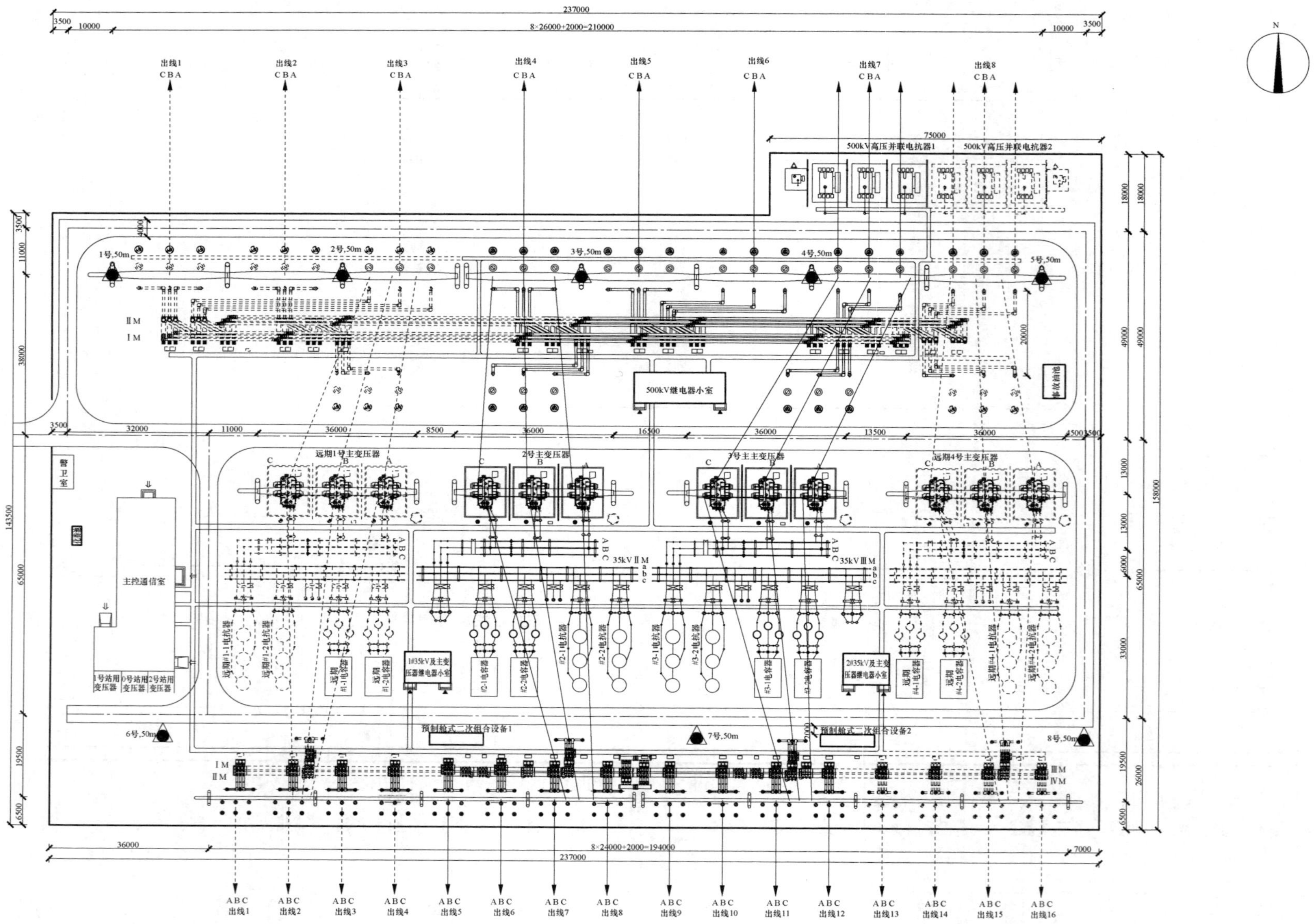

说明：实线部分表示本期工程，虚线部分表示远期工程。

图 18.3-2　电气总平面图（500-A1-3-D1-02）

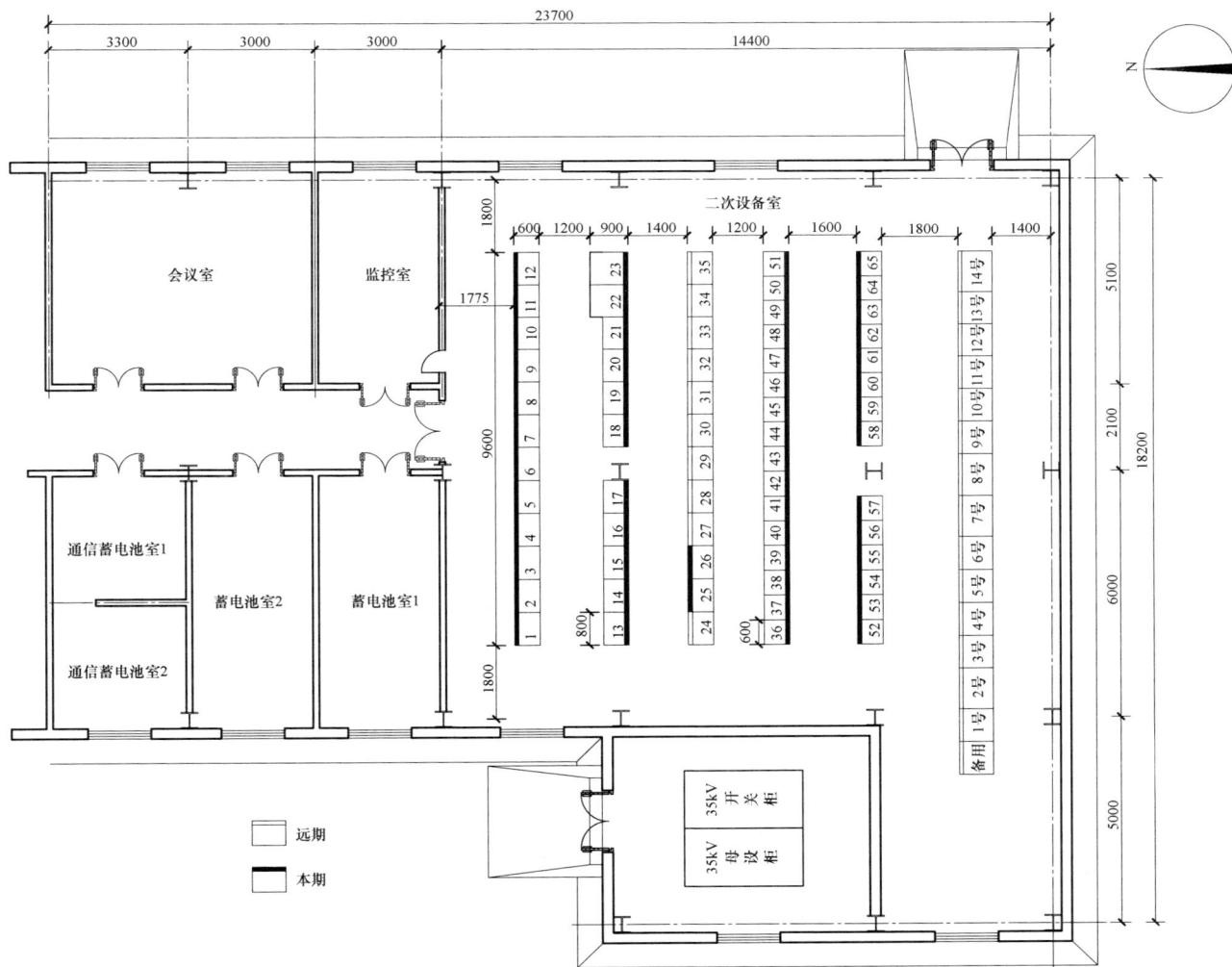

二次设备室屏位一览表

屏号	名称	数量		备注
		单位	本期	远期	
1	1号直流馈电柜	面	1		
2	1号高频开关充电柜	面	1		
3	1号直流联络柜	面	1		
4	3号高频开关充电柜	面	1		
5	2号直流联络柜	面	1		
6	2号高频开关充电柜	面	1		
7	2号直流馈电柜	面	1		
8	一体化电源监控柜	面	1		
9~10	UPS电源主机柜	面	2		
11	UPS电源馈线柜	面	1		
12	逆变电源柜	面	1		
13	公用测控柜	面	1		
14	智能辅助控制系统柜1	面	1		
15	智能辅助控制系统柜2	面	1		
16	同步相量测量主机柜	面	1		
17	网络报文分析系统柜	面	1		
18	同步时钟系统主时钟柜	面	1		
19	调度数据网设备柜	面	1		
20	Ⅱ/Ⅲ/Ⅳ区通信网关机柜	面	1		
21	Ⅰ区通信网关机柜	面	1		
22	综合应用服务器柜	面	1		
23	主机兼操作员站主机柜	面	1		
24	备用	面		1	
25	试验电源柜	面	1		
26	交流分电柜	面	1		
27~35	备用	面		9	
36~65	通信屏柜	面	30		

说明：1号~14号交流电源柜体布置详见电气一次专业图纸。

图18.3-3 二次设备室屏位布置图（500-A1-3-D2-05）

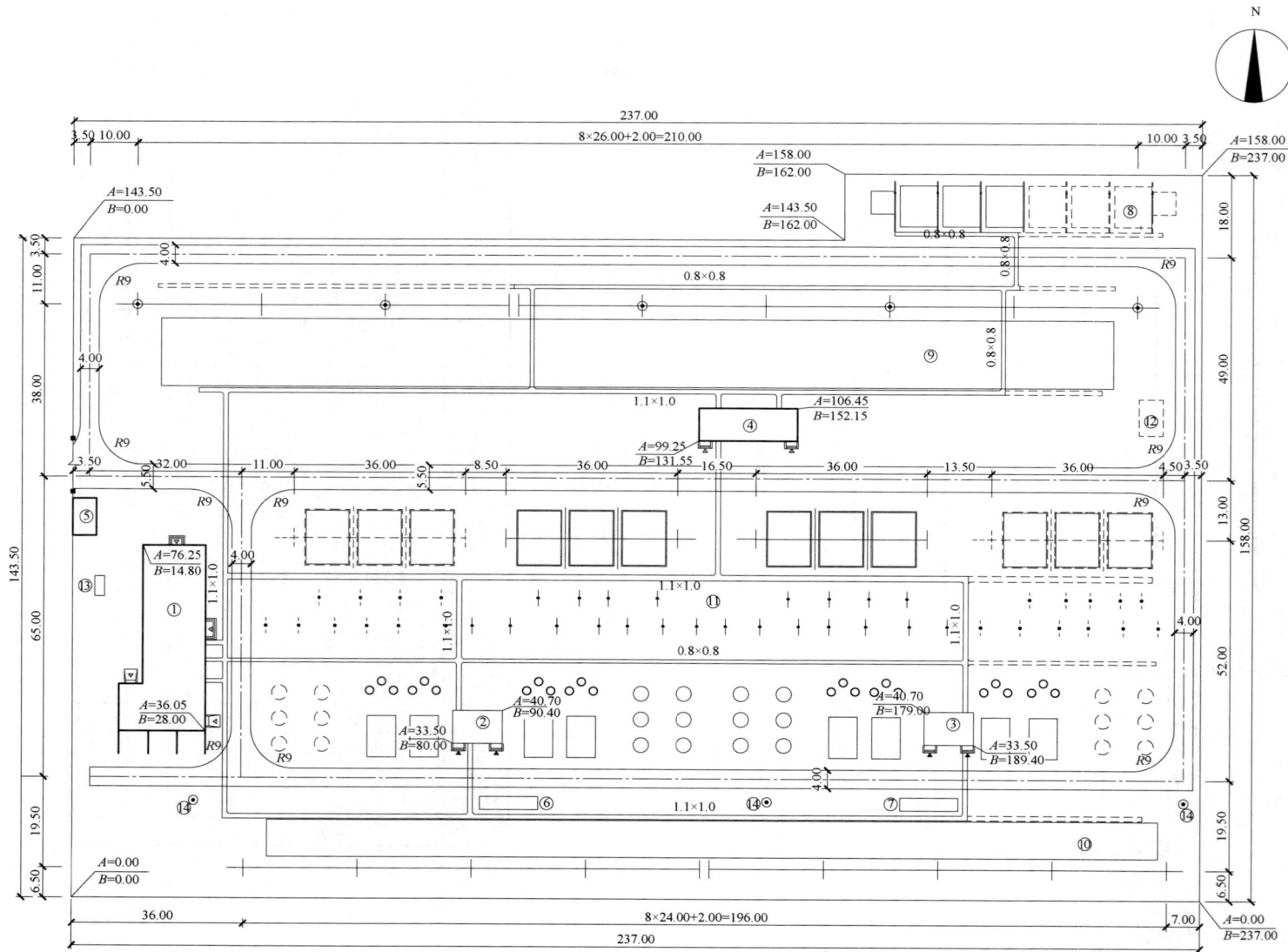

建（构）筑物一览表

编号	建（构）筑物名称	占地面积（m²）	备注
①	主控通信室	635	
②	1 号 35kV 及主变压器继电器小室	92	
③	2 号 35kV 及主变压器继电器小室	92	
④	500kV 继电器小室	174	
⑤	警卫室	40	
⑥	预制舱式二次组合设备 1	35	
⑦	预制舱式二次组合设备 2	35	
⑧	高压并联电抗器场地	1296	
⑨	500kV 配电装置场地	11270	
⑩	220kV 配电装置场地	5239	
⑪	主变压器及 35kV 配电装置场地	12870	
⑫	事故油池	40	
⑬	化粪池	9	
⑭	独立避雷针		

主要技术经济指标表

序号	项 目	单位	数量	备注
1	站区围墙内占地面积	hm²	3.5054	
2	站区主电缆沟长度	m	1250	
3	站内道路面积	m²	4176	
4	总建筑面积	m²	1033	钢结构
5	站区围墙长度	m	790	

说明：图中尺寸的计量单位均为 m。

图 18.3-4 总平面布置图（500-A1-3-T-01）

第 19 章 500-A1-4 方案

19.1 500-A1-4 方案主要技术条件

500-A1-4 方案主要技术条件见表 19.1-1。

表 19.1-1 500-A1-4 方案主要技术条件表

序号	项目		技 术 条 件
1	建设规模	主变压器	本期 2 组 1200MVA，远期 4 组 1200MVA
		出线	500kV：本期 4 回，远期 8 回； 220kV：本期 8 回，远期 16 回
		无功补偿装置	500kV 高压并联电抗器：本期 1 组 150Mvar，远期 2 组，为线路高压并联电抗器，均装设中性点电抗器； 66kV 并联电抗器：本期 4 组 60Mvar，远期 8 组 60Mvar； 66kV 并联电容器：本期 8 组 60Mvar，远期 16 组 60Mvar
2	站址基本条件		海拔≤1000m，设计基本地震加速度 0.10g，设计风速≤30m/s，地基承载力特征值 f_{ak}=150kPa，无地下水影响，场地同一设计标高
3	电气主接线		500kV 一个半断路器接线，本期 3 个完整串，远期 6 个完整串，4 组主变压器全部进串，高压并联电抗器回路不设置隔离开关； 220kV 本期及远期均采用双母线双分段接线； 66kV 单母线单元接线，设总回路断路器
4	主要设备选型		500、220、66kV 短路电流控制水平分别为 63、50、40kA； 主变压器采用单相、自耦、无励磁调压；高压并联电抗器采用单相，自冷式；500kV 采用户外 GIS；220kV 采用户外 GIS；66kV 采用柱式断路器；66kV 并联电容器采用框架式、66kV 并联电抗器采用油浸式
5	电气总平面及配电装置		500、220kV 及主变压器场地平行布置； 500kV GIS 户外布置，主变压器构架与 500kV 母线平行，间隔宽度 26m； 220kV GIS 户外布置，间隔宽度 12m； 66kV 户外支持管型母线中型布置，配电装置一字形布置

续表

序号	项目	技 术 条 件
6	二次系统	变电站自动化系统按照一体化监控设计； 500kV 及主变压器各侧采用常规互感器模拟量采样，其余采用常规互感器+合并单元（66kV 采用合并单元智能终端集成装置）； 500kV 及主变压器仅 GOOSE 组网，220kV GOOSE 与 SV 共网，保护直采直跳； 500、220kV 及主变压器保护、测控装置独立配置，66kV 采用保护测控一体化装置； 采用站内一体化电源系统，通信电源独立配置； 500kV 设置 1 个继电器小室；主变压器及 66kV 设置 2 个继电器小室；220kV 设置 2 个Ⅲ型预制舱式二次组合设备
7	土建部分	围墙内占地面积 3.9276hm^2； 全站总建筑面积 1066m^2，其中主控通信室建筑面积 546m^2； 建筑物结构型式为钢结构或钢筋混凝土结构； 主变压器消防采用排油充氮系统

19.2 500-A1-4 方案基本模块划分

500-A1-4 方案主要包括 500kV 配电装置模块，220kV 配电装置模块，主变压器、66kV 无功配电装置模块，主控通信室模块，继电器小室模块，预制舱式二次组合设备模块 6 个基本模块，模块内容见表 19.2-1。

表 19.2-1 500-A1-4 方案基本模块划分表

序号	基本模块编号	基本模块名称	基本模块描述
1	500-A1-4-500	500kV 配电装置模块	500kV 本期 4 回出线、2 回主变压器进线，远期 8 回出线、4 回主变压器进线；高压并联电抗器本期 1 组 150Mvar，远期 2 组；500kV 采用一个半断路器接线，本期 3 个完整串，远期 6 个完整串，4 组主变压器全部进串。500kV GIS 户外布置

序号	基本模块编号	基本模块名称	基本模块描述
2	500-A1-4-220	220kV 配电装置模块	220kV 本期 8 回出线、2 回主变压器进线，远期 16 回出线、4 回主变压器进线；220kV 本期采用双母线双分段接线，远期接线型式不变。220kV GIS 户外布置
3	500-A1-4-66	主变压器、66kV 无功配电装置模块	主变压器本期 2 组 1200MVA，远期 4 组 1200MVA，采用 500/220/66kV 单相，自耦，无励磁调压变压器。本期及远期每组主变压器 66kV 侧分别设置 2 组 60Mvar 并联电抗器和 4 组 60Mvar 并联电容器；全站设置 3 台 66kV、800kVA 站用变压器。66kV 单母线单元接线，设总回路断路器。66kV 采用柱式断路器，户外支持管型母线中型布置。无功补偿设备平行于主变压器排列方向一列布置

序号	基本模块编号	基本模块名称	基本模块描述
4	500-A1-4-ZKL	主控通信室模块	主控通信室为单层建筑，建筑面积为 546m^2，建筑体积为 2266m^3。结构型式采用钢结构或钢筋混凝土结构
5	500-A1-4-JDQ	继电器小室模块	继电器小室为单层建筑，其中 500kV 继电器小室建筑面积为 174m^2，建筑体积为 722m^3，66kV 及主变继电器小室建筑面积为 92m^2，建筑体积为 382m^3，结构型式采用钢结构或钢筋混凝土结构
6	500-A1-4-YZC	预制舱式二次组合设备模块	采用预制舱式二次组合设备，全站设置 2 个 Ⅲ 型预制舱式二次组合设备，舱内二次设备双列布置

19.3　500-A1-4 方案主要设计图纸

500-A1-4 方案主要设计图纸详见图 19.3-1～图 19.3-4。

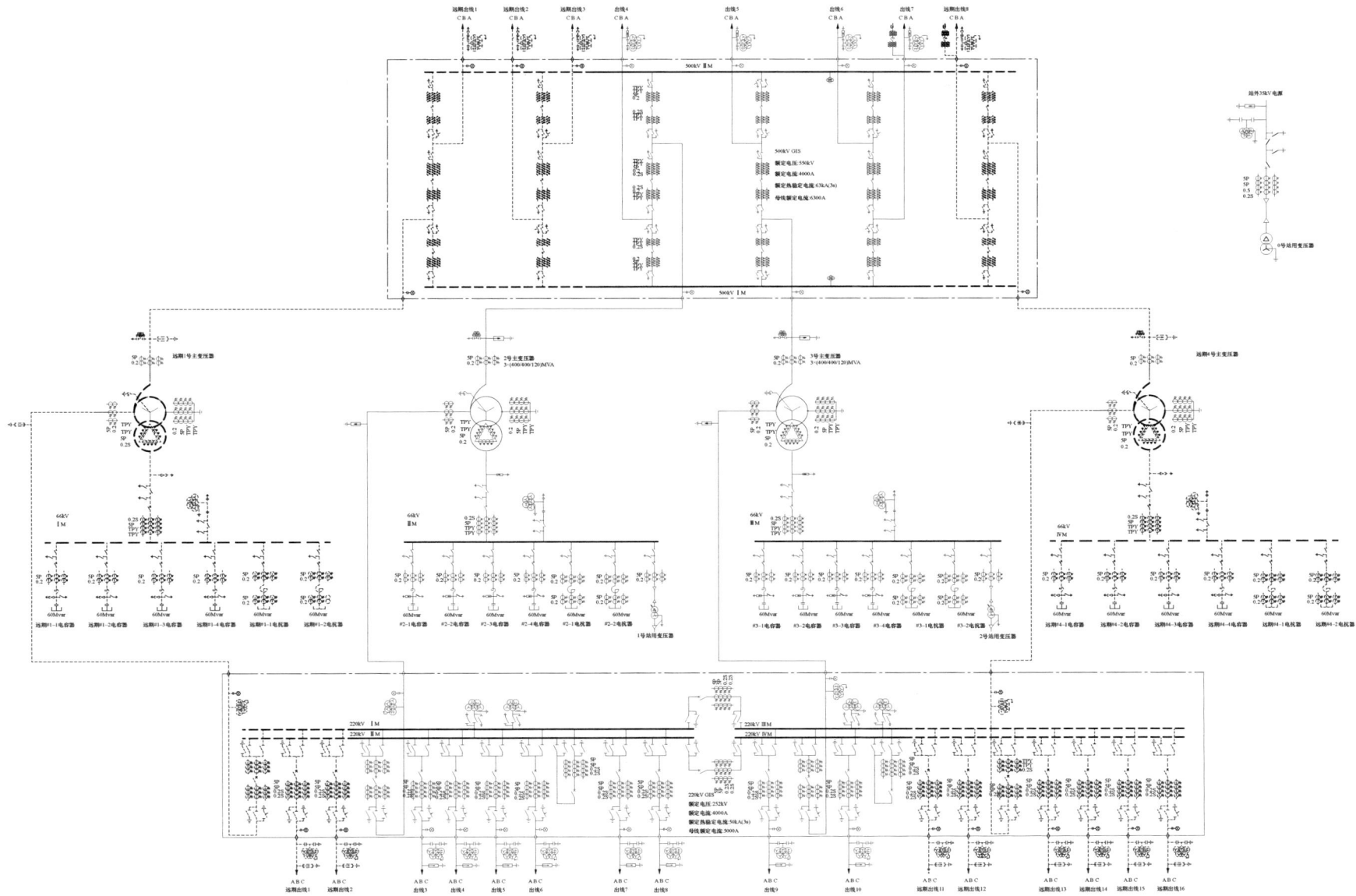

说明：实线部分表示本期工程，虚线部分表示远期工程。

图 19.3-1　电气主接线图（500-A1-4-D1-01）

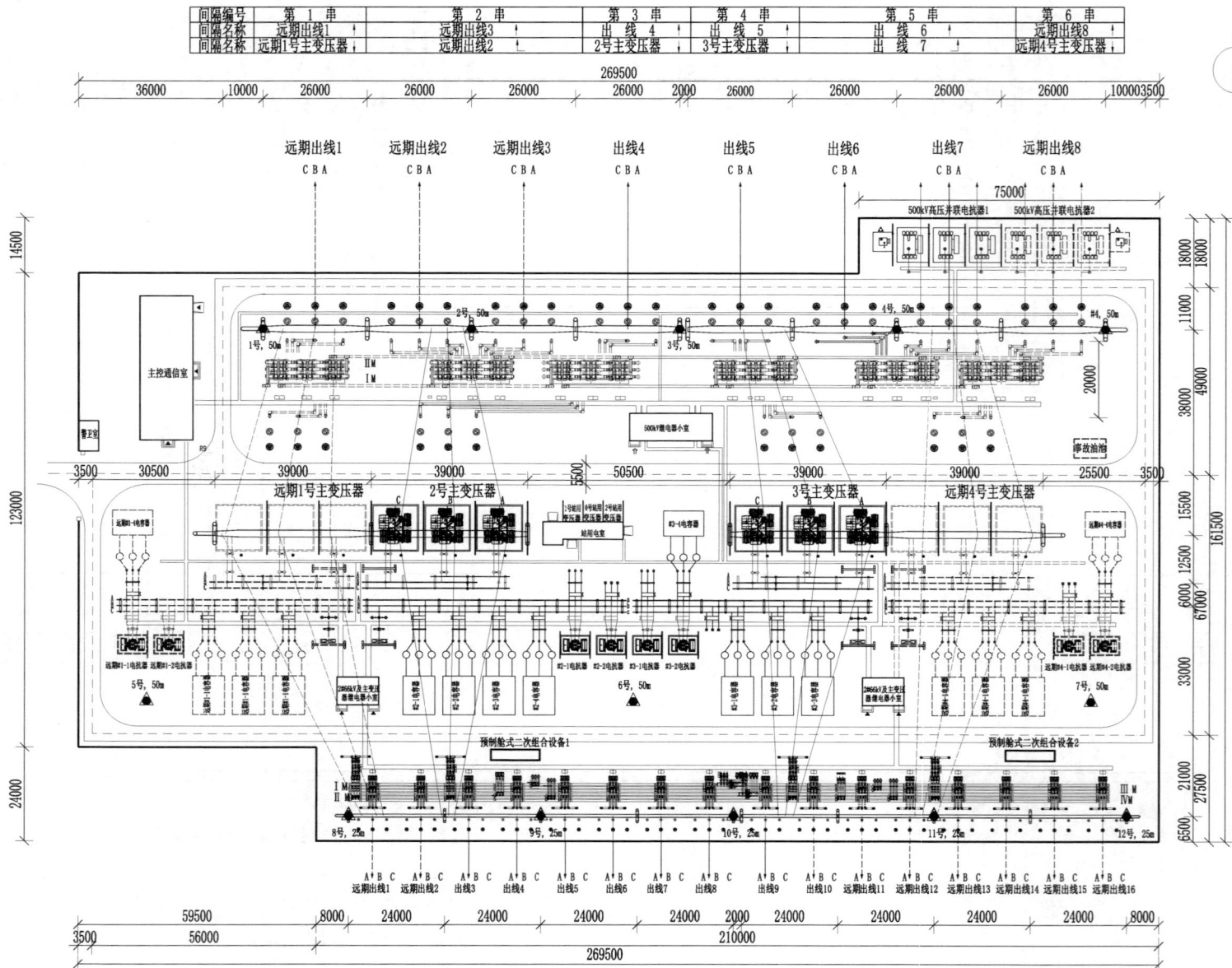

图 19.3-2　电气总平面布置图 （500-A1-4-D1-02）

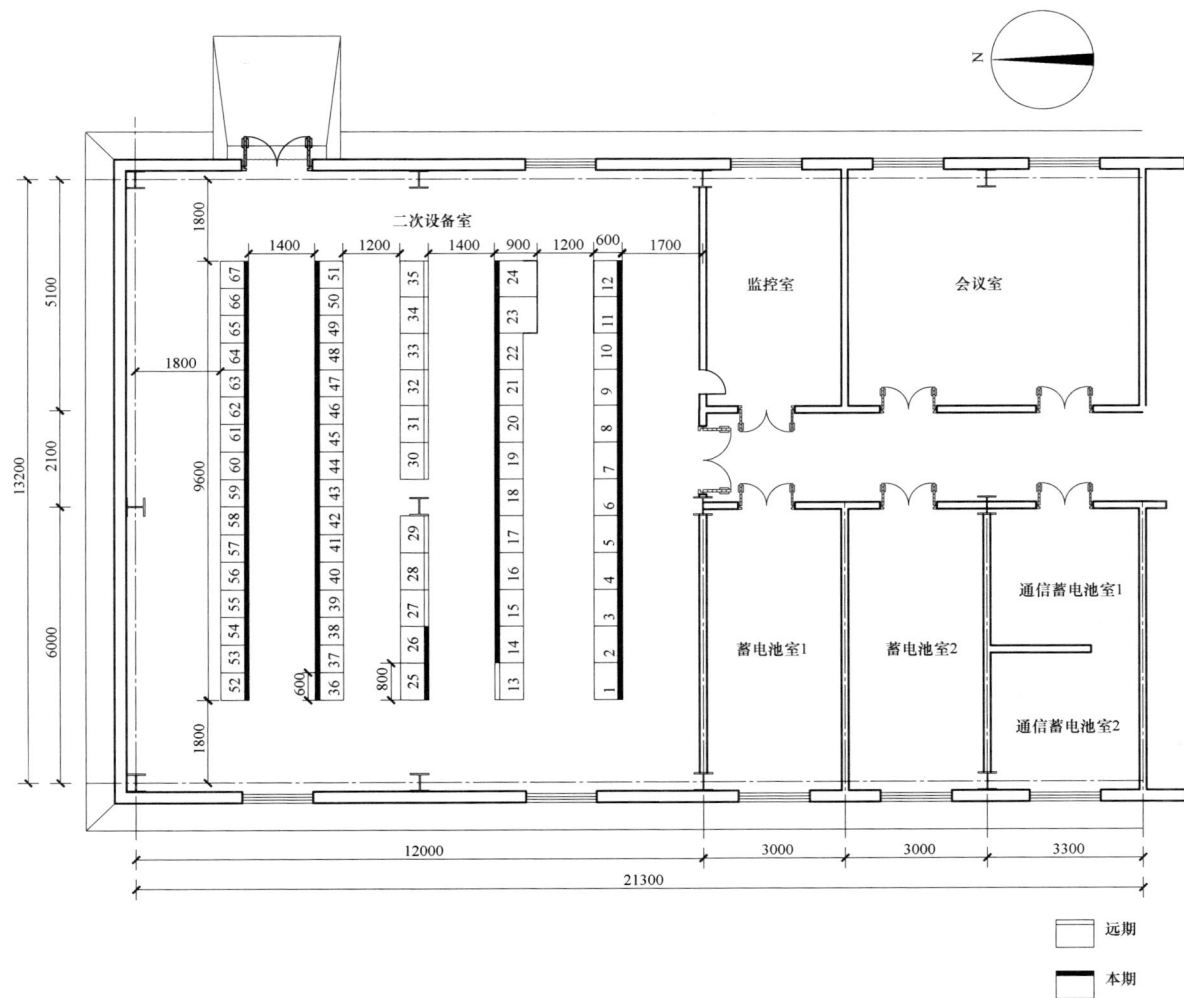

图 19.3-3 二次设备室屏位布置图（500-A1-4-D2-05）

二次设备室屏位一览表

屏号	名 称	数量			备注
		单位	本期	远期	
1	1 号直流馈电柜	面	1		
2	1 号高频开关充电柜	面	1		
3	1 号直流联络柜	面	1		
4	3 号高频开关充电柜	面	1		
5	2 号直流联络柜	面	1		
6	2 号高频开关充电柜	面	1		
7	2 号直流馈电柜	面	1		
8	一体化电源监控柜	面	1		
9～10	UPS 电源主机柜	面	2		
11	UPS 电源馈线柜	面	1		
12	逆变电源柜	面	1		
13	备用	面		1	
14	公用测控柜	面	1		
15	智能辅助控制系统柜 1	面	1		
16	智能辅助控制系统柜 2	面	1		
17	同步相量测量主机柜	面	1		
18	网络报文分析系统柜	面	1		
19	同步时钟系统主时钟柜	面	1		
20	调度数据网设备柜	面	1		
21	Ⅱ／Ⅲ／Ⅳ区通信网关机柜	面	1		
22	Ⅰ区通信网关机柜	面	1		
23	综合应用服务器柜	面	1		
24	主机兼操作员站主机柜	面	1		
25	试验电源柜	面	1		
26	交流分电柜	面	1		
27～35	备用	面		9	
36～67	通信屏柜	面	32		

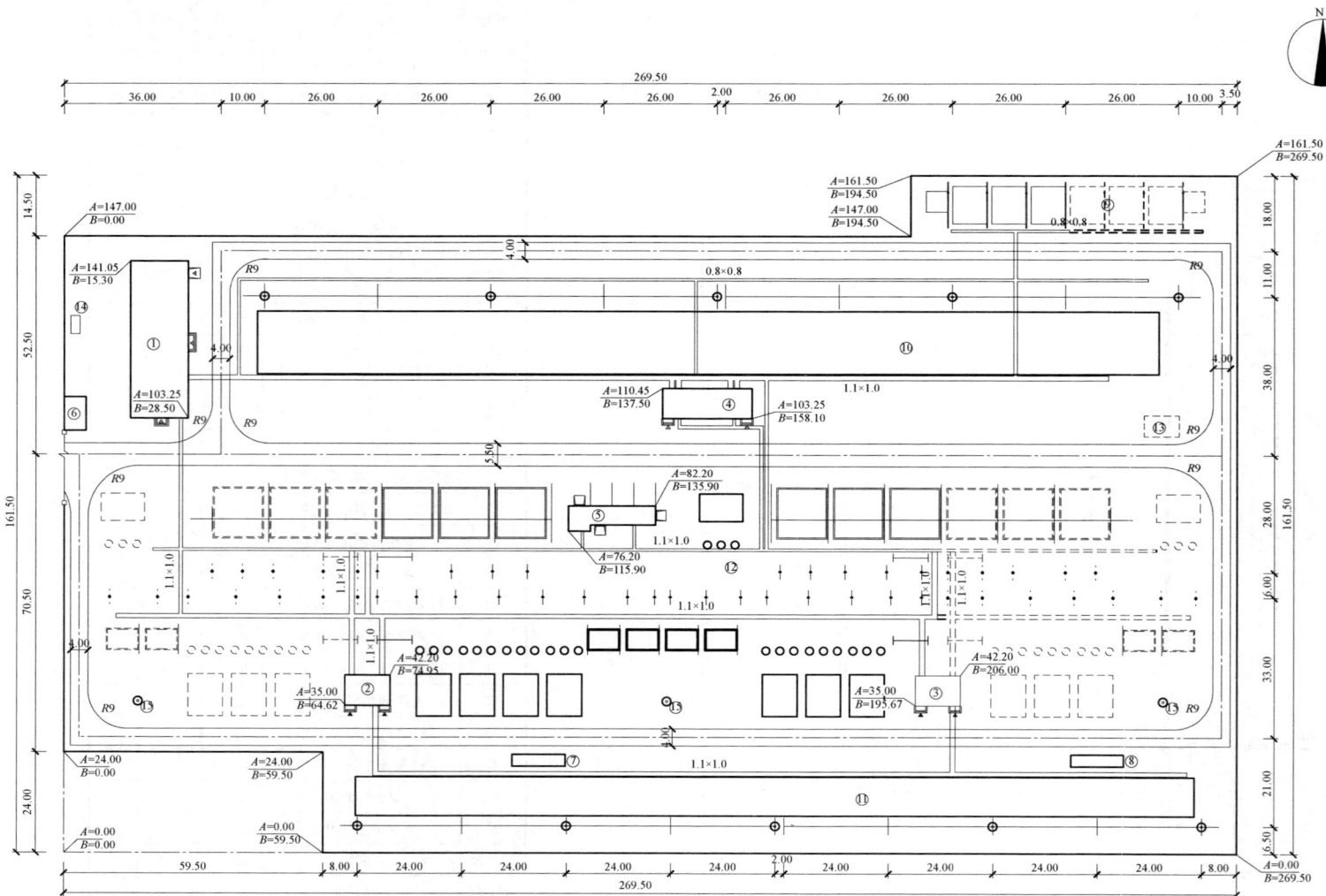

建（构）筑物一览表

编号	建（构）筑物名称	占地面积（m²）	备注
①	主控通信室	546	
②	1号66kV及主变压器继电器小室	92	
③	2号66kV及主变压器继电器小室	92	
④	500kV继电器小室	174	
⑤	站用电室	122	
⑥	警卫室	40	
⑦	预制舱式二次组合设备1	35	
⑧	预制舱式二次组合设备2	35	
⑨	高压并联电抗器场地	1296	
⑩	500kV配电装置场地	11270	
⑪	220kV配电装置场地	5706	
⑫	主变压器及66kV配电装置场地	17588	
⑬	事故油池	40	
⑭	化粪池	9	
⑮	独立避雷针		

主要技术经济指标表

序号	项目	单位	数量	备注
1	站区围墙内占地面积	hm²	3.9276	
2	站区主电缆沟长度	m	1470	
3	站内道路面积	m²	4520	
4	总建筑面积	m²	1066	钢结构
5	站区围墙长度	m	862	

说明：图中尺寸的计量单位均为 m。

图 19.3-4　总平面布置图（500-A1-4-T-01）

第 20 章　500-A2-1 方案

20.1　500-A2-1 方案主要技术条件

50-A2-1 方案主要技术条件见表 20.1-1。

表 20.1-1　　　　　　　　　　　500-A2-1 方案主要技术条件表

序号	项目		技　术　条　件
1	建设规模	主变压器	本期 2 组 1000MVA，远期 3 组 1000MVA
		出线	500kV：本期 2 回，远期 3 回； 220kV：本期 8 回，远期 16 回
		无功补偿装置	66kV 并联电抗器：本期 6 组 60Mvar，远期 9 组 60Mvar； 66kV 并联电容器：本期 4 组 60Mvar，远期 6 组 60Mvar
2	站址基本条件		海拔≤1000m，设计基本地震加速度 0.10g，设计风速≤30m/s，地基承载力特征值 f_{ak}=150kPa，无地下水影响，场地同一设计标高
3	电气主接线		500kV 本期内桥接线，远期扩大桥接线； 220kV 本期及远期均采用双母线双分段接线； 66kV 单母线单元接线，设总回路断路器
4	主要设备选型		500、220、66kV 短路电流控制水平分别为 63、50、31.5kA； 主变压器采用单相、自耦、无励磁调压，分体；500kV 采用户内 GIS；220kV 采用户内 GIS；66kV 采用户内 GIS；66kV 并联电容器采用框架式、66kV 并联电抗器采用油浸铁芯
5	电气总平面及配电装置		所有电气设备均布置在一栋配电装置楼内； 配电装置楼一层布置 500、220、66kV GIS，66kV 并联电抗器，66kV 站用变压器及备用站用变压器、站内配电盘、蓄电池室及二次设备室；二层布置 66kV 并联电容器；500、220、66kV GIS 室下设电缆夹层； 500kV 主变压器分体、散热器前置布置，66kV GIS 与主变压器相邻布置在一层； 500kV GIS 室设 10t 行车；220kV GIS 室设 5t 工字钢；66kV GIS 室设 3t 工字钢； 500、220、66kV GIS 均采用电缆出线，500、220、66kV GIS 主变压器进线均采用 SF$_6$ 管道母线经油气套管与主变压器直接连接

续表

序号	项目	技　术　条　件
6	二次系统	变电站自动化系统按照一体化监控设计； 500kV 及主变压器各侧采用常规互感器模拟量采样，其余采用常规互感器+合并单元（除主变压器外，66kV 采用合并单元智能终端集成装置）； 500kV 及主变压器仅 GOOSE 组网，220kV GOOSE 与 SV 共网，保护直采直跳； 500、220kV 及主变压器保护、测控装置独立配置，66kV 采用保护测控一体化装置； 采用站内一体化电源系统，通信电源独立配置； 500kV、主变压器不设置独立继电器小室；220、66kV 设置 1 个继电器小室
7	土建部分	围墙内占地面积 1.3356hm²； 全站总建筑面积 10420m²，其中配电装置楼建筑面积 10092 m²； 建筑物结构型式为钢框架结构或钢筋混凝土框架结构； 主变压器消防采用水喷雾系统

20.2　500-A2-1 方案基本模块划分

500-A2-1 方案主要包括 500kV 配电装置模块，220kV 配电装置模块，主变压器、66kV 无功配电装置模块，配电装置楼模块 4 个基本模块，模块内容见表 20.2-1。

表 20.2-1　　　　　　　　　500-A2-1 方案基本模块划分表

序号	基本模块编号	基本模块名称	基本模块描述
1	500-A2-1-500	500kV 配电装置模块	500kV 本期 2 回出线、2 回主变压器进线，远期 3 回出线、3 回主变压器进线；500kV 本期采用内桥接线，远期采用扩大桥接线。500kV 采用 GIS 户内布置
2	500-A2-1-220	220kV 配电装置模块	220kV 本期 8 回出线、2 回主变压器进线，远期 16 回出线、3 回主变压器进线；220kV 本期采用双母线双分段接线，远期接线型式不变。220kV 采用 GIS 户内布置

序号	基本模块编号	基本模块名称	基本模块描述
3	500-A2-1-66	主变压器、66kV 无功配电装置模块	主变压器本期 2 组 1000MVA，远期 3 组 1000MVA，采用 500/220/66kV 单相、自耦、无励磁调压变压器。本期及远期每组主变压器 66kV 侧分别设置 3 组 60Mvar 并联电抗器和 2 组 60Mvar 并联电容器；全站设置 2 台 66kV、800kVA 站用变压器，1 台 10kV、800kVA 站用变压器。66kV 采用单母线单元接线，设总回路断路器。主变压器分体、散热器前置布置，本体布置在户内，散热器布置在户外；66kV 采用户内 GIS。66kV 并联电抗器采用油浸铁芯，分体、散热器前置布置在一层。66kV 并联电容器采用框架式，布置在二层。主变压器高、中、低压侧采用油气套管经 SF$_6$ 管道母线与 GIS 连接

序号	基本模块编号	基本模块名称	基本模块描述
4	500-A2-1-PDL	配电装置楼模块	配电装置楼为多层建筑，地下一层，地上局部二层，结构型式采用混凝土框架结构或钢框架结构，单体建筑面积为 10092m^2，建筑体积为 91780m^3

20.3 500-A2-1 方案主要设计图纸

500-A2-1 方案主要设计图纸详见图 20.3-1～图 20.3-7。

出线1　　出线2　　出线3

500kV GIS
母线额定电流：4000A
额定热稳定电流：63kA(2s)
额定动稳定电流：160kA

500kV I M　　500kV II M　　500kV III M

0号站用变压器
800kVA

1250A
31.5kA

66kV GIS
母线额定电流：3150A
额定热稳定电流：31.5kA(3s)
额定动稳定电流：100kA

1号
电抗器组　60Mvar
2号
电抗器组　60Mvar
3号
电抗器组　60Mvar
1号
电容器组　60Mvar
2号
电容器组　60Mvar

1号主变压器
3×(334/334/100)MVA

66kV I III M

4号
电抗器组　60Mvar
5号
电抗器组　60Mvar
站用变压器
1号
6号
电抗器组　60Mvar
3号
电容器组　60Mvar
4号
电容器组　60Mvar

2号主变压器
3×(334/334/100)MVA

66kV II M

7号
电抗器组　60Mvar
8号
电抗器组　60Mvar
站用变压器
2号
9号
电抗器组　60Mvar
5号
电容器组　60Mvar
6号
电容器组　60Mvar

3号主变压器
3×(334/334/100)MVA

66kV III M

220kV GIS
额定电压：252kV
母线额定电流：4000A
额定热稳定电流：50kA(3s)
额定动稳定电流：125kA

220kV III M
220kV IV M
220kV I M
220kV II M

远期出线1　远期出线2　远期出线3　远期出线4　出线5　出线6　出线7　出线8　出线9　出线10　出线11　出线12　远期出线13　远期出线14　远期出线15　远期出线16

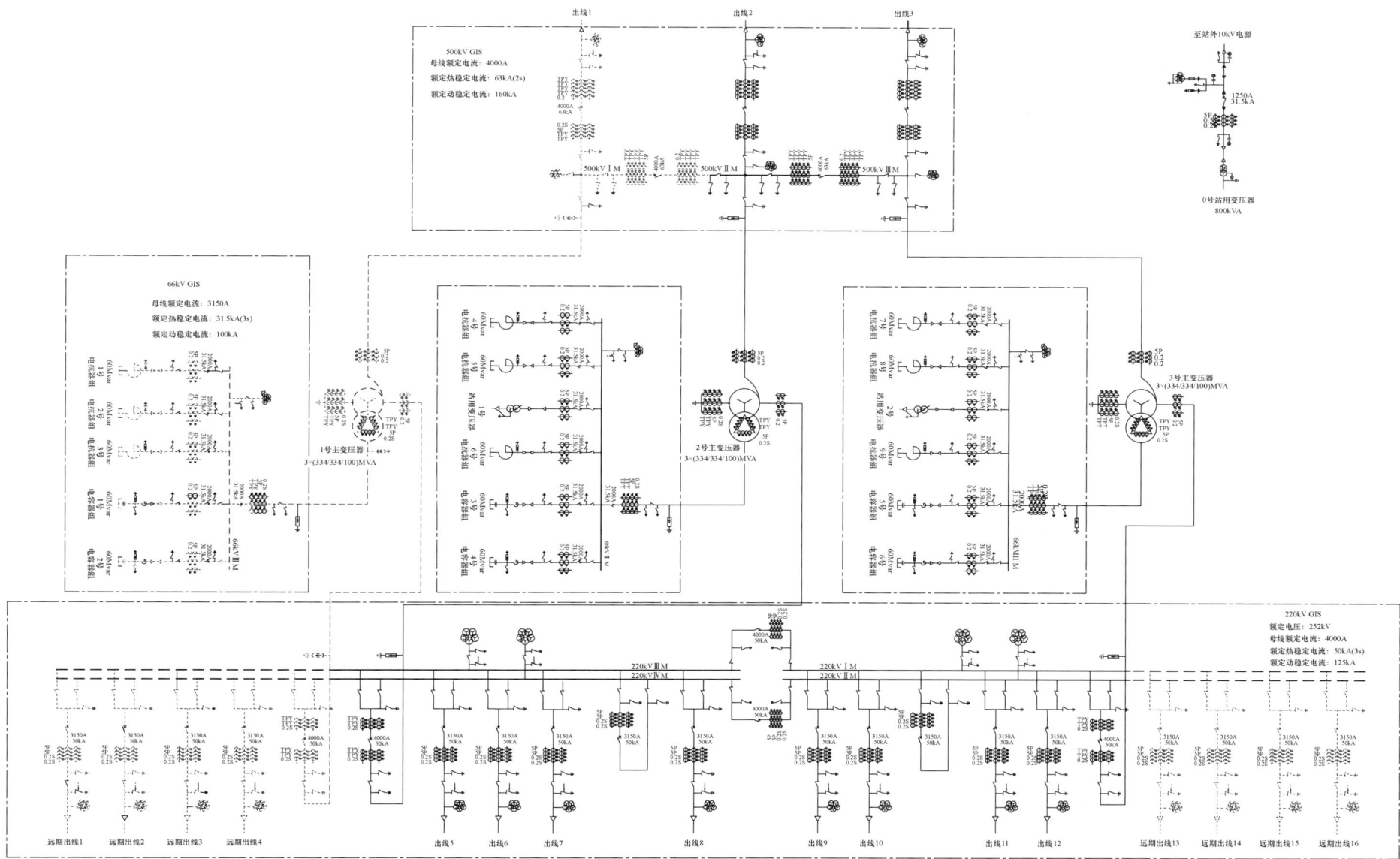

说明：实线部分表示本期工程，虚线部分表示远期工程。

图 20.3-1　电气主接线图（500-A2-1-D1-01）

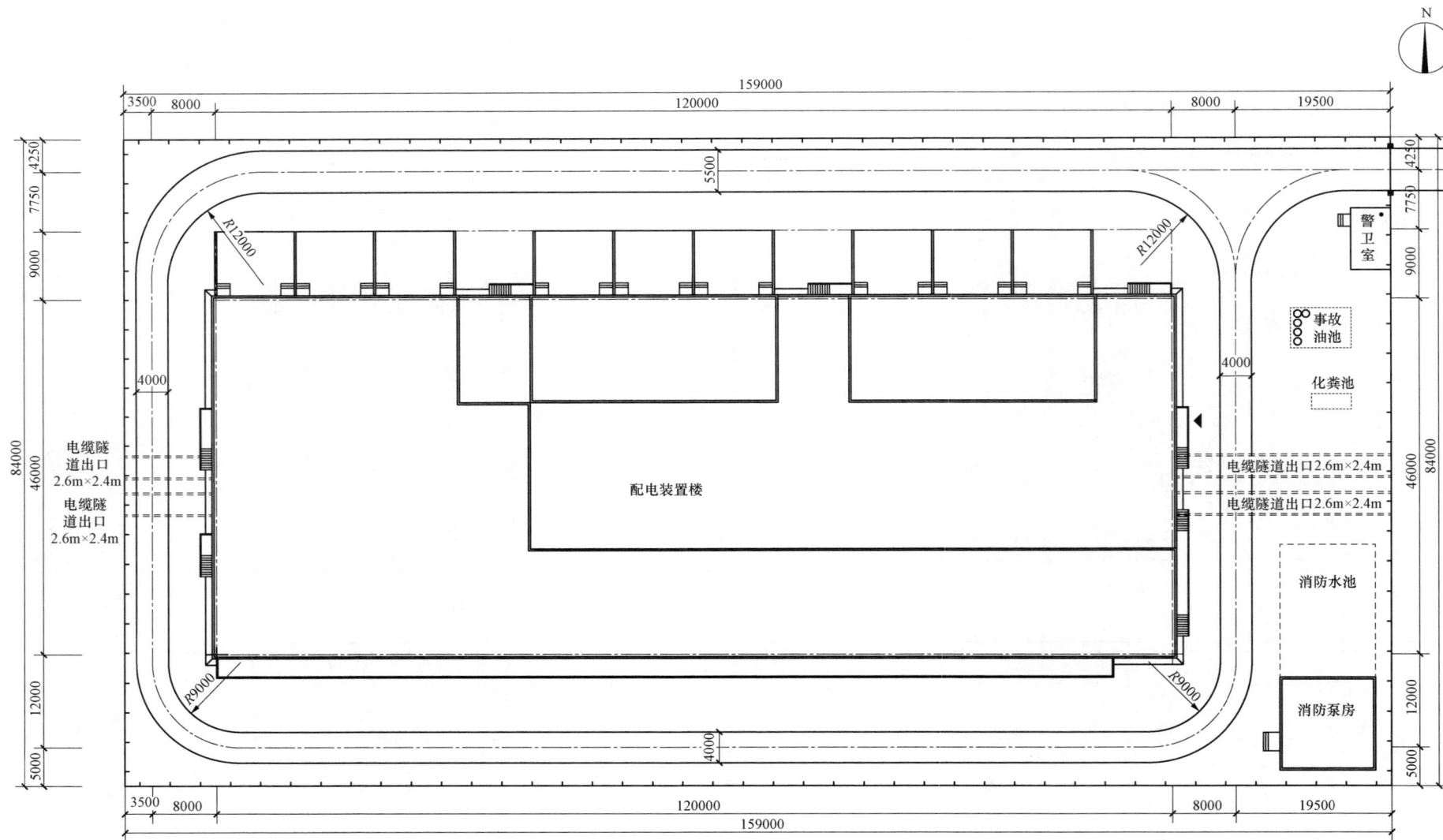

图 20.3-2 电气总平面布置图（500-A2-1-D1-02）

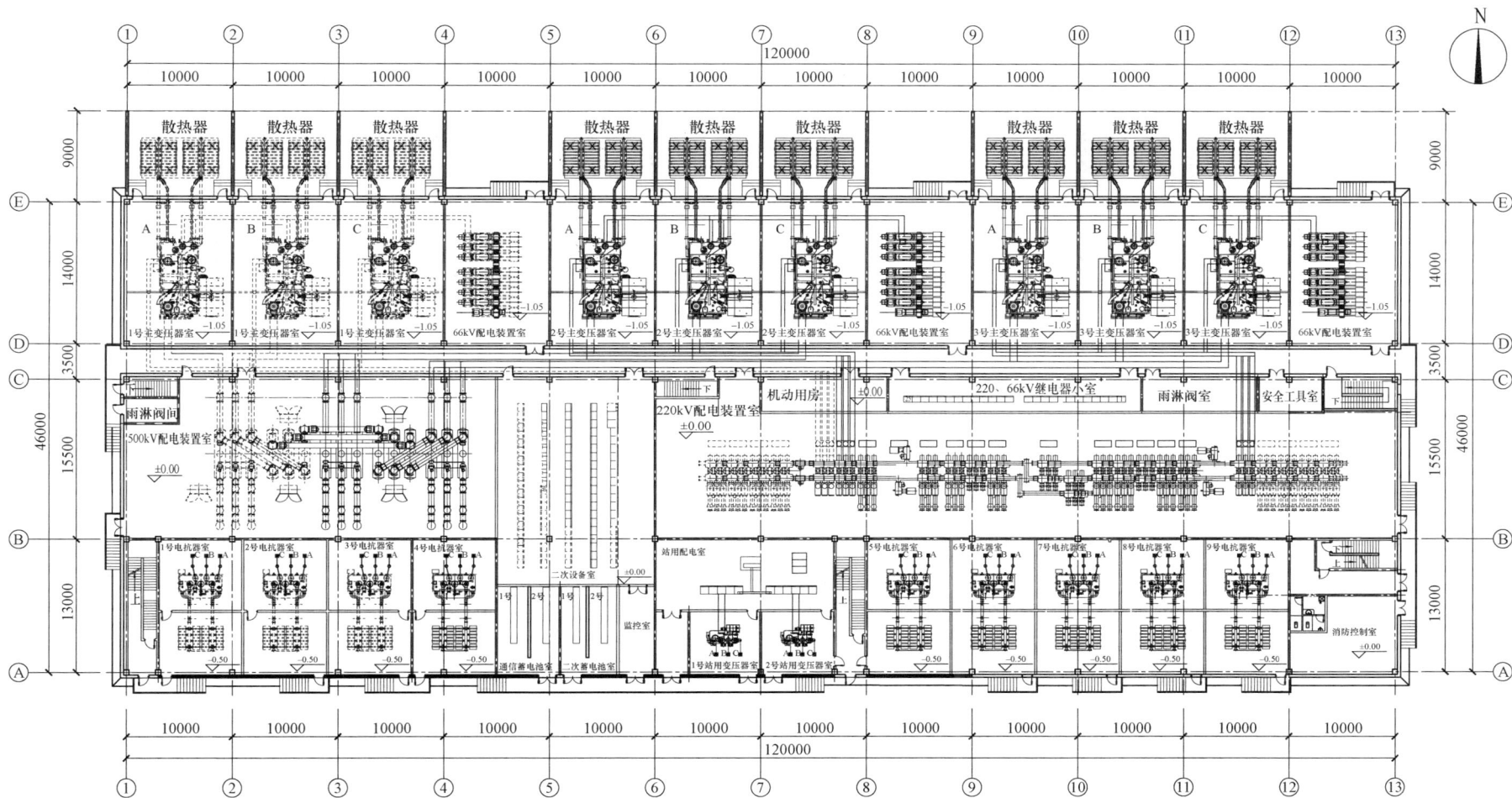

说明：实线部分表示本期工程，虚线部分表示远期工程。

图 20.3-3　配电装置楼一层电气平面布置图（500-A2-1-D1-03）

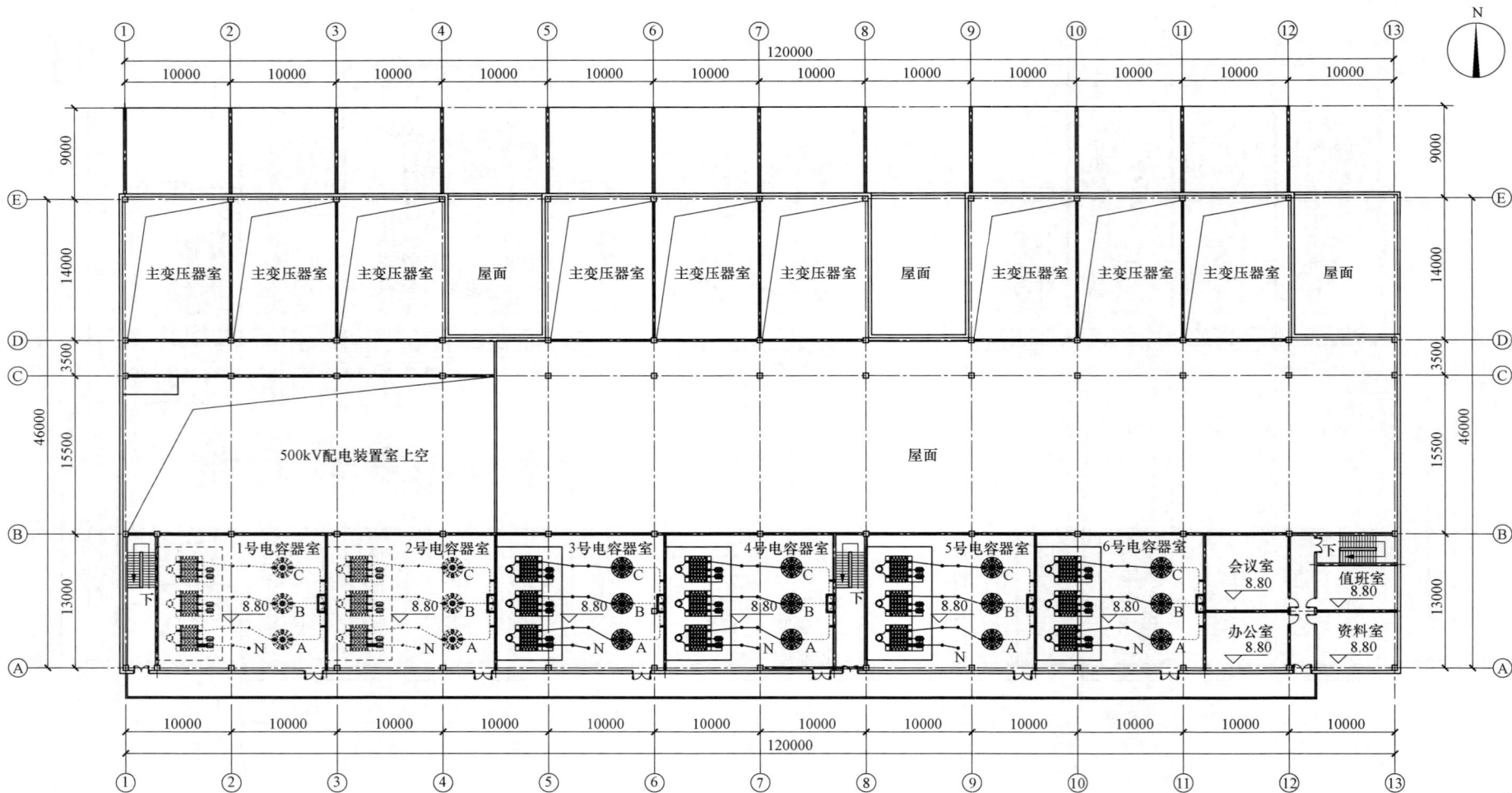

图 20.3-4　配电装置楼二层电气平面布置图（500-A2-1-D1-04）

图中文字：

电缆隧道出口

电缆隧道出口

电缆夹层
-4.50

电缆夹层
-4.50

电缆夹层
-4.50

电缆夹层
-4.50

电缆隧道出口

电缆隧道出口

上

上

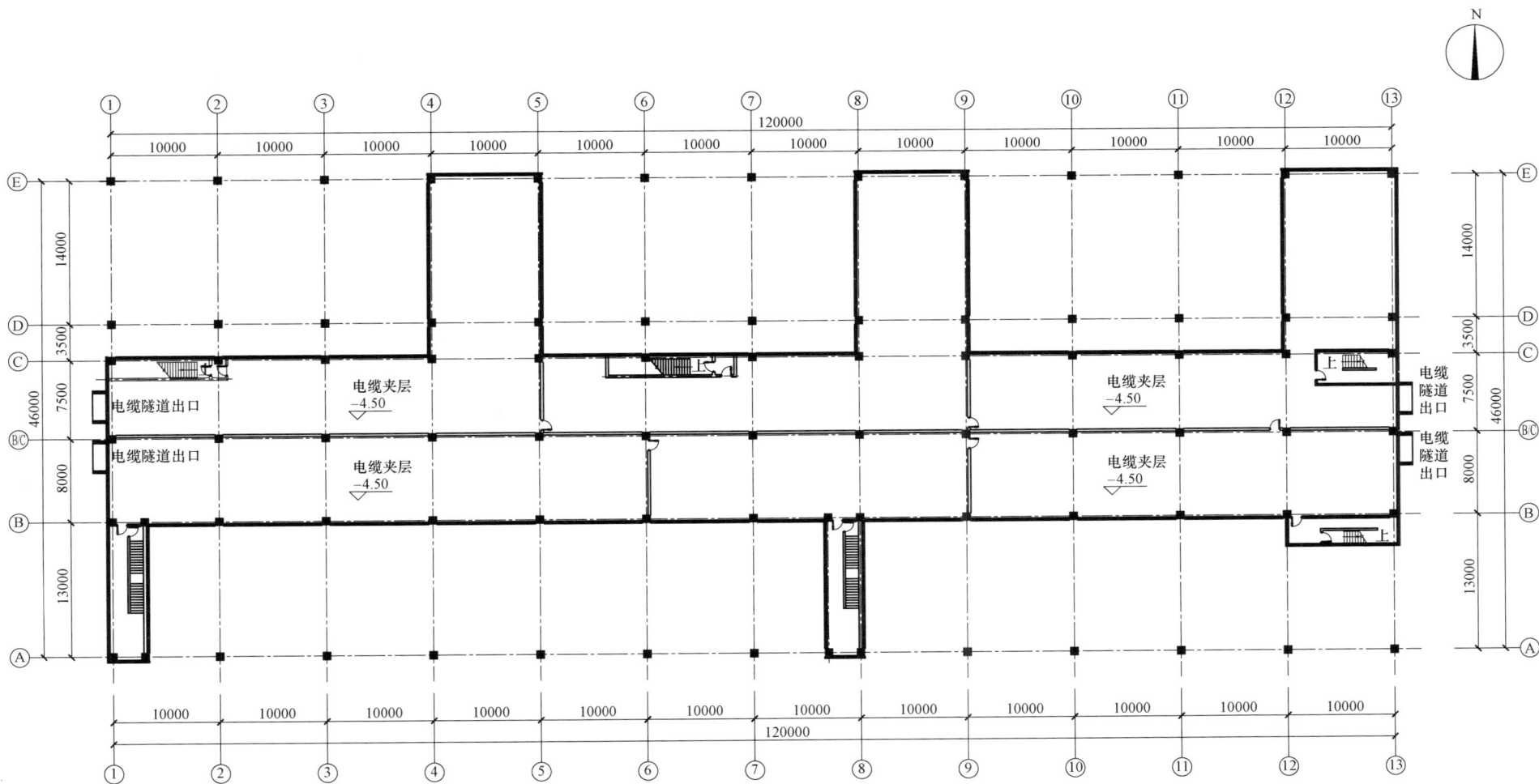

图 20.3-5　配电装置楼电缆夹层平面布置图（500-A2-1-D1-05）

二次设备室屏位一览表

屏号	名 称	数量 单位	数量 本期	数量 远期	备注	屏号	名 称	数量 单位	数量 本期	数量 远期	备注
1	备用	面	1			52	500kV 公用测控柜	面	1		
2	监控主机柜	面	1			53	500kV 时间同步系统扩展柜	面	1		
3	综合应用服务器柜	面	1			54	500kV 同步相量测量分柜	面	1		
4~5	调度数据网柜	面	2			55	500kV 短引线保护柜1	面	1		
6	Ⅰ区数据通信网关机柜	面	1			56	500kV 短引线保护柜2	面	1		
7	Ⅱ区、Ⅲ/Ⅳ区数据通信网关机柜	面	1			57	500kV 故障录波器柜	面	1		
8~9	智能辅助系统柜	面	2			58	500kV 网络分析系统柜	面	1		
10	网络分析系统柜	面	1			59~60	500kV 直流分电柜	面	2		
11	同步对时系统柜	面	1			61~69	备用	面		9	
12	同步相量测量主机柜	面	1			T	通信屏柜	面	30		
13	公用测控柜	面	1								
14	电量采集柜	面	1								
15~16	2号、3号主变压器电能表柜	面	2								
17	1号主变压器电能表柜	面		1							
18~20	备用	面		3							
21~23	不间断电源柜	面	3								
24	电源监控柜	面	1								
25~33	直流充电、馈线柜	面	9								
34	主变压器直流分电柜	面	1								
35~37	2号主变压器保护、测控柜	面	3								
38~40	3号主变压器保护、测控柜	面	3								
41	2号、3号主变压器故障录波器柜	面	1								
42	1号主变压器故障录波器柜	面		1							
43~45	1号主变压器保护、测控柜	面		3							
46~51	备用	面		6							

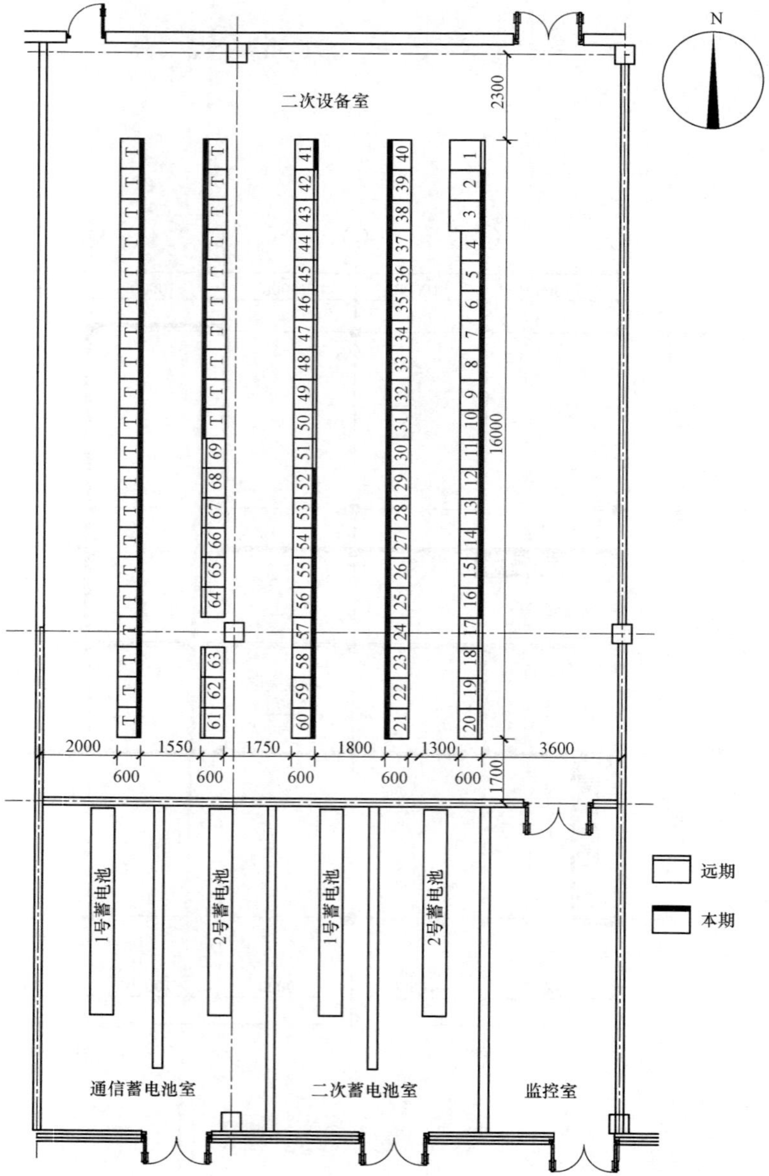

图 20.3-6　二次设备室屏位布置图（500-A2-1-D2-05）

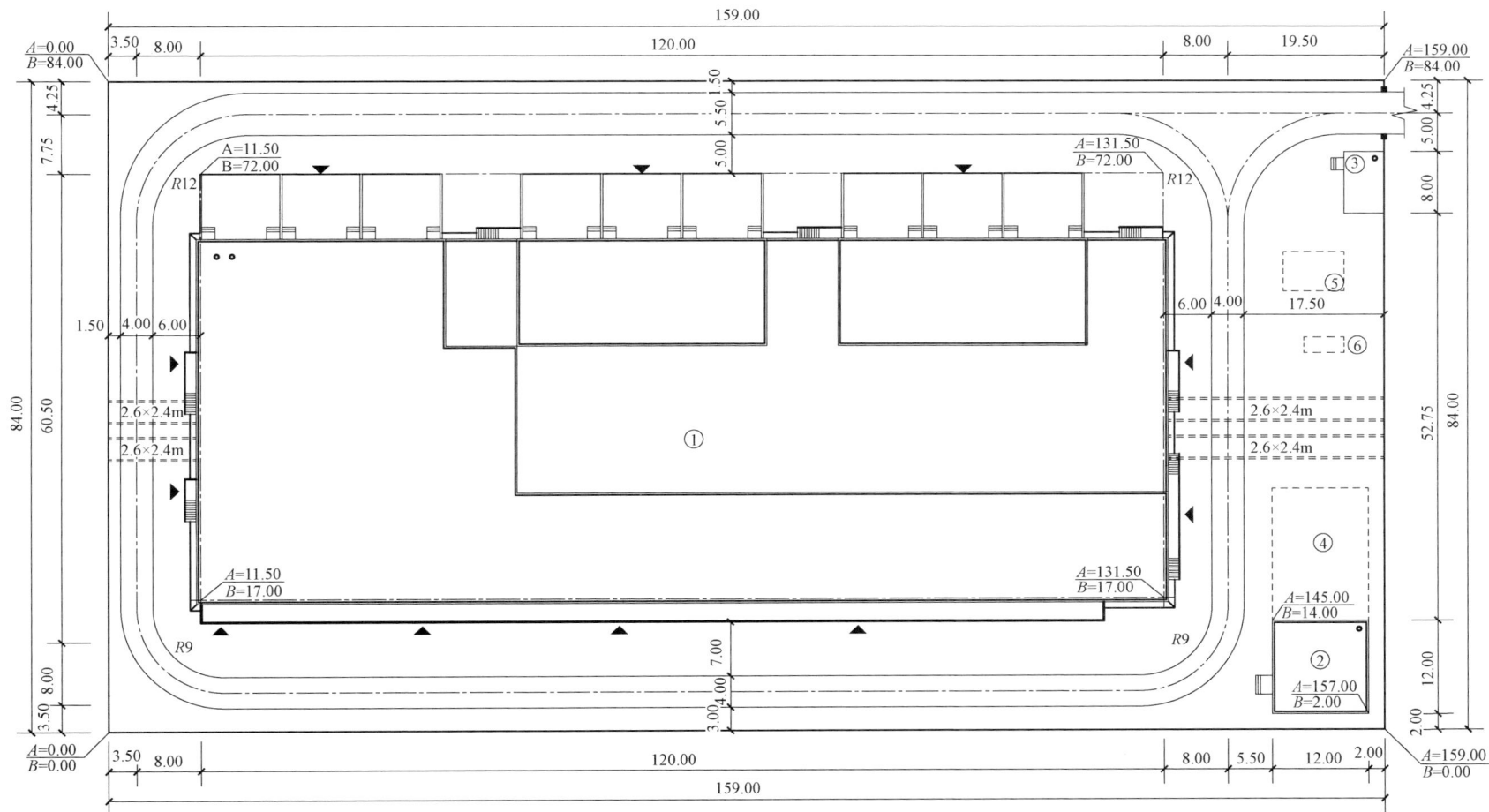

站区建（构）筑物一览表

编号	项目	占地面积（m²）	备注
①	500kV 配电装置楼	5842	
②	消防泵房	144	
③	警卫室	40	
④	消防水池	204	
⑤	事故油池	40	
⑥	化粪池	10	

主要技术经济指标表

序号	项目名称	单位	数量	备注
1	站区围墙内占地面积	hm²	1.3356	
2	站区电缆隧道长度	m	76	
3	站内道路面积	m²	2000	
4	总建筑面积	m²	10420	钢结构
5	站区围墙长度	m²	480	

说明：图中尺寸计量单位均为 m。

图 20.3-7　总平面布置图（500-A2-1-T-01）

第 21 章　500-A3-1 通用设计方案

21.1　500-A3-1 方案主要技术条件

500-A3-1 方案主要技术条件见表 21.1-1。

表 21.1-1　　　　500-A3-1 方案主要技术条件表

序号	项目		技 术 条 件
1	建设规模	主变压器	本期 2 组 1200MVA，远期 4 组 1200MVA
		出线	500kV：本期 4 回，远期 8 回； 220kV：本期 8 回，远期 16 回
		无功补偿装置	500kV 高压并联电抗器：本期 1 组 150Mvar，远期 2 组，为线路高压并联电抗器，均装设中性点电抗器； 66kV 并联电抗器：本期 4 组 60Mvar，远期 8 组 60Mvar； 66kV 并联电容器：本期 8 组 60Mvar，远期 16 组 60Mvar
2	站址基本条件		海拔≤1000m，设计基本地震加速度 0.10g，设计风速≤30m/s，地基承载力特征值 f_{ak}=150kPa，无地下水影响，场地同一设计标高
3	电气主接线		500kV 一个半断路器接线，本期 3 个完整串，远期 6 个完整串，高压并联电抗器回路不设置隔离开关； 220kV 本期及远期均采用双母线双分段接线； 66kV 采用单母线单元接线，设总回路断路器
4	主要设备选型		500、220、66kV 短路电流水平分别为 63、50、31.5kA； 主变压器采用单相、自耦、无励磁调压；高压并联电抗器采用单相、油浸、自冷式；500kV 采用户内 GIS；220kV 采用户内 GIS；66kV 采用柱式断路器；66kV 并联电容器采用框架式、66kV 并联电抗器采用油浸式
5	电气总平面及配电装置		500、220kV 及主变压器场地平行布置； 500kV 采用户内 GIS，断路器采用 Z 字形布置，架空出线，间隔宽度 26m； 220kV 采用户内 GIS，断路器单列式布置，架空出线，两回出线共用一跨构架，间隔宽度 12m； 66kV 户外支持管型母线中型布置，配电装置 T 字形布置

续表

序号	项目	技 术 条 件
6	二次系统	变电站自动化系统按照一体化监控设计； 500kV 及主变压器各侧采用常规互感器模拟量采样，其余采用常规互感器+合并单元（66kV 采用合并单元智能终端集成装置）； 500kV 及主变压器仅 GOOSE 组网，220kV GOOSE 与 SV 共网，保护直采直跳； 500、220kV 及主变压器保护、测控装置独立配置，66kV 采用保护测控一体化装置； 采用站内一体化电源系统，通信电源独立配置； 500kV 及 220kV 间隔层布置在配电装置室内，公用设备、主变压器及 66kV 布置在二次设备间
7	土建部分	围墙内占地面积 4.1446hm²； 全站总建筑面积 6251m²，其中主控通信室建筑面积 595m²； 建筑物结构型式为钢结构或钢筋混凝土结构； 主变压器消防采用泡沫消防系统

21.2　500-A3-1 方案基本模块划分

500-A3-1 方案主要包括 500kV 配电装置模块、220kV 配电装置模块，主变压器、66kV 无功配电装置模块，主控通信室模块 4 个基本模块，模块内容见表 21.2-1。

表 21.2-1　　　　500-A3-1 方案基本模块划分表

序号	基本模块编号	基本模块名称	基本模块描述
1	500-A3-1-500	500kV 配电装置模块	500kV 本期 4 回出线、2 回主变压器进线，远期 8 回出线、4 回主变压器进线；高压并联电抗器本期 1 组 150Mvar，远期 2 组；500kV 采用一个半断路器接线，本期 3 个完整串，远期 6 个完整串。500kV GIS 户内布置，架空出线

序号	基本模块编号	基本模块名称	基本模块描述
2	500-A3-1-220	220kV 配电装置模块	220kV 本期 8 回出线、2 回主变压器进线，远期 16 回出线、4 回主变压器进线；220kV 本期采用双母线双分段接线，远期接线型式不变。220kV GIS 户内布置，架空出线
3	500-A3-1-66	主变压器、66kV 无功配电装置模块	主变压器本期 2 组 1200MVA，远期 4 组 1200MVA，采用 500kV/220kV/66kV 单相、自耦、无励磁调压变压器。本期及远期每组主变压器 66kV 侧分别设置 2 组 60Mvar 并联电抗器和 4 组 60Mvar 并联电容器；全站设置 2 台 66kV、1000kVA 站用变压器，1 台 35kV、1000kVA 站用变压器。66kV 单母线单元接线，设总回路断路器。66kV 采用柱式断路器，户外支持管型母线中型布置。无功补偿设备垂直于主变压器排列方向两列布置

序号	基本模块编号	基本模块名称	基本模块描述
4	500-A3-1-ZKL	主控通信室模块	主控通信室为单层建筑，建筑面积为 595m²，建筑体积为 2371 m³。结构型式采用钢结构或钢筋混凝土结构

21.3 500-A3-1 方案主要设计图纸

500-A3-1 方案主要设计图纸详见图 21.3-1～图 21.3-4。

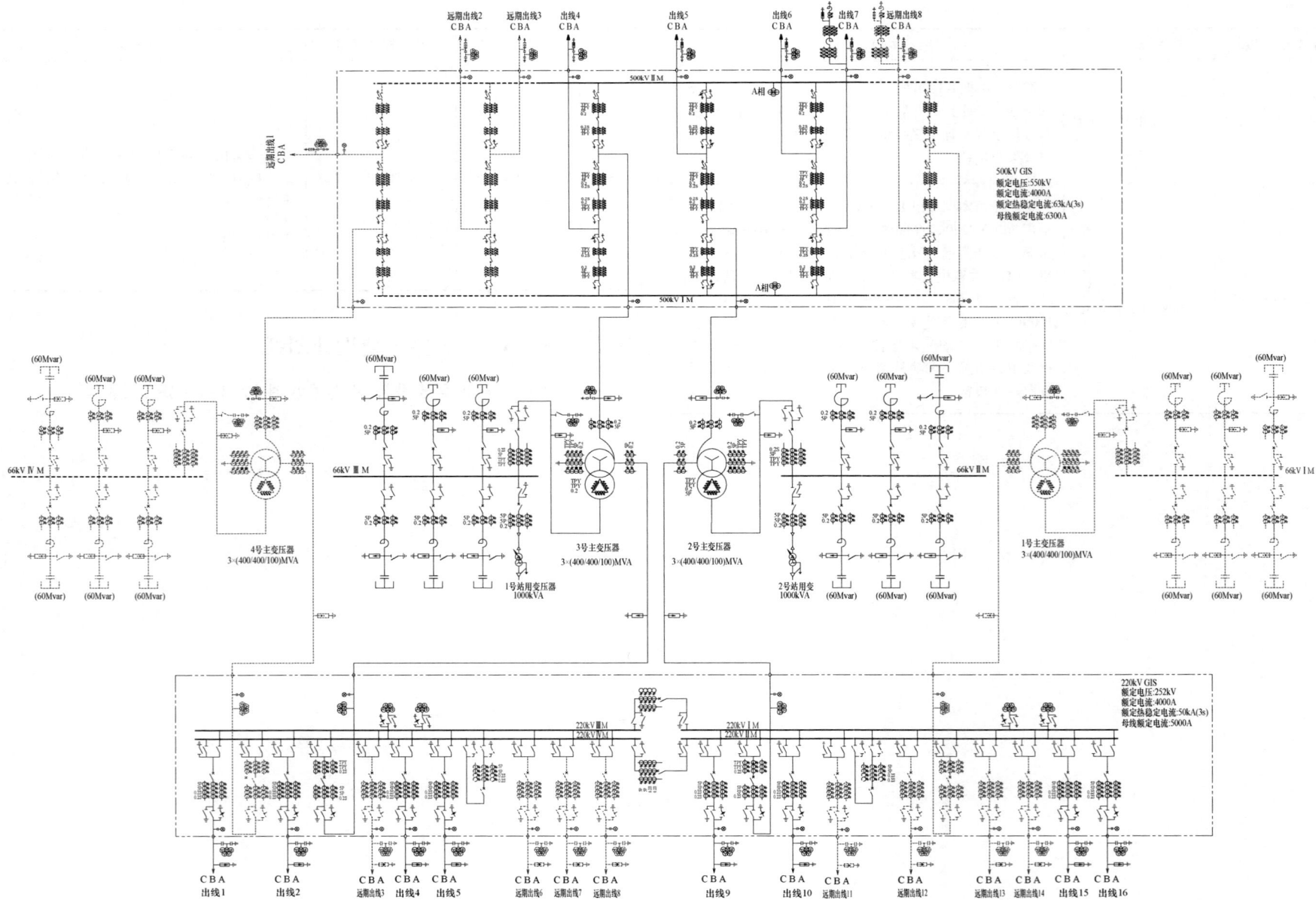

图 21.3-1 电气主接线图（500-A3-1-D1-01）

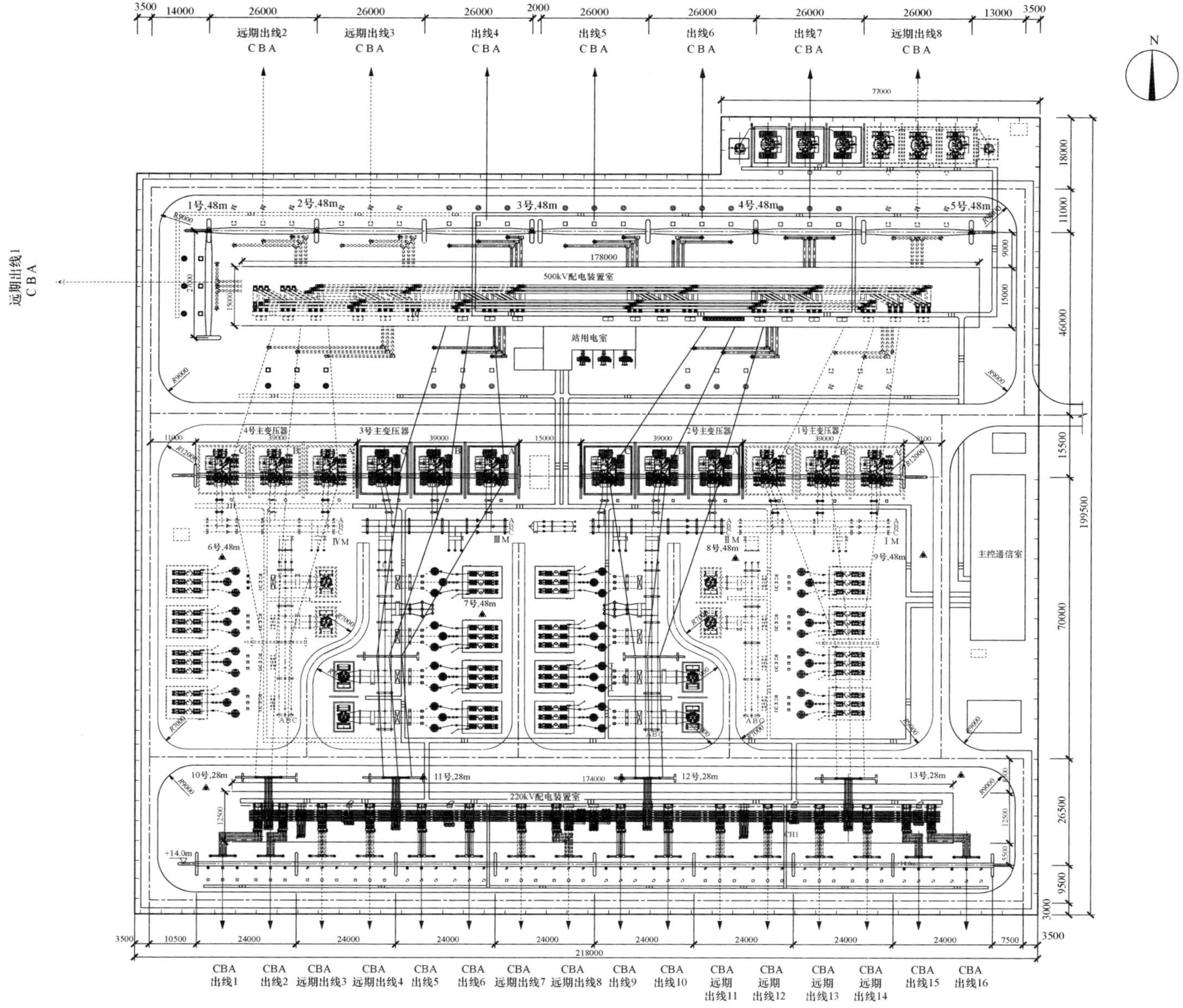

说明：实线部分表示本期工程，虚线部分表示远期工程。

图 21.3-2 电气总平面图（500-A3-1-D1-02）

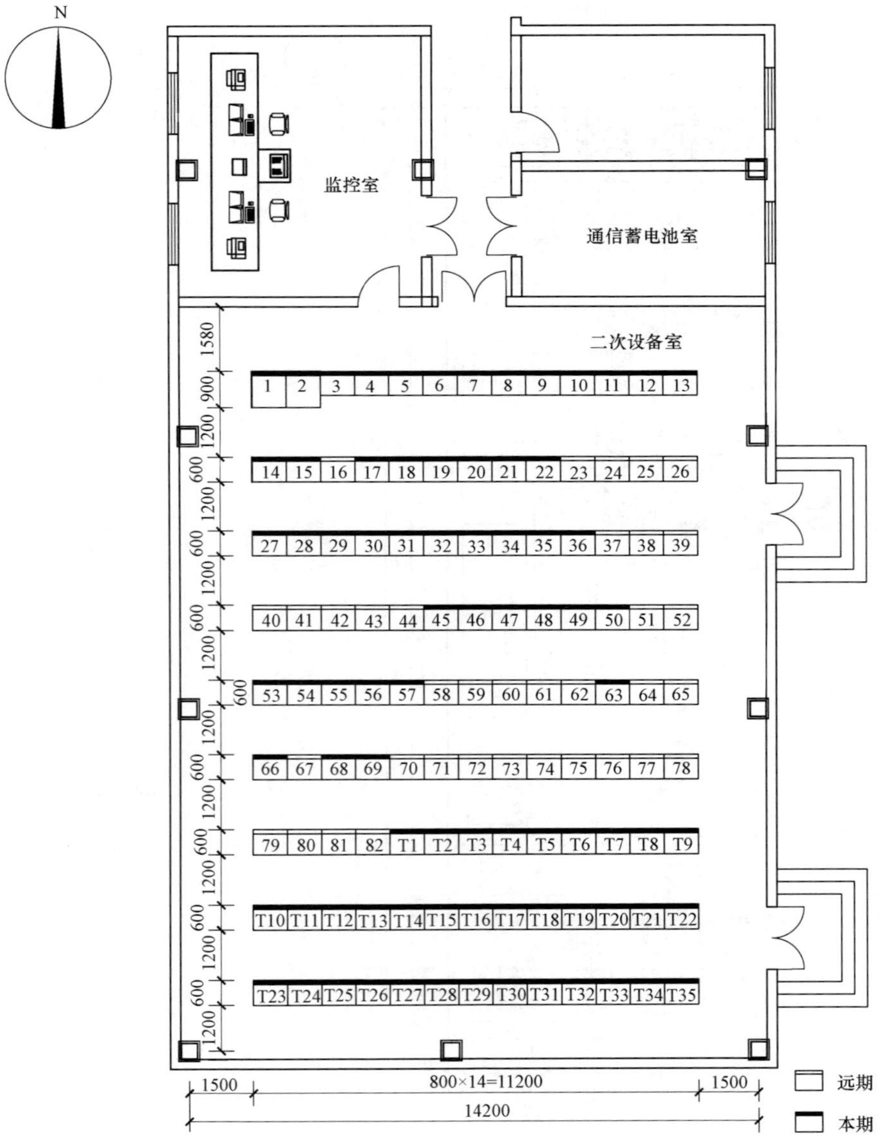

图 21.3-3　二次设备室屏位布置图（500-A3-1-D2-05）

屏 位 一 览 表

屏号	名　　称	数量 单位	本期	远期	备　　注
1	监控主机兼操作员工作站主机柜	面	1		2套监控主机兼操作员工作站柜
2	综合应用服务器柜	面	1		1套综合应用服务器，2台正向/反向隔离装置
3	Ⅱ区、Ⅲ/Ⅳ区数据通信网关机柜	面	1		1套Ⅲ/Ⅳ区数据通信网关机，2套Ⅱ数据通信网关机，2台交换机
4	Ⅰ区数据通信网关机柜	面	1		2套Ⅰ区数据通信网关机，2台交换机，2台横向防火墙
5～6	数据网接入设备柜1～2	面	2		1台路由器，2台交换机，2台纵向认证加密装置
7	电能量采集终端柜	面	1		1套电能量采集终端
8～9	智能辅助控制屏1～2	面	2		
10	时间同步主机柜	面	1		
11	时间同步扩展屏	面	1		
12	同步相量测量主机柜	面	1		
13	同步相量测量分屏	面	1		
14	网络报文分析记录系统屏	面	1		
15	报文记录仪柜	面	1		
16	备用柜	面		1	
17～20	直流电源馈线柜	面	4		
21	UPS分屏	面	1		
22	交流电源分屏	面	1		
23～26	备用柜	面		4	
27	220kV公用测控柜	面	1		3台测控装置
28	MMS网络交换机柜	面	1		4台交换机24电2光
29	220kV母线测控柜	面	1		4台测控装置
30～33	220kV母线保护柜	面	4		
34～35	220kV线路故障录波柜	面	2		
36	220kV关口电表屏	面	1		
37～39	备用柜	面		3	
40～41	1号主变压器保护柜	面	2		
42	1号主变压器测控屏	面	1		
43～44	66kV1号无功保护测控屏	面	2		电抗（电容）器保护测控一体化装置
45～46	2号主变压器保护柜	面	2		
47	2号主变压器测控屏	面	1		
48～49	66kV2号无功保护测控屏	面	2		电抗（电容）器保护测控一体化装置
50～51	主变压器电表柜	面	1	1	
52	备用柜	面		1	
53～54	3号主变压器保护柜	面	2		
55	3号主变压器测控屏	面	1		
56～57	66kV3号无功保护测控屏	面	2		电抗（电容）器保护测控一体化装置
58～59	4号主变压器保护柜	面		2	
60	4号主变压器测控屏	面		1	
61～62	66kV4号无功保护测控屏	面		2	电抗（电容）器保护测控一体化装置
63～64	主变压器故障录波柜	面	1	1	
65	备用柜	面		1	
66	站用变压器保测多合一装置屏	面	1		3台站用变压器保护测控一体化装置
67～70	66kV电能表柜	面	2	2	
71～82	备用柜	面		12	
T1～T35	通信系统屏柜	面	35		

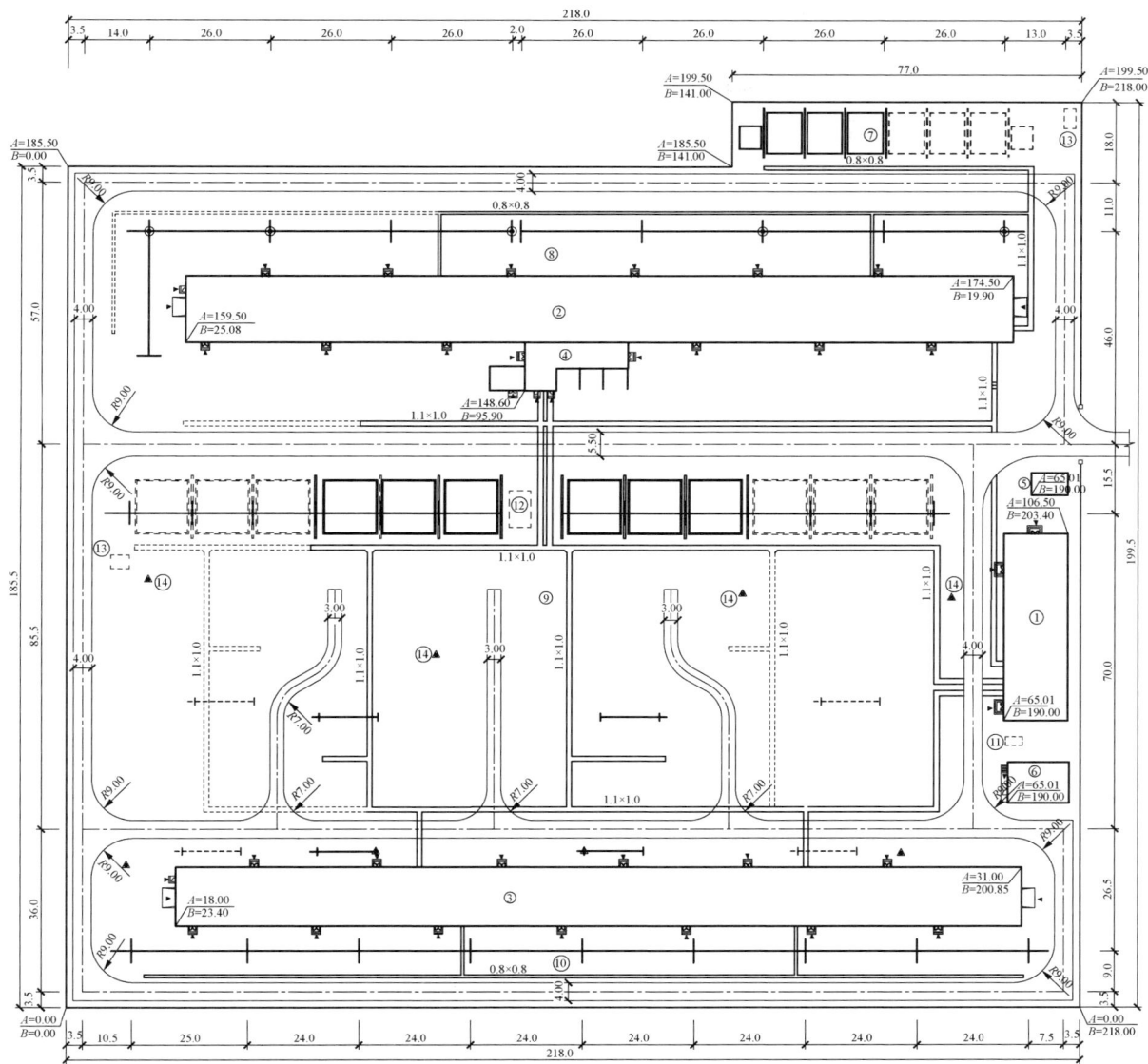

说明：图中尺寸的计量单位均为 m。

图 21.3-4　总平面布置图（500-A3-1-T-01）

建（构）筑物一览表

编号	建（构）筑物名称	占地面积（m²）
①	主控通信室	595
②	500kV GIS 配电装置室	2880
③	220kV GIS 配电装置室	2377
④	站用电及泡沫消防室	233
⑤	警卫室	40
⑥	消防泵房	126
⑦	高压电抗器场地	1200
⑧	500kV 配电装置场地	11000
⑨	主变压器及 35kV 配电装置场地	14500
⑩	220kV 配电装置场地	6000
⑪	化粪池	6
⑫	主变压器事故油池	38
⑬	电抗器事故油池	12×2
⑭	独立避雷针	10×6

主要技术经济指标表

序号	项　　目	单位	数量	备注
1	站区围墙内占地面积	hm²	4.1446	
2	站区主电缆沟长度	m	1500	
3	站内道路面积	m²	6500	
4	总建筑面积	m²	6251	钢结构
5	站区围墙长度	m	838	

第 22 章 500-B-1 方案

22.1 500-B-1 方案主要技术条件

500-B-1 方案主要技术条件见表 22.1-1。

表 22.1-1 500-B-1 方案主要技术条件表

序号	项目		技 术 条 件
1	建设规模	主变压器	本期 2 组 1000MVA，远期 3 组 1000MVA
		出线	500kV：本期 4 回，远期 8 回； 220kV：本期 8 回，远期 16 回
		无功补偿装置	500kV 高压并联电抗器：本期 1 组 150Mvar，远期 2 组，为线路高压并联电抗器，均装设中性点电抗器； 35kV 并联电抗器：本期 4 组 60Mvar，远期 6 组 60Mvar； 35kV 并联电容器：本期 6 组 60Mvar，远期 9 组 60Mvar
2	站址基本条件		海拔 ≤1000m，设计基本地震加速度 0.10g，设计风速 ≤30m/s，地基承载力特征值 f_{ak} =150kPa，无地下水影响，场地同一设计标高
3	电气主接线		500kV 一个半断路器接线，本期 3 个完整串，远期 5 个完整串，1 组主变压器经断路器直接接入母线，高压并联电抗器回路不设置隔离开关； 220kV 本期及远期均采用双母线双分段接线； 35kV 单母线单元接线，设总回路断路器
4	主要设备选型		500、220、35kV 短路电流控制水平分别为 63、50、40kA； 主变压器采用三相、自耦、无励磁调压；高压并联电抗器采用单相、自冷式；500kV 采用户外 HGIS；220kV 采用户外 GIS；35kV 采用柱式断路器；35kV 并联电容器采用框架式、35kV 并联电抗器采用干式空芯
5	电气总平面及配电装置		500kV、220kV 及主变压器场地平行布置； 500kV 户外悬吊管型母线中型、HGIS 三列布置，主变压器构架与 500kV 母线垂直布置，间隔宽度 27m（消防环道间隔宽度 29m）； 220kV GIS 户外布置，间隔宽度 12m（局部双层出线间隔宽度 13m）； 35kV 户外支持管型母线中型布置，配电装置一字形布置

续表

序号	项目	技 术 条 件
6	二次系统	变电站自动化系统按照一体化监控设计； 500kV 及主变压器各侧采用常规互感器模拟量采样，其余采用常规互感器+合并单元（35kV 采用合并单元智能终端集成装置）； 500kV 及主变压器仅 GOOSE 组网，220kV GOOSE 与 SV 共网，保护采直跳； 500、220kV 及主变压器保护、测控装置独立配置，35kV 采用保护测控一体化装置； 采用站内一体化电源系统，通信电源独立配置； 500kV 设置 2 个继电器小室；主变压器及 35kV 设置 1 个继电器小室；220kV 设置 2 个 III 型预制舱式二次组合设备
7	土建部分	围墙内占地面积 3.3625hm²； 全站总建筑面积 963m²，其中主控通信室建筑面积 546m²； 建筑物结构型式为钢结构或钢筋混凝土结构； 主变压器消防采用排油充氮系统

22.2 500-B-1 方案基本模块划分

500-B-1 方案主要包括 500kV 配电装置模块，220kV 配电装置模块，主变压器、35kV 无功配电装置模块，主控通信室模块，继电器小室模块，预制舱式二次组合设备模块 6 个基本模块，模块内容见表 22.2-1。

表 22.2-1 500-B-1 方案基本模块划分表

序号	基本模块编号	基本模块名称	基本模块描述
1	500-B-1-500	500kV 配电装置模块	500kV 本期 4 回出线、2 回主变压器进线，远期 8 回出线、3 回主变压器进线；高压并联电抗器本期 1 组 150Mvar，远期 2 组；500kV 采用一个半断路器接线，本期 3 个完整串，远期 5 个完整串，1 组主变压器经断路器直接接入母线。500kV 户外悬吊管型母线中型、HGIS 三列布置，2 组主变压器高跨横穿进串，1 组主变压器低架直接接母线。500kV 母线和串中跨线按远期规模一次建设

序号	基本模块编号	基本模块名称	基本模块描述
2	500-B-1-220	220kV 配电装置模块	220kV 本期 8 回出线、2 回主变压器进线，远期 16 回出线、3 回主变压器进线；220kV 本期采用双母线双分段接线，远期接线型式不变。220kV GIS 户外布置
3	500-B-1-35	主变压器、35kV 无功配电装置模块	主变压器本期 2 组 1000MVA，远期 3 组 1000MVA，采用 500kV/220kV/35kV 三相、自耦、无励磁调压变压器。本期及远期每组主变压器 35kV 侧分别设置 2 组 60Mvar 并联电抗器和 3 组 60Mvar 并联电容器；全站设置 3 台 35kV、800kVA 站用变压器。35kV 单母线单元接线，设总回路断路器。35kV 采用柱式断路器，屋外支持管型母线中型布置。无功补偿设备平行于主变压器排列方向一列布置

序号	基本模块编号	基本模块名称	基本模块描述
4	500-B-1-ZKL	主控通信室模块	主控通信室为单层建筑，建筑面积为 546m²，建筑体积为 2266m³。结构型式采用钢结构或钢筋混凝土结构
5	500-B-1-JDQ	继电器小室模块	继电器小室为单层建筑，其中 500kV 继电器小室建筑面积为 111m²，建筑体积为 461m³，35kV 及主变继电器小室建筑面积为 155m²，建筑体积为 643m³，结构型式采用钢结构或钢筋混凝土结构
6	500-B-1-YZC	预制舱式二次组合设备模块	采用预制舱式二次组合设备，全站设置 2 个 III 型预制舱式二次组合设备，舱内二次设备双列布置

22.3 500-B-1 方案主要设计图纸

500-B-1 方案主要设计图纸详见图 22.3-1～图 22.3-4。

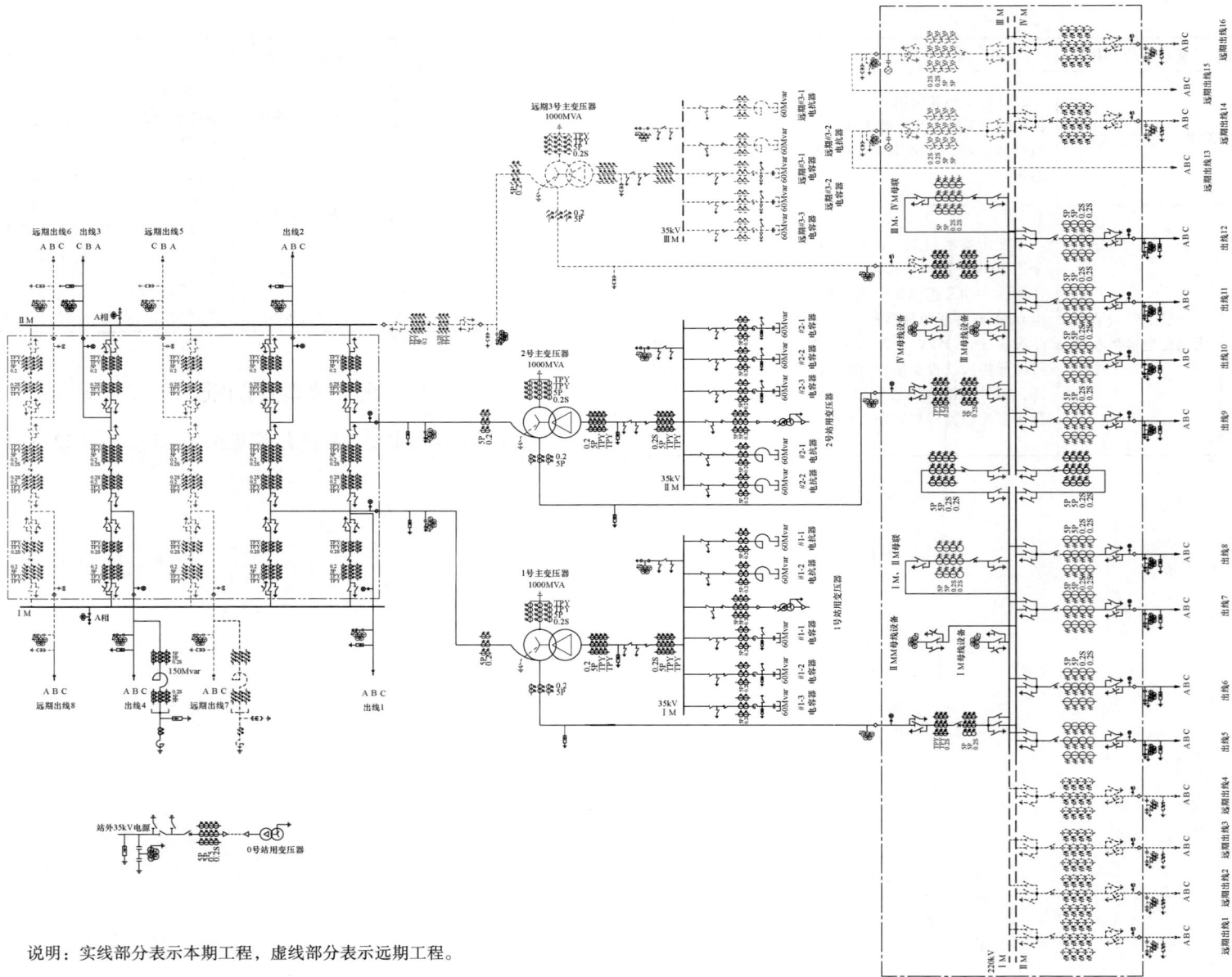

说明：实线部分表示本期工程，虚线部分表示远期工程。

图 22.3-1　电气主接线图（500-B-1-D1-01）

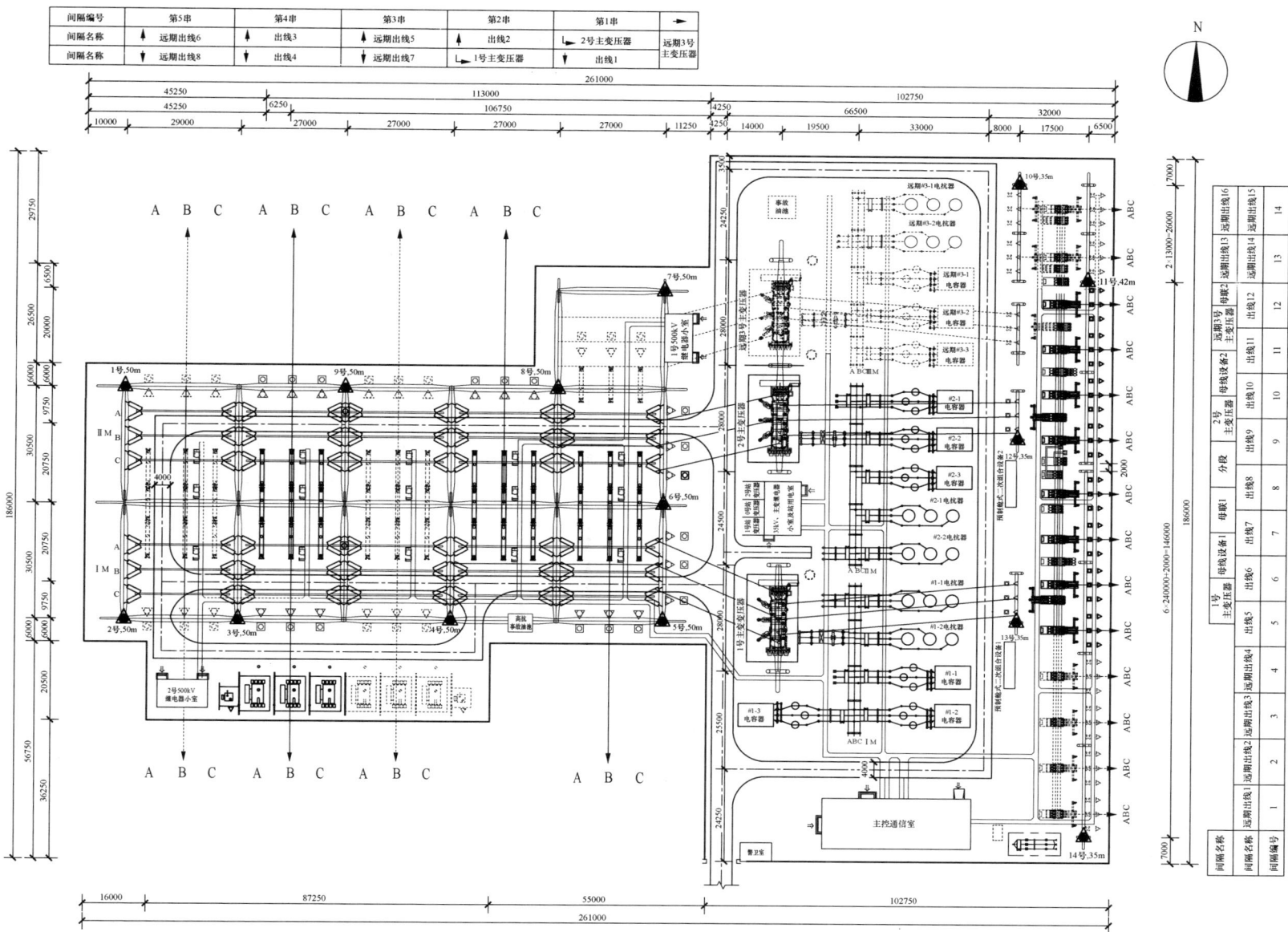

图 22.3-2　电气总平面布置图（500-B-1-D1-02）

说明：实线部分表示本期工程，虚线部分表示远期工程。

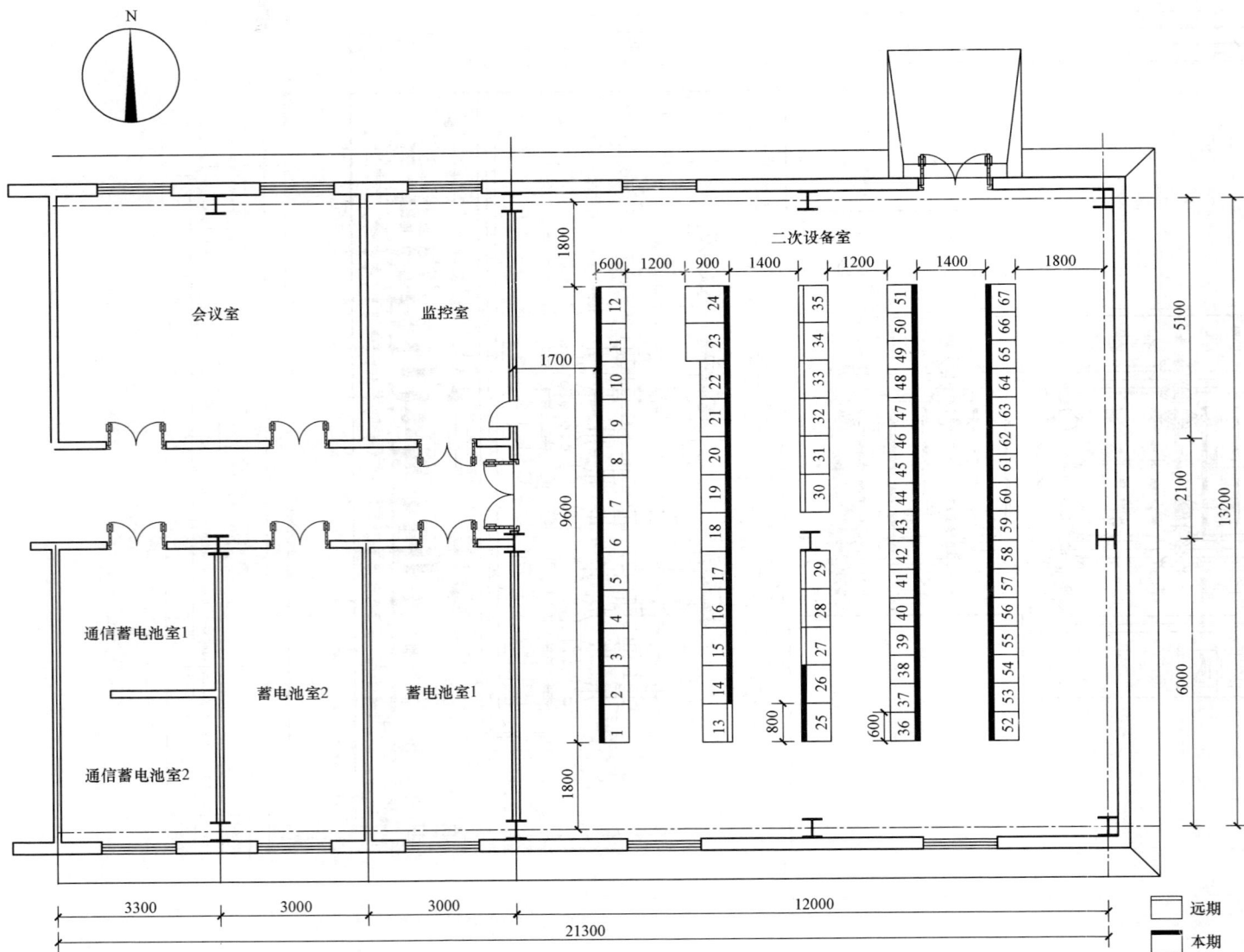

二次设备室屏位一览表				
屏号	名　称	数量		备注
		单位	本期	远期
1	1号直流馈电柜	面	1	
2	1号高频开关充电柜	面	1	
3	1号直流联络柜	面	1	
4	3号高频开关充电柜	面	1	
5	2号直流联络柜	面	1	
6	2号高频开关充电柜	面	1	
7	2号直流馈电柜	面	1	
8	一体化电源监控柜	面	1	
9～10	UPS电源主机柜	面	2	
11	UPS电源馈线柜	面	1	
12	逆变电源柜	面	1	
13	备用	面		1
14	公用测控柜	面	1	
15	智能辅助控制系统柜1	面	1	
16	智能辅助控制系统柜2	面	1	
17	同步相量测量主机柜	面	1	
18	网络报文分析系统柜	面	1	
19	同步时钟系统主时钟柜	面	1	
20	调度数据网设备柜	面	1	
21	Ⅱ/Ⅲ/Ⅳ区通信网关机柜	面	1	
22	Ⅰ区通信网关机柜	面	1	
23	综合应用服务器柜	面	1	
24	主机兼操作员站主机柜	面	1	
25	试验电源柜	面	1	
26	交流分电柜	面	1	
27～35	备用	面		9
36～67	通信屏柜	面	32	

图 22.3-3　二次设备室屏位布置图（500-B-1-D2-05）

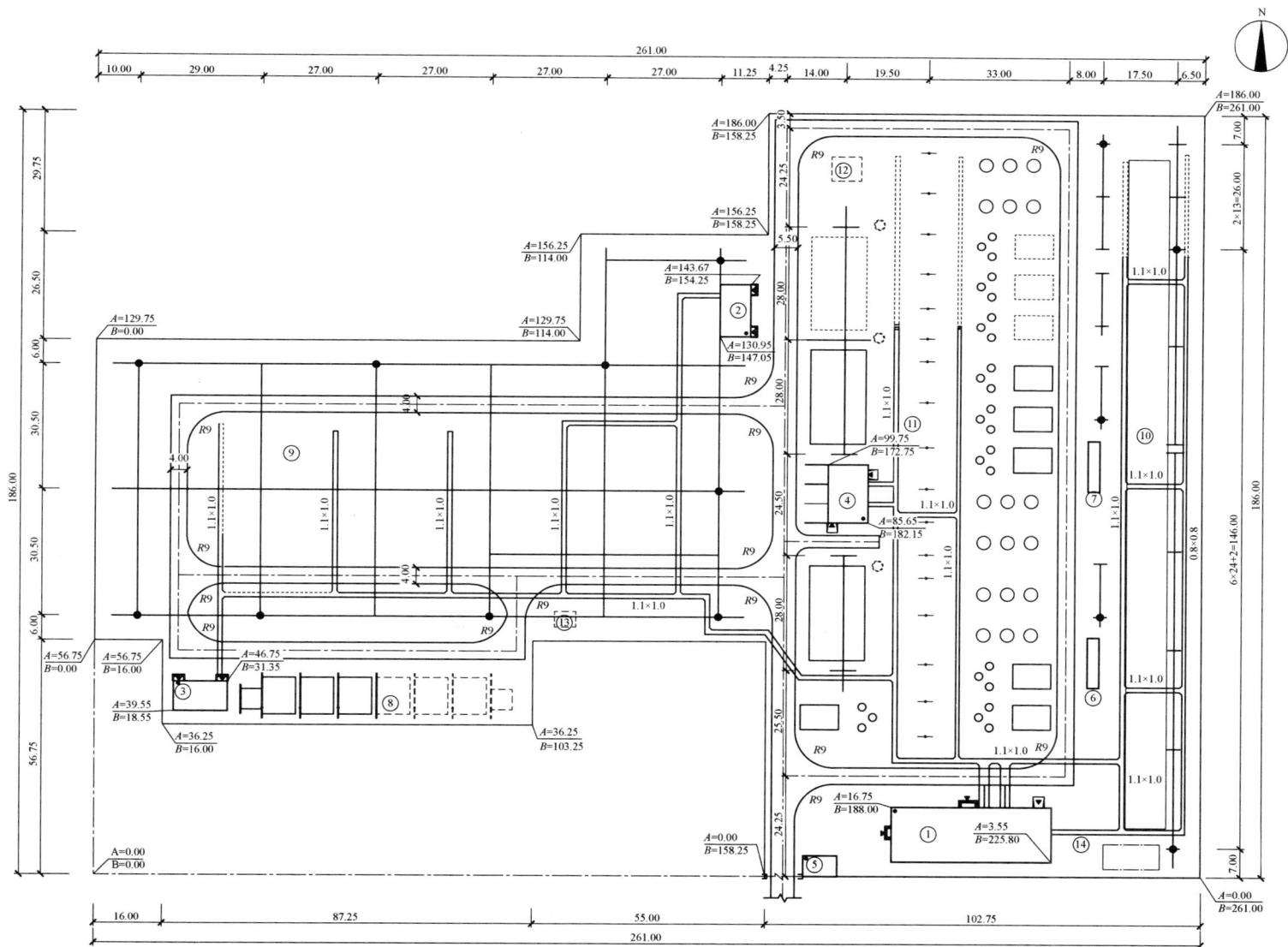

建（构）筑物一览表

编号	建（构）筑物名称	占地面积（m²）	备注
①	主控通信室	546	
②	1 号 500kV 继电器小室	111	
③	2 号 500kV 继电器小室	111	
④	35kV、主变压器继电器小室及站用电室	155	
⑤	警卫室	40	
⑥	预制舱式二次组合设备 1	35	
⑦	预制舱式二次组合设备 2	35	
⑧	高压并联电抗器场地	1789	
⑨	500kV 配电装置场地	13347	
⑩	220kV 配电装置场地	5677	
⑪	主变压器及 35kV 配电装置场地	10523	
⑫	主变压器事故油池	40	
⑬	高压并联电抗器事故油池	20	
⑭	化粪池	9	

主要技术经济指标表

序号	项　目	单位	数量	备注
1	站区围墙内占地面积	hm²	3.3625	
2	站区主电缆沟长度	m	1230	
3	站内道路面积	m²	4237	
4	总建筑面积	m²	963	钢结构
5	站区围墙长度	m	935	

说明：图中尺寸的计量单位均为 m。

图 22.3-4　总平面布置图（500-B-1-T-01）

23.1　500-B-2 方案主要技术条件

500-B-2 方案主要技术条件见表 23.1-1。

表 23.1-1　　　　　　　500-B-2 方案主要技术条件表

序号	项目		技 术 条 件
1	建设规模	主变压器	本期 2 组 1000MVA, 远期 3 组 1000MVA
		出线	500kV: 本期 4 回, 远期 8 回; 220kV: 本期 8 回, 远期 16 回
		无功补偿装置	500kV 高压并联电抗器: 本期 1 组 150Mvar, 远期 2 组, 为线路高压并联电抗器, 均装设中性点电抗器; 35kV 并联电抗器: 本期 4 组 60Mvar, 远期 6 组 60Mvar; 35kV 并联电容器: 本期 4 组 60Mvar, 远期 6 组 60Mvar
2	站址基本条件		海拔 ≤1000m, 设计基本地震加速度 0.10g, 设计风速 ≤30m/s, 地基承载力特征值 f_{ak}=150kPa, 无地下水影响, 场地同一设计标高
3	电气主接线		500kV 一个半断路器接线, 本期 3 个完整串, 远期 5 个完整串, 1 组主变压器经断路器直接接入母线, 高压并联电抗器回路不设置隔离开关; 220kV 本期及远期均采用双母线双分段接线; 35kV 单母线单元接线, 设总回路断路器
4	主要设备选型		500、220、35kV 短路电流控制水平分别为 63、50、40kA; 主变压器采用单相、自耦、无励磁调压; 高压并联电抗器采用单相、自冷式; 500kV 采用户外 HGIS; 220kV 采用户外 GIS; 35kV 采用柱式断路器; 35kV 并联电容器采用框架式、35kV 并联电抗器采用干式空芯
5	电气总平面及配电装置		500、220kV 及主变压器场地平行布置; 500kV 户外悬吊管型母线中型、HGIS 三列布置, 主变压器构架与 500kV 母线垂直布置, 间隔宽度 27m (消防环道间隔宽度 29m); 220kV GIS 户外布置, 间隔宽度 12m (局部双层出线间隔宽度 13m); 35kV 户外支持管型母线中型布置, 配电装置一字形布置

续表

序号	项目	技 术 条 件
6	二次系统	变电站自动化系统按照一体化监控设计; 500kV 及主变压器各侧采用常规互感器模拟量采样, 其余采用常规互感器+合并单元 (35kV 采用合并单元智能终端集成装置); 500kV 及主变压器仅 GOOSE 组网, 220kV GOOSE 与 SV 共网, 保护直采直跳; 500、220kV 及主变压器保护、测控装置独立配置, 35kV 采用保护测控一体化装置; 采用站内一体化电源系统, 通信电源独立配置; 500kV 设置 2 个继电器小室; 主变压器及 35kV 设置 1 个继电器小室; 220kV 设置 2 个 Ⅲ 型预制舱式二次组合设备
7	土建部分	围墙内占地面积 3.1007hm²; 全站总建筑面积 963m², 其中主控通信室建筑面积 546m²; 建筑物结构型式为钢结构或钢筋混凝土结构; 主变压器消防采用排油充氮系统

23.2　500-B-2 方案基本模块划分

500-B-2 方案主要包括 500kV 配电装置模块, 220kV 配电装置模块, 主变压器、35kV 无功配电装置模块, 主控通信室模块, 继电器小室模块, 预制舱式二次组合设备模块 6 个基本模块, 模块内容见表 23.2-1。

表 23.2-1　　　　　　　500-B-2 方案基本模块划分表

序号	基本模块编号	基本模块名称	基本模块描述
1	500-B-2-500	500kV 配电装置模块	500kV 本期 4 回出线、2 回主变压器进线, 远期 8 回出线、3 回主变压器进线; 高压并联电抗器本期 1 组 150Mvar, 远期 2 组; 500kV 采用一个半断路器接线, 本期 3 个完整串, 远期 5 个完整串, 1 组主变压器经断路器直接接入母线。500kV 户外悬吊管型母线中型、HGIS 三列布置, 2 组主变压器高跨横穿进串, 1 组主变压器低架直接接母线。500kV 母线和串中跨线按远期规模一次建设

序号	基本模块编号	基本模块名称	基本模块描述
2	500-B-2-220	220kV 配电装置模块	220kV 本期 8 回出线、2 回主变压器进线，远期 16 回出线、3 回主变压器进线；220kV 本期采用双母线双分段接线，远期接线型式不变。220kV GIS 户外布置
3	500-B-2-35	主变压器、35kV 无功配电装置模块	主变压器本期 2 组 1000MVA，远期 3 组 1000MVA，采用 500kV/220kV/35kV 单相、自耦、无励磁调压变压器。本期及远期每组主变压器 35kV 侧分别设置 2 组 60Mvar 并联电抗器和 3 组 60Mvar 并联电容器；全站设置 3 台 35kV、800kVA 站用变压器。35kV 单母线单元接线，设总回路断路器。35kV 采用柱式断路器，户外支持管型母线中型布置。无功补偿设备平行于主变压器排列方向一列布置

序号	基本模块编号	基本模块名称	基本模块描述
4	500-B-2-ZKL	主控通信室模块	主控通信室为单层建筑，建筑面积为 546m²，建筑体积为 2266m³。结构型式采用钢结构或钢筋混凝土结构
5	500-B-2-JDQ	继电器小室模块	继电器小室为单层建筑，其中 500kV 继电器小室建筑面积为 111m²，建筑体积为 461m³，35kV 及主变压器继电器小室建筑面积为 155m²，建筑体积为 643m³，结构型式采用钢结构或钢筋混凝土结构
6	500-B-2-YZC	预制舱式二次组合设备模块	采用预制舱式二次组合设备，全站设置 2 个 Ⅲ 型预制舱式二次组合设备，舱内二次设备双列布置

23.3 500-B-2 方案主要设计图纸

500-B-2 方案主要设计图纸详见图 23.3-1～图 23.3-4。

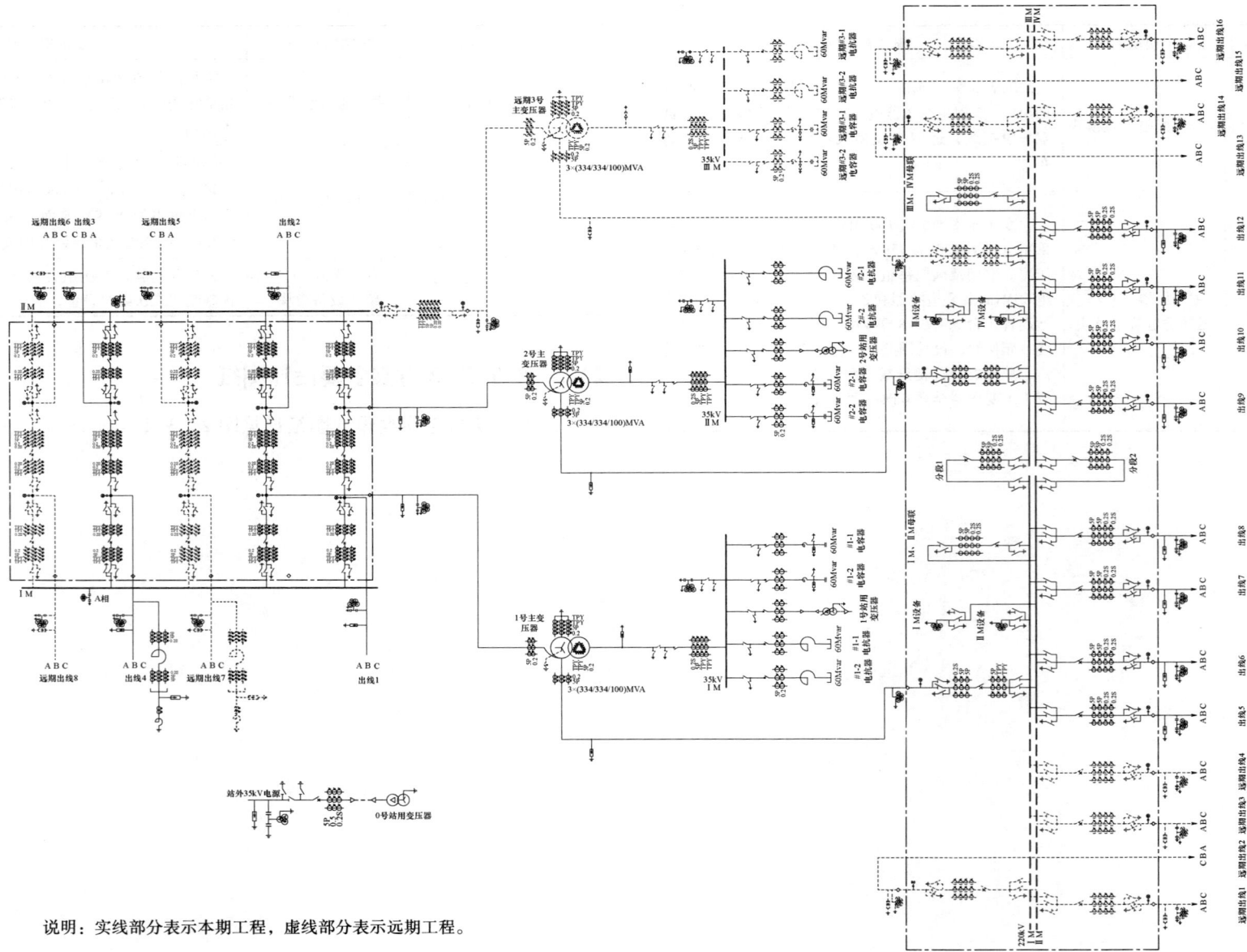

图 23.3-1 电气主接线图 (500-B-2-D1-01)

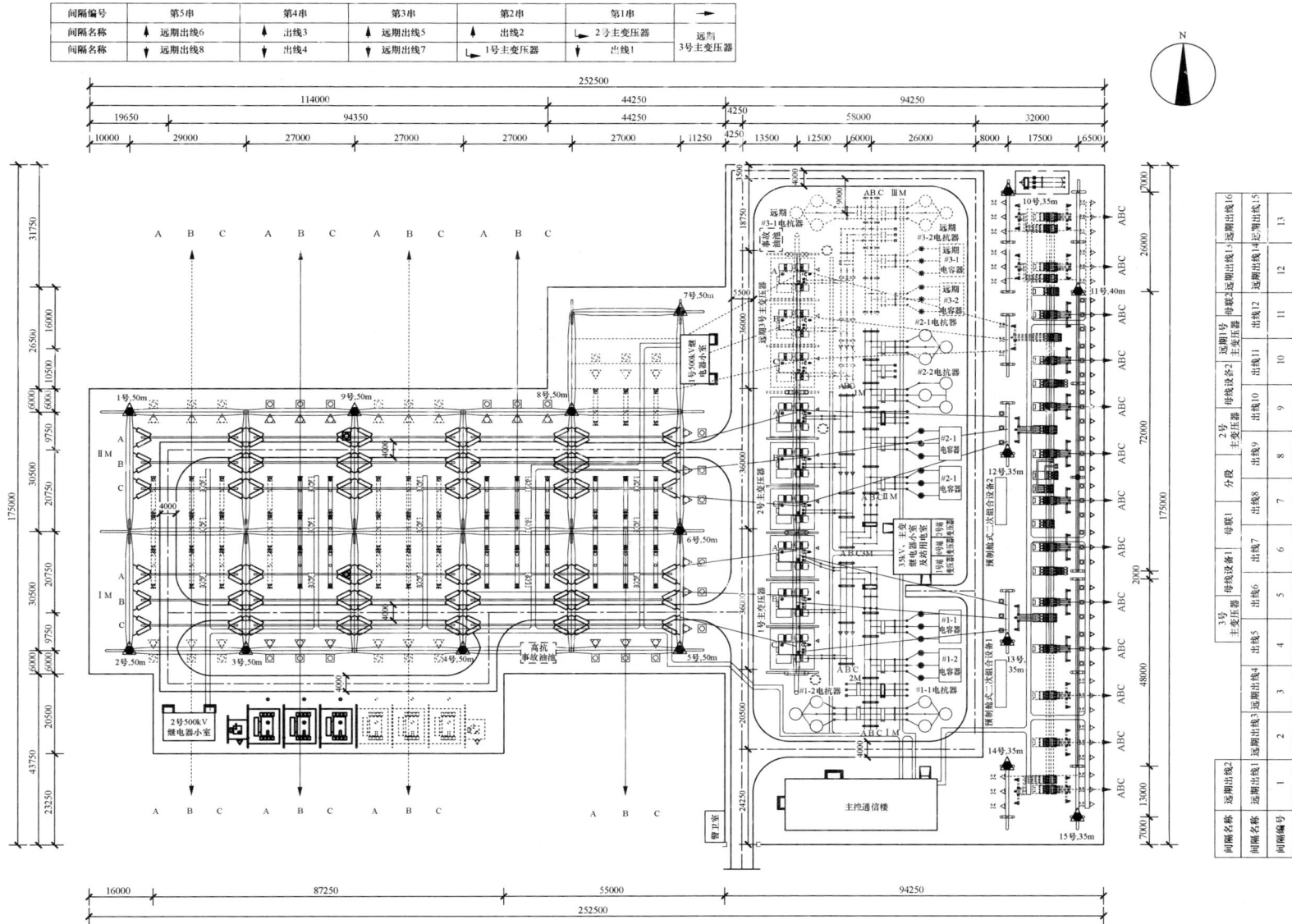

说明：实线部分表示本期工程，虚线部分表示远期工程。

图 23.3-2　电气总平面布置图（500-B-2-D1-02）

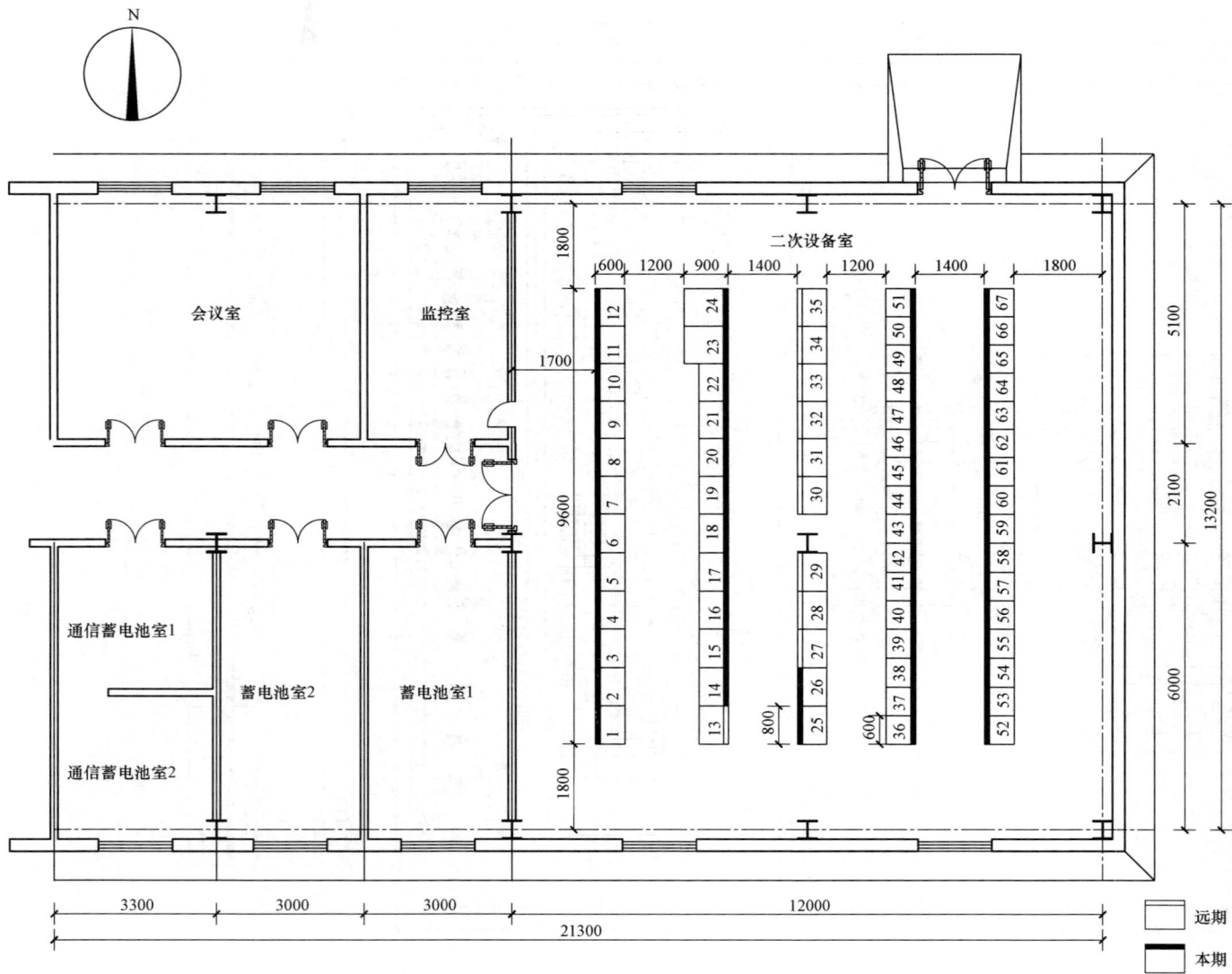

二次设备室屏位一览表

屏号	名　称	数量			备注
		单位	本期	远期	
1	1 号直流馈电柜	面	1		
2	1 号高频开关充电柜	面	1		
3	1 号直流联络柜	面	1		
4	3 号高频开关充电柜	面	1		
5	2 号直流联络柜	面	1		
6	2 号高频开关充电柜	面	1		
7	2 号直流馈电柜	面	1		
8	一体化电源监控柜	面	1		
9~10	UPS 电源主机柜	面	2		
11	UPS 电源馈线柜	面	1		
12	逆变电源柜	面	1		
13	备用	面		1	
14	公用测控柜	面	1		
15	智能辅助控制系统柜 1	面	1		
16	智能辅助控制系统柜 2	面	1		
17	同步相量测量主机柜	面	1		
18	网络报文分析系统柜	面	1		
19	同步时钟系统主时钟柜	面	1		
20	调度数据网设备柜	面	1		
21	Ⅱ/Ⅲ/Ⅳ区通信网关机柜	面	1		
22	Ⅰ区通信网关机柜	面	1		
23	综合应用服务器柜	面	1		
24	主机兼操作员主机柜	面	1		
25	试验电源柜	面	1		
26	交流分电柜	面	1		
27~35	备用	面		9	
36~67	通信屏柜	面	32		

图 23.3-3　二次设备室屏位布置图（500-B-2-D2-05）

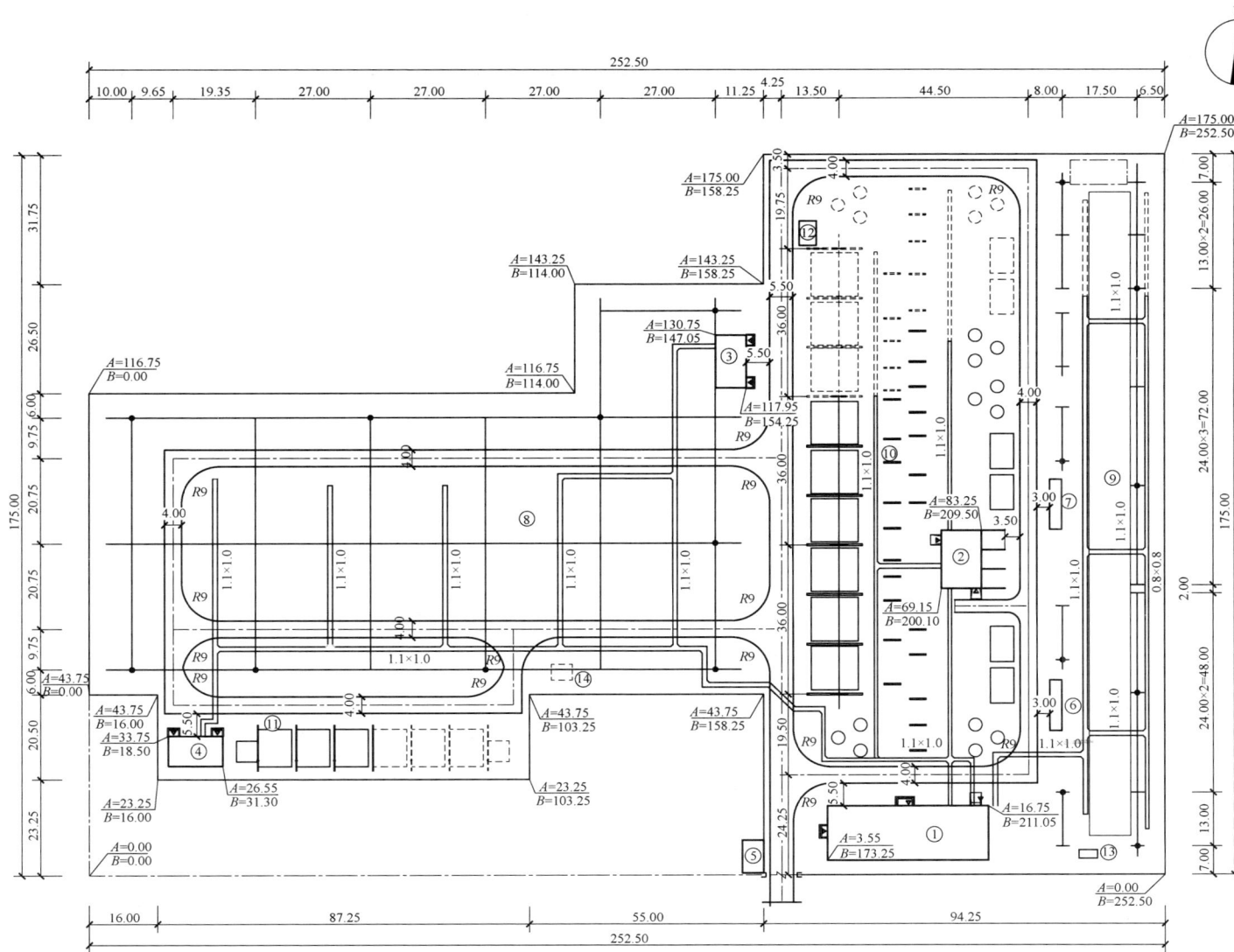

建（构）筑物一览表

编号	建（构）筑物名称	占地面积（m²）	备注
①	主控通信室	546	
②	35kV、主变压器继电器小室及站用电室	155	
③	1 号 500kV 继电器小室	111	
④	2 号 500kV 继电器小室	111	
⑤	警卫室	40	
⑥	预制舱式二次组合设备 1	35	
⑦	预制舱式二次组合设备 2	35	
⑧	500kV 配电装置场地	10194	
⑨	220kV 配电装置场地	5246	
⑩	主变压器及 35kV 配电装置场地	7559	
⑪	高压并联电抗器场地	1414	
⑫	事故油池	24	
⑬	化粪池	6	
⑭	高压并联电抗器事故油池	19	

主要技术经济指标表

序号	项目	单位	数量	备注
1	站区围墙内占地面积	hm²	3.1007	
2	站区主电缆沟长度	m	1238	
3	站内道路面积	m²	3989	
4	总建筑面积	m²	963	钢结构
5	站区围墙长度	m	896	

说明：图中尺寸的计量单位均为 m。

图 23.3-4 总平面布置图（500-B-2-T-01）

第 24 章 500-B-3 方案

24.1 500-B-3 方案主要技术条件

500-B-3 方案主要技术条件见表 24.1-1。

表 24.1-1 500-B-3 方案主要技术条件表

序号	项目		技 术 条 件
1	建设规模	主变压器	本期 2 组 750MVA，远期 4 组 750MVA
		出线	500kV：本期 4 回，远期 8 回； 220kV：本期 8 回，远期 16 回
		无功补偿装置	35kV 并联电抗器：本期 4 组 60Mvar，远期 8 组 60Mvar； 35kV 并联电容器：本期 6 组 60Mvar，远期 12 组 60Mvar
2	站址基本条件		海拔≤1000m，设计基本地震加速度 0.10g，设计风速≤30m/s，地基承载力特征值 f_{ak}=150kPa，无地下水影响，场地同一设计标高
3	电气主接线		500kV 一个半断路器接线，本期 3 个完整串，远期 5 个完整串，两组主变压器经断路器直接接入母线； 220kV 本期及远期均采用双母线双分段接线； 35kV 单母线单元接线，设总回路断路器
4	主要设备选型		500、220、35kV 短路电流控制水平分别为 63、50、40kA； 主变压器采用单相，自耦，无励磁调压；500kV 采用户外 HGIS；220kV 采用户外 GIS；35kV 采用柱式断路器；35kV 并联电容器采用框架式、35kV 并联电抗器采用干式空芯
5	电气总平面及配电装置		500、220kV 及主变压器场地平行布置； 500kV 户外悬吊管型母线中型、HGIS 三列布置，主变压器构架与 500kV 母线垂直布置，间隔宽度 27m（消防环道间隔宽度 29m）； 220kV GIS 户外布置，间隔宽度 12m； 35kV 户外支持管型母线中型布置，配电装置一字形布置

续表

序号	项目	技 术 条 件
6	二次系统	变电站自动化系统按照一体化监控设计； 500kV 及主变压器各侧采用常规互感器模拟量采样，其余采用常规互感器+合并单元（35kV 采用合并单元智能终端集成装置）； 500kV 及主变压器仅 GOOSE 组网，220kV GOOSE 与 SV 共网，保护直采直跳； 500、220kV 及主变压器保护、测控装置独立配置，35kV 采用保护测控一体化装置； 采用站内一体化电源系统，通信电源独立配置； 500kV 设置 2 个继电器小室；主变压器及 35kV 设置 1 个继电器小室；220kV 设置 2 个 III 型预制舱式二次组合设备
7	土建部分	围墙内占地面积 3.6932hm²； 全站总建筑面积 963m²，其中主控通信室建筑面积 546m²； 建筑物结构型式为钢结构或钢筋混凝土结构； 主变压器消防采用排油充氮系统

24.2 500-B-3 方案基本模块划分

500-B-3 方案主要包括 500kV 配电装置模块，220kV 配电装置模块，主变压器、35kV 无功配电装置模块，主控通信室模块，继电器小室模块，预制舱式二次组合设备模块 6 个基本模块，模块内容见表 24.2-1。

表 24.2-1 500-B-3 方案基本模块划分表

序号	基本模块编号	基本模块名称	基本模块描述
1	500-B-3-500	500kV 配电装置模块	500kV 本期 4 回出线、2 回主变压器进线，远期 8 回出线、4 回主变压器进线；500kV 采用一个半断路器接线，本期 3 个完整串，远期 5 个完整串，2 组主变压器经断路器直接接入母线。500kV 户外悬吊管型母线中型、HGIS 三列布置，2 组主变压器高跨横穿进串，2 组主变压器低架直接接母线。500kV 母线和串中跨线按远期规模一次建设

序号	基本模块编号	基本模块名称	基本模块描述
2	500-B-3-220	220kV 配电装置模块	220kV 本期 8 回出线、2 回主变压器进线,远期 16 回出线、4 回主变压器进线;220kV 本期采用双母线双分段接线,远期接线型式不变。220kV GIS 户外布置
3	500-B-3-35	主变压器、35kV 无功配电装置模块	主变压器本期 2 组 750MVA,远期 4 组 750MVA,采用 500kV/220kV/35kV 单相、自耦、无励磁调压变压器。本期及远期每组主变压器 35kV 侧分别设置 2 组 60Mvar 并联电抗器和 3 组 60Mvar 并联电容器;全站设置 3 台 35kV、800kVA 站用变压器。35kV 单母线单元接线,设总回路断路器。35kV 采用柱式断路器,户外支持管型母线中型布置。无功补偿设备平行于主变压器排列方向一列布置,局部采用反向布置

序号	基本模块编号	基本模块名称	基本模块描述
4	500-B-3-ZKL	主控通信室模块	主控通信室为单层建筑,建筑面积为 546m^2,建筑体积为 2266m^3。结构型式采用钢结构或钢筋混凝土结构
5	500-B-3-JDQ	继电器小室模块	继电器小室为单层建筑,其中 500kV 继电器小室建筑面积为 111m^2,建筑体积为 461m^3,35kV 及主变压器继电器小室建筑面积为 155m^2,建筑体积为 643m^3,结构型式采用钢结构或钢筋混凝土结构
6	500-B-3-YZC	预制舱式二次组合设备模块	采用预制舱式二次组合设备,全站设置 2 个 Ⅲ 型预制舱式二次组合设备,舱内二次设备双列布置

24.3　500-B-3 方案主要设计图纸

500-B-3 方案主要设计图纸详见图 24.3-1～图 24.3-4。

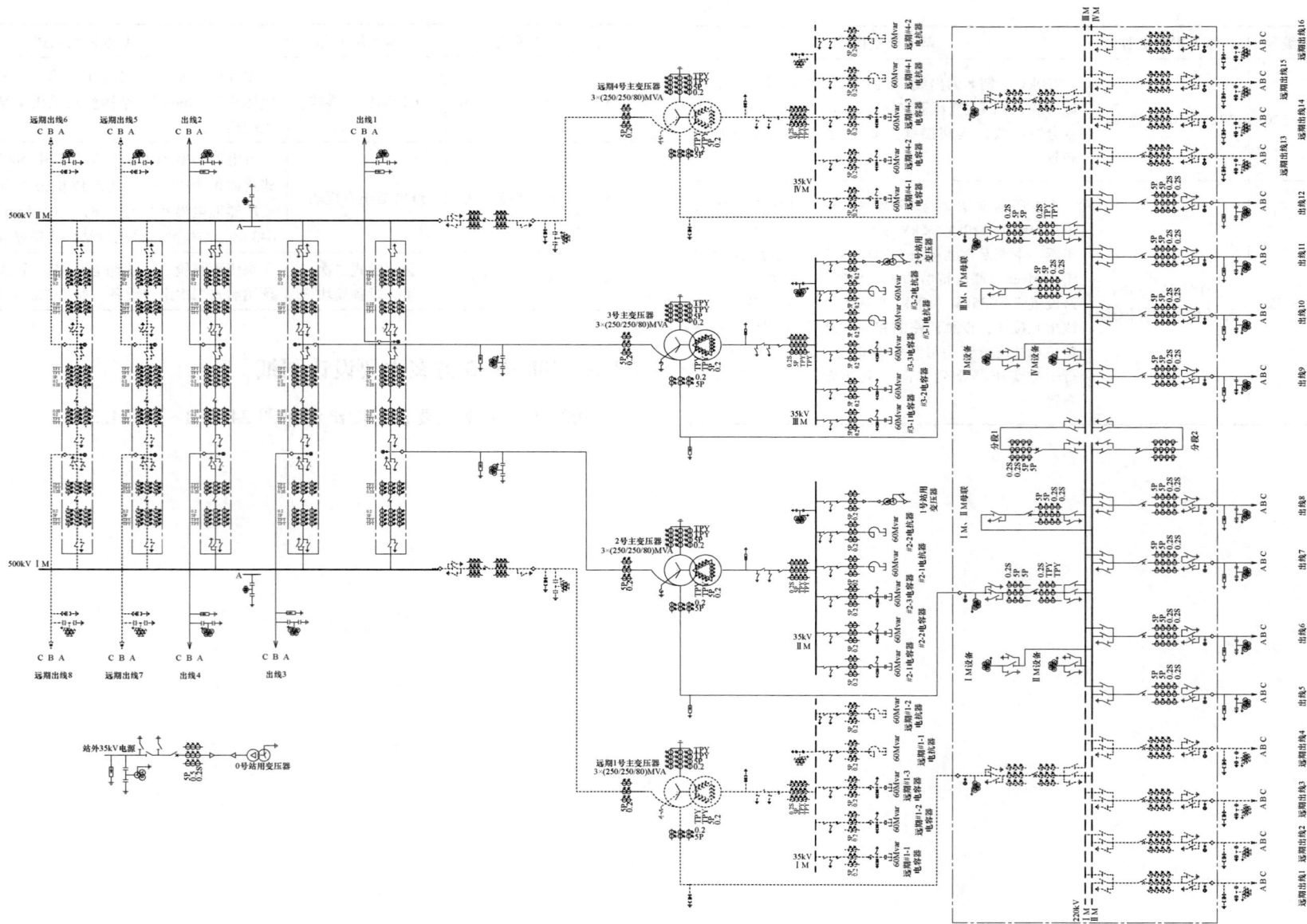

说明：实线部分表示本期工程，虚线部分表示远期工程。

图 24.3-1　电气主接线图（500-B-3-D1-01）

间隔名称	第5串	第4串	第3串	第2串	第1串	→
间隔名称	远期出线6	远期出线5	出线2	3号主变压器	出线1	远期4号主变压器
间隔名称	远期出线8	远期出线7	出线4	出线3	2号主变压器	远期1号主变压器

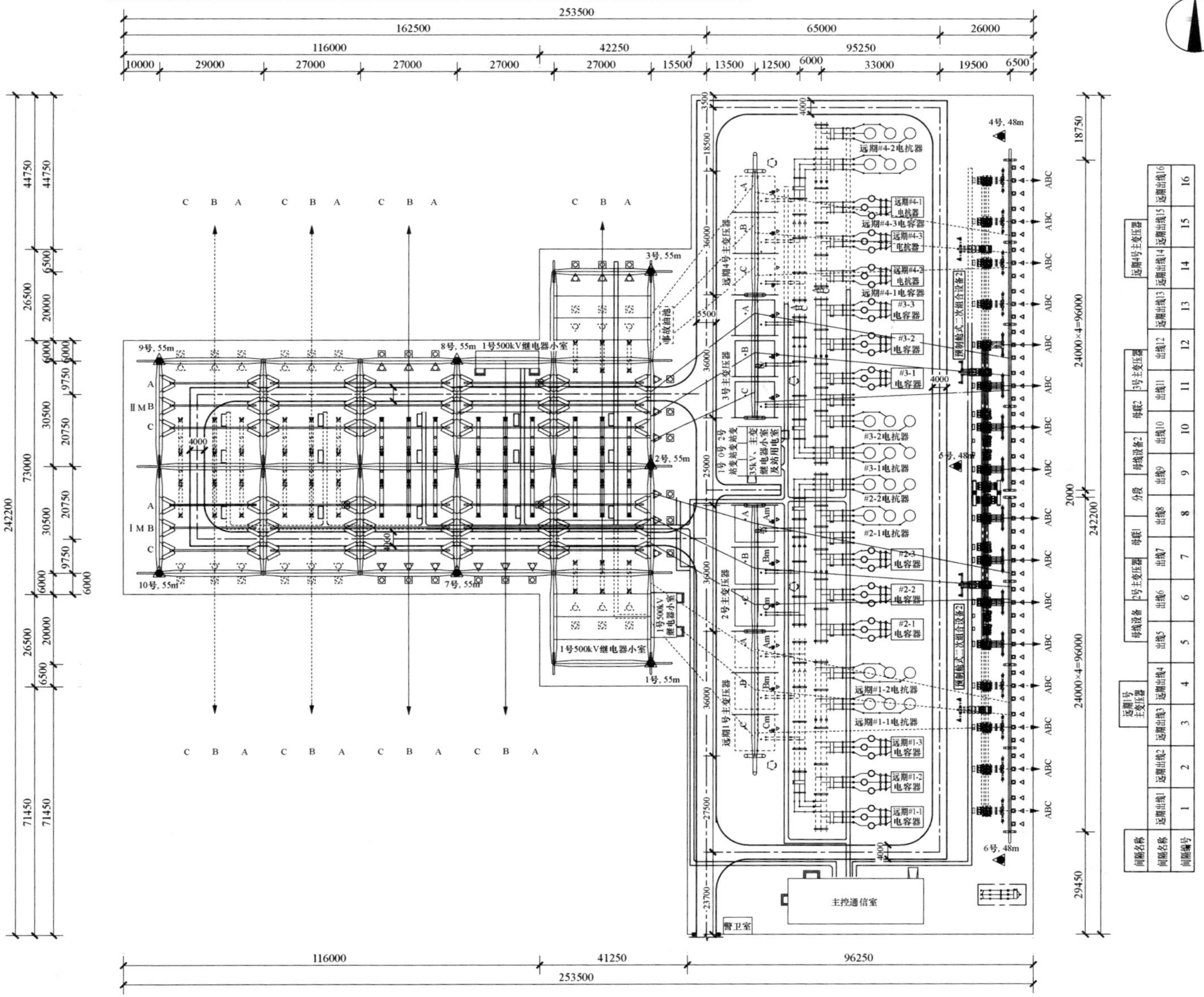

说明：实线部分表示本期工程，虚线部分表示远期工程。

图 24. 3-2　电气总平面布置图（500-B-3-D1-02）

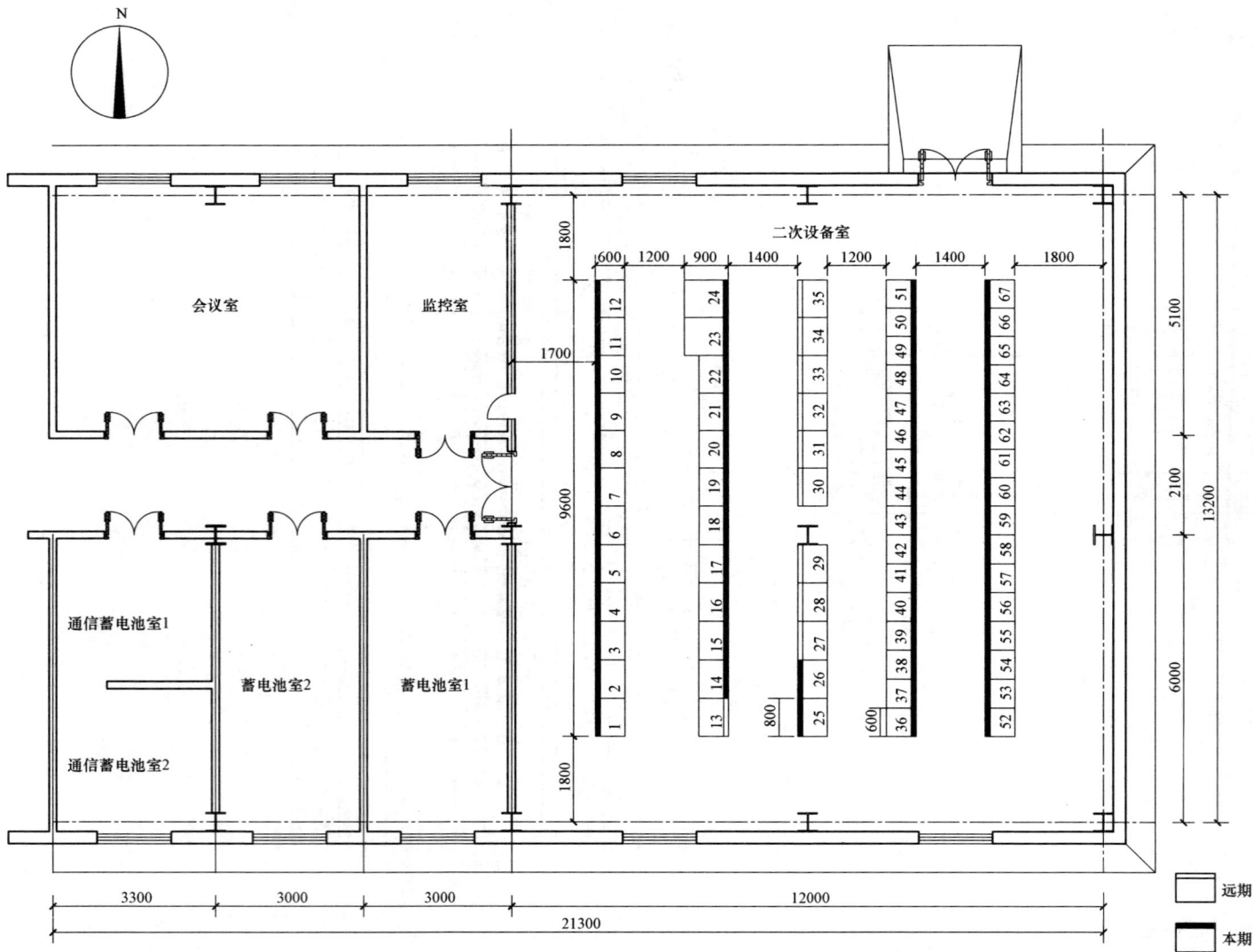

图 24.3-3 二次设备室屏位布置图（500-B-3-D2-05）

二次设备室屏位一览表

屏号	名 称	数量			备注
		单位	本期	远期	
1	1号直流馈电柜	面	1		
2	1号高频开关充电柜	面	1		
3	1号直流联络柜	面	1		
4	3号高频开关充电柜	面	1		
5	2号直流联络柜	面	1		
6	2号高频开关充电柜	面	1		
7	2号直流馈电柜	面	1		
8	一体化电源监控柜	面	1		
9～10	UPS电源主机柜	面	2		
11	UPS电源馈线柜	面	1		
12	逆变电源柜	面	1		
13	备用	面		1	
14	公用测控柜	面	1		
15	智能辅助控制系统柜1	面	1		
16	智能辅助控制系统柜2	面	1		
17	同步相量测量主机柜	面	1		
18	网络报文分析系统柜	面	1		
19	同步时钟系统主时钟柜	面	1		
20	调度数据网设备柜	面	1		
21	Ⅱ/Ⅲ/Ⅳ区通信网关机柜	面	1		
22	Ⅰ区通信网关机柜	面	1		
23	综合应用服务器柜	面	1		
24	主机兼操作员站主机柜	面	1		
25	试验电源柜	面	1		
26	交流分电柜	面	1		
27～35	备用	面		9	
36～67	通信屏柜	面	32		

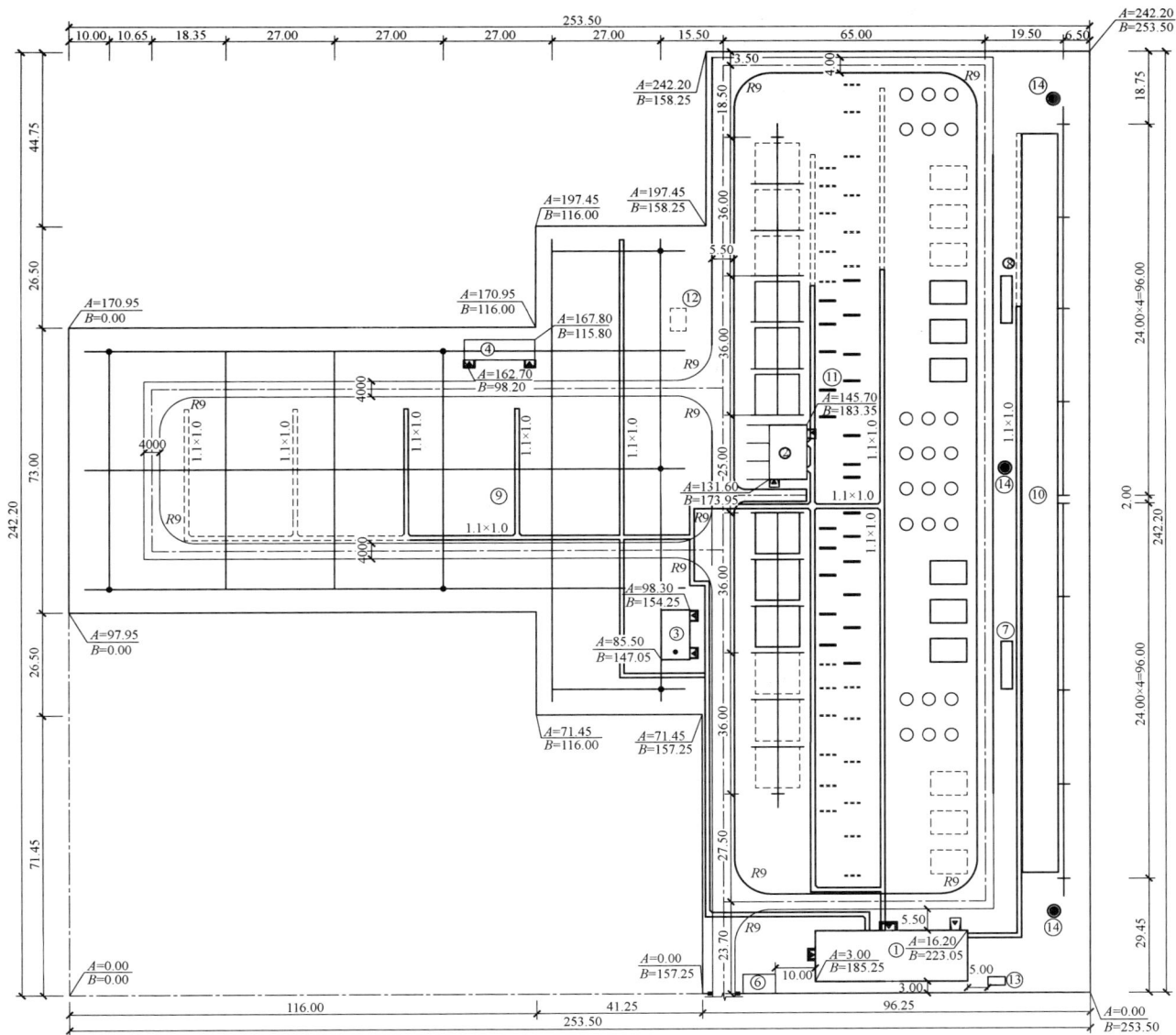

建（构）筑物一览表

编号	建（构）筑物名称	占地面积（m²）	备注
①	主控通信室	546	
②	35kV、主变压器继电器小室及站用电室	155	
③	1号500kV继电器小室	111	
④	2号500kV继电器小室	111	
⑤	消防小棚	20	
⑥	警卫室	40	
⑦	预制舱式二次组合设备1	35	
⑧	预制舱式二次组合设备2	35	
⑨	500kV配电装置场地	12546	
⑩	220kV配电装置场地	6222	
⑪	主变压器及35kV配电装置场地	12585	
⑫	事故油池	40	
⑬	化粪池	6	
⑭	独立避雷针		

主要技术经济指标表

序号	项目	单位	数量	备注
1	站区围墙内占地面积	hm²	3.6932	
2	站区主电缆沟长度	m	1225	
3	站内道路面积	m²	4243	
4	总建筑面积	m²	963	钢结构
5	站区围墙长度	m	991	

说明：图中尺寸的计量单位均为 m。

图 24.3-4　总平面布置图（500-B-3-T-01）

25.1　500-B-4 方案主要技术条件

500-B-4 方案主要技术条件见表 25.1-1。

表 25.1-1　　　　　500-B-4 方案主要技术条件表

序号	项目		技　术　条　件
1	建设规模	主变压器	本期 2 组 1200MVA，远期 4 组 1200MVA
		出线	500kV：本期 4 回，远期 8 回； 220kV：本期 8 回，远期 16 回
		无功补偿装置	66kV 并联电抗器：本期 4 组 60Mvar，远期 8 组 60Mvar； 66kV 并联电容器：本期 8 组 60Mvar，远期 16 组 60Mvar
2	站址基本条件		海拔≤1000m，设计基本地震加速度 0.10g，设计风速≤30m/s，地基承载力特征值 f_{ak}=150kPa，无地下水影响，场地同一设计标高
3	电气主接线		500kV 一个半断路器接线，本期 3 个完整串，远期 6 个完整串，4 组主变压器全部进串； 220kV 本期采用双母线单分段接线，远期采用双母线双分段接线； 66kV 单母线单元接线，设总回路断路器
4	主要设备选型		500、220、66kV 短路电流控制水平分别为 63、50、40kA； 主变压器采用单相、自耦、无励磁调压；500kV 采用户外 HGIS；220kV 采用户外 HGIS；66kV 采用柱式断路器；66kV 并联电容器采用框架式、66kV 并联电抗器采用干式空芯
5	电气总平面及配电装置		500、220kV 及主变压器场地平行布置； 500kV 户外悬吊管型母线中型、HGIS 三列布置，主变压器构架与 500kV 母线平行布置，间隔宽度 27m（消防环道间隔宽度 29m）； 220kV HGIS 户外布置，间隔宽度 12.5m； 66kV 户外支持管型母线中型布置，配电装置一字形布置
6	二次系统		变电站自动化系统按照一体化监控设计； 500kV 及主变压器各侧采用常规互感器模拟量采样，其余采用常规互感器+合并单元（66kV 采用合并单元智能终端集成装置）； 500kV 及主变压器仅 GOOSE 组网，220kV GOOSE 与 SV 共网，保护直采直跳； 500、220kV 及主变压器保护、测控装置独立配置，66kV 采用保护测控一体化装置； 采用站内一体化电源系统，通信电源独立配置； 500kV 设置 2 个继电器小室；主变压器及 66kV 设置 1 个继电器小室； 220kV 设置 2 个Ⅲ型预制舱式二次组合设备

续表

序号	项目	技　术　条　件
7	土建部分	围墙内占地面积 4.7221hm²； 全站总建筑面积 963m²，其中主控通信室建筑面积 546m²； 建筑物结构型式为钢结构或钢筋混凝土结构； 主变压器消防采用排油充氮系统

25.2　500-B-4 方案基本模块划分

500-B-4 方案主要包括 500kV 配电装置模块，220kV 配电装置模块，主变压器、66kV 无功配电装置模块，主控通信室模块，继电器小室模块，预制舱式二次组合设备模块 6 个基本模块，模块内容见表 25.2-1。

表 25.2-1　　　　　500-B-4 方案基本模块划分表

序号	基本模块编号	基本模块名称	基本模块描述
1	500-B-4-500	500kV 配电装置模块	500kV 本期 4 回出线、2 回主变压器进线，远期 8 回出线、4 回主变压器进线；500kV 采用一个半断路器接线，本期 3 个完整串，远期 6 个完整串，4 组主变压器全部进串。500kV 户外悬吊管型母线中型、HGIS 三列布置，4 组主变压器高跨横穿进串。500kV 母线和串中跨线按远期规模一次建设
2	500-B-4-220	220kV 配电装置模块	220kV 本期 8 回出线、2 回主变压器进线，远期 16 回出线、4 回主变压器进线；220kV 本期采用双母线单分段接线，远期采用双母线双分段接线。220kV HGIS 户外布置
3	500-B-4-66	主变压器、66kV 无功配电装置模块	主变压器本期 2 组 1200MVA，远期 4 组 1200MVA，采用 500kV/220kV/66kV 单相、自耦、无励磁调压变压器。本期及远期每组主变压器 66kV 侧分别设置 2 组 60Mvar 并联电抗器和 4 组 60Mvar 并联电容器；全站设置 3 台 66kV、800kVA 站用变压器。66kV 单母线单元接线，设总回路断路器。66kV 采用柱式断路器，户外支持管型母线中型布置。无功补偿设备平行于主变压器排列方向 T 形布置

序号	基本模块编号	基本模块名称	基本模块描述
4	500-B-4-ZKL	主控通信室模块	主控通信室为单层建筑，建筑面积为546m²，建筑体积为2266m³。结构型式采用钢结构或钢筋混凝土结构
5	500-B-4-JDQ	继电器小室模块	继电器小室为单层建筑，其中 500kV 继电器小室建筑面积为 111m²，建筑体积为 461m³，66kV 及主变压器继电器小室建筑面积为 155m²，建筑体积为 643m³，结构型式采用钢结构或钢筋混凝土结构

序号	基本模块编号	基本模块名称	基本模块描述
6	500-B-4-YZC	预制舱式二次组合设备模块	采用预制舱式二次组合设备，全站设置 2 个 Ⅲ 型预制舱式二次组合设备，舱内二次设备双列布置

25.3 500-B-4 方案主要设计图纸

500-B-4 方案主要设计图纸详见图 25.3-1～图 25.3-𝐿。

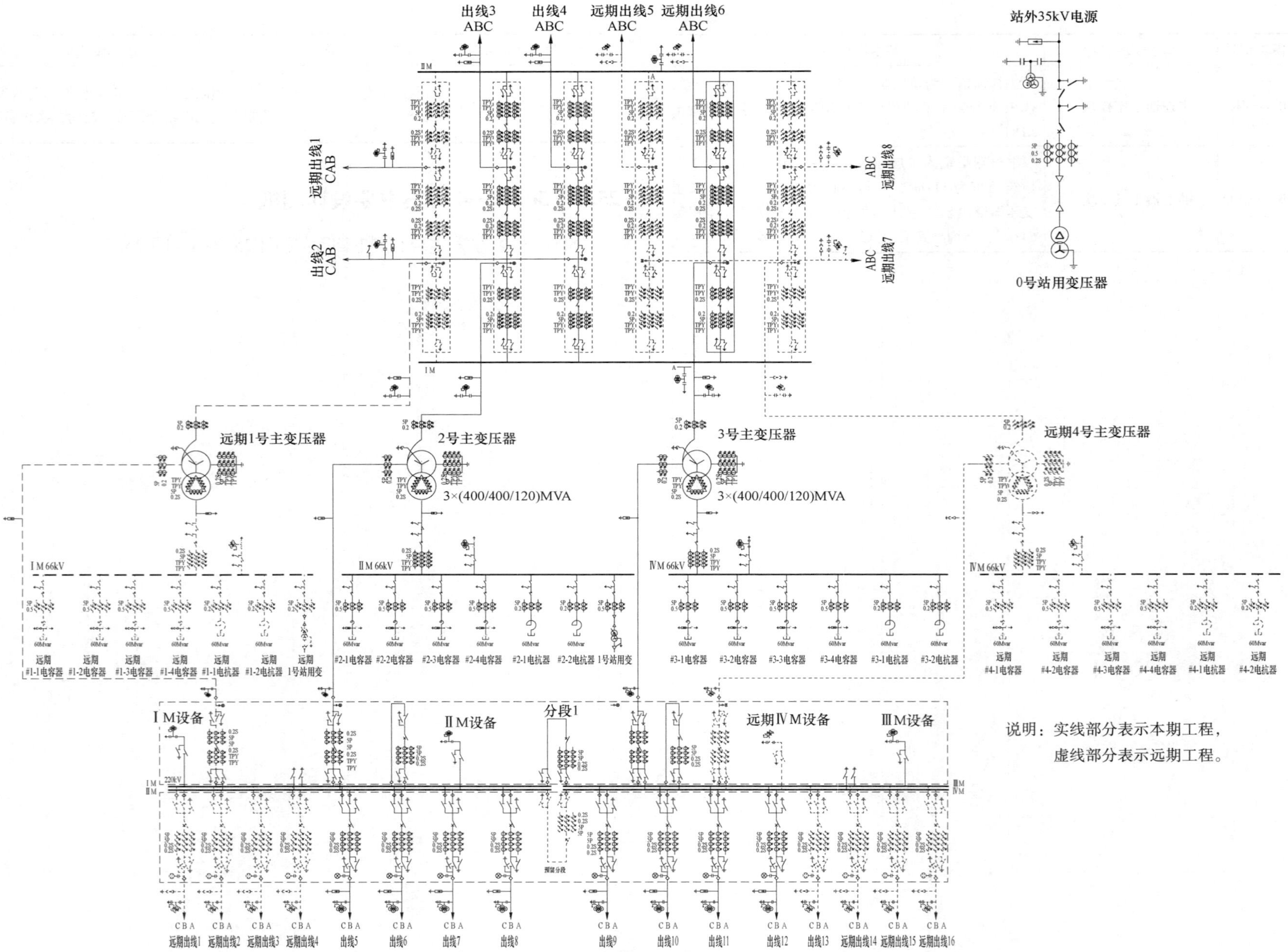

说明：实线部分表示本期工程，
虚线部分表示远期工程。

图 25.3-1 电气主接线图（500-B-4-D1-01）

间隔编号	第1串	第2串	第3串	第4串	第5串	第6串
间隔名称	远期出线1	出线3	出线4	远期出线5	远期出线6	远期出线8
间隔名称	远期1号主变压器	2号主变压器	出线2	远期出线7	3号主变压器	远期4号主变压器

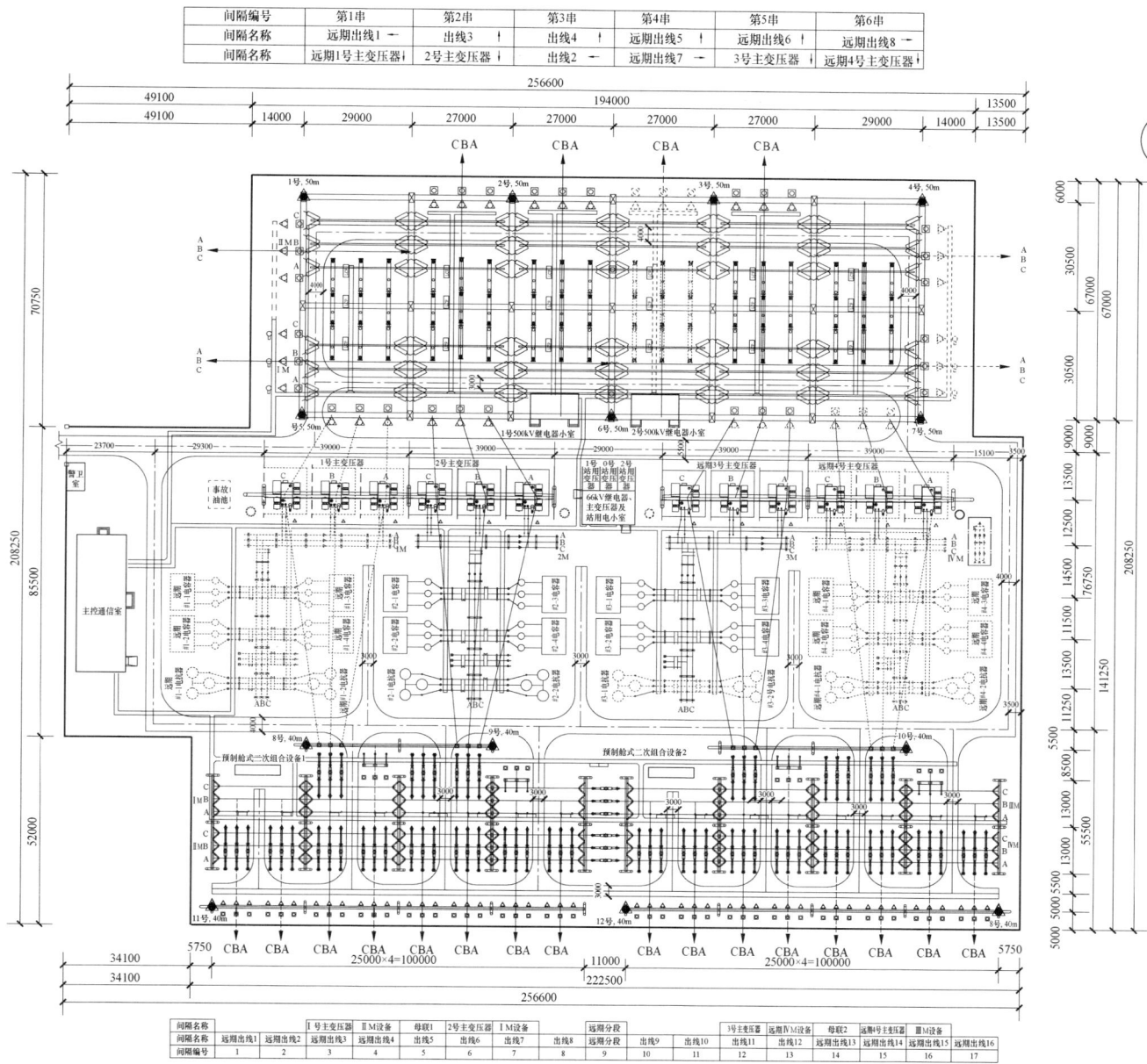

间隔名称		1号主变压器	Ⅱ M设备	母联1	2号主变压器	Ⅰ M设备		远期分段				3号主变压器	远期Ⅳ M设备	母联2	远期4号主变压器	Ⅲ M设备	
间隔名称	远期出线1	远期出线2	远期出线3	远期出线4	出线5	出线6	出线7	远期分段	出线8	出线9	出线10	出线11	出线12	远期出线13	远期出线14	远期出线15	远期出线16
间隔编号	1	2	3	4	5	6	7	8	9	10	11	12	13	14	15	16	17

说明：实线部分表示本期工程，虚线部分表示远期工程。

图 25.3-2　电气总平面布置图（500-B-4-D1-02）

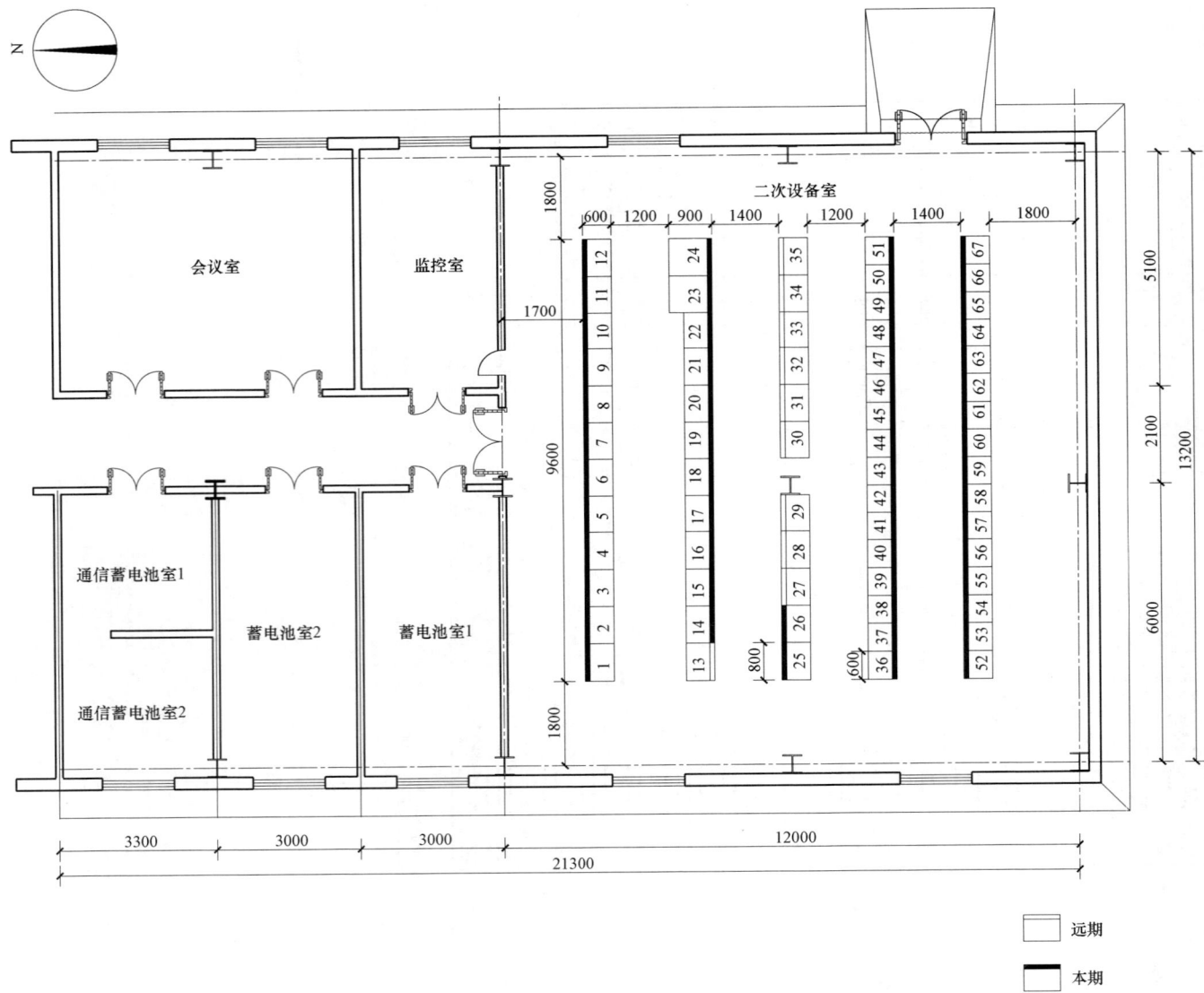

二次设备室屏位一览表

屏号	名称	数量			备注
		单位	本期	远期	
1	1号直流馈电柜	面	1		
2	1号高频开关充电柜	面	1		
3	1号直流联络柜	面	1		
4	3号高频开关充电柜	面	1		
5	2号直流联络柜	面	1		
6	2号高频开关充电柜	面	1		
7	2号直流馈电柜	面	1		
8	一体化电源监控柜	面	1		
9~10	UPS电源主机柜	面	2		
11	UPS电源馈线柜	面	1		
12	逆变电源柜	面	1		
13	备用	面		1	
14	公用测控柜	面	1		
15	智能辅助控制系统柜1	面	1		
16	智能辅助控制系统柜2	面	1		
17	同步相量测量主机柜	面	1		
18	网络报文分析系统柜	面	1		
19	同步时钟系统主时钟柜	面	1		
20	调度数据网设备柜	面	1		
21	Ⅱ/Ⅲ/Ⅳ区通信网关机柜	面	1		
22	Ⅰ区通信网关机柜	面	1		
23	综合应用服务器柜	面	1		
24	主机兼操作员站主机柜	面	1		
25	试验电源柜	面	1		
26	交流分电柜	面	1		
27~35	备用	面		9	
36~67	通信屏柜	面	32		

图 25.3-3 二次设备室屏位布置图（500-B-4-D2-05）

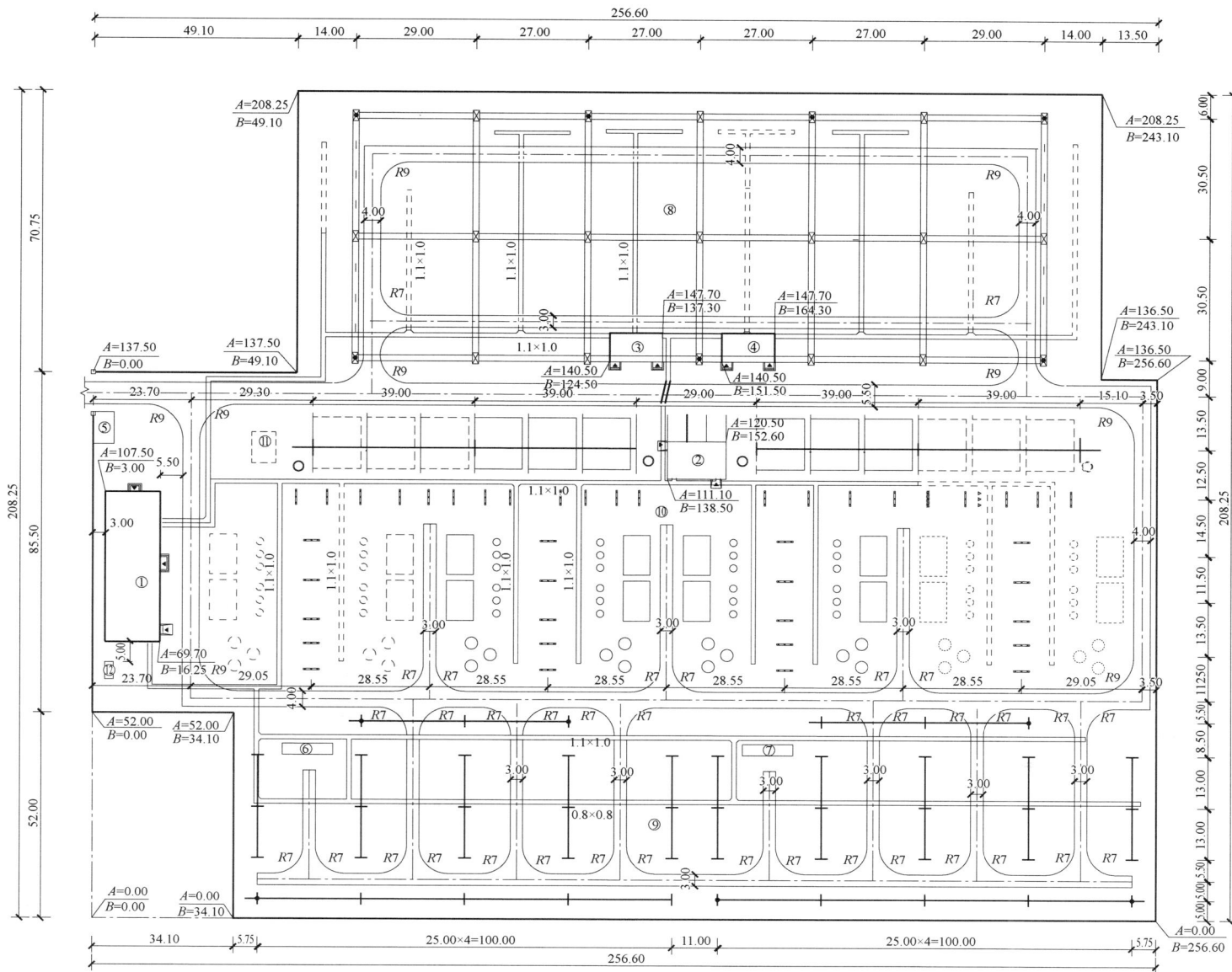

建（构）筑物一览表

编号	建（构）筑物名称	占地面积（m²）	备注
①	主控通信室	546	
②	66kV、主变压器继电器小室及站用电室	155	
③	1 号 500kV 继电器小室	111	
④	2 号 500kV 继电器小室	111	
⑤	警卫室	40	
⑥	预制舱式二次组合设备 1	35	
⑦	预制舱式二次组合设备 2	35	
⑧	500kV 配电装置场地	12354	
⑨	220kV 配电装置场地	10063	
⑩	主变压器及 35kV 配电装置场地	16159	
⑪	事故油池	40	
⑫	化粪池	9	

主要技术经济指标表

序号	项目	单位	数量	备注
1	站区围墙内占地面积	hm²	4.7221	
2	站区主电缆沟长度	m	1152	
3	站内道路面积	m²	6342	
4	总建筑面积	m²	963	钢结构
5	站区围墙长度	m	930	

说明：图中尺寸的计量单位均为 m。

图 25.3-4　总平面布置图（500-B-4-T-01）

第 26 章　500-B-5 方案

26.1　500-B-5 方案主要技术条件

500-B-5 方案主要技术条件见表 26.1-1。

表 26.1-1　　　　　500-B-5 方案主要技术条件表

序号	项目		技 术 条 件
1	建设规模	主变压器	本期 2 组 1000MVA，远期 4 组 1000MVA
		出线	500kV：本期 4 回，远期 8 回； 220kV：本期 8 回，远期 16 回
		无功补偿装置	500kV 高压并联电抗器：本期 1 组 150Mvar，远期 2 组，为线路高压并联电抗器，均装设中性点电抗器； 35kV 并联电抗器：本期 4 组 60Mvar，远期 8 组 60Mvar； 35kV 并联电容器：本期 4 组 60Mvar，远期 8 组 60Mvar
2	站址基本条件		海拔≤1000m，设计基本地震加速度 0.10g，设计风速≤30m/s，地基承载力特征值 f_{ak}=150kPa，无地下水影响，场地同一设计标高
3	电气主接线		500kV 一个半断路器接线，本期 3 个完整串，远期 6 个完整串，4 组主变压器全部进串。高压并联电抗器回路不设置隔离开关； 220kV 本期及远期均采用双母线双分段接线； 35kV 单母线单元接线，设总回路断路器
4	主要设备选型		500、220、35kV 短路电流控制水平分别为 63、50、40kA； 主变压器采用单相、自耦、无励磁调压；高压并联电抗器采用单相、自冷式；500kV 采用户外 HGIS；220kV 采用户外 GIS；35kV 采用柱式断路器；35kV 并联电容器采用框架式、35kV 并联电抗器采用干式空芯
5	电气总平面及配电装置		500、220kV 及主变压器场地平行布置。 500kV 采用户外悬吊管型母线中型、HGIS 三列一字形或半 C 形布置，主变压器构架与 500kV 母线平行布置，间隔宽度 27m（消防环道间隔宽度 29m）； 220kV GIS 户外布置，间隔宽度 12m； 35kV 户外支持管型母线中型布置，配电装置一字形布置

续表

序号	项目	技 术 条 件
6	二次系统	变电站自动化系统按照一体化监控设计； 500kV 及主变压器各侧采用常规互感器模拟量采样，其余采用常规互感器+合并单元（35kV 采用合并单元智能终端集成装置）； 500kV 及主变压器仅 GOOSE 组网，220kV GOOSE 与 SV 共网，保护直采直跳； 500、220kV 及主变压器保护、测控装置独立配置，35kV 采用保护测控一体化装置； 采用站内一体化电源系统，通信电源独立配置； 500kV 设置 2 个继电器小室；主变压器及 35kV 设置 1 个继电器小室；220kV 设置 2 个 III 型预制舱式二次组合设备
7	土建部分	围墙内占地面积 3.6498hm²（一字形 HGIS）、3.5177hm²（半 C 形 HGIS）； 全站总建筑面积 1017m²（一字形 HGIS）、1038m²（半 C 形 HGIS），其中主控通信室建筑面积均为 540m²； 建筑物结构型式为钢结构或钢筋混凝土结构； 主变压器消防采用泡沫喷淋系统

26.2　500-B-5 方案基本模块划分

500-B-5 方案主要包括 500kV 配电装置模块，220kV 配电装置模块，主变压器、35kV 无功配电装置模块，主控通信室模块，继电器小室模块，预制舱式二次组合设备模块 6 个基本模块，方案基本模块划分表见 26.2-1。

表 26.2-1　　　　　500-B-5 方案基本模块划分表

序号	基本模块编号	基本模块名称	基本模块描述
1	500-B-5-500	500kV 配电装置模块	500kV 本期 4 回出线、2 回主变压器进线，远期 8 回出线、4 回主变压器进线；高压并联电抗器本期 1 组 150Mvar，远期 2 组；500kV 采用一个半断路器接线，本期 3 个完整串，远期 6 个完整串，4 组主变压器全部进串。500kV 户外悬吊管型母线中型、HGIS 三列一字形或半 C 形布置，4 组主变压器高跨横穿进串。500kV 母线和串中跨线按远期规模一次建设

序号	基本模块编号	基本模块名称	基本模块描述
2	500-B-5-220	220kV 配电装置模块	220kV 本期 8 回出线、2 回主变压器进线，远期 16 回出线、4 回主变压器进线；220kV 本期采用双母线双分段接线，远期接线型式不变。220kV GIS 户外布置
3	500-B-5-35	主变压器、35kV 无功配电装置模块	主变压器本期 2 组 1000MVA，远期 4 组 1000MVA，采用 500kV/220kV/35kV 单相、自耦、无励磁调压变压器。本期及远期每组主变压器 35kV 侧分别设置 2 组 60Mvar 并联电抗器和 2 组 60Mvar 并联电容器；全站设置 3 台 35kV、800kVA 站用变压器。35kV 单母线单元接线，设总回路断路器。35kV 采用柱式断路器，户外支持管型母线中型布置。无功补偿设备平行于主变压器排列方向一列布置
4	500-B-5-ZKL	主控通信室模块	主控通信室为单层建筑，建筑面积为 540m²，建筑体积为 2241m³。结构型式采用钢结构或钢筋混凝土结构

序号	基本模块编号	基本模块名称	基本模块描述
5	500-B-5-JDQ	继电器小室模块	一字形：继电器小室为单层建筑，其中 1 号 500kV 继电器小室建筑面积为 160m²，建筑体积为 694m³；2 号 500kV 继电器小室建筑面积为 124m²，建筑体积为 515m³；35kV、主变压器继电器小室及站用电室建筑面积为 153m²，建筑体积为 635m³；结构型式采用钢结构或钢筋混凝土结构。半 C 形：继电器小室为单层建筑，其中 500kV 继电器小室建筑面积为 124m²，建筑体积为 515m³；35kV、主变压器继电器小室及站用电室建筑面积为 210m²，建筑体积为 911m³；结构型式采用钢结构或钢筋混凝土结构
6	500-B-5-YZC	预制舱式二次组合设备模块	采用预制舱式二次组合设备，全站设置 2 个 Ⅲ 型预制舱式二次组合设备，舱内二次设备双列布置

26.3 500-B-5 方案主要设计图纸

500-B-5 方案主要设计图纸详见图 26.3-1~图 26.3-6。

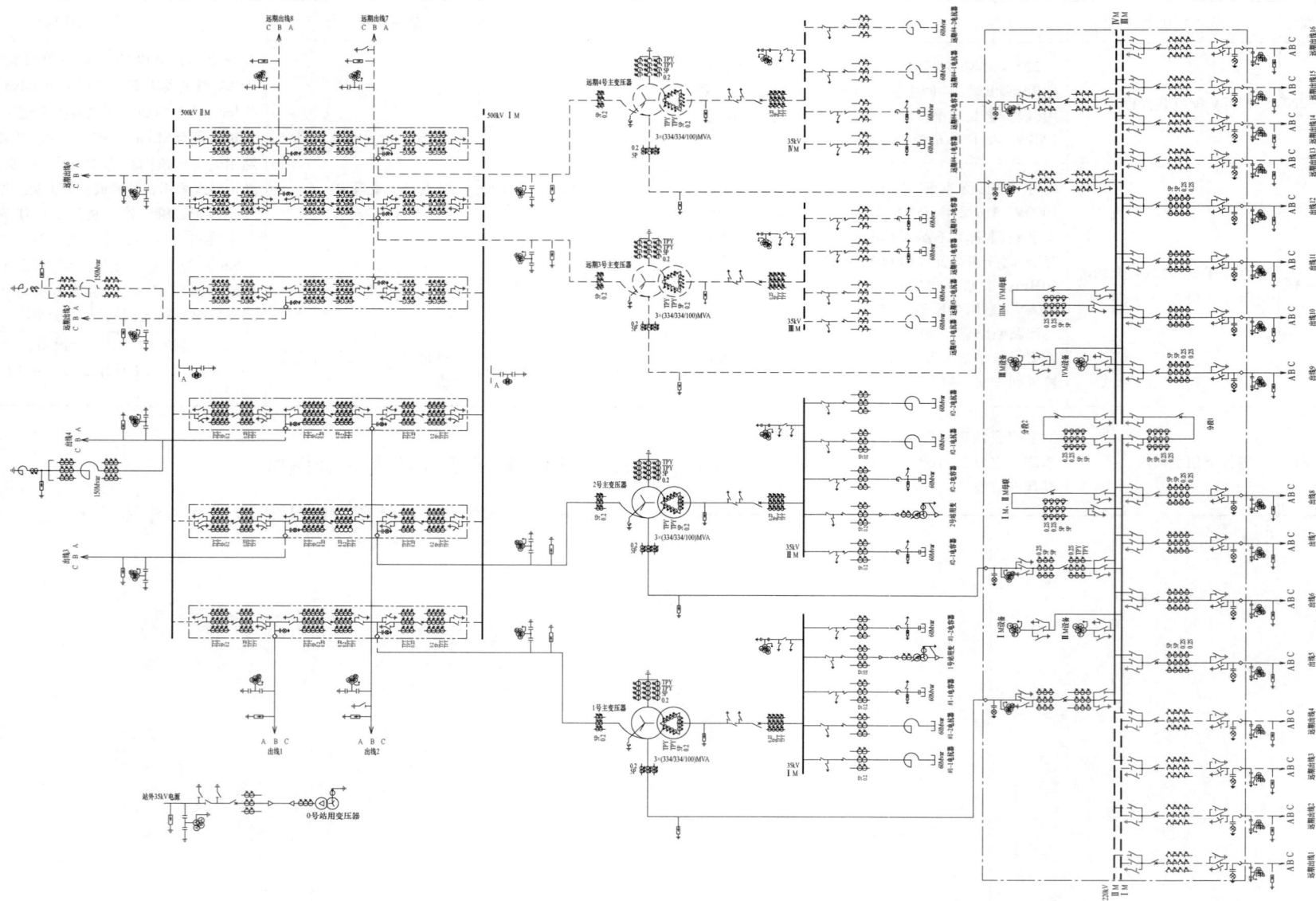

说明：实线部分表示本期工程，虚线部分表示远期工程。

图 26.3-1　电气主接线图（500-B-5-D1-01）

间隔编号	第1串	第2串	第3串	第4串	第5串	第6串
间隔名称	出线1	出线3	出线4	远期出线5	远期出线8	远期出线6
间隔名称	1号主变压器	2号主变压器	出线2	远期出线7	远期3号主变压器	远期4号主变压器

N

说明：实线部分表示本期工程，虚线部分表示远期工程。

间隔名称				1号主变压器	母线设备1	2号主变压器	母联1	分段	母线设备2	母联2		远期3号主变压器		远期4号主变压器	
间隔名称	远期出线1	远期出线2	远期出线3	远期出线4	出线5	出线6	出线7	出线8	出线9	出线10	出线11	出线12	远期出线13	远期出线14	远期出线15	远期出线16
间隔编号	1	2	3	4	5	6	7	8	9	10	11	12	13	14	15	16

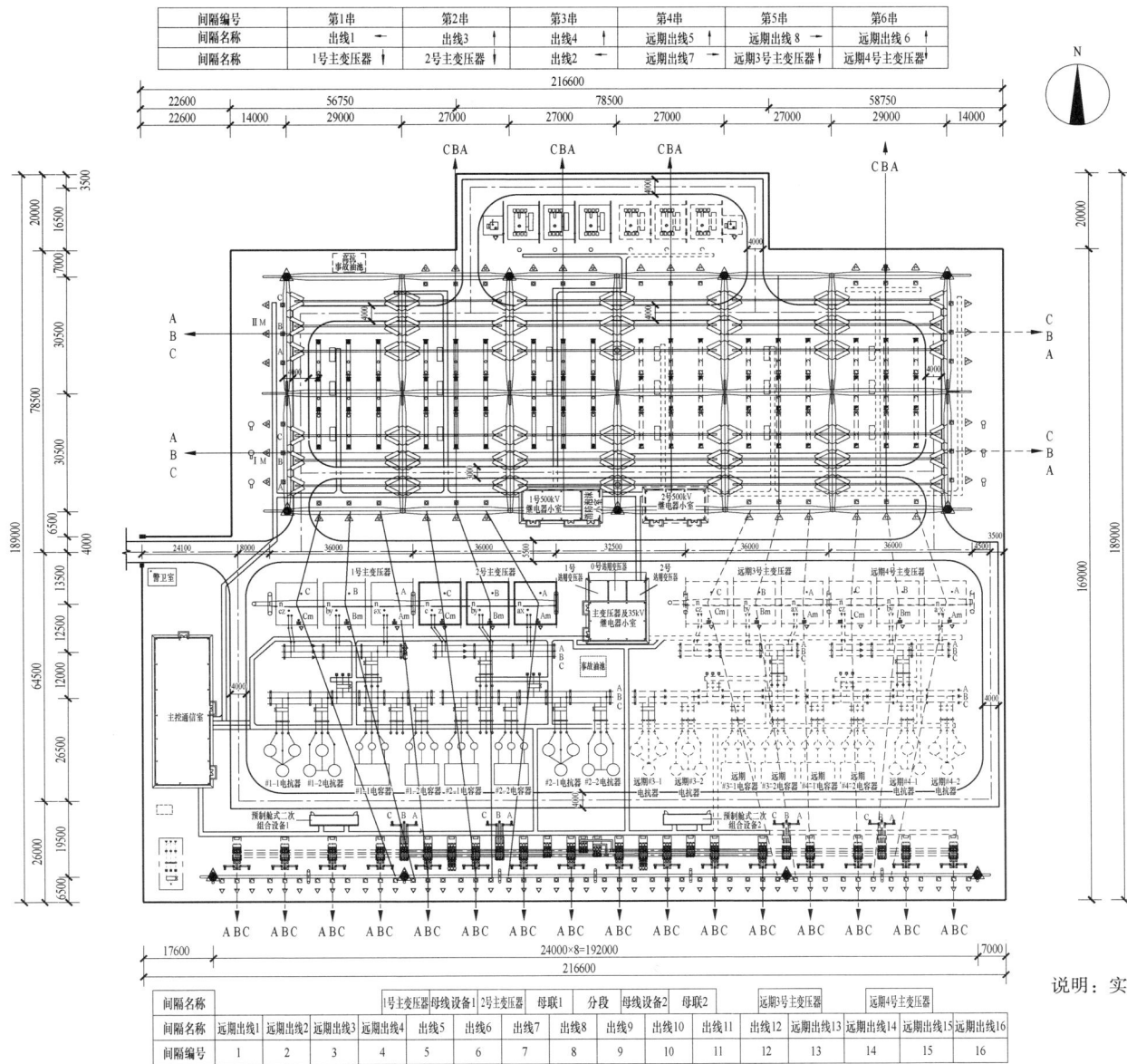

图 26.3-2　电气总平面布置图（一字形 HGIS）（500-B-5-D1-02a）

间隔编号	第1串	第2串	第3串	第4串	第5串	第6串
间隔名称	出线1	出线3	出线4	远期出线5	远期出线8	远期出线6
间隔名称	1号主变压器	2号主变压器	出线2	远期出线7	远期3号主变压器	远期4号主变压器

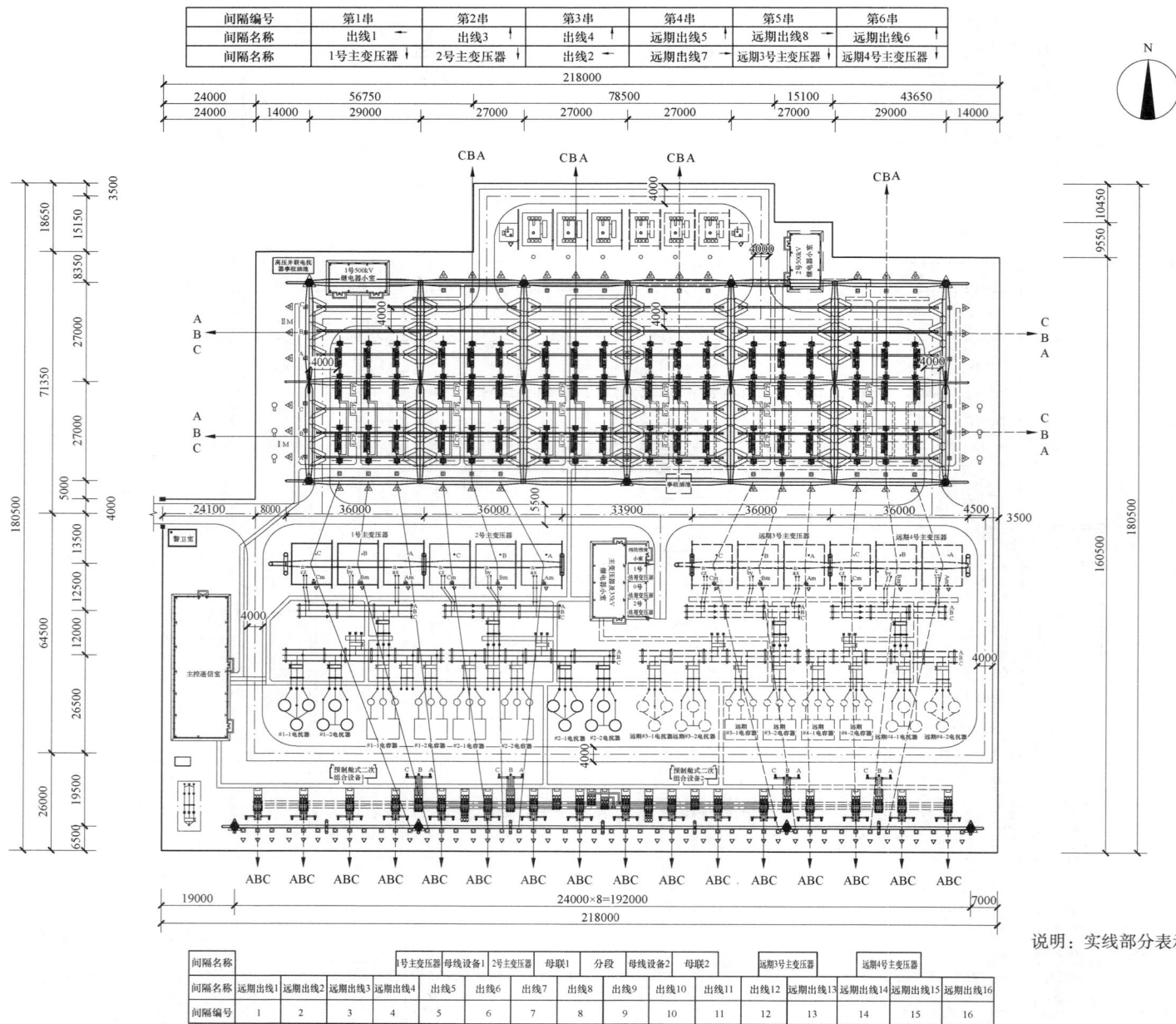

间隔名称					1号主变压器	母线设备1	2号主变压器	母联1	分段	母线设备2	母联2		远期3号主变压器		远期4号主变压器	
间隔名称	远期出线1	远期出线2	远期出线3	远期出线4	出线5	出线6	出线7	出线8	出线9	出线10	出线11	出线12	远期出线13	远期出线14	远期出线15	远期出线16
间隔编号	1	2	3	4	5	6	7	8	9	10	11	12	13	14	15	16

说明：实线部分表示本期工程，虚线部分表示远期工程。

图 26.3-3 电气总平面布置图（半 C 形 HGIS）（500-B-5-D1-02b）

屏 位 一 览 表

屏号	名称	数量		备 注
		单位	本期 | 远期	
1	1号直流馈电柜	面	1	
2	1号高频开关充电柜	面	1	
3	1号直流联络柜	面	1	
4	一体化电源监控柜	面	1	
5	3号高频开关充电柜	面	1	
6	2号直流联络柜	面	1	
7	2号高频开关充电柜	面	1	
8	2号直流馈电柜	面	1	
9	UPS主柜	面	1	
10~11	UPS馈线柜	面	2	
12	事故逆变电源屏	面	1	
13	监控主机柜	面	1	
14	综合应用服务器柜	面	1	综合应用服务器1台+正反向隔离各2台
15	Ⅰ区远动通信柜	面	1	Ⅰ区通信网关机2台+Ⅰ区站控层中心交换机2台+防火墙2台
16	Ⅱ区及Ⅲ/Ⅳ区远动通信柜	面	1	Ⅱ区网关机2台+Ⅲ/Ⅳ区网关机1台+Ⅱ区站控层中心交换机2台
17	同步相量主机柜	面	1	
18	电能量采集终端柜	面	1	
19	同步时钟主时钟柜	面	1	
20	公用测控屏	面	1	
21	调度数据网设备柜1	面	1	路由器1台+纵向加密2台+交换机2台
22	调度数据网设备柜2	面	1	路由器1台+纵向加密2台+交换机2台
23~24	智能辅助控制系统柜	面	2	
25	网络报文记录仪主机柜	面	1	
26~27	交流分柜	面	2	
28~36	备用	面		9	
1T~32T	通信屏柜	面	32	

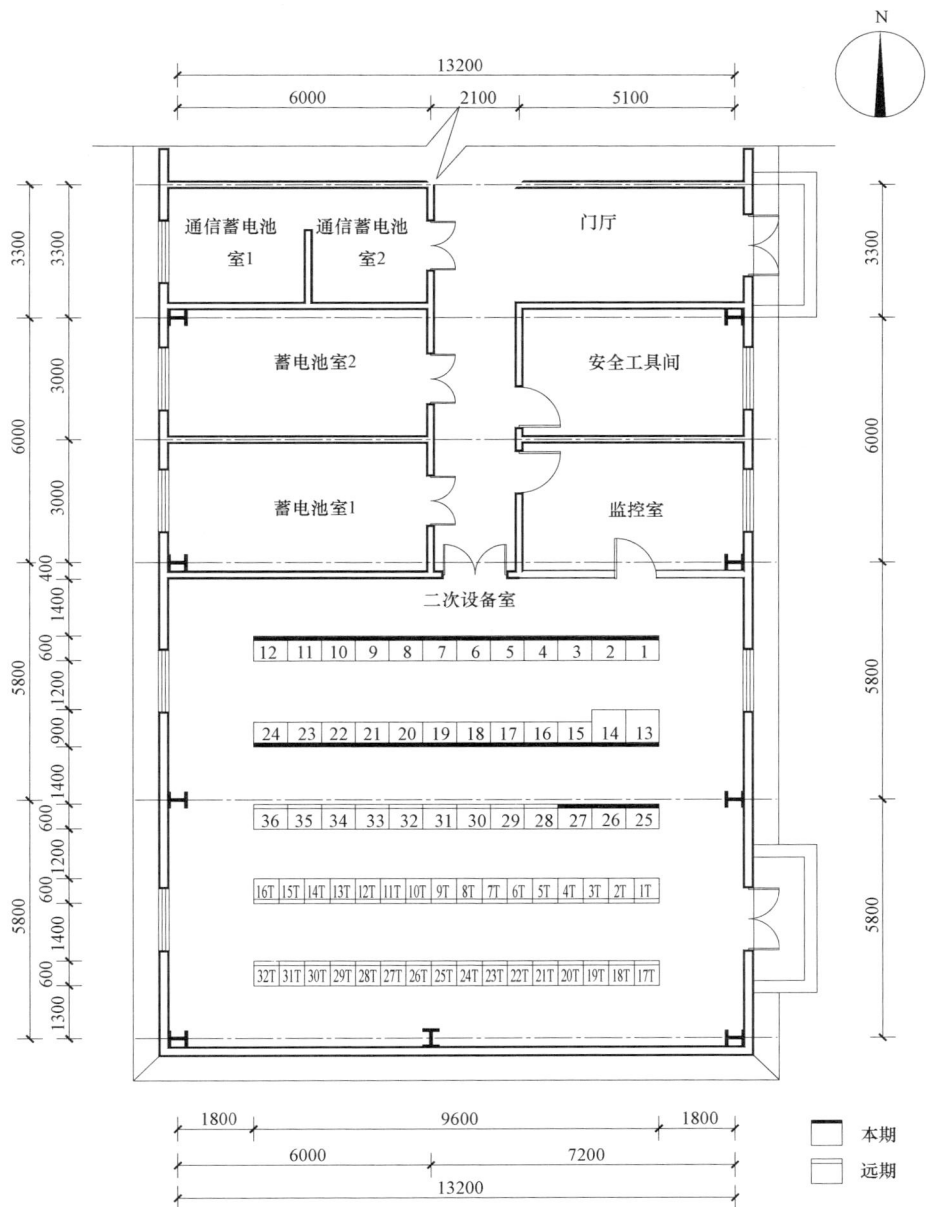

图 26.3-4　二次设备室屏位布置图（500-B-5-D2-05）

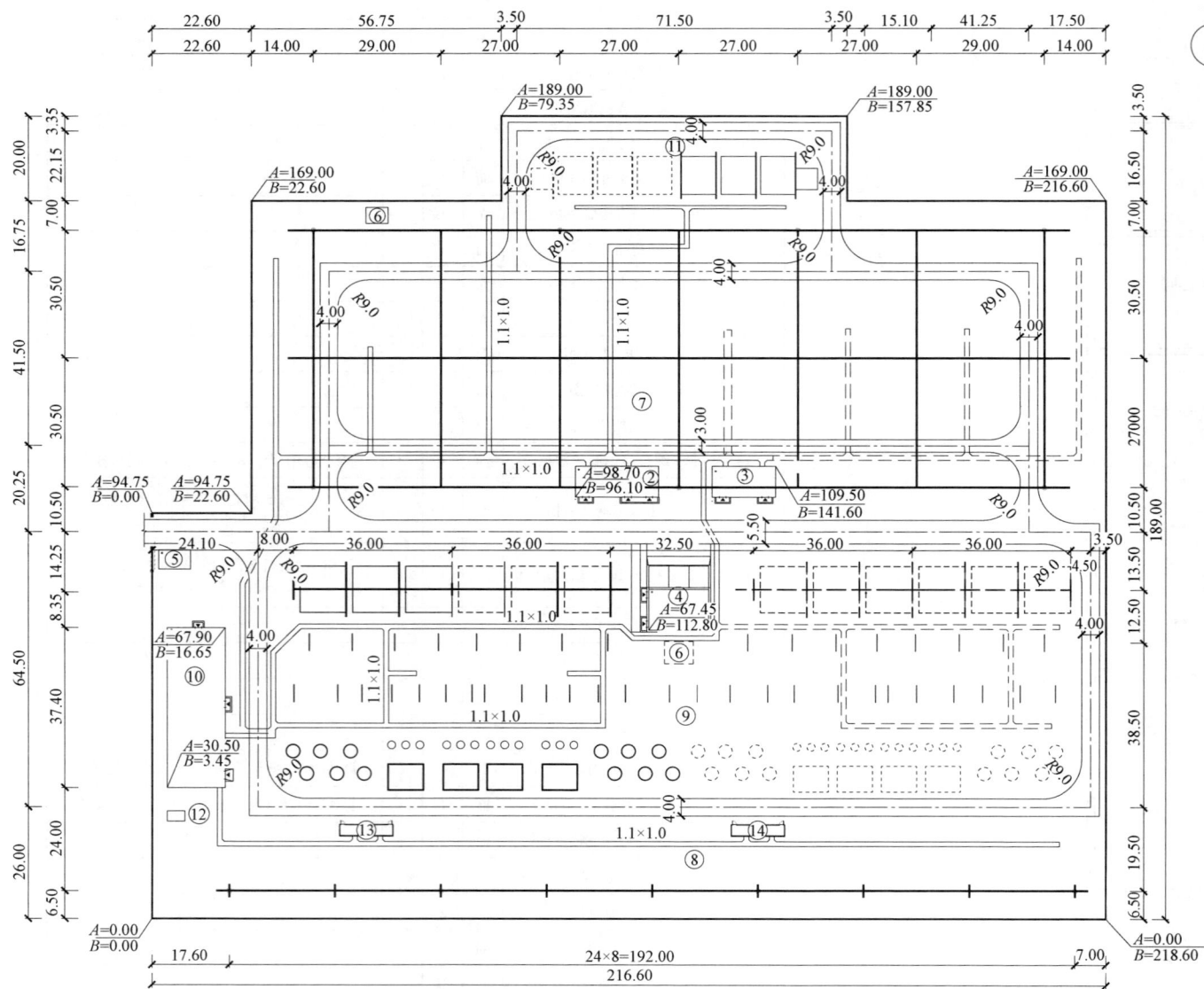

图 26.3-5　总平面布置图（一字形 HGIS）（500-B-5-T-01a）

建（构）筑物一览表

编号	建（构）筑物名称	占地面积（m²）	备注
①	主控通信室	540	
②	1 号 500kV 继电器小室	160	
③	2 号 500kV 继电器小室	124	
④	35kV、主变压器继电器小室站用电室	229	
⑤	警卫室	40	
⑥	主变压器事故油池/高压并联电抗器事故油池	35/19	
⑦	500kV 屋外配电装置场地	11823	
⑧	220kV 屋外配电装置场地	5577	
⑨	主变压器场地	10870	
⑩	主控通信室场地	1738	
⑪	高压并联电抗器场地	3211	
⑫	化粪池	23	
⑬	预制舱式二次组合设备 1	31	Ⅲ型
⑭	预制舱式二次组合设备 2	31	Ⅲ型

主要技术经济指标表

序号	名称	单位	数量	备注
1	站区围墙内占地面积	hm²	3.6498	
2	站内主电缆沟长度	m	1230	
3	站内道路面积	m²	4670	
4	总建筑面积	m²	1017	钢结构
5	站区围墙长度	m	811	

说明：图中尺寸的计量单位均为 m。

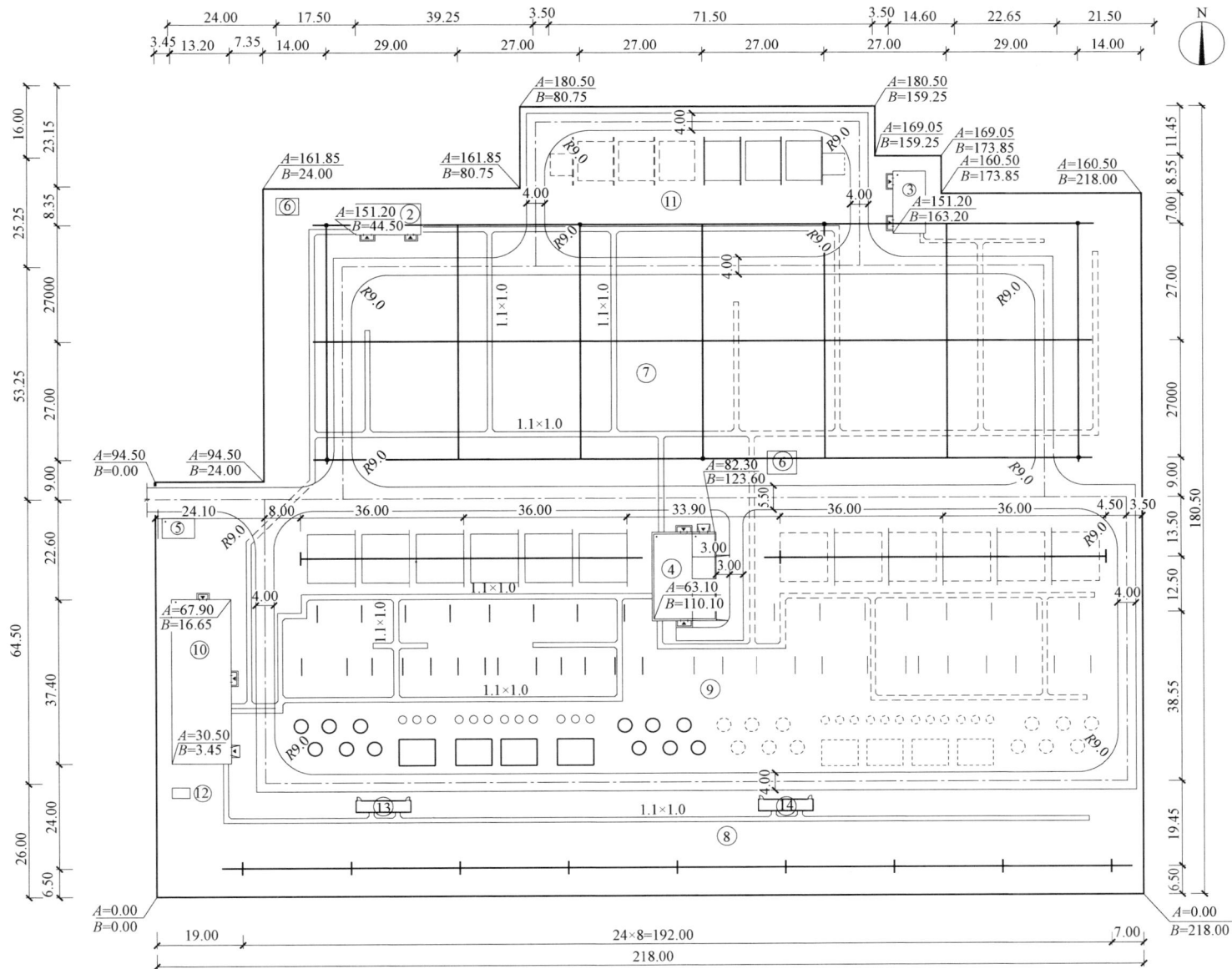

图 26.3-6　总平面布置图（半 C 形 HGIS）（500-B-5-T-01b）

建（构）筑物一览表

编号	建（构）筑物名称	占地面积（m²）	备注
①	主控通信室	540	
②	1 号 500kV 继电器小室	124	
③	2 号 500kV 继电器小室	124	
④	35kV、主变压器继电器小室站用电室	285	
⑤	警卫室	40	
⑥	主变压器事故油池/高压并联电抗器事故油池	35/19	
⑦	500kV 屋外配电装置场地	11823	
⑧	220kV 屋外配电装置场地	5577	
⑨	主变压器场地（含电容器、低压电抗器组）	10870	
⑩	主控通信室场地	1738	
⑪	高压并联电抗器场地（含远期高压并联电抗器场地）	3211	
⑫	化粪池	23	
⑬	预制舱式二次组合设备 1	31	Ⅲ型
⑭	预制舱式二次组合设备 2	31	Ⅲ型

主要技术经济指标表

序号	名称	单位	数量	备注
1	站区围墙内占地面积	hm²	3.5177	
2	站内主电缆沟长度	m	1080	
3	站内道路面积	m²	4280	
4	总建筑面积	m²	1038	钢结构
5	站区围墙长度	m	797	

说明：图中尺寸的计量单位均为 m。

27.1　500-B-6 方案主要技术条件

500-B-6 方案主要技术条件见表 27.1-1。

表 27.1-1　　　　　　　500-B-6 方案主要技术条件表

序号	项目		技 术 条 件
1	建设规模	主变压器	本期 2 组 1200MVA，远期 4 组 1200MVA
		出线	500kV：本期 4 回，远期 8 回； 220kV：本期 8 回，远期 16 回
		无功补偿装置	500kV 高压并联电抗器：本期 1 组 150Mvar，远期 2 组，为线路高压并联电抗器，均装设中性点电抗器； 66kV 并联电抗器：本期 4 组 60Mvar，远期 8 组 60Mvar； 66kV 并联电容器：本期 8 组 60Mvar，远期 16 组 60Mvar
2	站址基本条件		海拔≤1000m，设计基本地震加速度 0.10g，设计风速≤30m/s，地基承载力特征值 f_{ak}=150kPa，无地下水影响，场地同一设计标高
3	电气主接线		500kV 一个半断路器接线，本期 3 个完整串，远期 6 个完整串，4 组主变压器全部进串，高压并联电抗器回路不设置隔离开关； 220kV 本期及远期均采用双母线双分段接线； 66kV 单母线单元接线，设总回路断路器
4	主要设备选型		500、220、66kV 短路电流控制水平分别为 63、50、31.5kA。 主变压器采用单相、自耦、无励磁调压；高压并联电抗器采用单相、自冷式；500kV 采用户外 HGIS；220kV 采用户外 GIS；66kV 采用柱式断路器；66kV 并联电容器采用框架式、35kV 并联电抗器采用干式空芯
5	电气总平面及配电装置		500、220kV 及主变压器场地平行布置； 500kV 户外悬吊管型母线中型、HGIS 三列一字形或半 C 形布置，主变压器构架与 500kV 母线平行布置，间隔宽度 27m（消防环道间隔宽度 29m）； 220kV GIS 户外布置，间隔宽度 12m（局部双层出线间隔宽度 13m）； 66kV 户外支持管型母线中型布置，配电装置 T 字形布置

续表

序号	项目	技 术 条 件
6	二次系统	变电站自动化系统按照一体化监控设计； 500kV 及主变压器各侧采用常规互感器模拟量采样，其余采用常规互感器+合并单元（66kV 采用合并单元智能终端集成装置）； 500kV 及主变压器仅 GOOSE 组网，220kV GOOSE 与 SV 共网，保护直采直跳； 500、220kV 及主变压器保护、测控装置独立配置，66kV 采用保护测控一体化装置； 采用站内一体化电源系统，通信电源独立配置； 500kV 设置 2 个继电器小室；主变压器及 66kV 与主控通信室合建；220kV 设置 2 个Ⅲ型预制舱式二次组合设备
7	土建部分	一字形 HGIS 方案围墙内占地面积 4.0565hm²； 半 C 形 HGIS 方案围墙内占地面积 3.9505hm²； 一字形 HGIS 方案全站总建筑面积 982m²，其中主控通信室建筑面积 658m²； 半 C 形 HGIS 方案全站总建筑面积 990m²，其中主控通信室建筑面积 658m²； 建筑物结构型式为钢结构或钢筋混凝土结构； 主变压器消防采用泡沫喷淋系统

27.2　500-B-6 方案基本模块划分

500-B-6 方案主要包括 500kV 配电装置模块，220kV 配电装置模块，主变压器、66kV 无功配电装置模块，主控通信室模块，继电器小室模块，预制舱式二次组合设备模块 6 个基本模块，方案基本模块划分表见 27.2-1。

表 27.2-1　　　　　500-B-6 方案基本模块划分表

序号	基本模块编号	基本模块名称	基本模块描述
1	500-B-6-500	500kV 配电装置模块	500kV 本期 4 回出线、2 回主变压器进线，远期 8 回出线、4 回主变压器进线；高压并联电抗器本期 1 组 150Mvar，远期 2 组；500kV 采用一个半断路器接线，本期 3 个完整串，远期 6 个完整串，4 组主变压器全部进串。500kV 户外悬吊管型母线中型、HGIS 三列一字形或半 C 形布置，4 组主变压器高跨横穿进串。500kV 母线和串中跨线按远期规模一次建设

序号	基本模块编号	基本模块名称	基本模块描述
2	500-B-6-220	220kV 配电装置模块	220kV 本期 8 回出线、4 回主变压器进线,远期 16 回出线、4 回主变压器进线;220kV 本期采用双母线双分段接线,远期接线型式不变。220kV GIS 户外布置
3	500-B-6-66	主变压器、66k 无功及配电装置模块	主变压器本期 2 组 1200MVA,远期 4 组 1200MVA,采用 500kV/220kV/66kV 单相、自耦、无励磁调压变压器。本期及远期每组主变压器 66kV 侧分别设置 2 组 60Mvar 并联电抗器和 4 组 60Mvar 并联电容器;全站设置 3 台 35kV、800kVA 站用变压器。66kV 单母线单元接线,设总回路断路器。66kV 采用柱式断路器,户外支持管型母线中型布置,无功补偿设备垂直于主变压器排列方向一列布置
4	500-B-6-ZKL	主控通信室模块	主控通信室为单层建筑,建筑面积为 658m²,建筑体积为 2731m³。结构型式采用钢结构或钢筋混凝土结构

序号	基本模块编号	基本模块名称	基本模块描述
5	500-B-6-JDQ	继电器小室模块	一字形: 继电器小室为单层建筑,其中 1 号 500kV 继电器小室建筑面积为 160m²,建筑体积为 694m³;2 号 500kV 继电器小室建筑面积为 124m²,建筑体积为 515m³;结构型式采用钢结构或钢筋混凝土结构 半 C 形: 继电器小室为单层建筑,其中 500kV 继电器小室建筑面积为 124m²,建筑体积为 515m³;结构型式采用钢结构或钢筋混凝土结构
6	500-B-6-YZC	预制舱式二次组合设备模块	采用预制舱式二次组合设备,全站设置 2 个 Ⅲ 型预制舱式二次组合设备,舱内二次设备双列布置

27.3 500-B-6 方案主要设计图纸

500-B-6 方案主要设计图纸详见图 27.3-1~图 27.3-6。

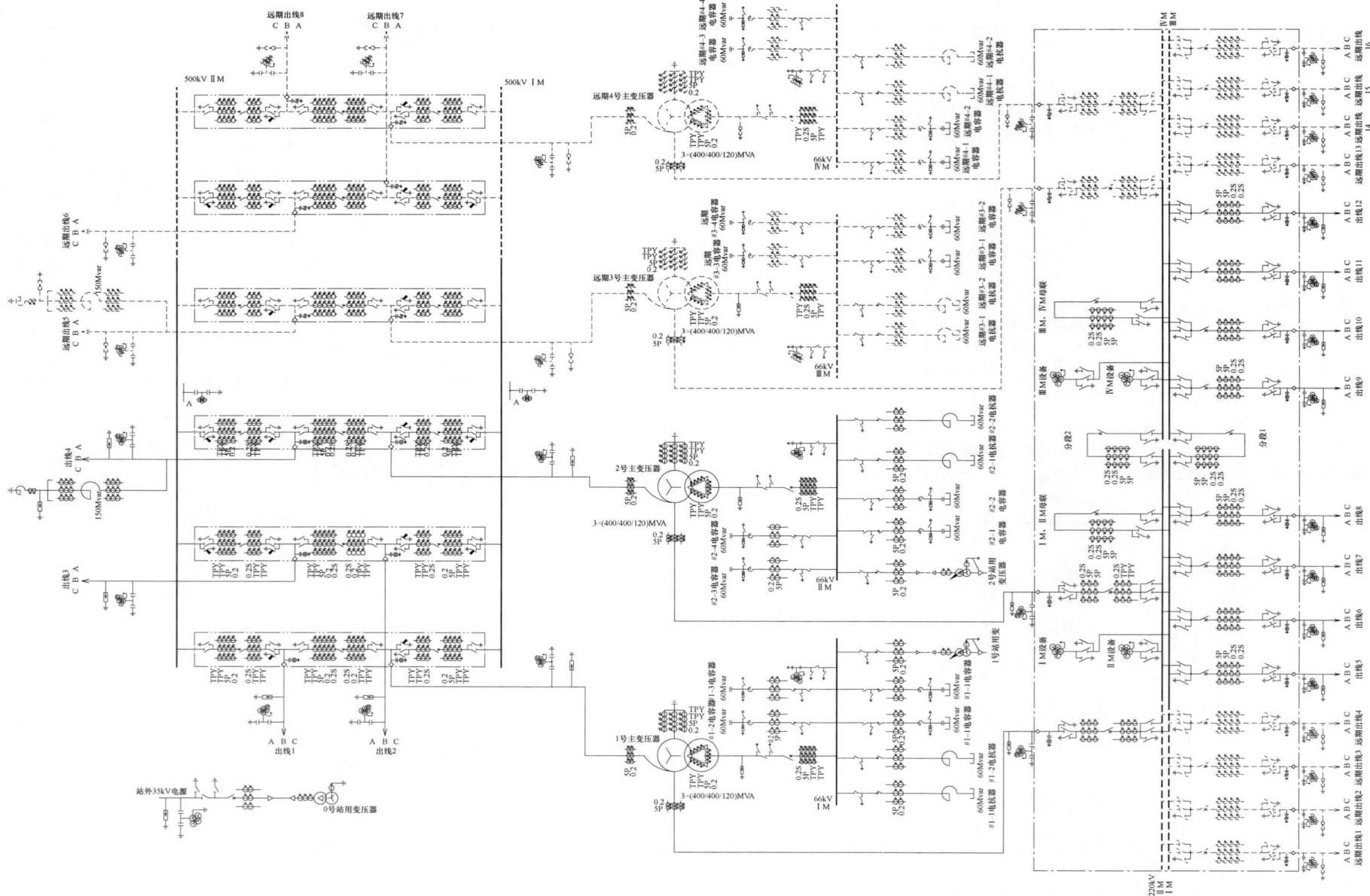

说明：实线部分表示本期工程，虚线部分表示远期工程。

图 27.3-1　电气主接线图（500-B-6-D1-01）

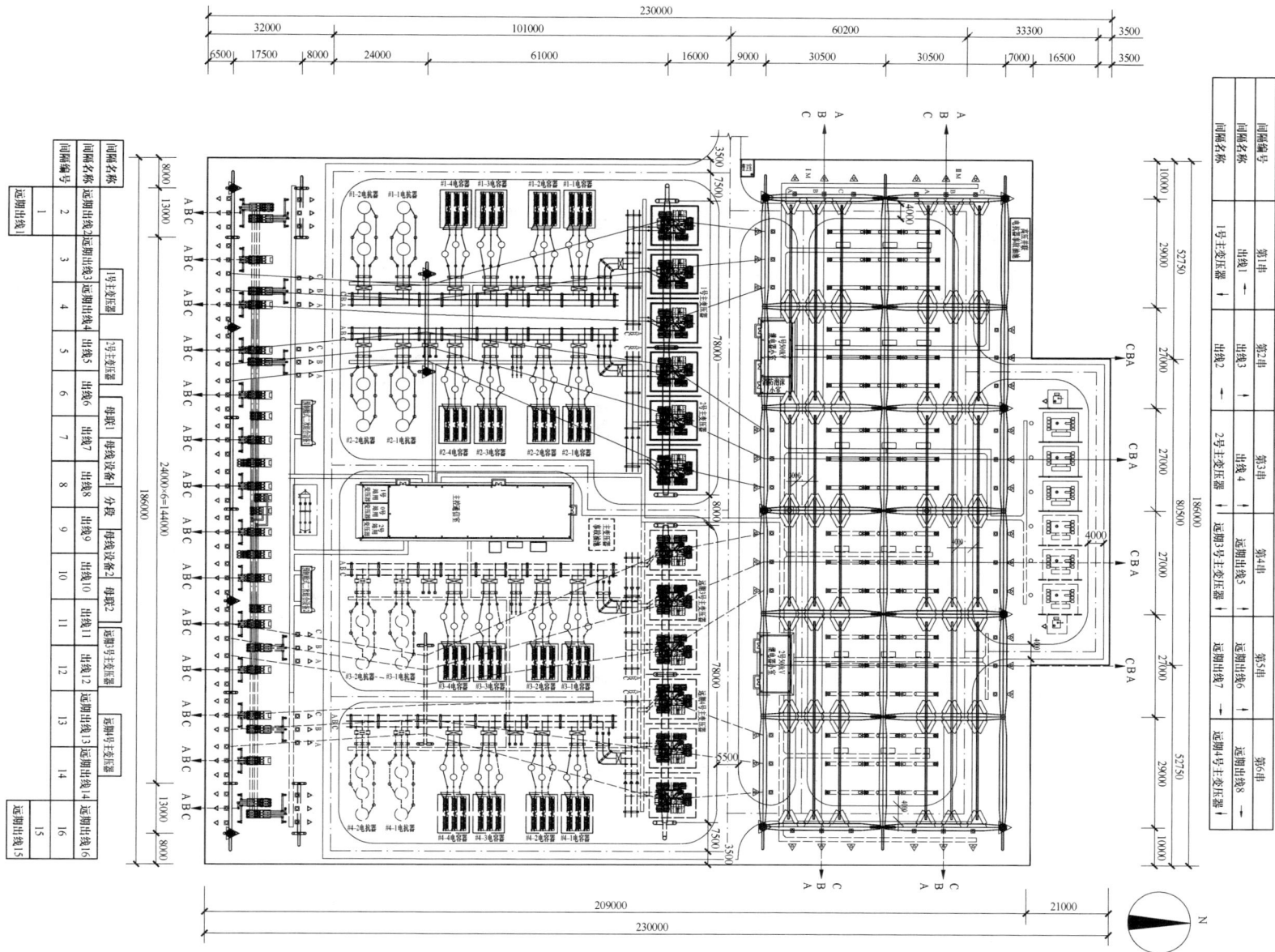

说明：实线部分表示本期工程，虚线部分表示远期工程。

图 27.3-2　电气总平面布置图（一字形 HGIS）（500-B-6-D1-02a）

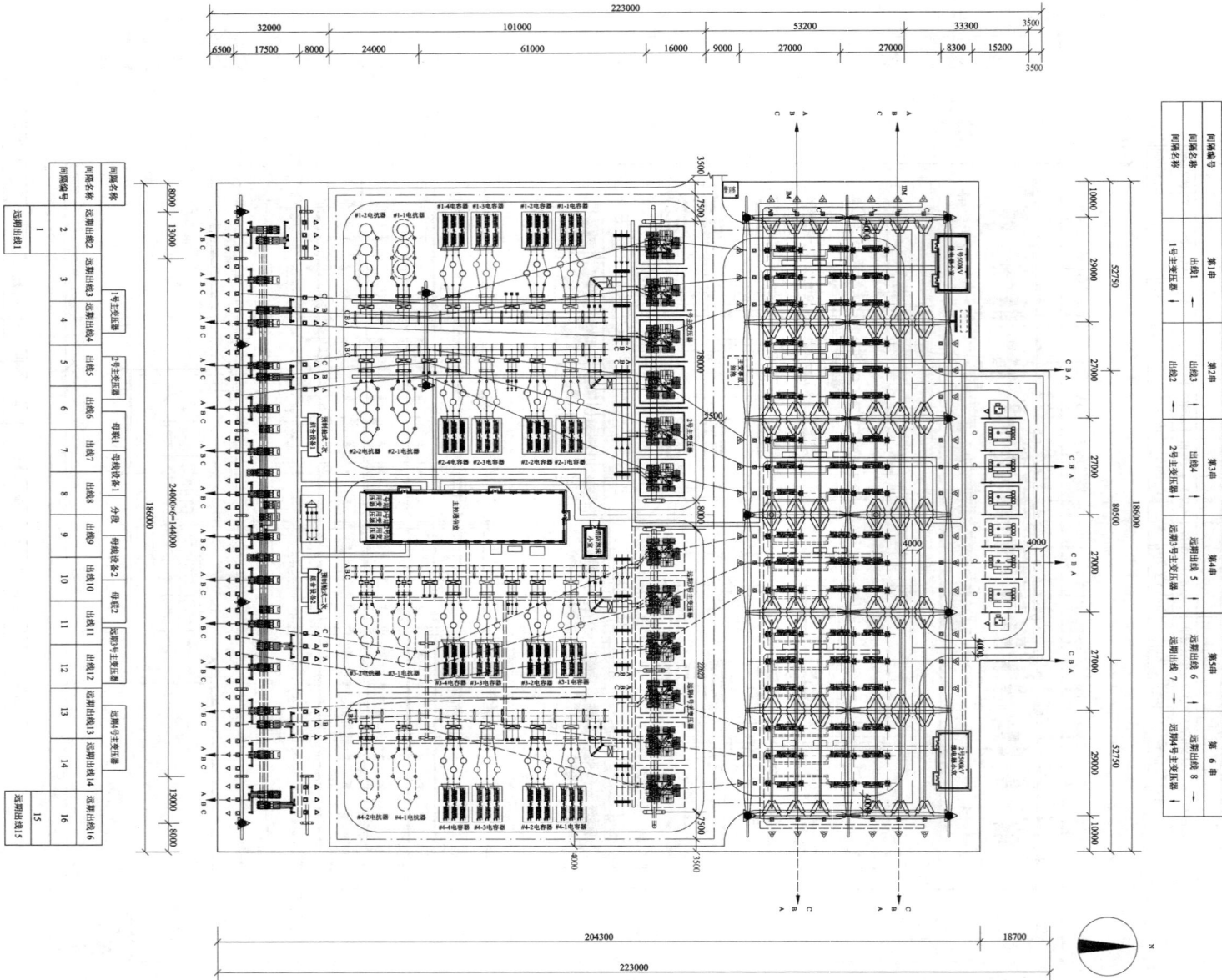

说明：实线部分表示本期工程，虚线部分表示远期工程。

图 27.3-3 电气总平面布置图（半 C 形 HGIS）（500-B-6-D1-02b）

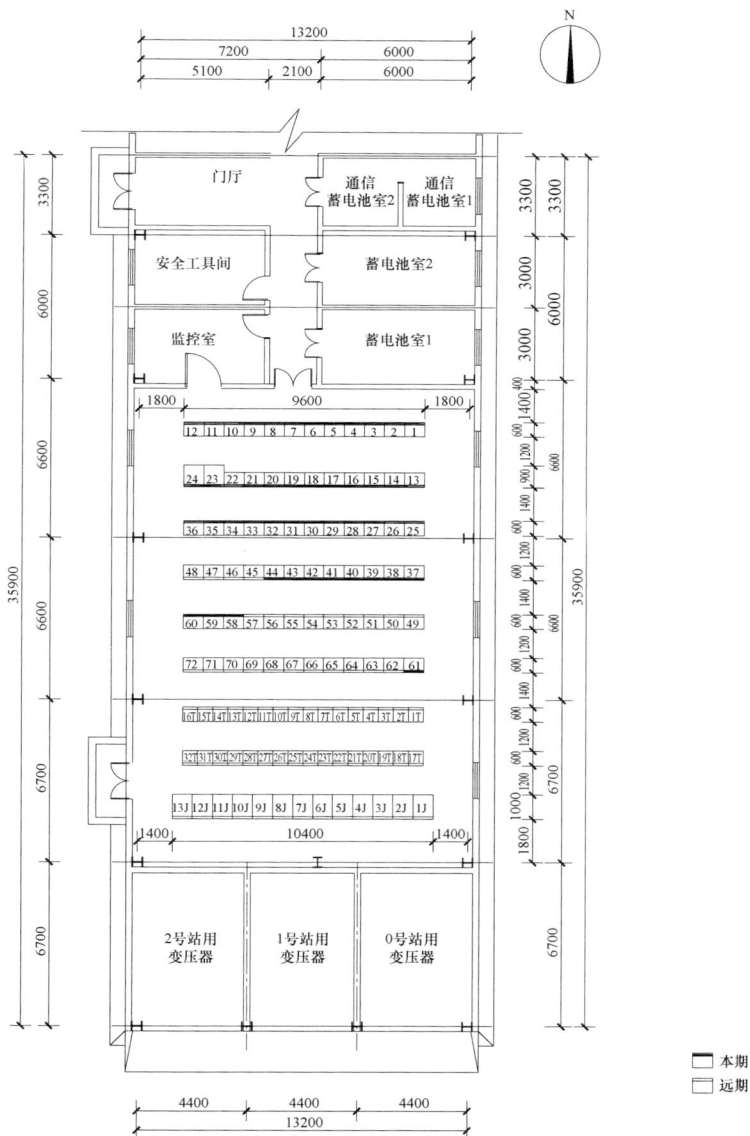

屏位一览表

屏号	名称	单位	本期	远期	备注	屏号	名称	单位	本期	远期	备注
1	1号直流馈电柜	面	1			34	1号主变压器消防控制柜	面	1		
2	1号高频开关充电柜	面	1			35	2号主变压器消防控制柜	面	1		
3	1号直流联络柜	面	1			36	66kV1号无功保护测控屏	面	1		电容器保护测控一体化装置2台+电抗器保护测控一体化装置2台
4	一体化电源监控柜	面	1			37	66kV 2号无功保护测控屏	面	1		电容器保护测控一体化装置2台+电抗器保护测控一体化装置2台
5	3号高频开关充电柜	面	1			38	网络设备柜	面	1		
6	2号直流联络柜	面	1			39	间隔层MMS网络设备柜	面	1		MMS网交换机2台（远期预留2台）
7	2号高频开关充电柜	面	1			40	光纤配线架柜	面	1		
8	2号直流馈电柜	面	1			41	同步时钟系统扩展柜	面	1		
9	UPS主柜	面	1			42	主变压器故障录波器柜	面	1		
10~11	UPS馈线柜	面	2			43	同步时钟主时钟柜	面	1		
12	事故逆变电源屏	面	1			44	同步相量采集柜	面	1		
13~14	交流分柜	面	2			45~46	3号主变压器保护柜	面		2	
15	电能量采集终端柜	面	1			47	3号主变压器测控柜	面		1	
16~17	智能辅助控制系统柜	面	2			48~49	4号主变压器保护柜	面		2	
18	网络报文记录仪主机柜	面	1			50	4号主变压器测控柜	面		1	
19	同步相量主机柜	面	1			51	主变压器故障录波器柜	面		1	
20	调度数据网设备柜	面	1		路由器2台+纵向加密4台+交换机4台	52~53	主变压器及无功电能表柜	面		2	
21	Ⅱ区及Ⅲ/Ⅳ区远动通信柜	面	1		Ⅲ区网关机2台+Ⅲ/Ⅳ区网关机1台+Ⅲ区站控层中心交换机2台	54~55	66kV 3号、4号无功保护测控屏	面		1	
22	Ⅰ区远动通信柜	面	1		Ⅰ区通信网关机2台+Ⅰ区站控层中心交换机2台+防火墙2台	56	3号主变压器消防控制柜	面		1	
23	综合应用服务器柜	面	1		综合应用服务器1台+正反向隔离各2台	57	4号主变压器消防控制柜	面		1	
24	监控主机柜	面	1			58~59	主变压器及无功电能表柜	面		2	
25~26	直流分电柜	面	2			60	66kV站用变压器保护测控屏	面	1		站用变压器保护测控一体化装置3台
27	试验电源屏	面	1			61	公用测控屏	面	1		
28~29	1号主变压器保护柜	面	2			62~72	备用	面		11	
30	1号主变压器测控柜	面	1			1T~32T	通信屏柜	面	32		
31~32	2号主变压器保护柜	面	2			1J~13J	交流屏柜	面	13		
33	2号主变压器测控柜	面	1								

图 27.3-4　公用、主变压器及66kV二次设备室屏位布置图（500-B-6-D2-05）

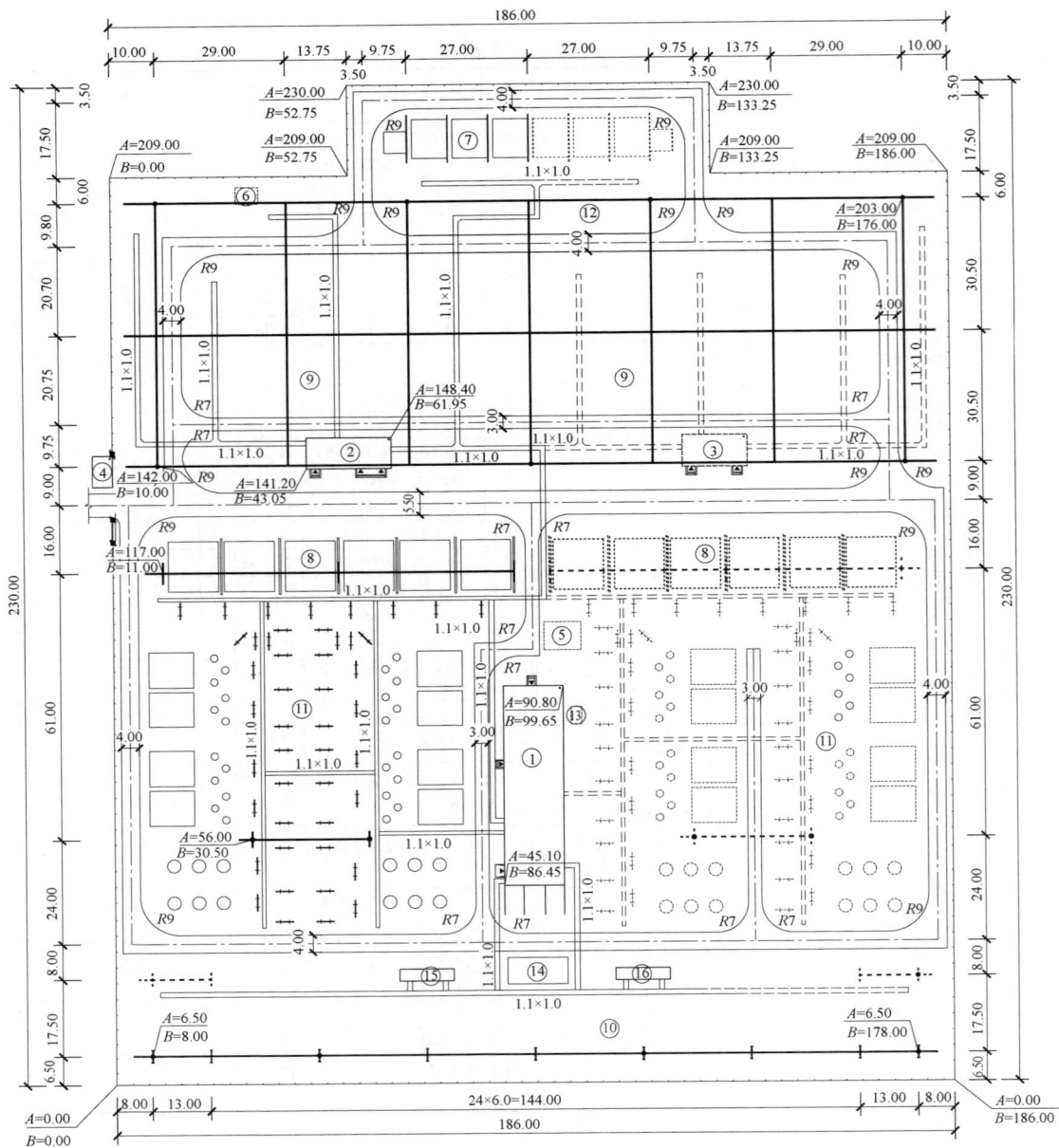

图 27.3-5 总平面布置图（一字形 HGIS）（500-B-6-T-01a）

建（构）筑物一览表

编号	建（构）筑物名称	占地面积（m²）	备注
①	主控通信室	658	
②	1 号 500kV 继电器小室	160	
③	2 号 500kV 继电器小室	124	
④	警卫室	40	
⑤	主变压器事故油池	52	
⑥	高压并联电抗器事故油池	19	
⑦	高压并联电抗器	715	
⑧	主变压器	2000	
⑨	500kV 配电装置	12834	
⑩	220kV 配电装置	5952	
⑪	主变压器及 66kV 配电装置	18414	
⑫	高压并联电抗器场地	2448	
⑬	化粪池	23	
⑭	站用电	80	
⑮	220kV 预制舱式二次组合设备 1	35	
⑯	220kV 预制舱式二次组合设备 2	35	

主要技术经济指标表

序号	名称	单位	数量	备注
1	站区围墙内占地面积	hm²	4.0565	
2	站区电缆沟长度	m	960	
3	站内道路面积	m²	5540	
4	总建筑面积	m²	982	钢结构
5	站区围墙长度	m	832	

说明：图中尺寸的计量单位均为 m。

建（构）筑物一览表

编号	建（构）筑物名称	占地面积（m²）	备注
①	主控通信室	658	
②	1号500kV继电器小室	124	
③	2号500kV继电器小室	124	
④	消防泡沫小室	44	
⑤	警卫室	40	
⑥	主变压器事故油池	52	
⑦	高压并联电抗器事故油池	19	
⑧	高压并联电抗器	715	
⑨	主变压器	2000	
⑩	500kV配电装置	11800	
⑪	220kV配电装置	5952	
⑫	主变压器及66kV配电装置	18414	
⑬	高压并联电抗器场地	2448	
⑭	化粪池	23	
⑮	站用电	80	
⑯	220kV预制舱式二次组合设备1	35	
⑰	220kV预制舱式二次组合设备2	35	

主要技术经济指标表

序号	名称	单位	数量	备注
1	站区围墙内占地面积	hm²	3.9505	
2	站区电缆沟长度	m	960	
3	站内道路面积	m²	4980	
4	总建筑面积	m²	990	钢结构
5	站区围墙长度	m	818	

说明：图中尺寸的计量单位均为 m。

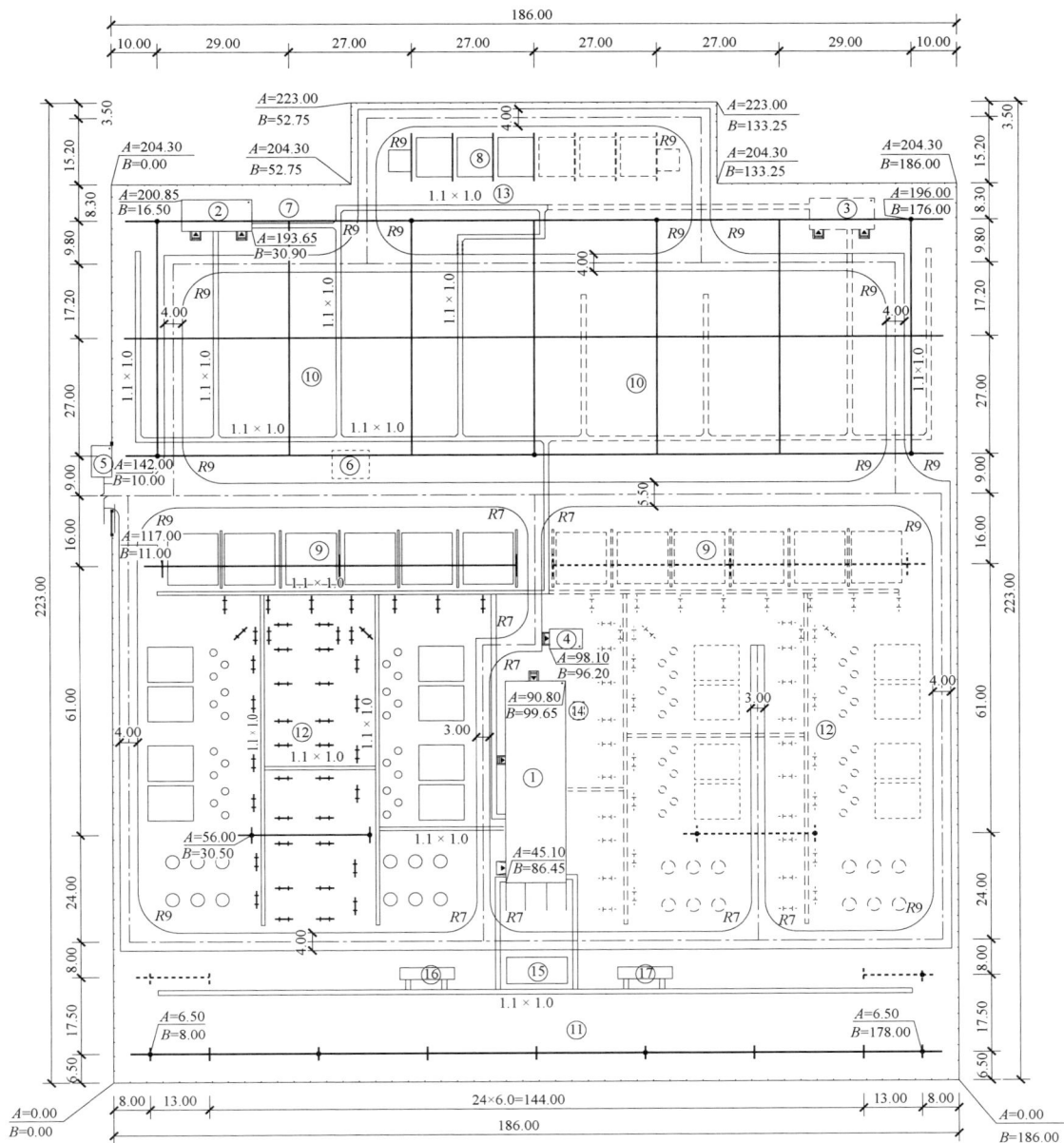

图 27.3-6　总平面布置图（半 C 形 HGIS）（500-B-6-T-01b）

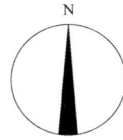

第28章 500-C-1方案

28.1 500-C-1方案主要技术条件

500-C-1方案主要技术条件见表28.1-1。

表28.1-1　　　　　　　　500-C-1方案主要技术条件表

序号	项目		技　术　条　件
1	建设规模	主变压器	本期2组1000MVA，远期3组1000MVA
		出线	500kV出线：本期4回，远期10回，两个方向出线； 220kV出线：本期8回，远期16回，一个方向出线
		无功补偿装置	500kV高压并联电抗器：本期1组150Mvar，远期2组150Mvar，为线路高压并联电抗器，均装设中性点电抗器； 35kV并联电抗器：本期4组60Mvar，远期6组60Mvar； 35kV并联电容器：本期4组60Mvar，远期6组60Mvar
2	站址基本条件		海拔≤1000m，设计基本地震加速度0.10g，设计风速≤30m/s，地基承载力特征值f_{ak}=150kPa，无地下水影响，场地同一设计标高
3	电气主接线		500kV采用一个半断路器接线，远期组成6个完整串，其中2组主变压器进串，1组主变压器直接上母线； 500kV高压并联电抗器直接接入线路，不设隔离开关； 220kV本期双母线单分段接线，远期双母线双分段接线； 35kV采用单母线单元接线，装设总断路器
4	主要设备选型		500、220、35kV短路电流控制水平分别为63、50、40kA； 主变压器采用三相、自耦、无励磁调压。高压并联电抗器采用单相、油浸、自冷式。500kV采用户外柱式断路器；220kV采用户外柱式断路器；35kV采用户外柱式断路器。35kV并联电容器采用框架式、35kV并联电抗器采用干式空芯
5	电气总平面及配电装置		500、220kV及主变压器场地平行布置； 500kV户外悬吊管型母线中型布置、柱式断路器三列布置，主变压器构架与500kV母线垂直布置，间隔宽度28m（环道间隔宽度29m）； 220kV户外支持管型母线中型布置柱式断路器双列布置，间隔宽度13m； 35kV户外软母线中型布置，配电装置一字形布置

续表

序号	项目	技　术　条　件
6	二次系统	变电站自动化系统按照一体化监控设计； 500kV及主变压器各侧采用常规互感器模拟量采样，其余采用常规互感器+合并单元（35kV采用合并单元智能终端集成装置）； 500kV及主变压器仅GOOSE组网，220kV GOOSE与SV共网，保护直采直跳； 500、220kV及主变压器保护、测控装置独立配置，35kV采用保护测控一体化装置； 采用站内一体化电源系统，通信电源独立配置； 500kV设置2个继电器小室；主变压器及35kV设置1个继电器小室；220kV设置2个Ⅲ型预制舱式二次组合设备
7	土建部分	围墙内占地面积6.5995hm²（6TA）/6.3145hm²（3TA）； 全站总建筑面积1039m²（6TA）/1039m²（3TA），其中主控通信室建筑面积540m²（6TA）/540m²（3TA）； 建筑物结构型式为钢结构或钢筋混凝土结构； 主变压器消防采用泡沫喷淋系统

28.2 500-C-1方案基本模块划分

500-C-1方案主要包括500kV配电装置模块，220kV配电装置模块，主变压器、35kV无功配电装置模块，主控通信室模块，继电器小室模块，预制舱式二次组合设备模块6个基本模块，模块内容见表28.2-1。

表28.2-1　　　　　　　500-C-1方案基本模块划分表

序号	基本模块编号	基本模块名称	基本模块描述
1	500-C-1-500	500kV配电装置模块	500kV本期4回出线、2回主变压器进线，远期10回出线、3回主变压器进线；高压并联电抗器本期1组150Mvar，远期2组；500kV采用一个半断路器接线，本期3个完整串，远期6个完整串。500kV户外悬吊管型母线中型布置，1组主变压器高跨横穿进串，1组主变压器低架横穿进串，1组主变压器低架直接接入母线。500kV母线和串中跨线按远期规模一次建设

序号	基本模块编号	基本模块名称	基本模块描述
2	500-C-1-220	220kV 配电装置模块	220kV 本期 8 回出线、2 回主变压器进线本期，远期 16 回出线、3 回主变压器进线；220kV 本期采用双母线单分段接线，远期双母线双分段接线。220kV 采用户外柱式断路器，屋外支持管型母线中型布置
3	500-C-1-35	主变压器、35kV 无功配电装置模块	主变压器本期 2 组 1000MVA，远期 3 组 1000MVA，采用 500kV/220kV/35kV 三相、自耦、无励磁调压变压器。35kV 并联电抗器本期及远期每台主变压器 2 组 60Mvar；35kV 并联电容器本期及远期每台主变压器 2 组 60Mvar；35kV 站用变本期及远期设 3 台 800kVA。主变压器 35kV 侧进线装设总断路器，35kV 配电装置采用单母线单元接线。35kV 采用柱式断路器，屋外支持管型母线中型布置，配电装置一字形布置

序号	基本模块编号	基本模块名称	基本模块描述
4	500-C-1-ZKL	主控通信室模块	主控通信室为单层建筑，建筑面积为 540m²，建筑体积为 2241m³。结构型式采用钢结构或钢筋混凝土结构
5	500-C-1-JDQ	继电器小室模块	继电器小室为单层建筑，其中 500kV 继电器小室建筑面积为 117m²，建筑体积为 486m³；35kV、主变压器继电器小室及站用电室建筑面积为 142m²，建筑体积为 602m³；结构型式采用钢结构或钢筋混凝土结构
6	500-C-1-YZC	预制舱式二次组合设备模块	采用预制舱式二次组合设备，全站设置 2 个 Ⅲ 型预制舱式二次组合设备，舱内二次设备双列布置

28.3 500-C-1 方案主要设计图纸

500-C-1 方案主要设计图纸详见图 28.3-1～图 28.3-7。

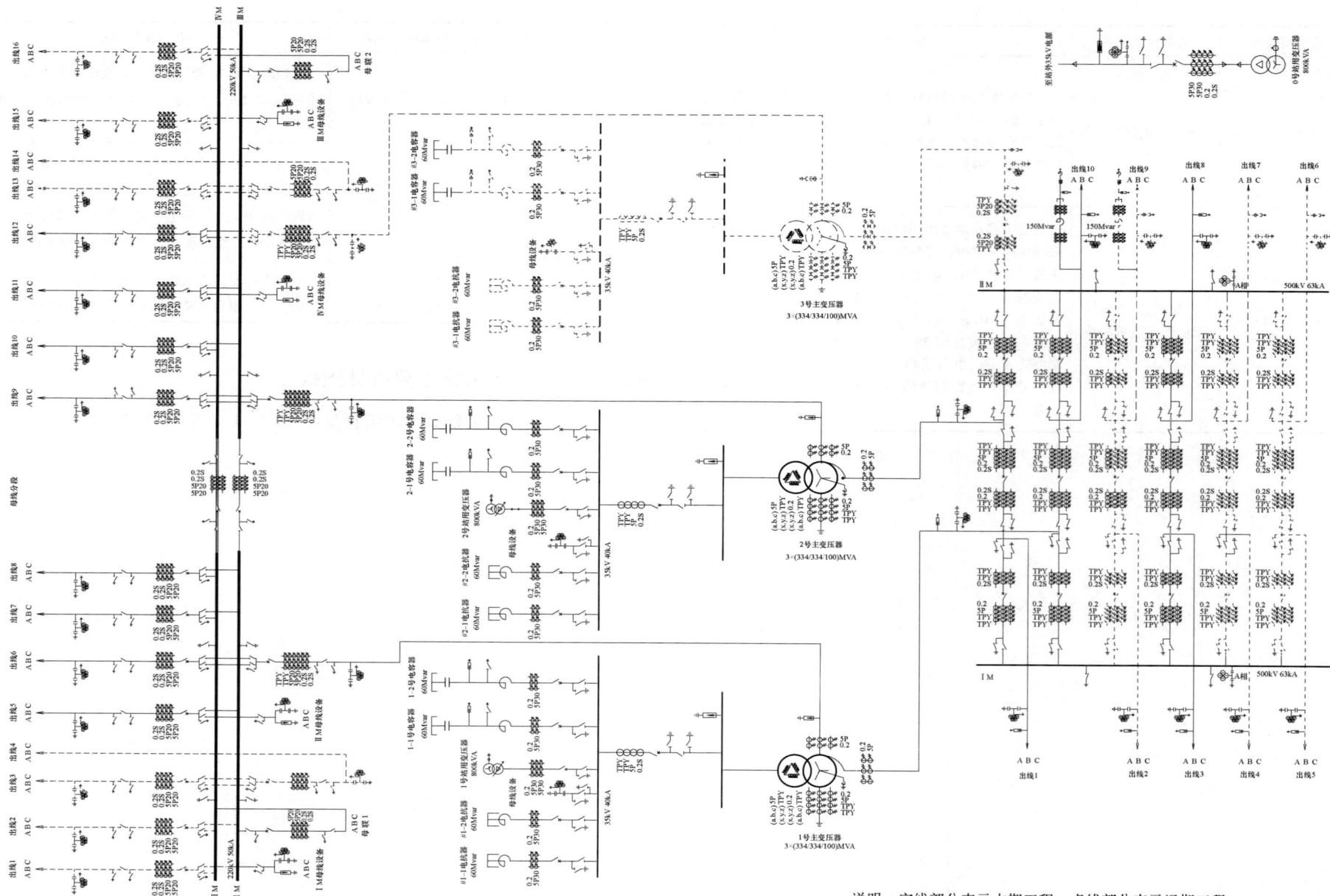

说明：实线部分表示本期工程，虚线部分表示远期工程。

图 28.3-1　电气主接线图（6TA）（500-C-1-D1-01a）

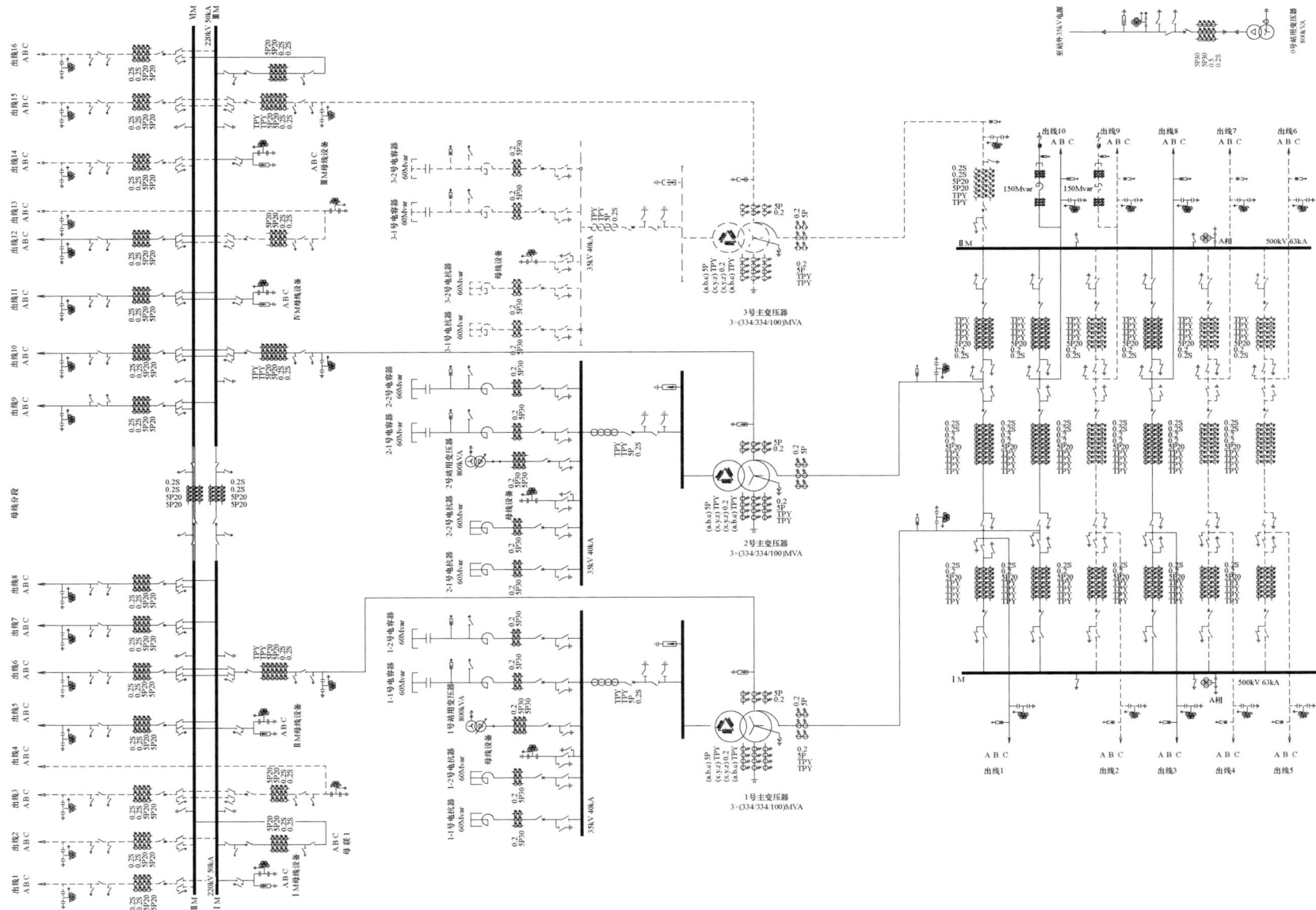

图 28.3-2　电气主接线图（3TA）（500-C-1-D1-01b）

说明：实线部分表示本期工程，虚线部分表示远期工程。

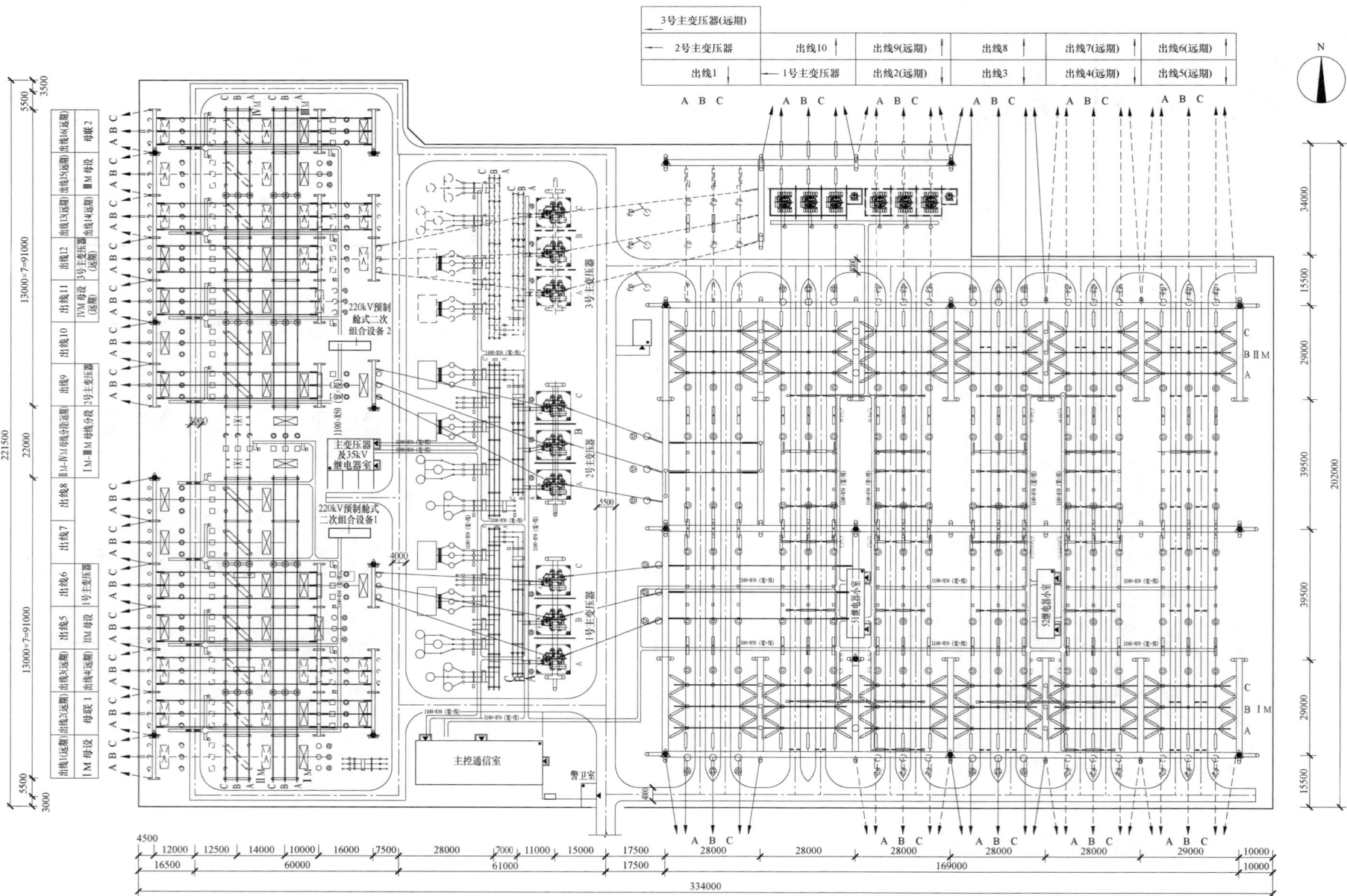

说明：实线部分表示本期工程，虚线部分表示远期工程。

图 28.3-3　电气总平面布置图（6TA）（500-C-1-D1-02a）

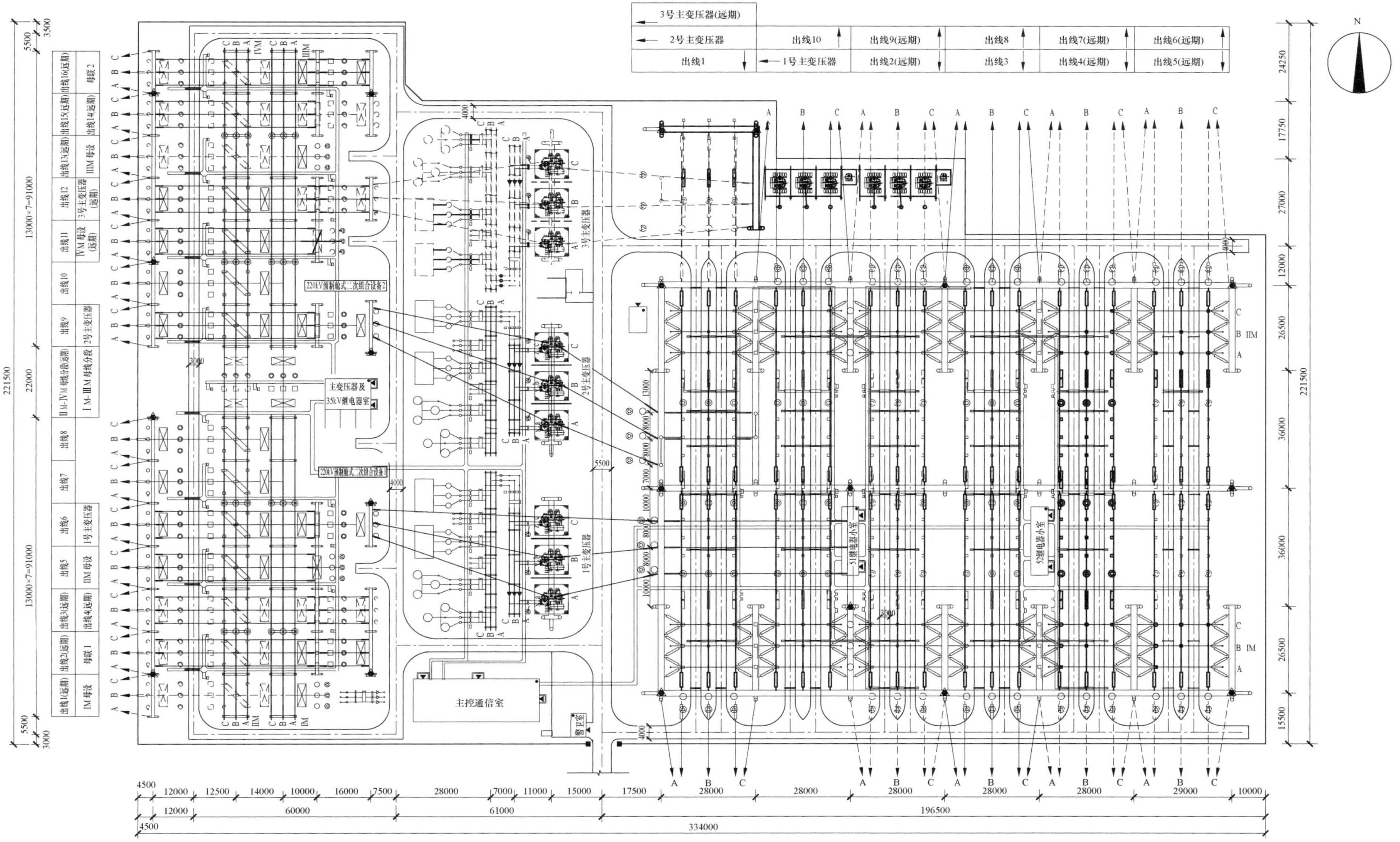

说明：实线部分表示本期工程，虚线部分表示远期工程。

图 28.3-4　电气总平面布置图（3TA）（500-C-1-D1-02b）

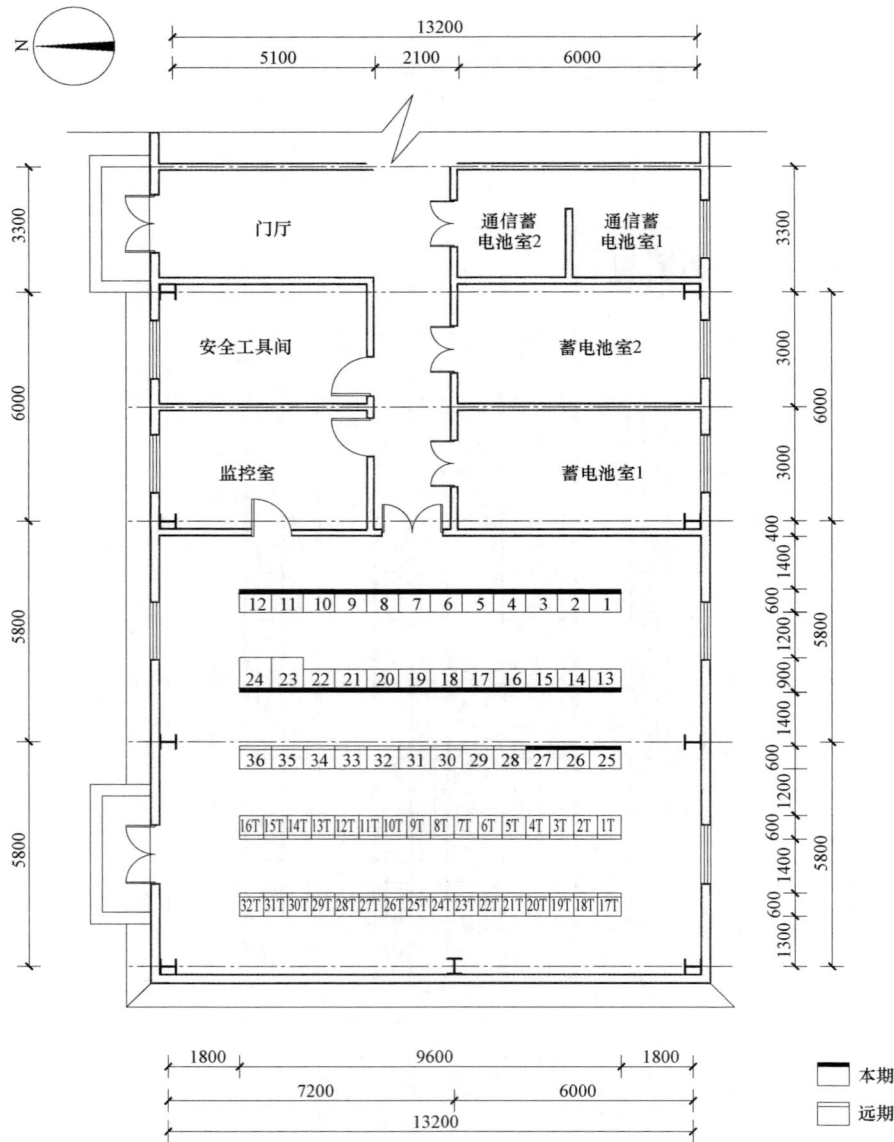

屏 位 一 览 表

屏号	名　称	数量			备　注
		单位	本期	远期	
1	1号直流馈电柜	面	1		
2	1号高频开关充电柜	面	1		
3	1号直流联络柜	面	1		
4	一体化电源监控柜	面	1		
5	3号高频开关充电柜	面	1		
6	2号直流联络柜	面	1		
7	2号高频开关充电柜	面	1		
8	2号直流馈电柜	面	1		
9	UPS主柜	面	1		
10~11	UPS馈线柜	面	2		
12	事故逆变电源屏	面	1		
13~14	智能辅助控制系统柜	面	2		
15	公用测控屏	面	1		
16	同步时钟主时钟柜	面	1		
17	电能量采集终端柜	面	1		
18	同步相量主机柜	面	1		
19	Ⅱ区及Ⅲ/Ⅳ区远动通信柜	面	1		Ⅱ区网关机2台+Ⅲ/Ⅳ区网关机1台+Ⅱ区站控层中心交换机2台
20	Ⅰ区远动通信柜	面	1		Ⅰ区通信网关机2台+Ⅰ区站控层中心交换机2台+防火墙2台
21	调度数据网设备柜1	面	1		路由器1台+纵向加密2台+交换机2台
22	调度数据网设备柜2	面	1		路由器1台+纵向加密2台+交换机2台
23	综合应用服务器柜	面	1		综合应用服务器1台+正反向隔离各2台
24	监控主机柜	面	1		
25	网络报文记录仪主机柜	面	1		
26~27	交流分柜	面	2		
28~36	备用	面		9	
1T~32T	通信屏柜	面	32		

图 28.3-5　二次设备室屏位布置图（500-C-1-D2-05）

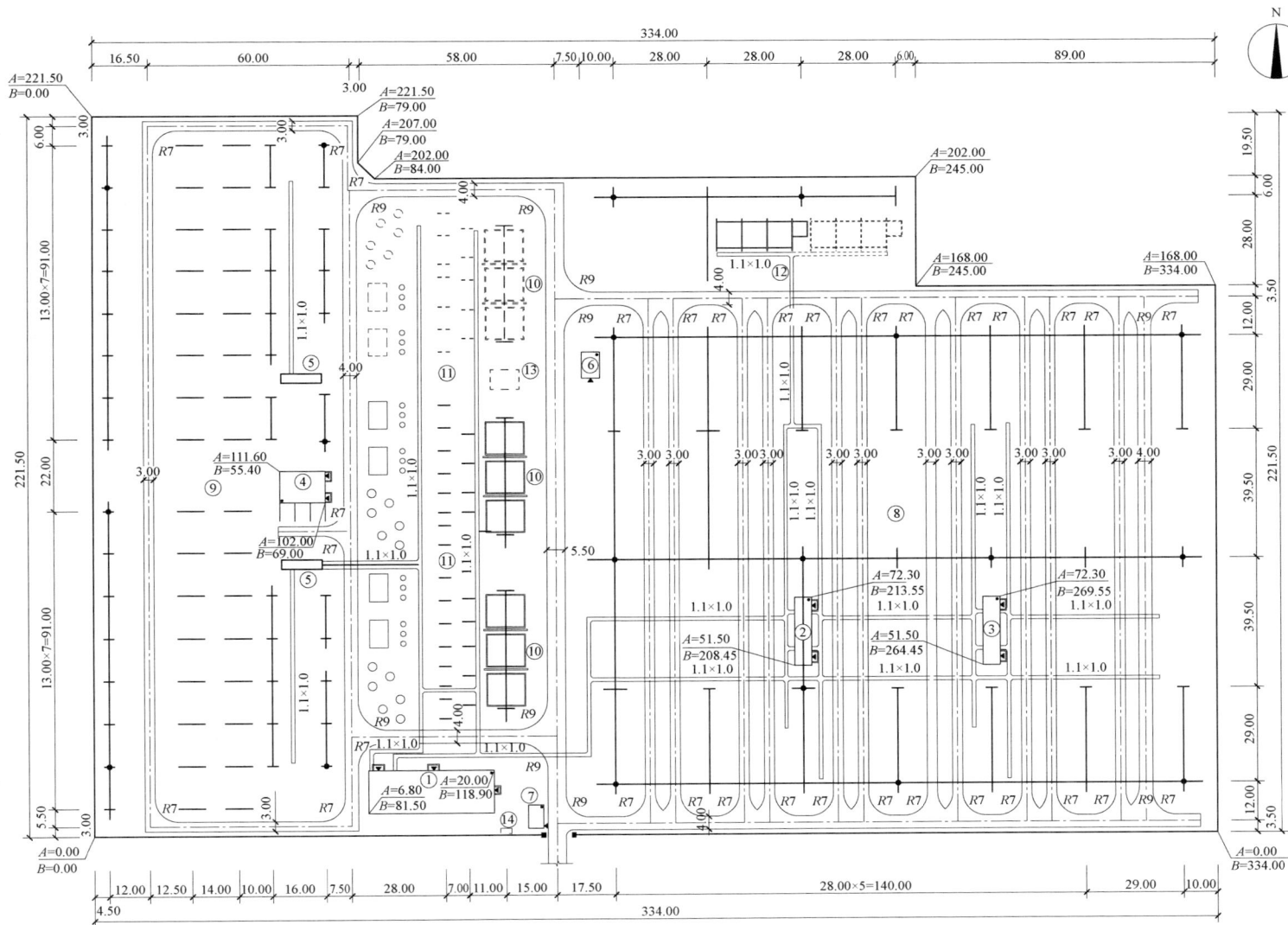

建（构）筑物一览表

编号	建（构）筑物名称	占地面积（m²）	备注
①	主控通信室	540	
②	1号500kV继电器小室	131	
③	2号500kV继电器小室	131	
④	主变压器及35kV继电器小室	229	
⑤	220kV预制舱式二次组合设备	35×2	Ⅲ型
⑥	泡沫消防室	44	
⑦	警卫室	40	
⑧	500kV配电装置	29500	
⑨	220kV配电装置	16800	
⑩	主变压器	390×3	
⑪	35kV配电装置	6350	
⑫	高压变电抗器	2500	
⑬	主变压器事故油池	70	
⑭	化粪池	6	

主要技术经济指标表

序号	名称	单位	指标	备注
1	站区围墙内占地面积	hm²	6.5995	
2	站内主电缆沟长度	m	1450	
3	站内道路面积	m²	11800	
4	总建筑面积	m²	1039	钢结构
5	站区围墙长度	m	1108	

说明：图中尺寸的计量单位均为 m。

图 28.3-6　总平面布置图（6TA）（500-C-1-T-01a）

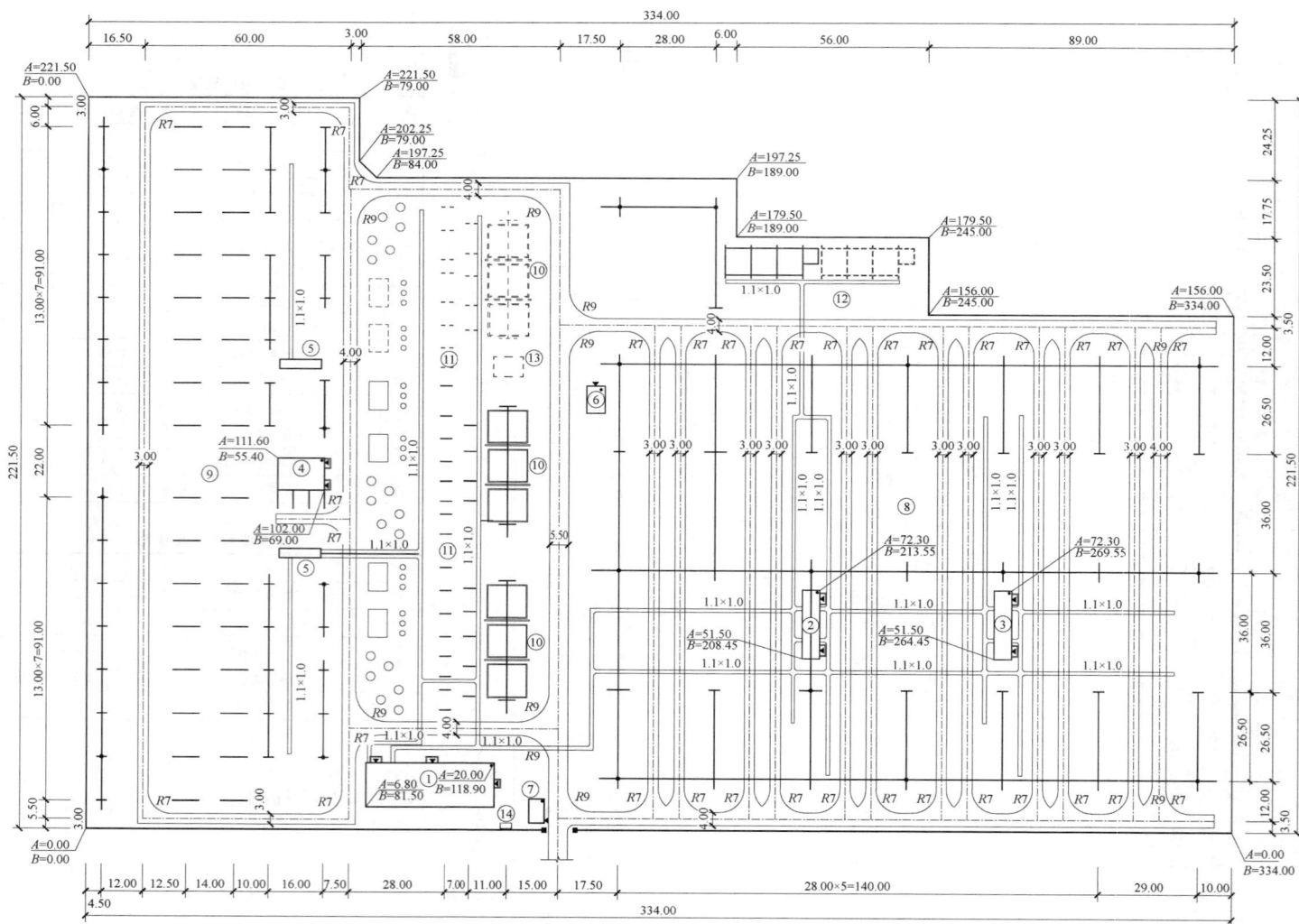

图 28.3-7　总平面布置图（3TA）（500-C-1-T-01b）

建（构）筑物一览表

编号	建（构）筑物名称	占地面积（m²）	备注
①	主控通信室	540	
②	1 号 500kV 继电器小室	131	
③	2 号 500kV 继电器小室	131	
④	主变压器及 35kV 继电器小室	229	
⑤	220kV 预制舱式二次组合设备	35×2	Ⅲ型
⑥	泡沫消防室	44	
⑦	警卫室	40	
⑧	500kV 配电装置	27200	
⑨	220kV 配电装置	16800	
⑩	主变压器	390×3	
⑪	35kV 配电装置	6350	
⑫	高压变电电抗器	2500	
⑬	主变压器事故油池	70	
⑭	化粪池	6	

主要技术经济指标表

序号	名称	单位	指标	备注
1	站区围墙内占地面积	hm²	6.3145	
2	站内主电缆沟长度	m	1380	
3	站内道路面积	m²	11360	
4	总建筑面积	m²	1039	钢结构
5	站区围墙长度	m	1108	

说明：图中尺寸的计量单位均为 m。

第29章 500-C-2方案

29.1 500-C-2方案主要技术条件

500-C-2方案主要技术条件见表29.1-1。

表29.1-1　　　　500-C-2方案主要技术条件表

序号	项目		技术条件
1	建设规模	主变压器	本期2组1000MVA，远期4组1000MVA
		出线	500kV出线：本期4回，远期10回，两个方向出线； 220kV出线：本期8回，远期16回，两个方向出线
		无功补偿装置	500kV高压并联电抗器：本期1组150Mvar，远期2组150Mvar，为线路高压并联电抗器，均装设中性点电抗器； 35kV并联电抗器：本期4组60Mvar，远期8组60Mvar； 35kV并联电容器：本期4组60Mvar，远期8组60Mvar
2	站址基本条件		海拔≤1000m，设计基本地震加速度0.10g，设计风速≤30m/s，地基承载力特征值f_{ak}=150kPa，无地下水影响，场地同一设计标高
3	电气主接线		500kV采用一个半断路器接线，远期组成6个完整串，其中2组主变压器进串，2组主变压器直接上母线； 500kV高压并联电抗器直接接入线路，不设置隔离开关； 220kV本期双母线单分段接线，远期双母线双分段接线； 35kV采用单母线单元接线，装设总断路器
4	主要设备选型		500、220、35kV短路电流控制水平分别为63、50、40kA； 主变压器采用三相、自耦、无励磁调压。高压并联电抗器采用单相、油浸、自冷式。500kV采用户外柱式断路器；220kV采用户外柱式断路器；35kV采用户外柱式断路器。35kV并联电容器采用框架式、35kV并联电抗器采用干式空芯
5	电气总平面及配电装置		500、220kV及主变压器场地平行布置； 500kV户外悬吊管型母线中型布置、柱式断路器三列布置，2组主变压器高架横穿进串，2组主变压器经断路器从母线端头接入母线。主变压器构架与500kV母线垂直布置，间隔宽度28m（环道间隔宽度29m）； 220kV户外支持管型母线中型布置柱式断路器三列布置，间隔宽度13m； 35kV采用户外支持管型母线中型布置，配电装置一字形布置

续表

序号	项目	技术条件
6	二次系统	变电站自动化系统按照一体化监控设计； 500kV及主变压器各侧采用常规互感器模拟量采样，其余采用常规互感器+合并单元（35kV采用合并单元智能终端集成装置）； 500kV及主变压器仅GOOSE组网，220kV GOOSE与SV共网，保护直采直跳； 500、220kV及主变压器保护、测控装置独立配置，35kV采用保护测控一体化装置； 采用站内一体化电源系统，通信电源独立配置； 500kV设置2个继电器小室；主变压器及35kV设置1个继电器小室；220kV设置2个Ⅲ型预制舱式二次组合设备
7	土建部分	围墙内占地面积7.0820hm²（6TA）/6.8217hm²（3TA） 全站总建筑面积1039m²（6TA）/1039m²（3TA），其中主控通信室建筑面积540m²（6TA）/540m²（3TA）； 建筑物结构型式为钢结构或钢筋混凝土结构； 主变压器消防采用泡沫喷淋系统

29.2 500-C-2方案基本模块划分

500-C-2方案主要包括500kV配电装置模块，220kV配电装置模块，主变压器、35kV无功配电装置模块，主控通信室模块，继电器小室模块，预制舱式二次组合设备模块6个基本模块，模块内容见表29.2-1。

表29.2-1　　　　500-C-2方案基本模块划分表

序号	基本模块编号	基本模块名称	基本模块描述
1	500-C-2-500	500kV配电装置模块	500kV本期4回出线、2回主变压器进线，远期10回出线、4回主变压器进线；高压并联电抗器本期1组150Mvar，远期2组；500kV采用一个半断路器接线，本期3个完整串，远期6个完整串。500kV户外悬吊管型母线中型布置，2组主变压器高架横穿进串，2组主变压器低架直接接入母线。500kV母线和串中跨线按远期规模一次建设

序号	基本模块编号	基本模块名称	基本模块描述
2	500-C-2-220	220kV 配电装置模块	220kV 本期 8 回出线、2 回主变压器进线，远期 16 回出线、4 回主变压器进线。220kV 本期采用双母线单分段接线，远期双母线双分段接线。220kV 采用户外柱式断路器，屋外支持管型母线中型布置
3	500-C-2-35	主变压器、35kV 无功配电装置模块	主变压器本期 2 组 1000MVA，远期 4 组 1000MVA，采用 500kV/220kV/35kV 三相、自耦、无励磁调压变压器。35kV 并联电抗器本期及远期每台主变压器 2 组 60Mvar；35kV 并联电容器本期及远期每台主变压器 2 组 60Mvar；35kV 站用变压器本期及远期设 3 台 800kVA。主变压器 35kV 侧进线装设总断路器，35kV 配电装置采用单母线单元接线。35kV 采用柱式断路器，屋外支持管型母线中型布置，配电装置一字形布置

序号	基本模块编号	基本模块名称	基本模块描述
4	500-C-2-ZKL	主控通信室模块	主控通信室为单层建筑，建筑面积为 540m^2，建筑体积为 2241m^3。结构型式采用钢结构或钢筋混凝土结构
5	500-C-2-JDQ	继电器小室模块	继电器小室为单层建筑，其中 500kV 继电器小室建筑面积为 117m^2，建筑体积为 486m^3；35kV、主变压器继电器小室及站用电室建筑面积为 142m^2，建筑体积为 602m^3；结构型式采用钢结构或钢筋混凝土结构
6	500-C-2-YZC	预制舱式二次组合设备模块	采用预制舱式二次组合设备，全站设置 2 个 Ⅲ 型预制舱式二次组合设备，舱内二次设备双列布置

29.3 500-C-2 方案主要设计图纸

500-C-2 方案主要设计图纸详见图 29.3-1～图 29.3-7。

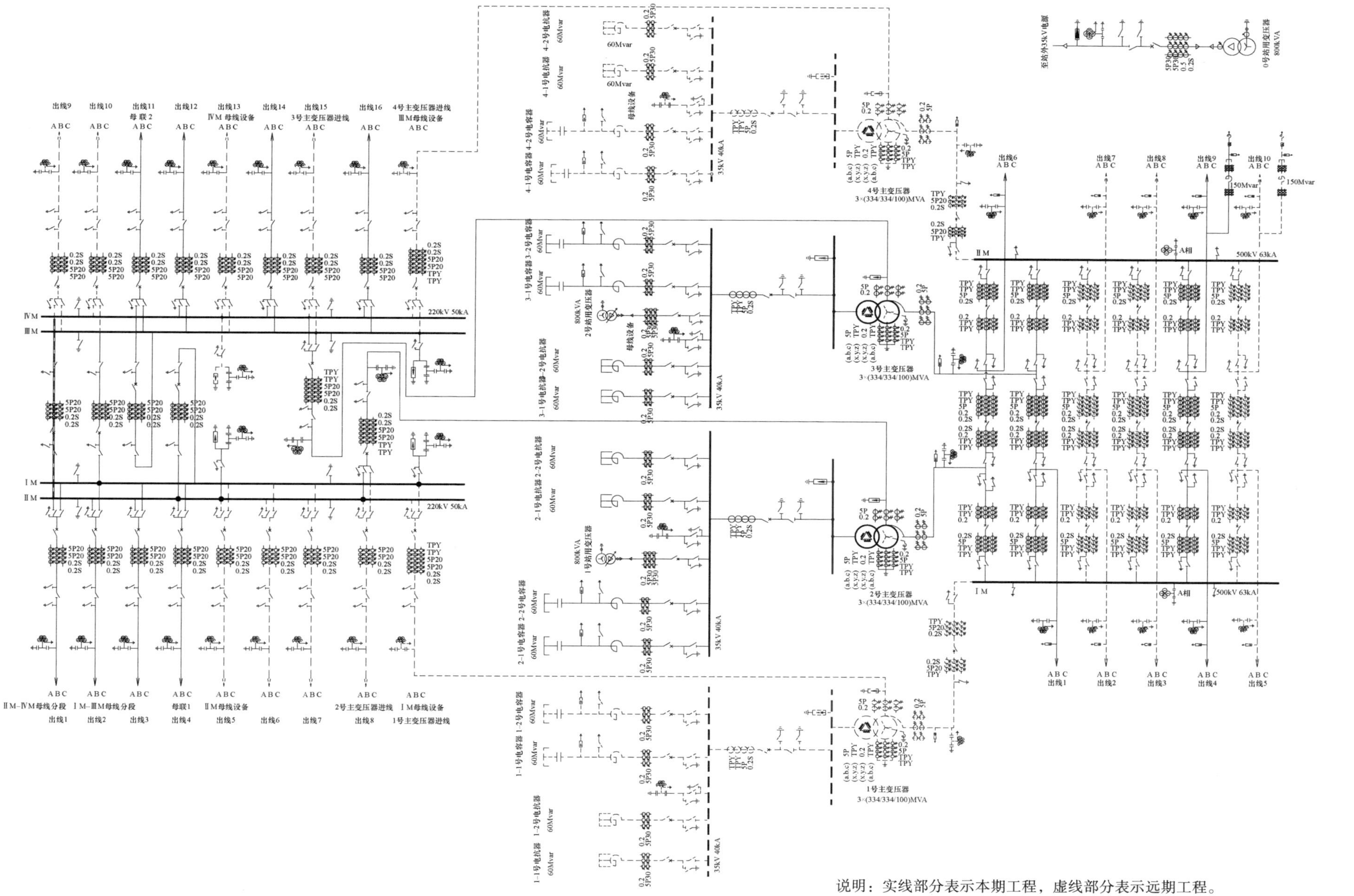

说明：实线部分表示本期工程，虚线部分表示远期工程。

图 29.3-1　电气主接线图（6TA）〔500-C-2-D1-01a〕

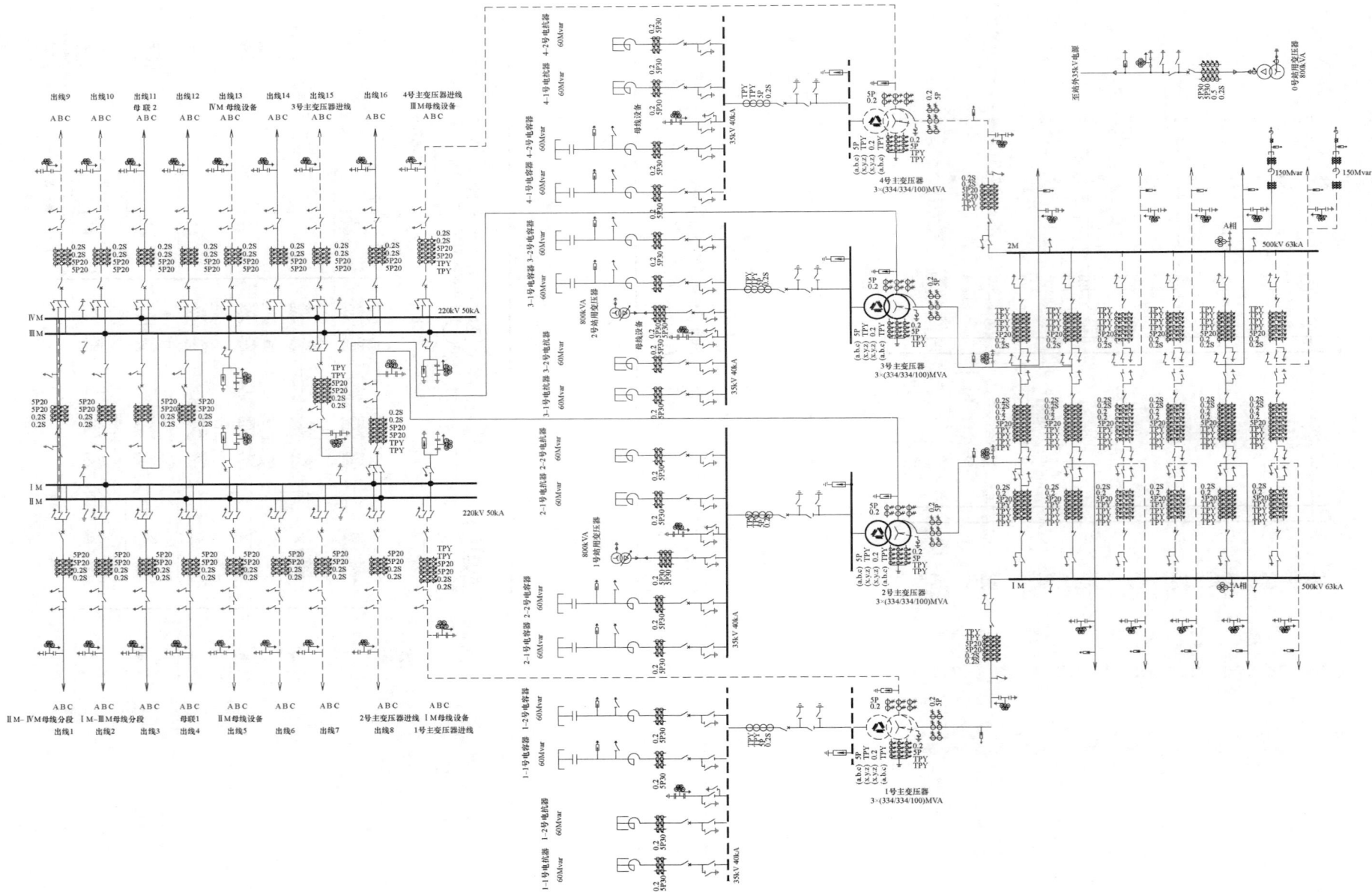

图 29.3-2　电气主接线图（3TA）（500-C-2-D1-01b）

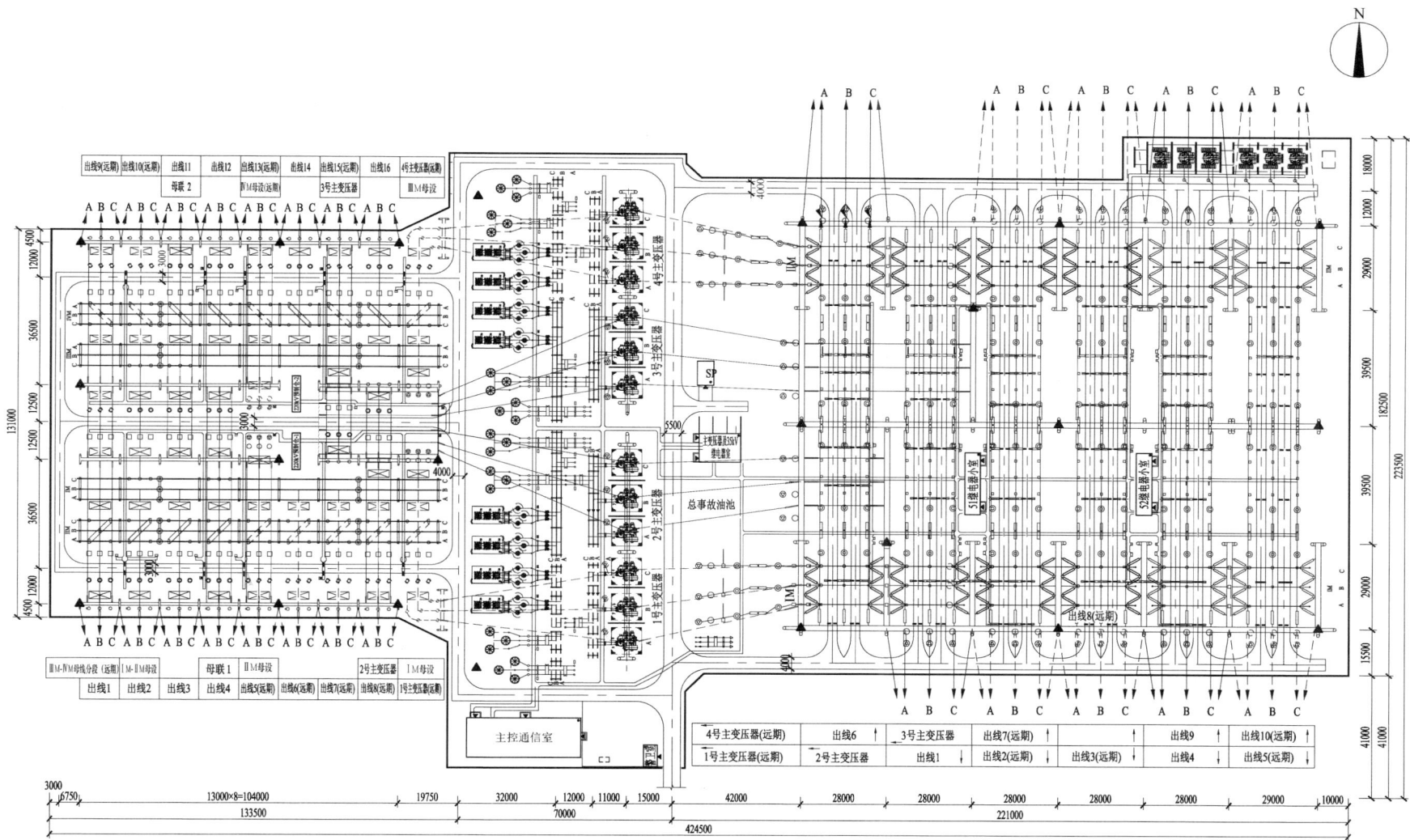

图 29.3-3　电气总平面布置图（6TA）（500-C-2-D1-02a）

说明：实线部分表示本期工程，虚线部分表示远期工程。

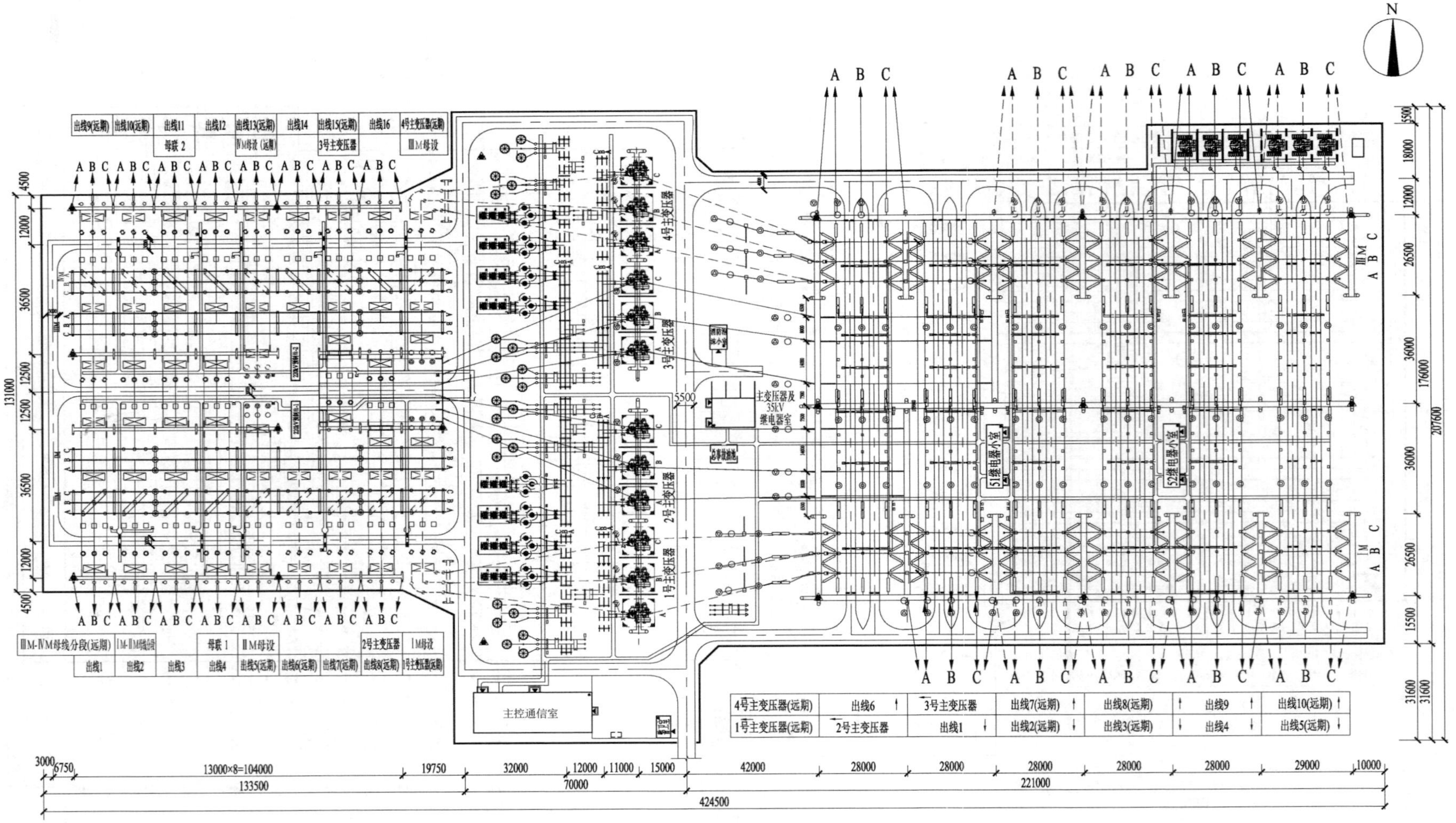

图 29.3-4　电气总平面布置图（3TA）（500-C-2-D1-02b）

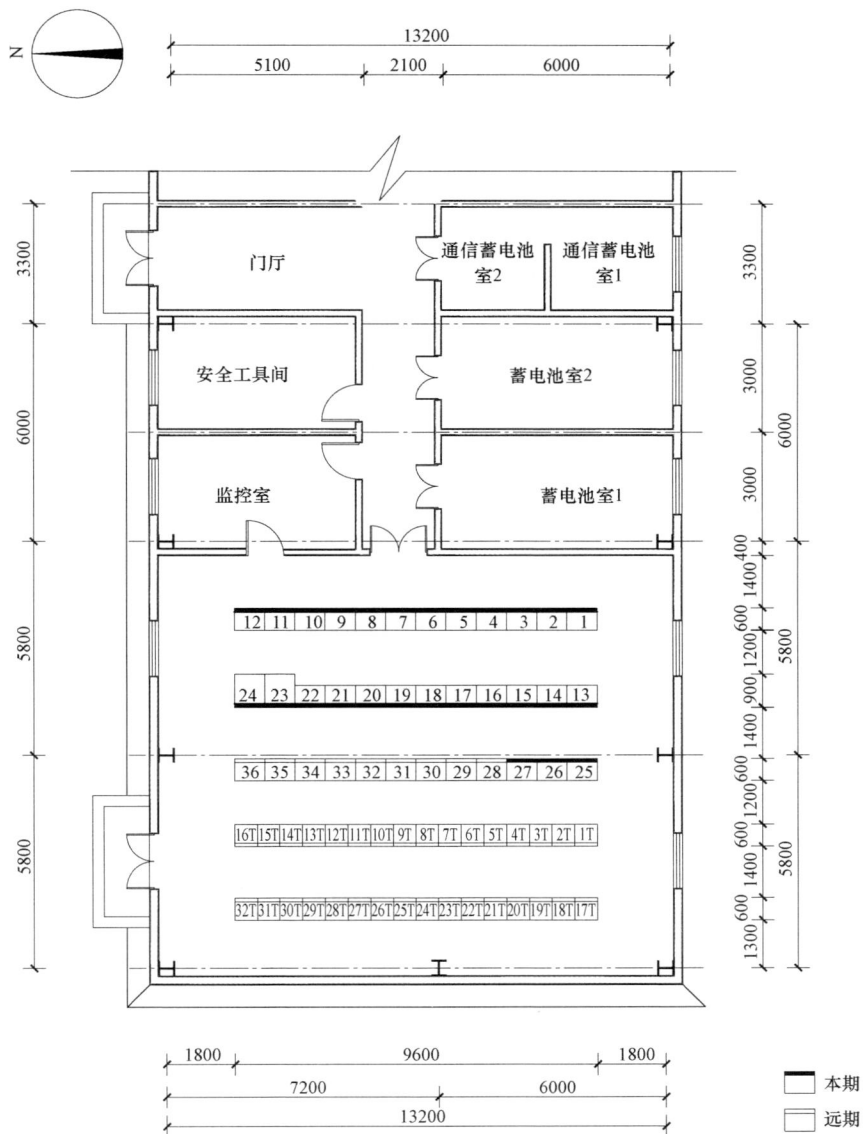

屏位一览表

屏号	名 称	数量			备 注
		单位	本期	远期	
1	1 号直流馈电柜	面	1		
2	1 号高频开关充电柜	面	1		
3	1 号直流联络柜	面	1		
4	一体化电源监控柜	面	1		
5	3 号高频开关充电柜	面	1		
6	2 号直流联络柜	面	1		
7	2 号高频开关充电柜	面	1		
8	2 号直流馈电柜	面	1		
9	UPS 主柜	面	1		
10~11	UPS 馈线柜	面	2		
12	事故逆变电源屏	面	1		
13~14	智能辅助控制系统柜	面	2		
15	公用测控屏	面	1		
16	同步时钟主时钟柜	面	1		
17	电能量采集终端柜	面	1		
18	同步相量主机柜	面	1		
19	Ⅱ区及Ⅲ/Ⅳ区远动通信柜	面	1		Ⅱ区网关机 2 台+Ⅲ/Ⅳ区网关机 1 台+Ⅱ区站控层中心交换机 2 台
20	Ⅰ区远动通信柜	面	1		Ⅰ区通信网关机 2 台+Ⅰ区站控层中心交换机 2 台+防火墙 2 台
21	调度数据网设备柜 1	面	1		路由器 1 台+纵向加密 2 台+交换机 2 台
22	调度数据网设备柜 2	面	1		路由器 1 台+纵向加密 2 台+交换机 2 台
23	综合应用服务器柜	面	1		综合应用服务器 1 台+正反向隔离各 2 台
24	监控主机柜	面	1		
25	网络报文记录仪主机柜	面	1		
26~27	交流分柜	面	2		
28~36	备用	面		9	
1T~32T	通信屏柜	面	32		

图 29.3-5　二次设备室屏位布置图（500-C-2-D2-05）

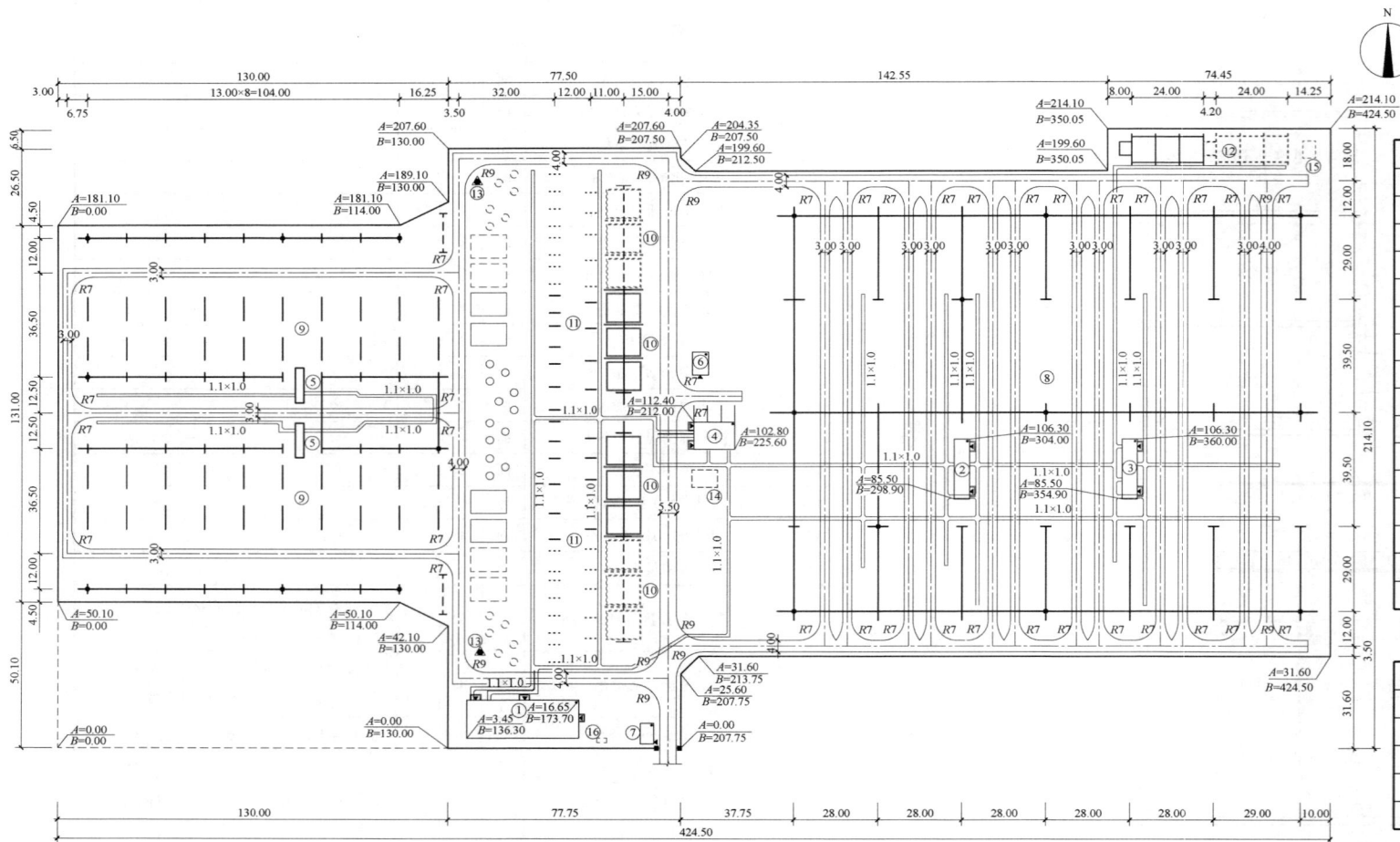

建（构）筑物一览表

编号	建（构）筑物名称	占地面积（m²）	备注
①	主控通信室	540	
②	1号500kV继电器小室	131	
③	2号500kV继电器小室	131	
④	主变压器及35kV继电器小室	229	
⑤	220kV预制舱式二次组合设备	35×2	Ⅲ型
⑥	泡沫消防室	44	
⑦	警卫室	40	
⑧	500kV配电装置	32500	
⑨	220kV配电装置	17000	
⑩	主变压器	390×4	
⑪	35kV配电装置	6350	
⑫	高压并联电抗器	1750	
⑬	50m独立避雷针	4×2	
⑭	主变压器事故油池	70	
⑮	高压并联电抗器事故油池	30	
⑯	化粪池	6	

主要技术经济指标表

序号	名称	单位	指标	备注
1	站区围墙内占地面积	hm²	7.0820	
2	站内主电缆沟长度	m	1600	
3	站内道路面积	m²	12400	
4	总建筑面积	m²	1039	钢结构
5	站区围墙长度	m	1275	

说明：图中尺寸的计量单位均为m。

图 29.3-6 总平面布置图（6TA）（500-C-2-T-01a）

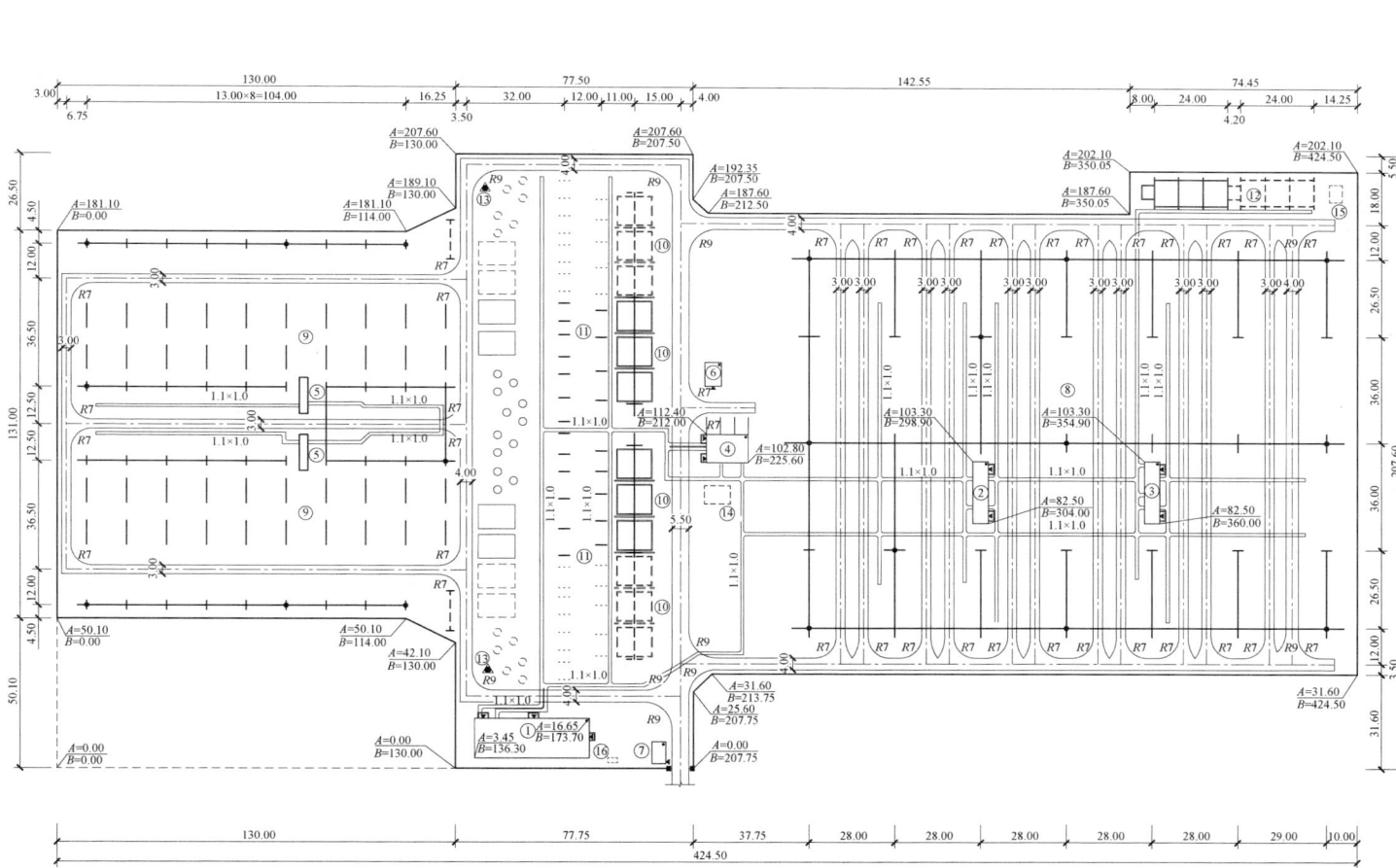

建（构）筑物一览表

编号	建（构）筑物名称	占地面积（m²）	备注
①	主控通信室	540	
②	1 号 500kV 继电器小室	131	
③	2 号 500kV 继电器小室	131	
④	主变压器及 35kV 继电器小室	229	
⑤	220kV 预制舱式二次组合设备	35×2	Ⅲ型
⑥	泡沫消防室	44	
⑦	警卫室	40	
⑧	500kV 配电装置	30200	
⑨	220kV 配电装置	17000	
⑩	主变压器	390×4	
⑪	35kV 配电装置	6350	
⑫	高压并联电抗器	1750	
⑬	50m 独立避雷针	4×2	
⑭	主变压器事故油池	70	
⑮	高压并联电抗器事故油池	30	
⑯	化粪池	6	

主要技术经济指标表

序号	名称	单位	指标	备注
1	站区围墙内占地面积	hm²	6.8217	
2	站内主电缆沟长度	m	1530	
3	站内道路面积	m²	11950	
4	总建筑面积	m²	1039	钢结构
5	站区围墙长度	m	1275	

说明：图中尺寸的计量单位均为 m。

图 29.3-7　总平面布置图（3TA）（500-C-2-T-01b）

30.1　500-D-1 方案主要技术条件

500-D-1 方案主要技术条件见表 30.1-1。

表 30.1-1　　　　　500-D-1 方案主要技术条件表

序号	项目		技 术 条 件
1	建设规模	主变压器	本期 1 组 1000MVA，远期 2 组 1000MVA
		出线	500kV 出线：本期 4 回，远期 10 回； 220kV 出线：本期 6 回，远期 12 回
		无功补偿装置	500kV 高压并联电抗器：本期 1 组 150Mvar，远期 2 组 150Mvar，为线路高压并联电抗器，均装设中性点电抗器； 66kV 并联电抗器：本期 2 组 60Mvar，远期 4 组 60Mvar； 66kV 并联电容器：本期 2 组 60Mvar，远期 4 组 60Mvar
2	站址基本条件		海拔≤1000m，设计基本地震加速度 0.10g，设计风速≤30m/s，地基承载力特征值 f_{ak}=150kPa，无地下水影响，场地同一设计标高
3	电气主接线		500kV 采用一个半断路器接线，远期组成 6 个完整串，其中 2 组主变压器全部进串； 500kV 高压并联电抗器直接接入线路，不设置隔离开关； 220kV 本期双母线接线，远期双母线单分段接线； 66kV 采用单母线单元接线，装设总断路器
4	主要设备选型		500、220、66kV 短路电流水平分别为 63、50、31.5kA； 主变压器采用单相、自耦、无励磁调压。高压并联电抗器采用单相、油浸、自冷式。500、220kV 及 66kV 采用罐式断路器；66kV 并联电容器采用框架式、并联电抗器采用干式空芯
5	电气总平面及配电装置		500、220kV 及主变压器场地平行布置； 500kV 采用户外悬吊管型母线中型、罐式断路器三列布置，主变压器构架与 500kV 母线平行，间隔宽度 28m（最外侧间隔宽度 29m）； 220kV 采用户外悬吊管型母线中型、罐式断路器单列布置，间隔宽度 13m； 66kV 采用户外支持管型母线中型布置，配电装置一字形布置

续表

序号	项目	技 术 条 件
6	二次系统	变电站自动化系统按照一体化监控设计； 500kV 及主变压器各侧采用常规互感器模拟量采样，其余采用常规互感器+合并单元（66kV 采用合并单元智能终端集成装置）； 500kV 及主变压器仅 GOOSE 组网，220kV GOOSE 与 SV 共网，保护直采直跳； 500、220kV 及主变压器保护、测控装置独立配置，66kV 采用保护测控一体化装置； 采用站内一体化电源系统，通信电源独立配置； 500kV 设置 2 个继电器小室；主变压器及 66kV 设置 1 个继电器小室；220kV 设置 2 个Ⅲ型预制舱式二次组合设备
7	土建部分	围墙内占地面积 5.2963hm²； 全站总建筑面积 1039m²，主控通信室建筑面积 540m²； 建筑物结构型式为钢结构或钢筋混凝土结构； 主变压器消防采用泡沫喷淋系统

30.2　500-D-1 方案基本模块划分

500-D-1 方案主要包括 500kV 配电装置模块，220kV 配电装置模块，主变压器、66kV 无功配电装置模块，主控通信室模块，继电器小室模块，预制舱式二次组合设备模块 6 个基本模块，模块内容见表 30.2-1。

表 30.2-1　　　　　500-D-1 方案基本模块划分表

序号	基本模块编号	基本模块名称	基本模块描述
1	500-D-1-500	500kV 配电装置模块	500kV 本期 4 回出线、1 回主变压器进线，远期 10 回出线、2 回主变压器进线；高压并联电抗器本期 1 组 150Mvar，远期 2 组 150Mvar；500kV 采用一个半断路器接线，远期组成 6 个完整串，其中 2 组主变压器全部进串。500kV 采用采用户外悬吊管型母线中型、罐式断路器三列布置，2 组主变压器高跨横穿进串。500kV 母线和串中跨线按远期规模一次建设

序号	基本模块编号	基本模块名称	基本模块描述
2	500-D-1-220	220kV 配电装置模块	220kV 本期 6 回出线、1 回主变压器进线，远期 12 回出线、2 回主变压器进线。220kV 本期采用双母线接线，远期双母线单分段接线。220kV 采用户外悬吊管型母线中型、罐式断路器单列布置
3	500-D-1-66	主变压器、66kV 无功配电装置模块	主变压器本期 1 组 1000MVA，远期 2 组 1000MVA，采用 500kV/220kV/66kV 单相、自耦、无励磁调压变压器。66kV 并联电抗器本期 2 组 60Mvar，远期 4 组 60Mvar；66kV 并联电容器本期 2 组 60Mvar，远期 4 组 60Mvar；66kV 站用变本期 2 台 1000kVA，远期设 3 台 1000kVA。主变压器 66kV 侧进线装设总断路器，66kV 配电装置采用单母线单元接线。66kV 采用罐式断路器，户外支持管型母线中型布置，配电装置一字形布置

序号	基本模块编号	基本模块名称	基本模块描述
4	500-D-1-ZKL	主控通信室模块	主控通信室为单层建筑，建筑面积为 540m²，建筑体积为 2241m³。结构型式采用钢结构或钢筋混凝土结构
5	500-D-1-JDQ	继电器小室模块	继电器小室为单层建筑，其中 500kV 继电器小室建筑面积为 117m²，建筑体积为 486m³；66kV、主变压器继电器小室及站用电室建筑面积为 142m²，建筑体积为 602m³；结构型式采用钢结构或钢筋混凝土结构
6	500-D-1-YZC	预制舱式二次组合设备模块	采用预制舱式二次组合设备，全站设置 2 个 III 型预制舱式二次组合设备，舱内二次设备双列布置

30.3　500-D-1 方案主要设计图纸

500-D-1 方案主要设计图纸详见图 30.3-1～图 30.3-4。

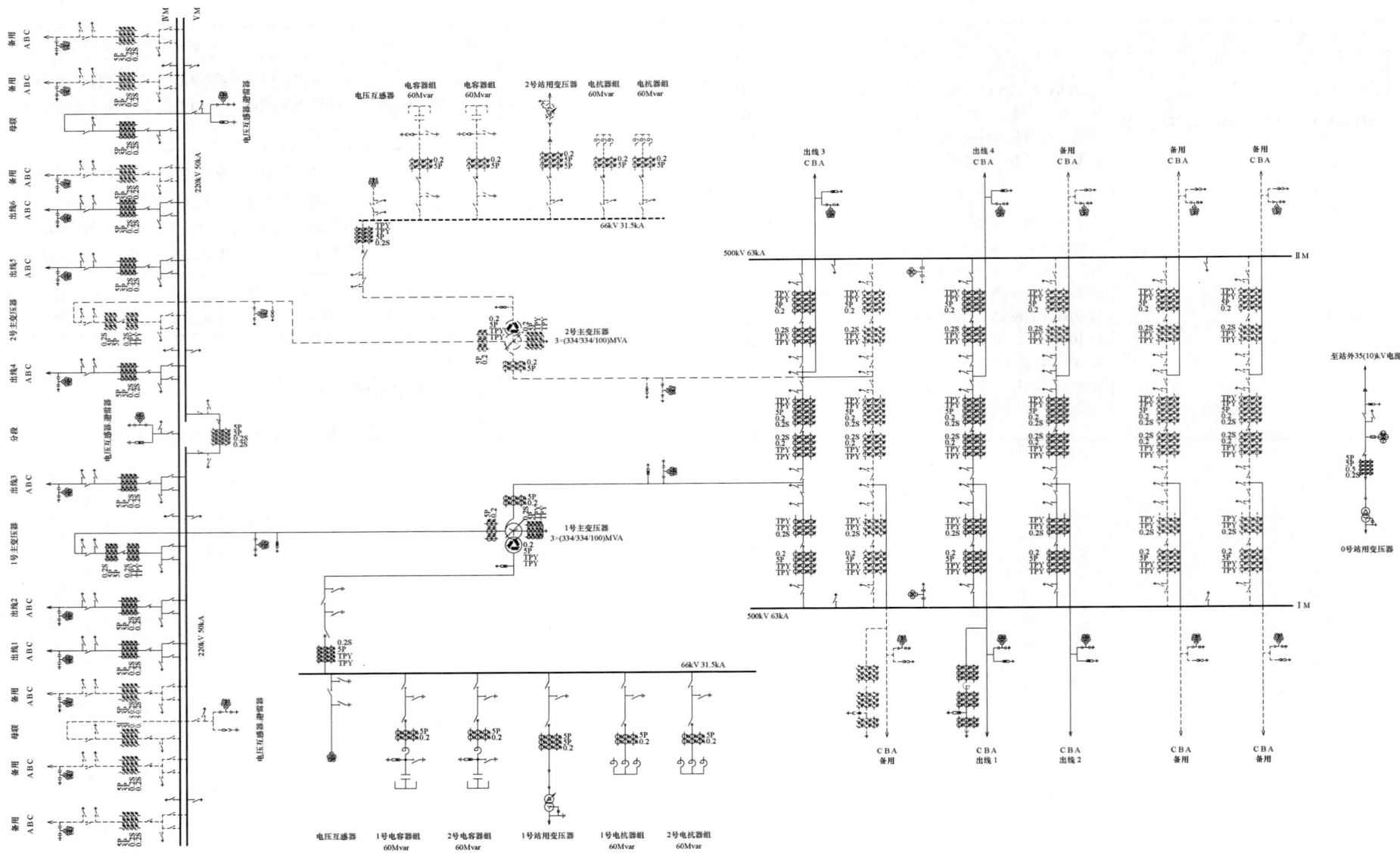

说明：实线部分表示本期工程，虚线部分表示远期工程。

图 30.3-1　电气主接线图（500-D-1-D1-01）

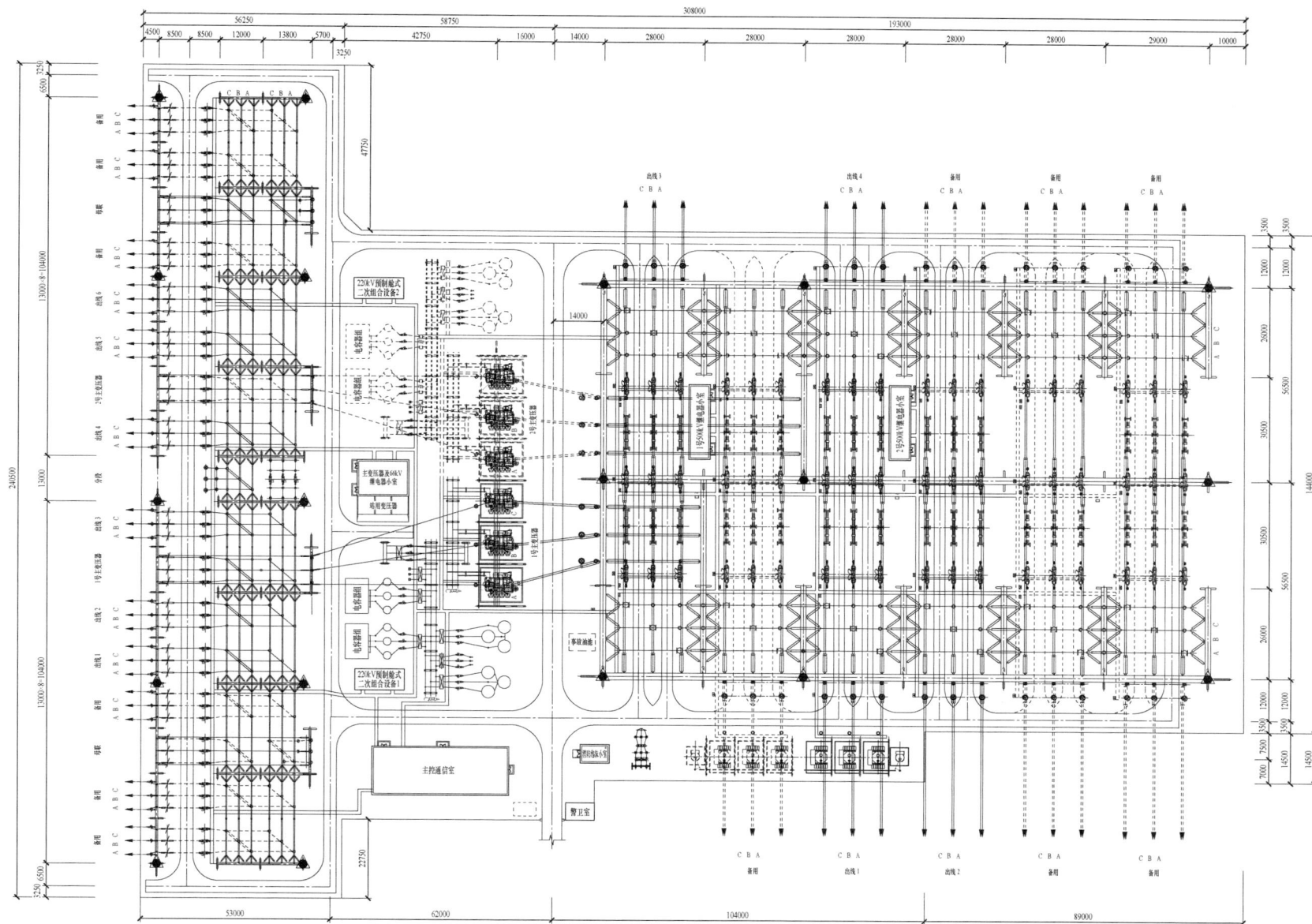

说明：实线部分表示本期工程，虚线部分表示远期工程。

图 30.3-2　电气总平面布置图（500-D-1-D1-02）

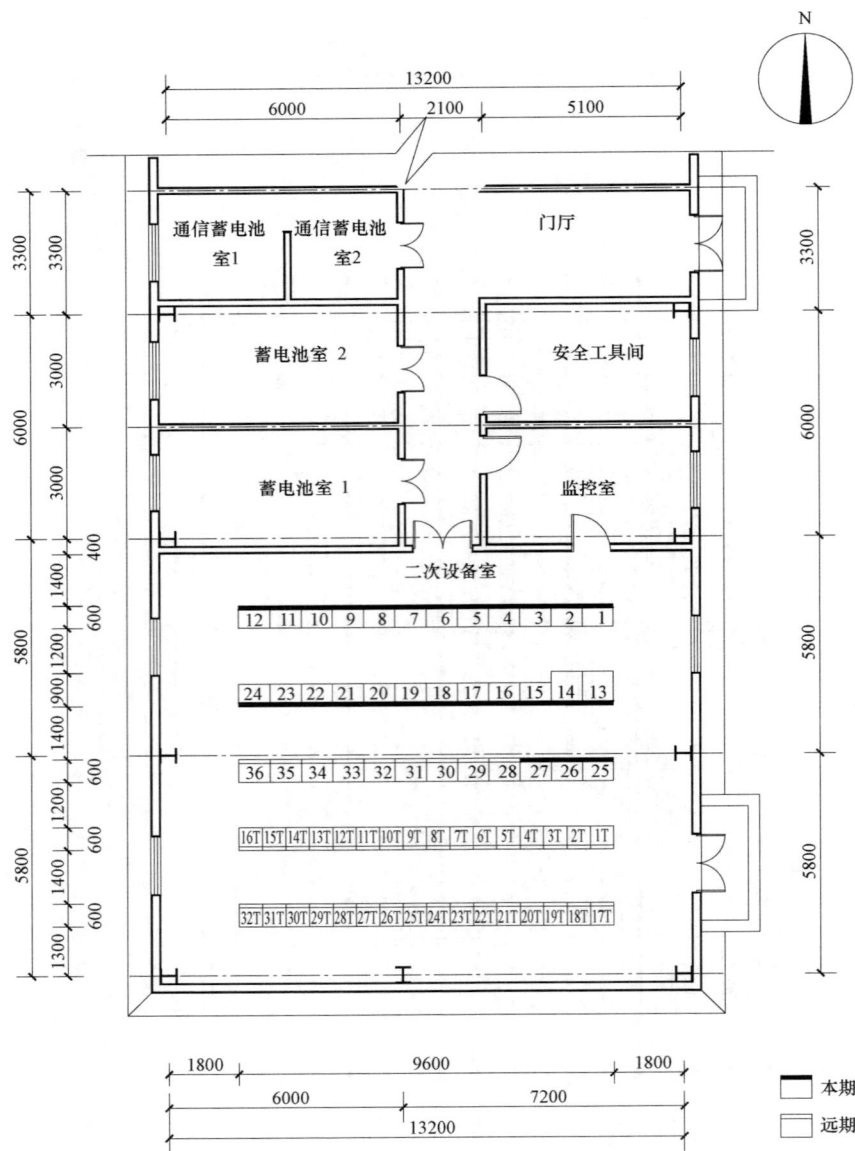

屏位一览表				
屏号	名　称	数量		备　注
		单位	本期	远期	
1	1号直流馈电柜	面	1	
2	1号高频开关充电柜	面	1	
3	1号直流联络柜	面	1	
4	一体化电源监控柜	面	1	
5	3号高频开关充电柜	面	1	
6	2号直流联络柜	面	1	
7	2号高频开关充电柜	面	1	
8	2号直流馈电柜	面	1	
9	UPS主柜	面	1	
10~11	UPS馈线柜	面	2	
12	事故逆变电源屏	面	1	
13	监控主机柜	面	1	
14	综合应用服务器柜	面	1	综合应用服务器1台+正反向隔离各2台
15	I区远动通信柜	面	1	I区通信网关机2台+I区站控层中心交换机2台+防火墙2台
16	II区及III/IV区远动通信柜	面	1	II区网关机2台+III/IV区网关机1台+II区站控层中心交换机2台
17	同步相量主机柜	面	1	
18	电能量采集终端柜	面	1	
19	同步时钟主时钟柜	面	1	
20	公用测控屏	面	1	
21	调度数据网设备柜1	面	1	路由器1台+纵向加密2台+交换机2台
22	调度数据网设备柜2	面	1	路由器1台+纵向加密2台+交换机2台
23~24	智能辅助控制系统柜	面	2	
25	网络报文记录仪主机柜	面	1	
26~27	交流分柜	面	2	
28~36	备用	面		9	
1T~32T	通信屏柜	面	32	

图 30.3-3　二次设备室屏位布置图（500-D-1-D2-05）

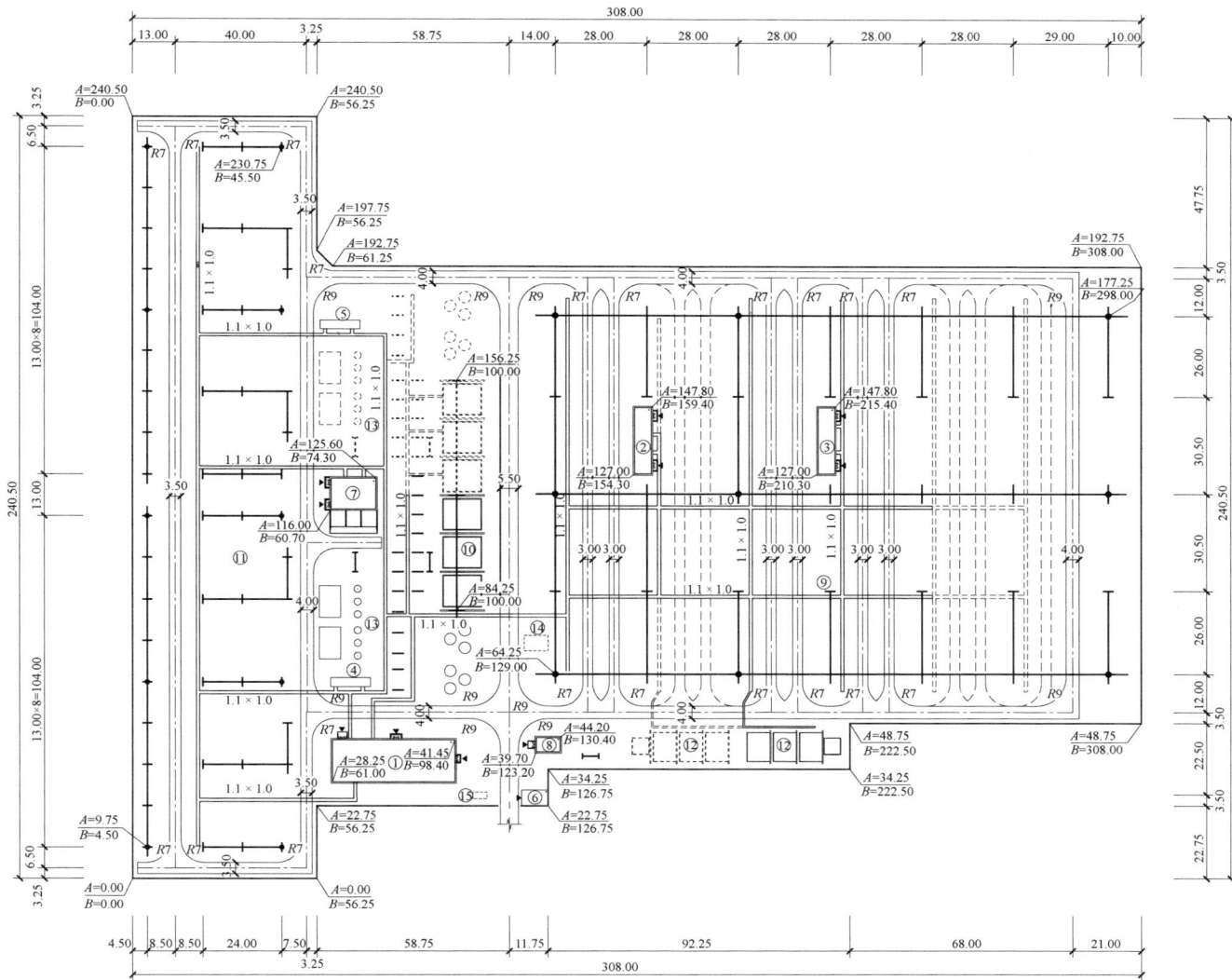

图 30.3-4　总平面布置图（500-D-1-T-01）

建（构）筑物一览表

编号	建（构）筑物名称	占地面积（m²）	备注
①	主控通信室	540	
②	1 号 500kV 继电器小室	131	
③	2 号 500kV 继电器小室	131	
④	220kV 预制舱式二次组合设备 1	64	
⑤	220kV 预制舱式二次组合设备 2	64	
⑥	警卫室	40	
⑦	主变压器及 66kV 继电器室	229	
⑧	泡沫消防室	44	
⑨	500kV 配电装置	19979	
⑩	主变压器	985	
⑪	220kV 配电装置	10943	
⑫	高压并联电抗器	570	
⑬	66kV 配电装置	6220	
⑭	主变压器事故油池	36	
⑮	化粪池	9	

主要技术经济指标表

序号	名称	单位	指标	备注
1	站区围墙内占地面积	hm²	5.2963	
2	站区电缆沟长度	m	1720	
3	站内道路面积	m²	8880	
4	总建筑面积	m²	1039	钢结构
5	站区围墙长度	m	1094	

说明：图中尺寸的计量单位均为 m。

第31章　500-D-2方案

31.1　500-D-2方案主要技术条件

500-D-2方案主要技术条件见表31.1-1。

表 31.1-1　　　　　500-D-2方案主要技术条件表

序号	项目		技术条件
1	建设规模	主变压器	本期2组1000MVA，远期3组1000MVA
		出线	500kV出线：本期4回，远期10回； 220kV出线：本期6回，远期12回
		无功补偿装置	500kV高压并联电抗器：本期1组150Mvar，远期2组150Mvar，为线路高压并联电抗器，均装设中性点电抗器； 66kV并联电抗器：本期4组60Mvar，远期6组60Mvar； 66kV并联电容器：本期4组60Mvar，远期6组60Mvar
2	站址基本条件		海拔≤1000m，设计基本地震加速度0.10g，设计风速≤30m/s，地基承载力特征值f_{ak}=150kPa，无地下水影响，场地同一设计标高
3	电气主接线		500kV采用一个半断路器接线，远期组成6个完整串，其中2组主变压器进串，1组主变压器经断路器直接上母线； 500kV高压并联电抗器直接接入线路，不设置隔离开关； 220kV本期双母线接线，远期双母线双分段接线； 66kV采用单母线单元接线，装设总断路器
4	主要设备选型		500、220、66kV短路电流水平分别为63、50、31.5kA； 主变压器采用单相、自耦、无励磁调压。高压并联电抗器采用单相、油浸、自冷式。500、220kV及66kV采用罐式断路器；66kV并联电容器采用框架式、并联电抗器采用干式空芯
5	电气总平面及配电装置		500、220kV及主变压器场地平行布置； 500kV采用户外悬吊管型母线中型、罐式断路器三列布置，主变压器构架与500kV母线平行，间隔宽度28m（最外侧间隔宽度29m）； 220kV采用户外悬吊管型母线中型、罐式断路器单列布置，间隔宽度13m； 66kV采用户外支持管型母线中型布置，配电装置一字形布置

续表

序号	项目	技术条件
6	二次系统	变电站自动化系统按照一体化监控设计； 500kV及主变压器各侧采用常规互感器模拟量采样，其余采用常规互感器+合并单元（66kV采用合并单元智能终端集成装置）； 500kV及主变压器仅GOOSE组网，220kV GOOSE与SV共网，保护直采直跳； 500、220kV及主变压器保护、测控装置独立配置，66kV采用保护测控一体化装置； 采用站内一体化电源系统，通信电源独立配置； 500kV设置2个继电器小室，主变压器及66kV设置1个继电器小室；220kV设置2个Ⅲ型预制舱式二次组合设备
7	土建部分	围墙内占地面积5.8387hm²； 全站总建筑面积1076m²，主控通信室建筑面积540m²； 建筑物结构型式为钢结构或钢筋混凝土结构； 主变压器消防采用泡沫喷淋系统

31.2　500-D-2方案基本模块划分

500-D-2方案主要包括500kV配电装置模块，220kV配电装置模块，主变压器、66kV无功配电装置模块，主控通信室模块，继电器小室模块，预制舱式二次组合设备模块6个基本模块，模块内容见表31.2-1。

表 31.2-1　　　　　500-D-2方案基本模块划分表

序号	基本模块编号	基本模块名称	基本模块描述
1	500-D-2-500	500kV配电装置模块	500kV本期4回出线、2回主变压器进线，远期10回出线、3回主变压器进线；高压并联电抗器本期1组150Mvar，远期2组150Mvar；500kV采用一个半断路器接线，远期组成6个完整串，其中2组主变压器进串，1组主变压器经断路器直接上母线。500kV采用户外悬吊管型母线中型、罐式断路器三列布置，1组主变压器低架横穿进串，1组主变压器高架横穿进串，另1组主变压器经断路器从母线端头接入母线。500kV母线和串中跨线按远期规模一次建设

序号	基本模块编号	基本模块名称	基本模块描述
2	500-D-2-220	220kV 配电装置模块	220kV 本期 6 回出线、2 回主变压器进线，远期 12 回出线、3 回主变压器进线。220kV 本期采用双母线接线，远期双母线双分段接线。220kV 采用户外悬吊管型母线中型、罐式断路器单列布置
3	500-D-2-66	主变压器、66kV 无功配电装置模块	主变压器本期 2 组 1000MVA，远期 3 组 1000MVA，采用 500kV/220kV/66kV 单相、自耦、无励磁调压变压器。66kV 并联电抗器本期 4 组 60Mvar，远期 6 组 60Mvar；66kV 并联电容器本期 4 组 60Mvar，远期 6 组 60Mvar；66kV 站用变压器本期及远期 3 台 1000kVA。主变压器 66kV 侧进线装设总断路器，66kV 配电装置采用单母线单元接线。66kV 采用罐式断路器，户外支持管型母线中型布置，配电装置一字形布置

序号	基本模块编号	基本模块名称	基本模块描述
4	500-D-2-ZKL	主控通信室模块	主控通信室为单层建筑，建筑面积为 540m²，建筑体积为 2241m³。结构型式采用钢结构或钢筋混凝土结构
5	500-D-2-JDQ	继电器小室模块	继电器小室为单层建筑，其中 500kV 继电器小室建筑面积为 117m²，建筑体积为 486m³；66kV 继电器小室建筑面积为 107m²，建筑体积为 445m³；站用电室建筑面积为 62m²，建筑体积为 256m³；结构型式采用钢结构或钢筋混凝土结构
6	500-D-2-YZC	预制舱式二次组合设备模块	采用预制舱式二次组合设备，全站设置 2 个Ⅲ型预制舱式二次组合设备，舱内二次设备双列布置

31.3 500-D-2 方案主要设计图纸

500-D-2 方案主要设计图纸详见图 31.3-1～图 31.3-4。

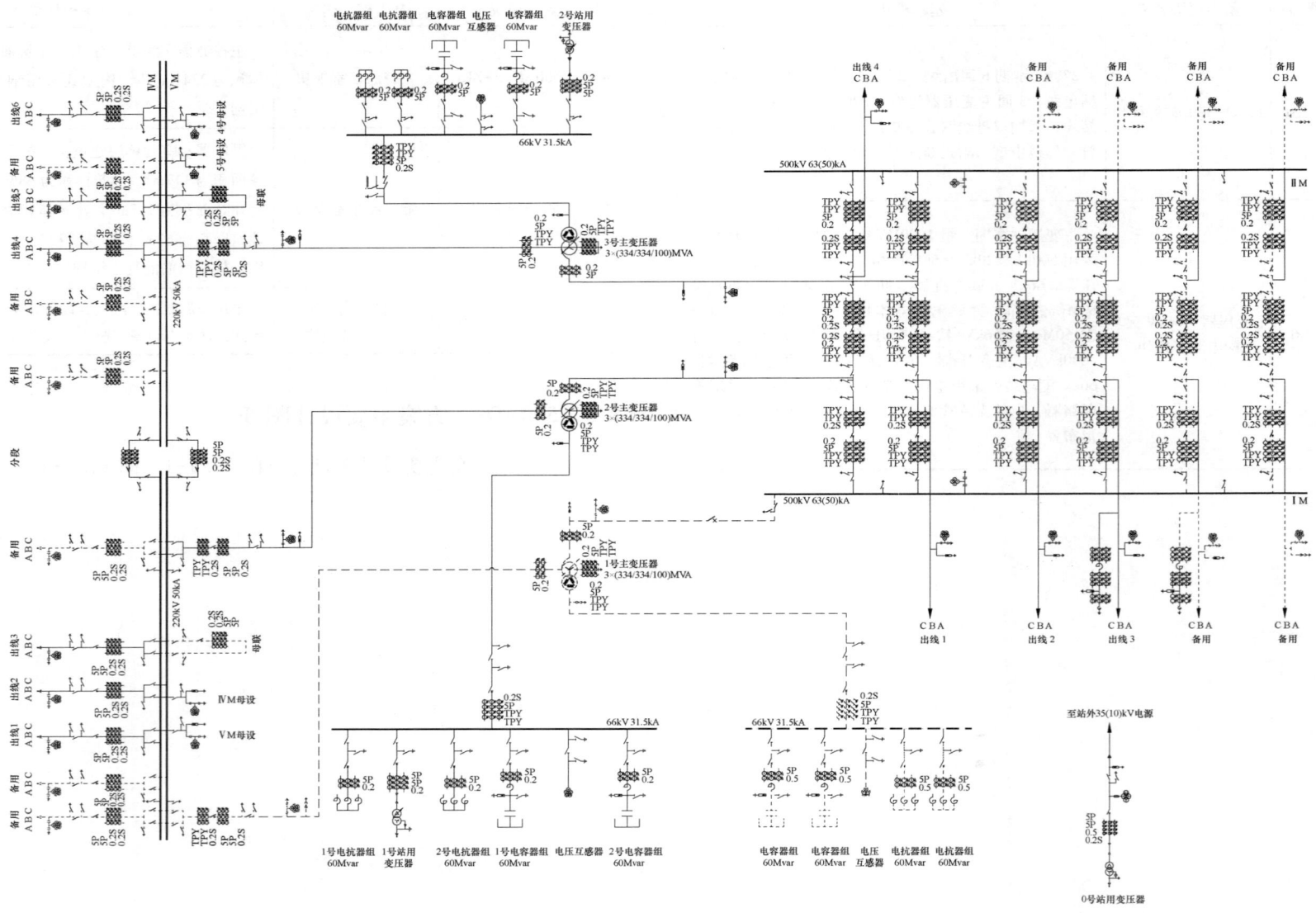

图 31.3-1 电气主接线图 (500-D-2-D1-01)

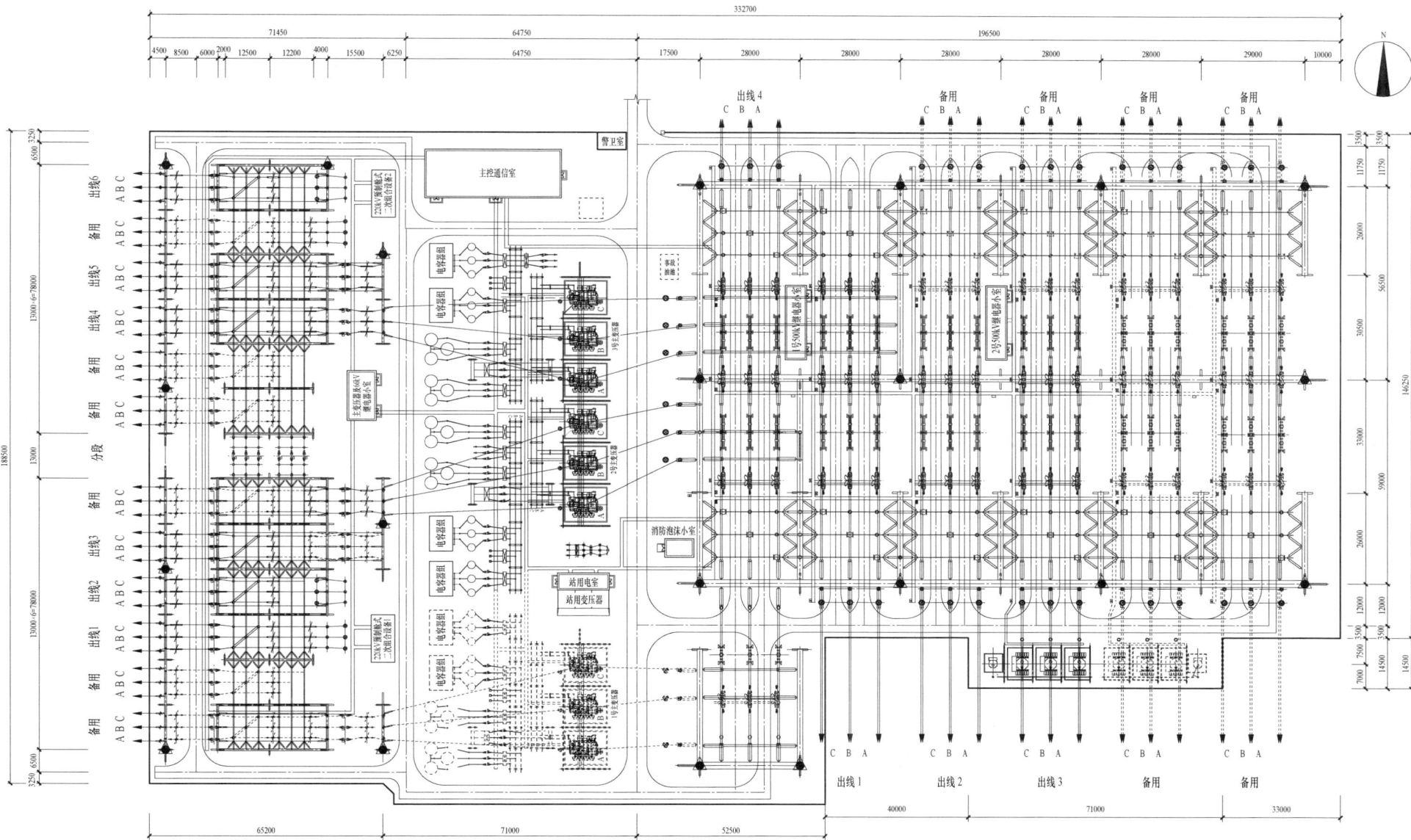

说明：实线部分表示本期工程，虚线部分表示远期工程。

图 31.3-2　电气总平面布置图（500-D-2-D1-02）

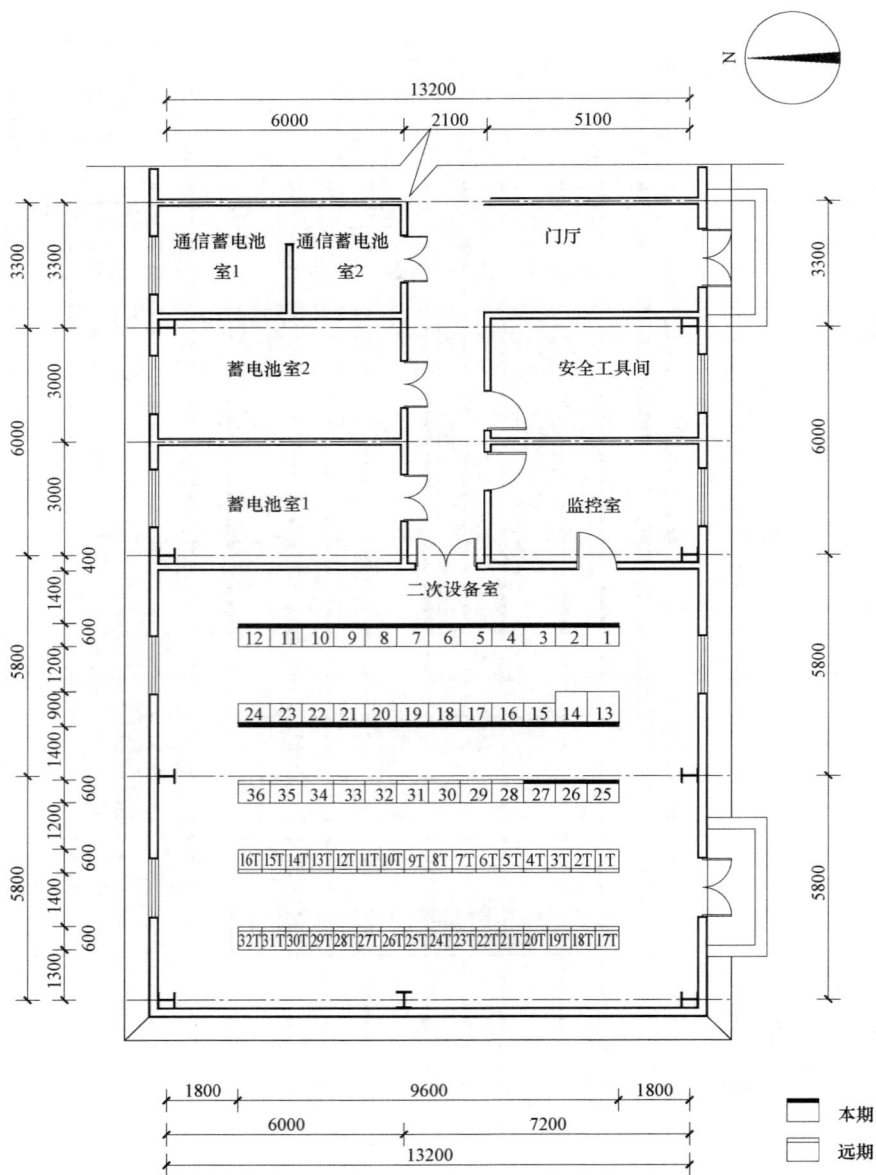

屏 位 一 览 表

屏号	名 称	数量			备 注
		单位	本期	远期	
1	1号直流馈电柜	面	1		
2	1号高频开关充电柜	面	1		
3	1号直流联络柜	面	1		
4	一体化电源监控柜	面	1		
5	3号高频开关充电柜	面	1		
6	2号直流联络柜	面	1		
7	2号高频开关充电柜	面	1		
8	2号直流馈电柜	面	1		
9	UPS主柜	面	1		
10~11	UPS馈线柜	面	2		
12	事故逆变电源屏	面	1		
13	监控主机柜	面	1		
14	综合应用服务器柜	面	1		综合应用服务器1台+正反向隔离各2台
15	Ⅰ区远动通信柜	面	1		Ⅰ区通信网关机2台+Ⅰ区站控层中心交换机2台+防火墙2台
16	Ⅱ区及Ⅲ/Ⅳ区远动通信柜	面	1		Ⅱ区网关机2台+Ⅲ/Ⅳ区网关机1台+Ⅱ区站控层中心交换机2台
17	同步相量主机柜	面	1		
18	电能量采集终端柜	面	1		
19	同步时钟主时钟柜	面	1		
20	公用测控屏	面	1		
21	调度数据网设备柜1	面	1		路由器1台+纵向加密2台+交换机2台
22	调度数据网设备柜2	面	1		路由器1台+纵向加密2台+交换机2台
23~24	智能辅助控制系统柜	面	2		
25	网络报文记录仪主机柜	面	1		
26~27	交流分柜	面	2		
28~36	备用	面		9	
1T~32T	通信屏柜	面	32		

图 31.3-3 二次设备室屏位布置图 (500-D-2-D2-05)

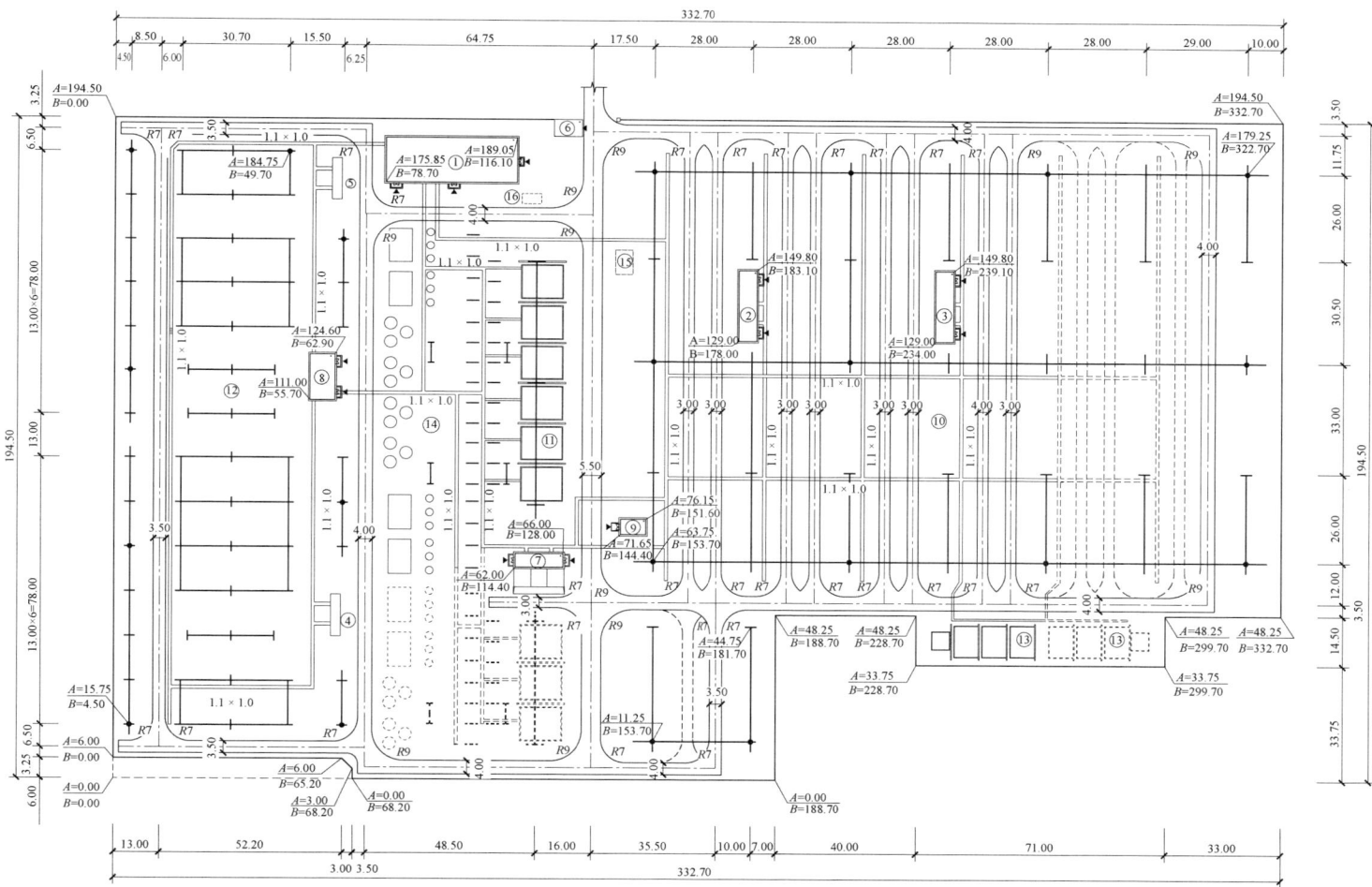

建（构）筑物一览表

编号	建（构）筑物名称	占地面积（m²）	备注
①	主控通信室	540	
②	1 号 500kV 继电器小室	131	
③	2 号 500kV 继电器小室	131	
④	220kV 预制舱式二次组合设备 1	64	
⑤	220kV 预制舱式二次组合设备 2	64	
⑥	警卫室	40	
⑦	站用电室	139	
⑧	66kV 继电器小室	118	
⑨	泡沫消防室	44	
⑩	500kV 配电装置	24900	
⑪	主变压器	1480	
⑫	220kV 配电装置	11397	
⑬	高压并联电抗器	570	
⑭	66kV 配电装置	7945	
⑮	主变压器事故油池	36	
⑯	化粪池	9	

主要技术经济指标表

序号	名称	单位	指标	备注
1	站区围墙内占地面积	hm²	5.8387	
2	站区电缆沟长度	m	1245	
3	站内道路面积	m²	11015	
4	总建筑面积	m²	1076	钢结构
5	站区围墙长度	m	1082	

说明：图中尺寸的计量单位均为 m。

图 31.3-4 总平面布置图（500-D-2-T-01）

32.1　500-D-3 方案主要技术条件

500-D-3 方案主要技术条件见表 32.1-1。

表 32.1-1　　　　　500-D-3 方案主要技术条件表

序号	项目		技 术 条 件
1	建设规模	主变压器	本期 2 组 1000MVA，远期 4 组 1000MVA
		出线	500kV 出线：本期 4 回，远期 10 回； 220kV 出线：本期 6 回，远期 16 回
		无功补偿装置	500kV 高压并联电抗器：本期 1 组 150Mvar，远期 2 组 150Mvar，为线路高压并联电抗器，均装设中性点电抗器； 66kV 并联电抗器：本期 4 组 60Mvar，远期 8 组 60Mvar； 66kV 并联电容器：本期 4 组 60Mvar，远期 8 组 60Mvar
2	站址基本条件		海拔≤1000m，设计基本地震加速度 0.10g，设计风速≤30m/s，地基承载力特征值 $f_{ak}=150$kPa，无地下水影响，场地同一设计标高
3	电气主接线		500kV 采用一个半断路器接线，远期组成 6 个完整串，其中 2 组主变压器进串，2 组主变压器经断路器直接上母线； 500kV 高压并联电抗器直接接入线路，不设置隔离开关； 220kV 本期双母线接线，远期双母线双分段接线； 66kV 采用单母线单元接线，装设总断路器
4	主要设备选型		500、220、66kV 短路电流水平分别为 63、50、31.5kA； 主变压器采用单相、自耦、无励磁调压。高压并联电抗器采用单相、油浸、自冷式。500、220kV 及 66kV 采用罐式断路器；66kV 并联电容器采用框架式、并联电抗器采用干式空芯
5	电气总平面及配电装置		500、220kV 及主变压器场地平行布置； 500kV 采用户外悬吊管型母线中型、罐式断路器三列布置，主变压器构架与 500kV 母线平行，间隔宽度 28m（最外侧间隔宽度 29m）； 220kV 采用户外悬吊管型母线中型、罐式断路器单列布置，间隔宽度 13m； 66kV 采用户外支持管型母线中型布置，配电装置一字形布置

续表

序号	项目	技 术 条 件
6	二次系统	变电站自动化系统按照一体化监控设计； 500kV 及主变压器各侧采用常规互感器模拟量采样，其余采用常规互感器+合并单元（66kV 采用合并单元智能终端集成装置）； 500kV 及主变压器仅 GOOSE 组网，220kV GOOSE 与 SV 共网，保护直采直跳； 500、220kV 及主变压器保护、测控装置独立配置，66kV 采用保护测控一体化装置； 采用站内一体化电源系统，通信电源独立配置； 500kV 设置 2 个继电器小室；主变压器及 66kV 设置 1 个继电器小室；220kV 设置 2 个Ⅲ型预制舱式二次组合设备
7	土建部分	围墙内占地面积 6.6490hm²； 全站总建筑面积 1039m²，其中主控通信室建筑面积均为 540m²； 建筑物结构型式为钢结构或钢筋混凝土结构； 主变压器消防采用泡沫喷淋系统

32.2　500-D-3 方案基本模块划分

500-D-3 方案主要包括 500kV 配电装置模块，220kV 配电装置模块，主变压器、66kV 无功配电装置模块，主控通信室模块，继电器小室模块，预制舱式二次组合设备模块 6 个基本模块，模块内容见表 32.2-1。

表 32.2-1　　　　　500-D-3 方案基本模块划分表

序号	基本模块编号	基本模块名称	基本模块描述
1	500-D-3-500	500kV 配电装置模块	500kV 本期 4 回出线、2 回主变压器进线，远期 10 回出线、4 回主变压器进线；高压并联电抗器本期 1 组 150Mvar，远期 2 组 150Mvar；500kV 采用一个半断路器接线，远期组成 6 个完整串，其中 2 组主变压器进串，2 组主变压器经断路器直接上母线。500kV 采用户外悬吊管型母线中型、罐式断路器三列布置，1 组主变压器低架横穿进串，1 组主变压器高架横穿进串，另 2 组主变压器经断路器从母线端头接入母线。500kV 母线和串中跨线按远期规模一次建设

序号	基本模块编号	基本模块名称	基本模块描述
2	500-D-3-220	220kV 配电装置模块	220kV 本期 6 回出线、2 回主变压器进线，远期 16 回出线、4 回主变压器进线。220kV 本期采用双母线接线，远期双母线双分段接线。220kV 采用户外悬吊管型母线中型、罐式断路器单列布置
3	500-D-3-66	主变压器、66kV 无功配电装置模块	主变压器本期 2 组 1000MVA，远期 4 组 1000MVA，采用 500kV/220kV/66kV 单相、自耦、无励磁调压变压器。66kV 并联电抗器本期 4 组 60Mvar，远期 8 组 60Mvar；66kV 并联电容器本期 4 组 60Mvar，远期 8 组 60Mvar；66kV 站用变压器本期及远期 3 台 1000kVA。主变压器 66kV 侧进线装设总断路器，66kV 配电装置采用单母线单元接线。66kV 采用罐式断路器，户外支持管型母线中型布置，配电装置一字形布置

序号	基本模块编号	基本模块名称	基本模块描述
4	500-D-3-ZKL	主控通信室模块	主控通信室为单层建筑，建筑面积为 540m²，建筑体积为 2241m³。结构型式采用钢结构或钢筋混凝土结构
5	500-D-3-JDQ	继电器小室模块	继电器小室为单层建筑，其中 500kV 继电器小室建筑面积为 117m²，建筑体积为 486m³；66kV、主变压器继电器小室及站用电室建筑面积为 142m²，建筑体积为 602m³；结构型式采用钢结构或钢筋混凝土结构
6	500-D-3-YZC	预制舱式二次组合设备模块	采用预制舱式二次组合设备，全站设置 2 个Ⅲ型预制舱式二次组合设备，舱内二次设备双列布置

32.3　500-D-3 方案主要设计图纸

500-D-3 方案主要设计图纸详见图 32.3-1～图 32.3-4。

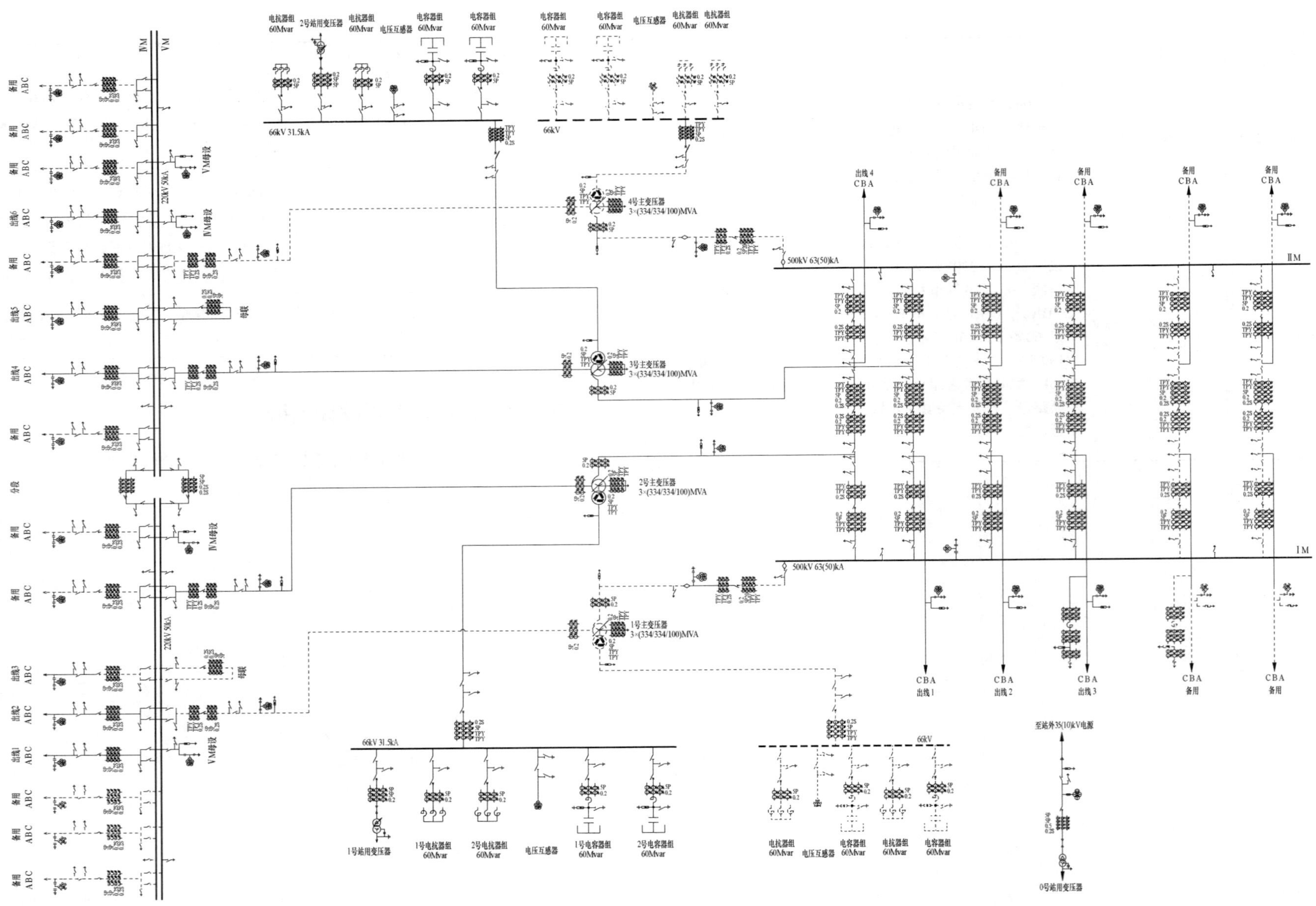

图 32.3-1 电气主接线图（500-D-3-D1-01）

说明：实线部分表示本期工程，虚线部分表示远期工程。

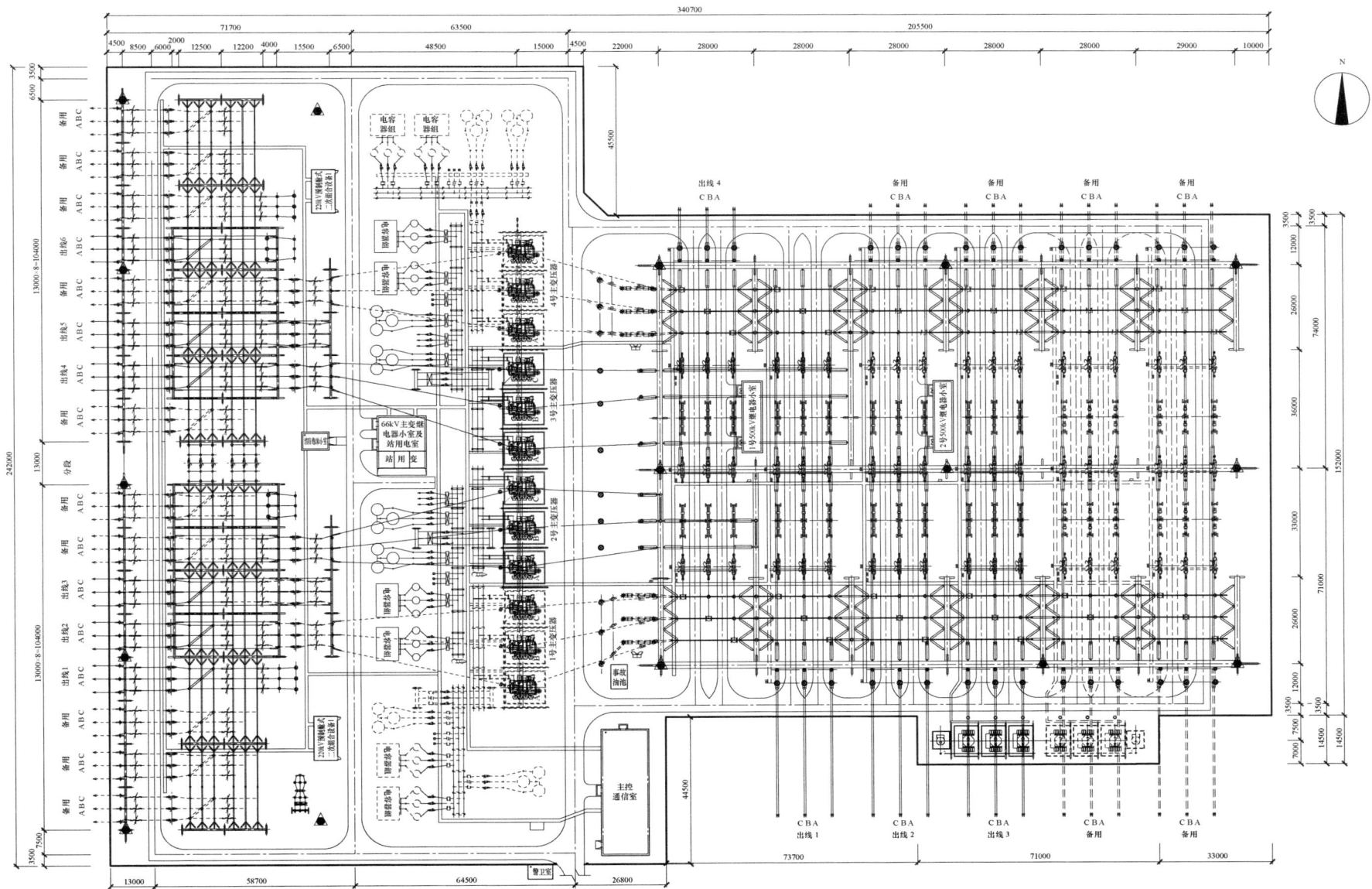

说明：实线部分表示本期工程，虚线部分表示远期工程。

图 32.3-2　电气总平面布置图（500-D-3-D1-02）

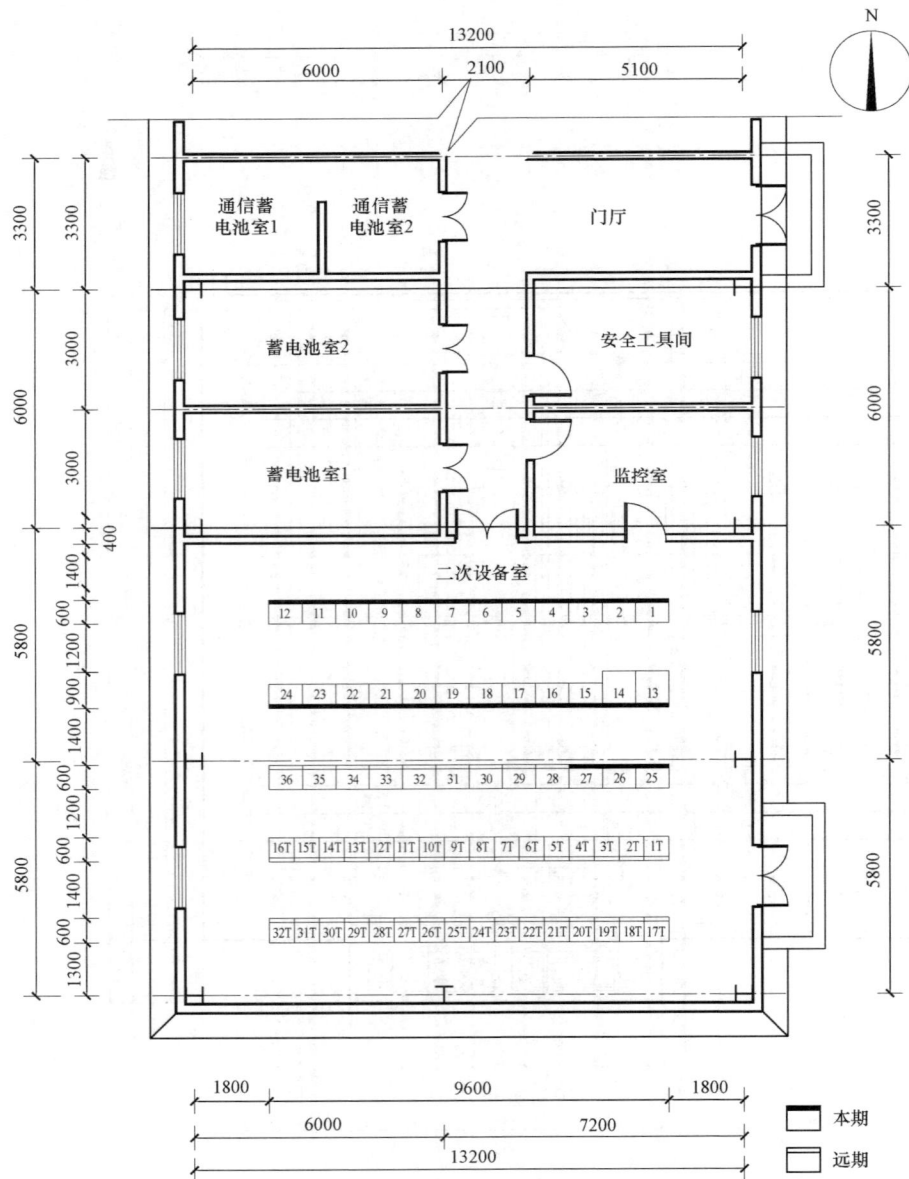

図 32.3-3 二次设备室屏位布置图（500-D-3-D2-05）

屏位一览表

屏号	名称	单位	数量 本期	数量 远期	备注
1	1号直流馈电柜	面	1		
2	1号高频开关充电柜	面	1		
3	1号直流联络柜	面	1		
4	一体化电源监控柜	面	1		
5	3号高频开关充电柜	面	1		
6	2号直流联络柜	面	1		
7	2号高频开关充电柜	面	1		
8	2号直流馈电柜	面	1		
9	UPS主柜	面	1		
10～11	UPS馈线柜	面	2		
12	事故逆变电源屏	面	1		
13	监控主机柜	面	1		
14	综合应用服务器柜	面	1		综合应用服务器1台+正反向隔离各2台
15	I区远动通信柜	面	1		I区通信网关机2台+I区站控层中心交换机2台+防火墙2
16	II区及III/IV区远动通信柜	面	1		II区网关机2台+III/IV区网关机1台+II区站控层中心交换机2台
17	同步相量主机柜	面	1		
18	电能量采集终端柜	面	1		
19	同步时钟主时钟柜	面	1		
20	公用测控屏	面	1		
21	调度数据网设备柜1	面	1		路由器1台+纵向加密2台+交换机2台
22	调度数据网设备柜2	面	1		路由器1台+纵向加密2台+交换机2台
23～24	智能辅助控制系统柜	面	2		
25	网络报文记录仪主机柜	面	1		
26～27	交流分柜	面	2		
28～36	备用	面		9	
1T～32T	通信屏柜	面	32		

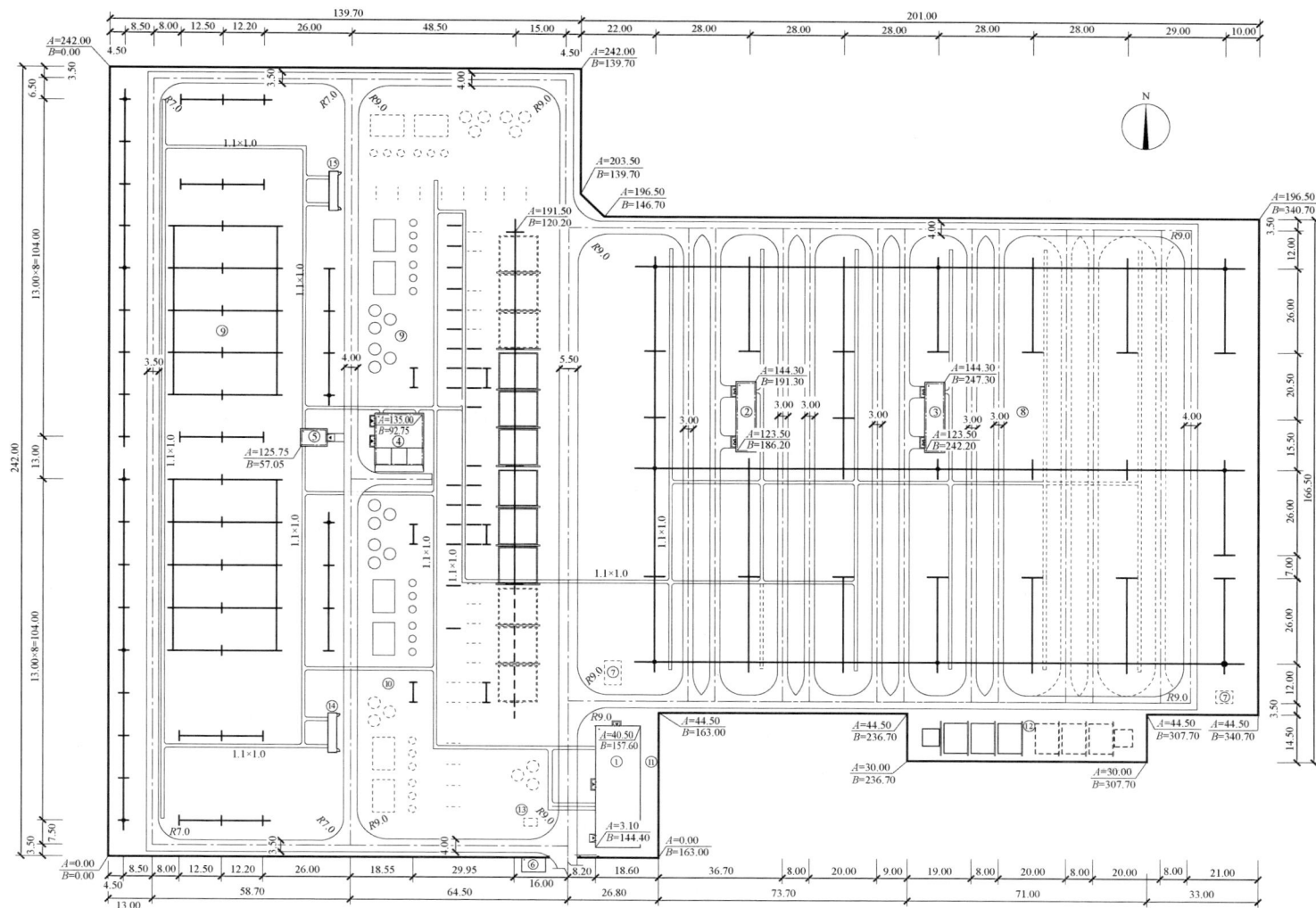

建（构）筑物一览表

编号	建（构）筑物名称	占地面积（m²）	备注
①	主控通信室	540	
②	1 号 500kV 继电器小室	131	
③	2 号 500kV 继电器小室	131	
④	66kV、主变压器继电器小室及站用电室	229	
⑤	消防泡沫室	44	
⑥	警卫室	40	
⑦	主变压器事故油池/高压并联电抗器事故油池	35/19	
⑧	500kV 屋外配电装置场地	12500	
⑨	220kV 屋外配电装置场地	9500	
⑩	主压并联电抗器场地	10870	
⑪	主控通信室场地	1100	
⑫	高压并联电抗器场地	3211	
⑬	化粪池	23	
⑭	220kV 预制舱式二次组合设备 1	31	III 型
⑮	220kV 预制舱式二次组合设备 2	31	III 型

主要技术经济指标表

序号	名称	单位	指标	备注
1	站区围墙内占地面积	hm²	6.6490	
2	站内主电缆沟长度	m	1560	
3	站内道路面积	m2	10950	
4	总建筑面积	m²	1039	
5	站区围墙长度	m	1208	

说明：图中尺寸的计量单位均为 m。

图 32.3-4　总平面布置图（500-D-3-T-01）

第四篇

330kV 变电站通用设计

第 33 章　330kV 变电站通用设计技术导则

33.1　概述

33.1.1　设计对象

330kV 变电站通用设计对象为国家电网公司层面统一的 330kV 全户内、半户内、户外变电站方案，不包括地下、半地下等特殊变电站。

33.1.2　设计范围

推荐方案设计范围是变电站围墙以内，设计标高零米以上（户内站包括电缆夹层）。

受外部条件影响的项目，如系统通信、保护通道、进站道路、站外电源、站外给排水、地基处理等不列入设计范围。

33.1.3　运行管理方式

330kV 变电站运行管理方式按无人值班设计。

33.1.4　假定站址条件

（1）海拔：1000m；

（2）环境温度：−30～+40℃；

（3）最热月平均最高温度：35℃；

（4）覆冰厚度：10mm；

（5）设计风速：30m/s（50 年一遇 10m 高 10min 平均最大风速）；

（6）设计基本地震加速度：0.10g；

（7）地基：地基承载力特征值取 f_{ak} = 150kPa，地下水无影响，场地同一标高。

（8）声环境：变电站噪声排放需满足国家法律和相关标准要求，实际工程应根据具体情况考虑。

33.1.5　模块化建设原则

电气一、二次集成设备最大程度实现工厂内规模生产、调试、模块化配送，减少现场安装、接线、调试工作，提高建设质量、效率。

监控、保护、通信等站内公用二次设备，宜按功能设置一体化监控模块、电源模块、通信模块等；间隔层设备宜按电压等级或按电气间隔设置模块，户外变电站宜采用模块化二次设备、预制舱式二次组合设备和预制式智能控制柜，全户内、半户内变电站宜采用模块化二次设备和预制式智能控制柜。

过程层智能终端、合并单元宜下放布置于智能控制柜，智能控制柜与 GIS 控制柜一体化设计。

一次设备与二次设备、二次设备间的光缆、电缆宜采用预制光缆和预制电缆实现即插即用标准化连接。

变电站高级应用应满足电网大运行、大检修的运行管理需求，采用模块化设计、分阶段实施。

建筑物采用钢筋混凝土结构或装配式钢结构，实现标准化设计。

33.1.6　编制说明

330kV 变电站通用设计部分按配电装置设备型式分为 A、B、C、D 四类，共 8 个方案。

（1）海拔：各方案均按照海拔 1000m 设计，海拔超过 1000m 时，设计方案应根据规程进行海拔修正。

（2）建筑物：变电站内主要建筑物的结构形式，可结合工程特点采用钢筋混凝土框架结构或装配式钢框架结构。

33.2 建设规模

主变压器台数本期为 2 组，远期 3～4 组，单组容量为 240～360MVA。

330kV 出线回路数远期为 8 回。

110kV 出线回路数远期为 16～24 回。

240MVA 和 360MVA 主变压器按每组配置 4 组无功补偿装置考虑。电容器单组容量 20Mvar、30Mvar、40Mvar，电抗器单组容量 30Mvar、45Mvar。在不引起高次谐波谐振、有危害的谐波放大和电压变动过大的前提下，无功补偿装置宜加大分组容量和减少分组组数。

本通用设计按常用组合配置，在实际工程中，出线规模和无功配置应根据系统规划计算确定。

33.3 电气部分

33.3.1 电气主接线

变电站的电气主接线应根据变电站的规划容量，线路、变压器连接元件总数，设备特点等条件确定。结合"两型三新一化"要求，电气主接线应综合考虑供电可靠性、运行灵活、操作检修方便、节省投资、便于过渡或扩建等要求。实际工程中应根据出线规模、变电站在电网中的地位及负荷性质，确定电气接线，当满足运行要求时，宜选择简单接线。

33.3.1.1 330kV 电气接线

（1）接线原则。

1）330kV 配电装置可采用一个半断路器接线或双母线接线，实际工程应结合技术经济比较结果确定。

2）因系统潮流控制或因短路电流需要分片运行时，可将母线分段。

3）采用一个半断路器接线时，宜将电源回路与负荷回路配对成串，同名回路配置在不同串内，同名回路可接于同一侧母线。初期为 1～2 组主变压器，主变压器应全部进串；当主变压器组数超过 2 组时，其中 2 组主变压器进串，其他变压器可不进串，直接经断路器接入母线。

4）初期回路数较少时，宜采用断路器较少的简化接线，但在布置上应考虑过渡到最终接线方案。

5）当高压并联电抗器与线路需同投同退时，不设置隔离开关。实际工程中根据系统要求可设置隔离开关。

（2）GIS 近远期过渡接线。为便于远期 GIS 的扩建和减少停电时间，可采取以下措施：

1）330kV 采用双母线接线时，当远期线路和变压器连接元件总数为 6～7 回时，可在一条母线上装设分段断路器；元件总数为 8 回及以上时，可在两条母线上装设分段断路器。当本期线路和变压器元件总数为 4 回及以上时，本期可按远期接线考虑，分段、母联、母线设备间隔一次上齐。

2）对布置于本期进出线之间的备用间隔，本期提前建设该间隔母线侧隔离开关，在母线扩建接口处预装可拆卸导体的独立隔室。当远期接线为双母线双分段时，建设过程中尽量避免采用双母线单分段接线。

（3）重要回路差异化设计。同一牵引站供电的两路电源如果取自同一变电站，应取自不同段母线。当任一路故障时，另一路应能正常供电。

33.3.1.2 110kV 电气接线

（1）接线原则。

1）110kV 采用双母线接线。

2）当线路和变压器连接元件总数在 10～14 回时，可在一条母线上装设分段断路器；元件总数为 15 回及以上时，可在两条母线上装设分段断路器。

3）为了限制 110kV 母线短路电流或者满足系统解列运行的要求，也可根据需要将母线分段。

（2）GIS 近远期过渡接线。为便于远期 GIS 的扩建和减少停电时间，可采取以下措施：

1）110kV 远期采用双母线分段接线时，当本期线路和变压器元件总数为 4 回及以上时，本期可按远期接线考虑，分段、母联、母线设备间隔一次上齐。

2）对布置于本期进出线之间的备用间隔，本期提前建设该间隔母线侧隔离开关，在母线扩建接口处预装可拆卸导体的独立隔室。当远期接线为双母线双分段时，建设过程中尽量避免采用双母线单分段接线。

（3）重要回路差异化设计。同一牵引站供电的两路电源如果取自同一变电站，应取自不同段母线。当任一回路故障时，另一回路应能正常供电。

33.3.1.3 35kV 电气接线

（1）35kV 采用单母线单元接线，本通用设计按装设总断路器考虑，具体工程根据运行需求确定。

（2）35kV 电压互感器配置隔离开关。

（3）35kV 并联电容器、电抗器能分组投切，投切断路器宜装在电源侧。

（4）并联电容器回路串联电抗器值，应限制谐波放大及限制合闸涌流，根据需要计算后确定。

33.3.1.4 主变压器中性点接地方式

主变压器中性点采用直接接地方式，预留远期加装中性点小电抗器条件，实际工程中应根据系统规划计算确定。同时，需结合系统条件考虑是否装设主变压器直流偏磁治理装置。

33.3.2 短路电流控制水平

330kV 电压等级：50kA。

110kV 电压等级：40kA。

35kV 电压等级：31.5kA。

在实际工程中，短路电流水平应根据系统情况计算后确定。

33.3.3 主要设备选择

（1）电气设备选型应从最新版《国家电网公司标准化建设成果（通用设计、通用设备）应用目录》中选择，并且须按照最新版《国家电网公司输变电工程通用设备》要求统一技术参数、电气接口、二次接口、土建接口。

（2）变电站内一次设备应综合考虑测量数字化、状态可视化、功能一体化和信息互动化；一次设备应采用"一次设备本体+智能组件"形式；与一次设备本体有安装配合的互感器、智能组件，应与一次设备本体采用一体化设计，优化安装结构，保证一次设备运行的可靠性及安全性。

（3）主变压器采用三相、油浸、有载调压、自耦、自然油循环风冷型或强迫油循环风冷型。主变压器可通过集成于设备本体的传感器，配置相关的智能组件实现冷却装置、有载分接开关的智能控制。

（4）330kV 并联电抗器采用单相、油浸、自冷型，中性点电抗选用油浸、自冷型。

（5）根据站址环境条件和地质条件，通过经济技术比较后确定开关设备型式。330、110kV 开关设备采用 GIS、HGIS、柱式或罐式断路器。对用地紧张、高海拔、高地震烈度、污秽严重等地区，经技术经济论证，可采用 GIS、

HGIS。

（6）主变压器低压侧 35kV 开关设备采用柱式断路器或者开关柜。实际工程应结合环境条件，断路器开断能力等方面因素，通过技术经济比较，确定合理的主回路及分支回路断路器型式。

（7）35kV 并联电容器采用组合框架式，串联电抗器采用干式空芯式（户内为干式铁芯）；35kV 并联电抗器采用干式空芯式（户内为油浸式并联电抗器）。在土地资源稀缺、布置受限地区可采用集合式并联电容器和油浸式并联电抗器。

（8）330kV 及主变压器各侧电压等级互感器采用常规互感器；110kV 电压等级互感器采用常规互感器加合并单元模式。

（9）电气设备抗震能力应满足 GB 50260—2013《电力设施抗震设计规范》的规定，高地震烈度地区应进行抗震设计。

（10）状态监测。

1）每台主变压器及高压并联电抗器配置 1 套油中溶解气体状态监测装置；变压器、高压并联电抗器本体预留局部放电监测接口。

2）330kV 避雷器每台避雷器配置 1 套传感器，监测泄漏电流、阻性电流、放电次数。

3）330kV GIS 预留局部放电传感器及监测接口。

4）一次设备状态监测的传感器，其设计寿命应不少于被监测设备的使用寿命。

33.3.4 导体选择

母线载流量按最大穿越功率考虑，按发热条件校验。

出线回路的导体截面按最大工作电流考虑。

330、110kV 导线截面应进行电晕校验及对无线电干扰校验。

主变压器 110kV 侧导线载流量按不小于主变压器额定容量 1.05 倍计算，实际工程中可根据需要考虑承担另一台主变压器事故或检修时转移的负荷；110kV 分段导线载流量按系统规划要求的最大通流容量考虑；母联导线载流量按最大一个元件考虑。

主变压器低压侧引线载流量和母线载流量按变压器低压侧最大可能的无功容量和站用变压器容量计算。

33.3.5 避雷器设置

本通用设计按以下原则设置避雷器，实际工程避雷器设置根据雷电侵入波

过电压计算确定。

（1）每组 330kV 主变压器三侧出口处各装设一组避雷器。

（2）GIS 配电装置架空线路均装设避雷器，GIS 母线一般不设避雷器。

（3）GIS 配电装置全部出线间隔采用电缆连接时，A2 方案按设置母线避雷器考虑（实际工程根据计算确定）。电缆与架空线连接处设置避雷器。

（4）HGIS 配电装置架空出线均装设避雷器。HGIS 母线是否装设避雷器需根据计算确定。

（5）330kV 柱式断路器、罐式断路器配电装置每回架空线路入口处装设 1 组避雷器。

（6）本通用设计中，110kV 柱式断路器配电装置架空线路入口处不装设避雷器，实际工程中避雷器的设置应根据 GB/T 50064—2014 和国家电网生〔2009〕1208 号《关于印发〈预防多雷地区变电站断路器等设备雷害事故技术措施〉的通知》的规定和要求执行。

（7）对于有高压并联电抗器回路的出线，线路与高压并联电抗器按共用一组避雷器考虑。

33.3.6 电气总平面布置及配电装置

33.3.6.1 电气总平面布置

电气总平面应根据电气主接线和线路出线方向，合理布置各电压等级配电装置的位置，确保各电压等级线路出线顺畅，以避免同电压等级的线路交叉，同时避免或减少不同电压等级的线路交叉。必要时，需对电气主接线做进一步调整和优化。电气总平面还应本、远期结合，以减少扩建工程量。配电装置应尽量不堵死扩建的可能。

各电压等级配电装置的布置位置应合理，并因地制宜地采取必要措施，以减少变电站占地面积。

结合站址地质条件，可适当调整电气总平面的布置方位，以减少土石方工程量。

电气总平面的布置应考虑机械化施工的要求，满足电气设备的安装、试验、检修起吊、运行巡视以及气体回收装置所需的空间和通道。

33.3.6.2 配电装置

（1）配电装置总体布局原则。

1）配电装置布局应紧凑合理，主要电气设备、装配式建（构）筑物以及预制舱式二次组合设备的布置应便于安装、扩建、运维、检修及试验工作，并且需满足消防要求；

2）110kV 户外配电装置的布置，应能适应预制舱式二次组合设备的下放布置，缩短一次设备与二次系统之间的距离；

3）当配电装置布置在建筑内时，应考虑其安装、试验、检修、起吊、运行巡视以及气体回收装置所需的空间和通道。

（2）根据站址环境条件和地质条件，对于人口密度高、土地昂贵地区；受外界条件限制、站址选择困难地区；复杂地址条件、高差较大的地区；高地震烈度、高海拔、高寒和严重污染等特殊环境条件地区宜采用 GIS、HGIS 配电装置。位于城市中心的变电站可采用户内 GIS 方案。对人口密度不高、土地资源相对丰富、站址环境条件较好地区，宜采用户外常规敞开式配电装置。

（3）330kV 配电装置采用户内 GIS、户外 GIS、HGIS、柱式断路器、罐式断路器配电装置；110kV 配电装置采用户内 GIS、户外 GIS、HGIS、柱式断路器配电装置；35kV 配电装置采用柱式断路器或者开关柜。实际工程应结合环境条件，断路器开断能力等方面因素，通过技术经济比较，确定合理的主回路及分支回路断路器型式。330、110kV 配电装置具体布置参数及原则如下。

1）330kV 配电装置。

a. 330kV GIS 配电装置根据布置需要采用分相式断路器单列式布置方案，户外布置方案一般采用架空出线方式，户内布置方案一般采用全电缆或架空出线方式。

b. 为满足安装、运行、检修维护、实验要求，330kV 户内 GIS 配电装置纵向跨度为 14.5m，全架空出线配电装置纵向跨度为 14m，设备吊装采用 10t 行车，配电装置室设备起吊净高参考值 9m。

c. 330kV HGIS 采用户外悬吊管型母线中型、HGIS 断路器三列布置（含 HGIS 半 C 形布置方案）。对 330kV HGIS 配电装置，当采用一个半断路器接线时，完整串采用"3+0"方式，不完整串可采用"2+1"或"3+0"方式。

d. 330kV 柱式断路器配电装置采用户外悬吊管型母线中型、断路器三列布置。

e. 330kV 罐式断路器配电装置采用户外软母线中型、断路器三列布置。

f. 330kV 户外配电装置布置尺寸一览表（海拔 1000m）见表 33.3-1。

表 33.3-1　330kV 户外配电装置布置尺寸一览表（海拔 1000m）　（m）

构架尺寸	配电装置			
	户外 GIS	HGIS	柱式	罐式
出线间隔宽度	18	20（无道路间隔）	20（无道路、无高架间隔）	20（无道路、无高架间隔）
出线挂点高度	18	20.5（下层出线）/30（上层出线）	18	18
出线挂点相间距离	5	5.6	5.6	5.6
出线相—构架柱中心距离	4	4.4	4.4	4.4
母线间相间距离	/	4.5	4.5	4.5
母线挂点高度	/	15.7	15.7	15.7
高架横跨进出线挂点高度	/	/	23.5（主变压器高架横跨进线挂点高度）13（主变压器低穿斜拉进线挂点高度）	23.5（主变压器高架横跨进线挂点高度）13（主变压器低穿斜拉进线挂点高度）

2）110kV 配电装置。

a. 110kV 配电装置采用户外 GIS，出线构架采用两回出线共用一跨构架或单回出线专用一跨构架。

b. 110kV 户内 GIS 配电装置间隔宽度取 1.5m，110kV GIS 室跨度宜采用 10m，厂房高度按吊装元件考虑，最大起吊重量不大于 3t，配电装置室内净高不小于 6.5m。

c. 110kV 户外 HGIS 配电装置采用支持管型母线中型。

d. 110kV 户外柱式断路器配电装置采用支持管型母线中型布置或者软母线半高型布置。

e. 110kV 户外配电装置布置尺寸一览表（海拔 1000m）见表 33.3-2。

表 33.3-2　110kV 户外配电装置布置尺寸一览表（海拔 1000m）　（m）

构架尺寸	配电装置		
	户外 GIS	HGIS	瓷柱式
出线间隔宽度	7.5/15（两回出线共用一榀构架）	7.5/15（两回出线共用一榀构架）	8
出线挂点高度	10	10/15（上层出线）	10
出线挂点相间距离	2	1.6	2.2
出线相—构架柱中心距离	1.75	/	4.4
母线挂点高度	/	6.8	12.5（支持管型母线中型布置）/9（软母线改进半高型布置）

33.3.7　站用电

330kV 变电站最终站用电源有 3 个，即 2 个工作电源和 1 个备用电源。2 个工作电源分别从 2 组主变压器的低压侧母线上引接。站用备用电源优先考虑从站外可靠电源引接。如站址附近无可靠电源，可考虑采用高压并联电抗器抽能方式或者设置柴油发电机方式作为备用电源，实际工程经技术经济比较后确定。

本通用设计较为典型的站用变压器容量为 630kVA、800kVA，实际工程需具体核算。

站用电低压系统应采用 TN-C-S，系统的中性点直接接地。系统额定电压 380/220V。站用电母线采用按工作变压器划分的单母线接线，相邻两段工作母线同时供电分列运行。两段工作母线间不应装设自动投入装置。

站用电源采用交直流一体化电源系统。

33.3.8　电缆

按照 GB 50217—2007《电力工程电缆设计规范》进行设计，并需符合 GB 50229—2006《火力发电厂与变电站设计防火规范》、DL 5027—2015《电力设备典型消防规程》有关要求。

33.3.8.1　电缆选型

-15℃ 以下低温环境，应按低温条件和绝缘类型要求，选用交联聚乙烯、聚乙烯绝缘、耐寒橡皮绝缘电缆。低温环境不宜选用聚氯乙烯绝缘电缆。除

−15℃以下低温环境或药用化学液体浸泡场所，以及有毒难燃性要求的电缆挤塑外护层宜用聚乙烯外，其他可选用聚氯乙烯外护层。

变电站火灾自动报警系统的供电线路、消防联动控制线路应采用耐火铜芯电线电缆。其余线缆采用阻燃电缆，阻燃等级不低于 C 级。

33.3.8.2　电缆敷设通道规划

对于室内电缆敷设，二次设备室不宜设置电缆半层。若二次设备室位于建筑一层，可采用电缆沟作为屏柜电缆进出通道；若二次设备室位于建筑二层及以上，可采用架空活动地板层作为电缆通道，电缆或光缆数量较多时，还可视情况选择带电缆小支架的活动地板托架，以便于电缆规划路由和绑扎。

在满足线缆敷设容量要求的前提下，户外配电装置场地线缆敷设主通道可采用电缆沟或地面槽盒。

33.3.8.3　电缆防火

当电力电缆与控制电缆或通信电缆敷设在同一电缆沟或电缆隧道内时，宜采用防火隔板或防火槽盒进行分隔。

33.4　二次系统

33.4.1　系统继电保护及安全自动装置

33.4.1.1　330kV 线路保护

（1）330kV 采用一个半断路器接线时，330kV 每回线路按双重化配置完整的、独立的能反应各种类型故障、具有选相功能的全线速动保护；线路过电压及远跳就地判别功能应集成在线路保护装置中，主保护与后备保护、过电压保护及就地判别采用一体化保护装置实现。

（2）330kV 采用双母线接线时，330kV 每回线路按双重化配置完整的、独立的能反应各种类型故障、具有选相功能的全线速动保护；线路过电压及远跳就地判别功能应集成在线路保护装置中，主保护与后备保护、过电压保护及就地判别采用一体化保护装置实现。线路重合闸功能配置在线路保护中，重合闸应实现单重、三重、禁止和停用方式。

（3）线路保护直接模拟量采样，直接 GOOSE 跳断路器；经 GOOSE 网络启动断路器失灵、重合闸；站内其他装置经 GOOSE 网络启动远跳。

（4）每套线路保护宜采用双通道。

33.4.1.2　110kV 线路保护

（1）每回线路按单套配置保护装置，线路重合闸功能配置在线路保护中。

（2）线路保护直接数字量采样或模拟量采样、直接 GOOSE 跳闸。跨间隔信息（启动母差失灵功能和母差保护动作远跳功能等）采用 GOOSE 网络传输方式。

（3）数字量采样时，母线电压切换由合并单元实现，每套线路电流合并单元应根据收到的两组母线的电压量及线路隔离开关的位置信息，自动采集本间隔所在母线的电压。

（4）110kV 线路保护宜采用保护测控一体化装置。

（5）每套线路保护宜采用单通道。

33.4.1.3　母线保护

（1）330kV 采用一个半断路器接线时，每段母线按远期规模双重化配置母线差动保护装置。母线保护直接模拟量采样，直接 GOOSE 跳断路器。相关设备（交换机）满足保护对可靠性和快速性的要求时，可经 GOOSE 网络跳闸。失灵启动经 GOOSE 网络传输。

（2）330kV 采用双母线接线时，每组双母线按远期规模双重化配置母线差动保护装置，包括母线差动保护、母联充电和过电流保护、母联失灵及死区保护、断路器失灵保护等功能。母线保护直接模拟量采样，直接 GOOSE 跳断路器。相关设备（交换机）满足保护对可靠性和快速性的要求时，可经 GOOSE 网络跳闸。开入量（启动失灵、隔离开关位置接点、母联断路器过电流保护启动失灵、主变压器保护动作解除电压闭锁等）采用 GOOSE 网络传输。

（3）110kV 每段母线按远期规模双套配置母线差动保护装置。110kV 母线保护直接数字量采样或模拟量采样，直接 GOOSE 跳闸；相关设备（交换机）满足保护对可靠性和快速性要求时，可采用 GOOSE 网络跳闸方式。

33.4.1.4　断路器保护

（1）一个半断路器接线的断路器保护按断路器双重化配置，具备失灵保护及重合闸等功能。

（2）断路器保护直接模拟量采样、直接 GOOSE 跳闸；本断路器失灵时，经 GOOSE 网络跳相邻断路器。

（3）断路器保护、测控独立配置。

33.4.1.5　母联（分段）断路器保护

（1）330kV 采用双母线接线时，母联（分段）断路器按双重化配置专用的、具备瞬时和延时跳闸功能的过电流保护。330kV 母联（分段）保护、测控独立配置。

（2）110kV 母联（分段）断路器配置单套过电流保护，宜采用保护测控一体化装置。

（3）330kV 母联（分段）保护直接模拟量采样，110kV 母联（分段）保护直接数字量采样，均直接 GOOSE 跳闸，启动母线失灵采用 GOOSE 网络传输。

33.4.1.6　故障录波

（1）全站故障录波宜按照电压等级配置，故障录波不跨小室配置。当 330kV 采用一个半断路器接线时，每两串配置 1 台故障录波器；当 330kV 采用双母线接线时，根据规模每个小室配置 1~2 台故障录波器；母线故障录波也可以独立设置；主变压器故障录波宜独立配置，每 2 台主变压器宜配置 1 台故障录波装置；110kV 宜按网络配置分别配置。

（2）主变压器、330kV 电压等级故障录波装置的电流、电压采用模拟量采样，开关量通过网络方式接收 GOOSE 报文。主变压器、330kV 电压等级每台故障录波装置录波量模拟式交流量宜为 96 路，开关量宜为 256 路。

（3）110kV 电压等级故障录波装置采用数字量采样或模拟量采样。数字量采样时，通过网络方式接收 SV 报文和 GOOSE 报文。故障录波装置每个百兆 SV 采样值接口接入合并单元数量不宜超过 5 台。110kV 电压等级每台故障录波装置录波交流量宜为 96 路，开关量宜为 256 路。

33.4.1.7　故障测距系统

（1）为了实现线路故障的精确定位，对于大于 80km 的长线路或路径地形复杂、巡检不便的线路，应配置专用故障测距装置；大于 50km 的 220kV 及以上的线路可配置故障测距装置。

（2）行波测距装置采样值采用点对点传输方式，数据采样频率应大于 500kHz。

33.4.1.8　系统安全稳定控制装置

系统安全稳定控制装置应根据接入后的系统稳定计算确定是否配置，若需配置，应遵循如下原则：

（1）安全稳定控制装置按双重化配置。

（2）要求快速跳闸的安全稳定控制装置应采用点对点直接 GOOSE 跳闸方式。

33.4.1.9　保护及故障信息管理子站系统

保护及故障信息管理子站系统不配置独立装置，其功能宜由站控层后台实现，站控层后台应实现保护及故障信息的直采直送。

33.4.2　系统调度自动化

（1）调度关系及远动信息传输原则。调度管理关系宜根据电力系统概况、调度管理范围划分原则和调度自动化系统现状确定。远动信息的传输原则宜根据调度管理关系确定。

（2）远动设备配置。远动通信设备应根据调度数据网情况进行配置，并优先采用专用装置、无硬盘型，采用专用操作系统。

（3）远动信息采集。远动信息采取"直采直送"原则，直接从变电站自动化系统的测控单元获取远动信息并向管辖调度端传送。

（4）远动信息传送。

1）远动通信设备应能实现与相关调控中心的数据通信，采用双平面电力调度数据网络方式的方式。网络通信满足 DL/T 634.5104—2009《远动设备及系统　第 5-104 部分：传输规约　采用标准传输协议集的 IEC 60870-5-101 网络访问》的要求。

2）远动信息内容应满足 DL/T 5003《电力系统调度自动化设计技术规程》、Q/GDW 678—2011《智能变电站一体化监控系统功能规范》、Q/GDW 679—2011《智能变电站一体化监控系统建设技术规范》、Q/GDW 11398—2015《变电站设备监控信息规范》和相关调度端、无人值班远方监控中心对变电站的监控要求。

（5）电能量计量系统。

1）全站配置一套电能量远方终端。全站电能表宜独立配置；35（10）kV 电压等级也可采用保护、测控、计量集成装置；关口计量点的电能表应双重化配置，并满足电量结算相关规程的要求。

2）主变压器各侧及 330kV 电压等级电能表采用模拟量电缆接入；其他非关口计量点宜选用数字式电能表，关口计量点电能表选择及互感器的配置应满足电能计量规程规范要求。

3）电能量远方终端以串口方式采集各电能量计量表计信息，并通过电力调度数据网与电能量主站通信。

（6）相量测量装置。相量测量装置应单套配置，330kV 电压等级采用模拟量采样，110kV 电压等级通过网络方式采集过程层 SV 数据或采用模拟量采样。

（7）调度数据网络及安全防护装置。

1）调度数据网应按双平面配置调度数据网络接入设备，含相应的调度数据网络交换机及路由器。

2）横向安全防护：安全Ⅰ区设备与安全Ⅱ区设备之间通信设置防火墙；变电站自动化系统与Ⅲ/Ⅳ区数据通信网关机之间设置正/反向隔离装置传送数据。

3）纵向安全防护：变电站自动化系统与远方调度（调控）中心设置纵向加密认证装置进行数据通信。

33.4.3 系统及站内通信

（1）光纤系统通信。光纤通信电路的设计，应结合通信网现状、工程实际业务需求以及各省级公司通信网规划进行。

1）光缆类型以 OPGW 为主，光缆纤芯类型宜采用 G.652 光纤。330kV 线路光缆纤芯数宜采用 24～48 芯。

2）宜随新建 330kV 电力线路建设光缆，满足 330kV 变电站至相关调度单位至少具备两条独立光缆通道的要求。

3）330kV 变电站应按调度关系及地区通信网络规划要求建设相应的光传输系统。

4）330kV 变电站应至少配置 2 套光传输设备，接入相应的光传输网。

5）PCM 设备根据业务接入需要配置并满足相关业务要求。

（2）站内通信。

1）330kV 变电站可不设置程控调度交换机。变电站调度及行政电话由调度运行单位直接放小号或采用软交换方式解决，可安装 1 路市话作为备用，也可配置 1 套程控调度交换机。

2）配置 1 套综合数据通信网设备。综合数据通信网设备宜采用两条独立的上联链路与网络中就近的两个汇聚节点互联。

3）通信电源宜由站内一体化电源系统实现，通过配置 2 套独立的 DC/DC 转换装置，实现对通信设备的−48V 直流电源供电；对于具有中继功能的重要变电站也可单独配置通信电源，通信负荷宜按 4h 事故放电时间计算。

4）变电站通信设备宜与二次设备统一布置。

5）通信设备的环境监测功能由站内智能辅助控制系统统一考虑。

33.4.4 变电站自动化系统

33.4.4.1 监控范围及功能

变电站自动化系统设备配置和功能要求按无人值班设计，采用开放式分层分布式网络结构，通信规约统一采用 DL/T 860。监控范围及功能满足 Q/GDW

678—2011《智能变电站一体化监控系统功能规范》、Q/GDW 679—2011《智能变电站一体化监控系统建设技术规范》的要求。

系统软件：主机应采用 Linux 操作系统或同等的安全操作系统。

自动化系统实现对变电站可靠、合理、完善的监视、测量、控制、断路器合闸同期等功能，并具备遥测、遥信、遥调、遥控全部的远动功能和时钟同步功能，具有与调度通信中心交换信息的能力，具体功能宜包括信号采集、"五防"闭锁、顺序控制、源端维护、设备状态可视化、智能告警等功能。

33.4.4.2 系统网络

（1）站控层网络。站控层网络宜采用双重化星形以太网络。站控层、间隔层设备通过两个独立的以太网控制器接入双重化站控层网络。

（2）过程层网络。应按电压等级配置过程层网络。330kV 电压等级及主变压器高中压侧应配置 GOOSE 网络，宜采用星形双网结构；110kV 电压等级 GOOSE 网及 SV 网共网设置，宜采用星形单网结构。35（10）kV 不设置 GOOSE 和 SV 网络，GOOSE 报文和 SV 报文采用点对点方式传输。

（3）双重化配置的保护装置应分别接入各自 GOOSE 和 SV 网络，单套配置的测控装置等宜通过独立的数据接口控制器接入双重化网络。对于 220kV 及以下电压等级相量测量装置、电能表等仅需接入过程层单网。

33.4.4.3 设备配置

（1）站控层设备配置。站控层设备按远期规模配置，由以下几部分组成：

1）监控主机双套配置，操作员站、工程师工作站与监控主机合并；

2）综合应用服务器宜单套配置；

3）Ⅰ、Ⅱ区数据通信网关机宜双套配置；

4）Ⅲ/Ⅳ区数据通信网关机单套配置（可选）；

5）设置 2 台网络打印机。

（2）间隔层设备配置。间隔层包括继电保护及安全自动装置、测控装置、故障录波装置、网络分析记录装置、相量测量装置、行波测距装置、电能计量装置等设备。

1）继电保护及安全自动装置、故障录波装置、相量测量装置、行波测距装置、电能计量装置等，具体配置详见保护相关章节。

2）测控装置。

a. 一个半断路器接线的 330kV，330kV 断路器宜单套独立配置测控装置。330kV 线路测量功能宜由边断路器测控装置实现，也可独立配置测控装置。

b. 双母线接线的 330kV 间隔宜单套独立配置测控装置。

c. 110kV 宜采用保护测控一体化装置。

d. 35（10）kV 电压等级宜采用保护测控一体化装置，也可采用保护、测控、计量集成装置。

e. 主变压器高压侧采用一个半断路器接线时，高压侧测量功能宜由边断路器测控装置实现，也可独立配置测控装置；主变压器高压侧采用双母线接线时，高压侧测控装置宜单套独立配置；主变压器中、低压侧测控装置、主变压器本体测控装置宜单套独立配置，主变压器中压侧测控宜采用数字化采样。

f. 330、110、35（10）kV 每段母线配置单套测控装置。330、110、35（10）kV 根据电压等级及设备布置情况配置公用测控装置。

g. 330kV 高压并联电抗器测控装置宜单套独立配置。

h. 保护装置除失电告警信号以硬接线方式接入测控装置，其余告警信号均以网络方式传输。

3）网络记录分析装置。全站统一配置 1 套网络记录分析装置，由网络记录单元、网络分析单元构成；网络记录分析装置通过网络方式接收 SV 报文和 GOOSE 报文。

网络记录单元宜按照网络配置，网络记录分析范围包括全站站控层网络及过程层网络，网络报文记录装置每个百兆 SV 采样值接口接入合并单元的数量不宜超过 5 台。

（3）过程层设备配置。

1）合并单元（采用数字量采样时）。

a. 110kV 等级各间隔合并单元宜单套配置，采用智能终端合并单元集成装置。

b. 主变压器中压侧按单套配置合并单元用于中压侧母线差动保护。

c. 35（10）kV 及以下采用户内开关柜布置时不宜配置合并单元（主变压器间隔除外），采用户外敞开式布置时可配置单套合并单元。

d. 同一间隔内的电流互感器和电压互感器宜合用一个合并单元。合并单元宜分散布置于配电装置场地智能控制柜内。

2）智能终端。

a. 330kV 断路器智能终端按双重化配置。

b. 110kV 宜配置单套智能终端，采用合并单元智能终端集成装置。

c. 主变压器各侧智能终端宜冗余配置；主变压器本体智能终端宜单套配置，集成非电量保护功能。

d. 330、110kV 每段母线配置 1 套智能终端；35kV AIS 布置时，每段母线配置 1 套智能终端。

e. 智能终端宜分散布置于配电装置场地智能控制柜内。

3）智能控制柜。智能控制柜宜按间隔进行配置。对于 HGIS、GIS，智能控制柜与 HGIS、GIS 汇控柜应一体化设计。

（4）网络通信设备。

1）站控层网络交换机。站控层网络宜按二次设备室和按电压等级配置站控层交换机，站控层交换机电口、光口数量根据实际要求配置。

2）过程层网络交换机。

a. 330kV 一个半断路器接线，330kV 电压等级过程层 GOOSE 交换机应按串配置，每串宜按双重化共配置 2 台 GOOSE 交换机。当 330kV 线线串并带线路高压并联电抗器接入量较多时，可按双重化配置 4 台 GOOSE 交换机。330kV 每串 GOOSE 交换机独立组 1 面柜。

b. 330kV 双母线接线，330kV 宜按间隔配置过程层交换机。

c. 110kV 宜集中设置过程层交换机，也可按间隔配置过程层交换机。

d. 采用一个半断路器接线时，主变压器高压侧相关设备接入高压侧所在串 GOOSE 网交换机；采用双母线接线时，主变压器高压侧按间隔配置 GOOSE 网交换机；主变压器中压侧按间隔配置 GOOSE 网交换机；主变压器低压侧可采用点对点方式接入相关设备或与高（中）压侧共用交换机。

e. 35（10）kV 及以下电压等级不宜设置过程层交换机，SV 报文可采用点对点方式传输，GOOSE 报文可利用站控层网络传输。

f. 330、110kV 电压等级应根据规模按双重化配置过程层中心交换机，中心交换机可与母线差动保护共同组屏。

g. 每台交换机的光纤接入数量不宜超过 24 对，每个虚拟网均应预留 1~2 个备用端口。任意两台智能电子设备之间的数据传输路由不应超过 4 台交换机。

33.4.5 元件保护

（1）330kV 主变压器保护。

1）330kV 主变压器电量保护按双重化配置，每套保护包含完整的主、后备保护功能。

2）330kV 主变压器保护采用模拟量采样，直接 GOOSE 跳各侧断路器；

主变压器保护跳母联、分段断路器、启动失灵等可采用 GOOSE 网络传输。主变压器保护可通过 GOOSE 网络接收失灵保护跳闸命令，并实现失灵跳变压器各侧断路器。

3）非电量保护单套独立配置，宜与本体智能终端一体化设计，采用就地直接电缆跳闸，安装在变压器本体智能控制柜内；信息通过本体智能终端上送过程层 GOOSE 网。

（2）330kV 高压并联电抗器保护。

1）高压并联电抗器电量保护按双重化配置，每套保护包含完整的主、后备保护功能。

2）高压并联电抗器保护模拟量电缆直接采样，直接 GOOSE 跳各侧断路器。

3）非电量保护单套独立配置，宜与本体智能终端一体化设计，采用就地直接电缆跳闸，安装在电抗器本体智能控制柜内；信息通过本体智能终端上送过程层 GOOSE 网。

（3）35（10）kV 站用变压器、电容器、电抗器保护宜按间隔单套配置，采用保护测控一体化装置。

33.4.6　直流系统及不间断电源

（1）系统组成。直流系统及不间断电源由直流电源、交流不间断电源（UPS）、逆变电源（INV，根据工程需要选用）、直流变换电源（DC/DC）及监控装置等组成。监控装置作为电源系统的集中监控管理单元。

通信蓄电池可独立配置，也可采用直流变换电源（DC/DC）。

系统中各电源通信规约应相互兼容，能够实现数据、信息共享。监控装置应通过以太网通信接口采用 DL/T 860 规约与变电站后台设备连接，实现对电源系统的监视及远程维护管理功能。

（2）直流电源。

1）直流系统电压。变电站操作电源额定电压采用 220V 或 110V，通信电源额定电压-48V。

2）蓄电池型式、容量及组数。

a. 直流系统应装设 2 组阀控式密封铅酸蓄电池。

b. 蓄电池容量宜按 2h 事故放电时间计算；对地理位置偏远的变电站，通信负荷宜按 4h 事故放电时间计算。

c. DC/DC 转换装置负荷系数为 0.8，合并单元、智能终端负荷系数参照变电站自动化系统。

3）充电装置台数及型式。直流系统采用高频开关充电装置，配置 3 套。

4）直流系统供电方式。直流系统采用辐射型供电方式。在负荷集中区设置直流分屏（柜）。

35（10）kV 及以下电压等级的保护、控制、合并单元智能终端宜采用柜顶小母线多间隔并接供电，也可由直流分电屏直接馈出。当智能控制柜内设备为单套配置时，宜配置一路公共直流电源；当智能控制柜内设备为双重化配置时，应配置两路公共直流电源。智能控制柜内各装置采用独立的空气断路器。

（3）交流不停电电源系统。变电站宜配置两套交流不停电电源系统（UPS）。

（4）直流变换电源装置。当通信电源与站内直流电源一体化建设时，宜配置两套直流变换电源装置，采用高频开关模块型，N+1 冗余配置。

（5）总监控装置。系统应配置 1 套总监控装置，作为电源系统的集中监控管理单元，应同时监控站用交流电源、直流电源、交流不间断电源（UPS）、逆变电源（INV）和直流变换电源（DC/DC）等设备。

33.4.7　时间同步系统

（1）宜配置 1 套公用的时间同步系统，主时钟应双重化配置，另配置扩展装置实现站内所有对时设备的软、硬对时。支持北斗系统和 GPS 系统单向标准授时信号，优先采用北斗系统，时间同步精度和守时精度满足站内所有设备的对时精度要求。扩展装置的数量应根据二次设备的布置及工程规模确定。该系统宜预留与地基时钟源接口。

（2）时间同步系统对时或同步范围包括变电站自动化系统站控层设备、保护装置、测控装置、故障录波装置、故障测距、相量测量装置、合并单元及站内其他智能设备等。

（3）站控层设备宜采用 SNTP 对时方式。间隔层、过程层设备宜采用 IRIG-B 对时方式，条件具备时也可采用 IEC 61588 网络对时。

33.4.8　一次设备状态监测系统

变电设备状态监测系统宜由传感器、状态监测 IED 构成，后台系统应按变电站对象配置，全站应共用统一的后台系统，功能由综合应用服务器实现。

33.4.9　辅助控制系统

全站配置 1 套智能辅助控制系统，包括智能辅助系统综合监控平台、图像监视及安全警卫子系统、火灾自动报警及消防子系统、环境监测子系统等，实现图像监视及安全警卫、火灾报警、消防、照明、采暖通风、环境监测等系统的智能联动控制。

（1）智能辅助控制系统不配置独立后台系统，利用综合应用服务器实现智能辅助控制系统的数据分类存储分析、智能联动功能。

（2）图像监视及安全警卫子系统的功能按满足安全防范要求配置，不考虑对设备运行状态进行监视。

330kV 变电站视频安全监视系统配置一览表见表 33.4-1。

表 33.4-1　　330kV 变电站视频安全监视系统配置一览表

序号	安装地点	安装数量
1	主变压器及低压无功补偿区	每台主变压器配置 1 台
2	330kV 设备区	柱式断路器、罐式断路器、HGIS：根据规模配置 3～5 台；GIS：配置 2～3 台
3	110kV 设备区	柱式断路器、罐式断路器设备：根据规模配置 2～3 台；GIS：配置 2～3 台
4	低压站用变压器	配置 1 台
5	二次设备室	每室配置 2 台
6	低压配电室	根据需要配置 1～2 台
7	主控通信楼一楼门厅	配置 1 台低照度摄像机
8	全景（安装在主控通信楼楼顶）	配置 1 台
9	红外对射装置或电子围栏	根据变电站围墙实际情况配置

（3）330kV 变电站应设置 1 套火灾自动报警及消防子系统，火灾探测区域应按独立房（套）间划分。330kV 变电站火灾探测区域有公用二次设备室、继电器室、通信机房（如有）、直流屏（柜）室、蓄电池室、可燃介质电容器室、各级电压等级配电装置室、油浸变压器及电缆竖井等。

（4）环境监测设备包括环境数据处理单元、温度传感器、湿度传感器、风速传感器（可选）、水浸传感器（可选）等。

33.4.10　二次设备模块化设计

变电站二次设备宜采用模块化设计，二次设备模块宜结合建设规模、总平面布置、配电装置型式等合理设置。

户外变电站宜采用预制式智能控制柜，条件允许时，宜采用预制舱式二次组合设备；户内变电站宜采用模块化二次设备和预制式智能控制柜。

（1）模块划分原则。模块设置主要按照功能及间隔对象进行划分，尽量减少模块间二次接线工作量，二次设备主要设置以下几种模块，实际工程应根据二次设备室及预制舱式二次组合设备的具体布置开展多模块组合设置：

1）站控层设备模块：包含变电站自动化系统站控层设备、调度数据网络设备、二次系统安全防护设备等。

2）公用设备模块：包含公用测控装置、时钟同步系统、电能量计量系统、故障录波装置、网络记录分析装置、辅助控制系统等。

3）通信设备模块：包含光纤系统通信设备、站内通信设备等。

4）电源系统模块：包含站用交流电源、直流电源、交流不间断电源（UPS）、逆变电源（INV，可选）、直流变换电源（DC/DC）、蓄电池等。

5）间隔设备模块：包含各电压等级线路（母联、桥、分段、断路器）保护装置、测控装置，母线保护、电能表、公用测控装置与交换机等。

6）主变压器间隔设备模块：包含主变压器保护装置、主变压器测控装置、电能表、低压无功保护测控装置等。

（2）模块化二次设备型式。模块化二次设备基本型式主要有三种，即模块化的二次设备、预制舱式二次组合设备、预制式智能控制柜。

（3）二次设备模块化设置原则。

1）户内变电站，各电压等级间隔层设备宜按间隔或串配置，分散布置于就地预制式智能控制柜内。

2）户外变电站，330kV 电压等级及主变压器间隔内间隔层设备相对集中布置于继电器小室内，过程层设备按间隔设置预制式智能控制柜；110kV 电压等级设置预制舱式二次组合设备（模拟量采样时也可采用继电器小室），过程层设备按间隔设置预制式智能控制柜。

3）预制舱式二次组合设备内部可采用屏柜结构，也可采用机架式结构。预制舱式二次组合设备应根据变电站远期建设规模、总平面布置、配电装置型式等，就近分散布置于配电装置区空余场地。

4）站控层设备模块、公用设备模块、通信设备模块与电源系统模块布置于主控楼二次设备室内。

5）宜采用预制光缆和预制电缆实现一次设备与二次设备、二次设备间的光缆、电缆即插即用标准化连接。

6）变电站高级应用应满足电网大运行、大检修的运行管理需求，采用模块化设计、分阶段实施。

33.4.11 二次设备布置及组柜

33.4.11.1 二次设备室的设置及布置

新建工程应按远期规模规划并布置二次设备室，设备布置应遵循功能统一明确、布置简洁紧凑的原则，并合理考虑预留屏（柜）位。

当330kV配电装置采用户外布置时，一个半断路器接线的330kV配电装置宜3～4串设置一个继电器小室，对于规模较小的330kV配电装置，也可考虑设置一个继电器小室，双母线接线的330kV配电装置宜按规模设置1～2个继电器小室；当330kV配电装置采用GIS且户内布置时，二次设备宜下放就近布置于一次高压配电装置区域；当高压配电装置室内环境条件不具备时，也可就近集中设置继电器小室；户外布置的110kV宜在配电装置区域内设一个预制舱式二次组合设备（模拟量采样时也可采用继电器小室）；当其配电装置采用GIS且户内布置时，110kV二次设备宜下放布置于一次高压配电装置区域。在靠近主变压器和无功补偿装置处可设置主变压器和无功补偿装置继电器室，也可与主控通信室二次设备或330kV共用继电器小室。

直流电源室原则上靠近负荷中心布置，当二次设备采用下放布置时，直流电源室与站用变压器室毗邻布置；当二次设备采用集中布置时，直流屏（柜）可布置于继电器室，蓄电池组架布置，设置独立蓄电池室，并毗邻于直流电源室布置。

站控层设备组屏宜按16～20面屏（柜）考虑，布置在二次设备室。通信机房不独立设置，布置在公用二次设备室。

二次设备屏（柜）位采用集中布置时，备用屏（柜）数宜按屏（柜）总数的10%考虑，采用下放布置时，备用屏（柜）数宜按屏（柜）总数15%考虑。

33.4.11.2 二次设备组柜原则

本小节规定了110、35（10）kV数字量采样时的组柜原则，采用模拟量采样时无合并单元装置。

33.4.11.2.1 站控层设备组柜原则

站控层设备组柜安装，显示器根据运行需要进行组柜或布置在控制台上，组柜原则如下：

（1）监控主站兼操作员站柜1面，包括2套监控主机设备。

（2）I区远动通信柜1面，包括含I区远动网关机（兼图形网关机）2台、2台I区站控层中心交换机，防火墙2台。

（3）II、III/IV区远动通信柜1面，含II区远动网关机2台、2台II区站控层中心交换机、III/IV区数据通信网关机1台。

（4）调度数据网设备柜1～2面，包括含2台路由器、4台数据网交换机、4台纵向加密装置。

（5）综合应用服务器柜1面，包括含1台综合应用服务器，正反向隔离装置2台。

33.4.11.2.2 间隔层及过程层设备组柜原则

（1）间隔层设备集中布置。

1）间隔层设备组柜原则。合并单元、智能终端、状态监测IED等设备下放布置于智能控制柜，保护、测控、过程层交换机等设备集中布置于二次设备室。

a. 330kV一个半断路器接线。

（a）线路保护1+线路保护2+测控1（若配置）共组1面屏（柜）。

（b）断路器保护1+断路器保护2+断路器测控共组1面屏（柜）。

（c）高压并联电抗器保护1+高压并联电抗器保护2+测控（若配置）共组1面屏（柜）。

（d）每段母线两套母线保护组1面屏（柜）。

（e）330kV系统过程层交换机可按串组柜。

（f）330kV过程层中心交换机可与母线保护柜组柜。

b. 330kV双母线接线系统。

（a）线路保护1+线路测控+电压切换装置1+交换机组1面屏（柜）。

（b）线路保护2+电压切换装置2+交换机组1面屏（柜）。

（c）高压并联电抗器保护1+高压并联电抗器保护2+测控（若配置）共组1面屏（柜）。

（d）母联（分段）保护1+母联（分段）保护2+母联（分段）测控+交换机组1面屏（柜）。

（e）每套母线保护组1面屏（柜），共组4面屏（柜）。

c. 主变压器。

（a）保护柜1：主变压器保护1+高压侧过程层交换机1+中压侧过程层交换机1。

（b）保护柜2：主变压器保护2+高压侧过程层交换机2+中压侧过程层交

换机 2。

（c）主变压器测控。主变压器高、中、低压侧及本体各测控装置组柜 1 面。

d. 110kV 系统。

（a）110kV 线路 1 保护测控+110kV 线路 2 保护测控。

（b）母联（分段）1 保护测控+母联（分段）2 保护测控组一面屏（柜）。

（c）两套母线保护装置组 1 面柜。

（d）110kV 过程层交换机集中组屏，每面不超过 6 台。

e. 低压无功补偿保护。

（a）保护测控装置下放布置在开关柜上。

（b）合并单元智能终端集成装置下放至就地智能控制柜内，4 台电容器（电抗器）保护测控装置组 1 面屏（柜）。

f. 电能表。电能表宜按电压等级或设备对象组柜布置，每面柜不超过 9 只。

2）过程层设备组柜原则。

a. 一个半断路器接线的 330kV 系统。

（a）边断路器智能终端 1+边断路器智能终端 2 组 1 面柜。

（b）中断路器智能终端 1+中断路器智能终端 2 组 1 面柜。

（c）母线智能终端 1+避雷器状态监测 IED 组 1 面柜。

（d）高压并联电抗器本体智能终端+非电量保护组 1 面柜。

b. 双母线接线的 330kV 系统。

（a）智能终端 1+智能终端 2 组 1 面柜。

（b）母线智能终端 1+避雷器状态监测 IED 组 1 面柜。

c. 110kV 系统。

（a）智能终端+合并单元组 1 面柜。

（b）母线合并单元 1+母线智能终端 1+避雷器状态监测 IED 组 1 面柜。

（c）母线合并单元 2+母线智能终端 2 组 1 面柜。

d. 35（10）kV 系统。

（a）间隔智能终端合并单元集成装置组 1 面柜。

（b）母线智能终端+合并单元组 1 面柜。

（c）主变压器智能终端合并单元集成装置 1+主变压器智能终端合并单元集成装置 2 组 1 面柜。

（d）主变压器本体智能终端+非电量保护合一装置就地安装于主变压器本体智能控制柜。

（2）间隔层设备下放布置。保护测控、合并单元、智能终端、过程层交换机、状态监测 IED 等设备下放布置于智能控制柜。

1）330kV 一个半断路器接线系统。

a. 330kV 边断路器间隔（带线路）。

智能控制柜 1：线路保护 1+断路器保护 1+智能终端 1+测控。

智能控制柜 2：线路保护 2+断路器保护 2+智能终端 2+电能表。

b. 330kV 边断路器间隔（带主变压器）。

智能控制柜 1：断路器保护 1+智能终端 1+测控。

智能控制柜 2：断路器保护 2+智能终端 2。

c. 330kV 中断路器间隔。

智能控制柜 1：断路器保护 1+智能终端 1+测控+过程层交换机 1。

智能控制柜 2：断路器保护 2+智能终端 2+过程层交换机 2。

2）330kV 双母线接线系统。

a. 330kV 线路间隔。

智能控制柜 1：线路保护 1+测控+智能终端 1+过程层交换机 1。

智能控制柜 2：线路保护 2+智能终端 2+过程层交换机 2+电能表。

b. 330kV 母联（分段）间隔。

智能控制柜 1：母联（分段）保护 1+测控+智能终端 1+过程层交换机 1。

智能控制柜 2：母联（分段）保护 2+智能终端 2+过程层交换机 2。

c. 主变压器 330kV 间隔。智能控制柜：智能终端 1+智能终端 2。

d. 330kV 母线设备间隔。

ⅠM 智能控制柜：ⅠM/ⅡM 母线测控+ⅠM 智能终端。

ⅡM 智能控制柜：ⅡM 智能终端+避雷器状态监测 IED。

ⅢM 智能控制柜：ⅢM/ⅣM 母线测控+ⅢM 智能终端。

ⅣM 智能控制柜：ⅣM 智能终端+避雷器状态监测 IED。

e. 330kV 母线保护。

保护柜 1：330kV ⅠM/ⅡM 母线保护 1+330kV 过程层 A 网中心交换机。

保护柜 2：330kV ⅠM/ⅡM 母线保护 2+330kV 过程层 B 网中心交换机。

保护柜 3：330kV ⅢM/ⅣM 母线保护 1+330kV 过程层 A 网中心交换机。

保护柜 4：330kV ⅢM/ⅣM 母线保护 2+330kV 过程层 B 网中心交换机。

3）110kV 系统。

a. 110kV 线路间隔。智能控制柜：110kV 线路保护测控+智能终端合并单元集成装置+电能表。

b. 110kV 母联（分段）间隔。智能控制柜：110kV 母联（分段）保护测控+智能终端合并单元集成装置。

c. 110kV 主变压器间隔。智能控制柜：智能终端 1+智能终端 2+合并单元。

d. 110kV 母线设备间隔。智能控制柜：母线测控+智能终端+合并单元+避雷器状态监测 IED。

e. 110kV 母线保护。两套母线保护装置组 1 面柜。

f. 110kV 过程层交换机。110kV 过程层交换机集中组屏，每面不超过 6 台。

4）主变压器保护和高压并联电抗器。

保护柜 1：主变压器保护 1+高压侧过程层交换机 1+中压侧过程层交换机 1。

保护柜 2：主变压器保护 2+高压侧过程层交换机 2+中压侧过程层交换机 2。

保护柜：高压并联电抗器保护 1+高压并联电抗器保护 2+高抗测控（若配置）。

5）主变压器测控。主变压器高、中、低压侧及本体各测控装置组柜 1 面。

6）主变压器电能表柜。每面柜不超过 9 只电能表（电能量集采装置可组于此柜或单独组柜）。

7）35kV 保护、测控、计量集成装置分散就地布置于开关柜。

33.4.11.2.3 其他二次系统组柜原则

（1）故障录波器。当采用模拟量采样时，宜每套录波装置组 1 面柜；当采用数字量采样时，宜每两套录波装置组 1 面柜。

（2）网络记录分析装置。每 1~2 套网络记录分析装置组 1 面柜。

（3）故障测距。每套故障测距装置组 1 面柜。

（4）时钟同步系统。二次设备室设主时钟柜 1 面，扩展柜根据需要配置。

（5）网络设备。

1）网络柜按照 4~6 台交换机原则进行组屏，每面网络柜内针对交换机

端口数量分别设置 ODU（光配单元）和网络配线模块。

2）站控层交换机和过程层交换机宜分开组柜。

3）一个半断路器接线的 330kV 电压等级过程层网络交换机按串组柜，双母线接线的 330kV 电压等级及其他过程层网络交换机分散组柜。110kV 集中设置的交换机按照 4~6 台交换机原则进行组屏。

（6）电能计量系统。计费关口表每 6 块组一面柜，电能量远方终端与计费关口表共同组柜。

（7）相量测量装置。单独组柜。

（8）设备状态监测系统。状态监测 IED 布置于就地智能控制柜。

（9）智能辅助控制系统。视频服务器及辅件组 2 面屏（柜）。

（10）集中接线柜。在预制舱式二次组合设备和二次设备室内设置集中接线柜，单独组柜。

（11）预留屏柜。预制舱式二次组合设备内宜预留 2~3 面屏柜；二次设备室内可按终期规模的 10%~15%预留。

33.4.11.3 屏（柜）的统一要求

根据配电装置型式选择不同型式的屏柜，断路器汇控柜宜与智能智能控制柜一体化设计。

（1）柜体要求。

1）屏（柜）的尺寸。二次系统设备屏（柜）的外形尺寸宜采用 2260mm×800mm×600mm（高×宽×深，高度中包含 60mm 眉头）；站控层服务器柜可采用 2260mm×800mm×900mm（高×宽×深，高度中包含 60mm 眉头）屏柜；通信设备屏（柜）的外形尺寸宜采用 2260mm×600mm×600mm（高×宽×深，高度中包含 60mm 眉头）。

当二次设备舱采用机架式结构时，机架单元尺寸宜采用 2260mm×700mm×600mm（高×宽×深，高度中包含 60mm 眉头）。

2）屏（柜）的结构。二次设备室内屏（柜）结构为屏（柜）前后开门、垂直自立、柜门内嵌式的柜式结构。

舱内屏（柜）结构为屏（柜）前开门、垂直自立，靠墙布置。柜内二次设备采用前接线前显示设备。

3）屏（柜）的颜色。全站二次系统设备屏（柜）体颜色应统一。

（2）预制式智能控制柜要求。

1）柜的结构。屏（柜）结构为屏（柜）前后开门、垂直自立、柜门内嵌

式的柜式结构。

2）柜的颜色。全站户外智能控制屏（柜）体颜色应统一。

3）柜的要求。

a. 宜采用双层不锈钢结构，内层密闭，夹层通风，当采用户内布置时，防护等级不低于 IP40，当采用户外布置时，防护等级不低于 IP55。

b. 宜具有散热和加热除湿装置，在温/湿度传感器达到预设条件时启动。

c. 户外智能控制柜内部的环境能够满足智能终端等二次元件的长年正常工作温度、电磁干扰、防水防尘条件，不影响其运行寿命。

d. 智能控制柜宜设置空调。

33.4.12 互感器二次参数选择

（1）对电流互感器的要求。

1）双重化配置的两套主保护应分别接入电流互感器的不同二次绕组，单套配置的保护应接入电流互感器专用的二次绕组，后备保护与主保护共用二次绕组；故障录波器、故障测距装置可与保护共用一个二次绕组；测量、计量宜分别使用不同的二次绕组。两套断路器保护装置宜共用 TA 二次绕组。

2）保护用电流互感器准确级：330kV 线路保护宜采用能适应暂态要求的 TPY 级电流互感器；变压器差动保护各侧宜采用 TPY 级电流互感器；母线保护、断路器失灵保护、高压并联电抗器保护及 110kV 系统保护宜采用 P 级电流互感器。330kV 线路保护、主变压器保护也可采用 P 级电流互感器，其暂态系数不宜低于 2，且要求保护装置应采取措施减缓电流互感器饱和影响。P 级保护用电流互感器的准确限值系数宜为 5% 的误差限值要求。

330kV 变电站常规电流互感器二次参数配置一览表见表 33.4-2。

表 33.4-2　330kV 变电站常规电流互感器二次参数配置一览表

项目	电压等级（kV）		
	330	110	35（10）
主接线	一个半断路器接线	双母线（双母线双分段）	双母线（双母线双分段）	单母线
台数	9（18）台/每串	3（6）台/间隔	3 台/间隔	3（2）台/间隔
二次额定电流（A）	1	1	1	1

续表

项目	电压等级（kV）		
	330	110	35（10）
准确级	柱式 *： 边 TA： TPY/TPY/TPY/ TPY/5P/0.2/0.2S， 中 TA： TPY/TPY/TPY/ TPY/5P/0.2/0.2/ 0.2S/0.2S； GIS、HGIS 和罐式断路器： 边 TA：TPY/TPY/ 5P/0.2-断口-0.2S/ TPY/TPY，中 TA： TPY/TPY/5P/0.2/ 0.2S-断口-0.2S/ 0.2/TPY/TPY； 主变压器 330kV 侧套管：5P/0.2	出线、主变压器进线： TPY/TPY/0.2-断口-0.2S/5P/5P； 分段、母联：5P/ 5P/5P/0.2-断口-/ 5P/5P/5P； 主变压器 330kV 侧套管：5P/0.2	主变压器进线： TPY/TPY/5P/0.2/ 0.2S； 出线、分段、母联：数字量采样时， 5P/0.2S；模拟量采样时，5P/5P/0.2S； 主变压器 110kV 侧套管：5P/0.2	电抗器、电容器及站用变压器： 5P/0.2； 主变压器 35kV 进线：TPY/TPY/ 5P/0.2/0.2S； 主变压器公共绕组：0.2/5P/TPY/ TPY； 中性点：5P/5P
二次绕组数量	柱式： 边 TA：7；中 TA：9 GIS、HGIS 和罐式断路器：边 TA：7；中 TA：9 主变压器 330kV 侧套管：2	出线及主变进线：6； 母联：6 分段：7 主变压器 330kV 侧套管：2	主变压器：5； 出线、母联、分段：数字量采样时，2；模拟量采样时，3； 主变压器 110kV 侧套管：2	电抗器、电容器及站用变压器：2； 主变压器公共绕组：4
二次绕组容量	按计算结果选择	按计算结果选择	按计算结果选择	按计算结果选择

注　1. 当有安稳时，主变压器套管 TA 数量可根据工程需要进行调整。

　　2. 当 35（10）kV 配置母差保护时，按需要增加电流互感器二次绕组。

　　3. 110（35）kV 根据关口计费点设置，可增加计量二次绕组。

　　4. 考虑到特高压直流对保护的更高要求，对于经系统方式计算，可能导致多回特高压直流发生连续换相失败的变电站，相关电压等级 TA 应布置于母联间隔断路器两侧，确保主保护无死区。

　*　当采用柱式断路器、TA 两侧布置时，其二次绕组排列参照 GIS、HGIS 和罐式断路器。

（2）对常规电压互感器的要求。

1）对于 330kV 一个半断路器接线，每回出线及主变压器进线应装设三相电压互感器，母线可装设单相电压互感器；对于 330kV 双母线接线，每回出线及主变压器进线应装设三相电压互感器，母线也装设三相电压互感器；对于 110kV 双母线接线，每回线路宜装设单相电压互感器，母线宜装设三相电压互感器，电压并列由母线合并单元完成，电压切换由线路合并单元完成；35kV 母线应装设三相电压互感器。

2）两套主保护的电压回路宜分别接入电压互感器的不同二次绕组，故障录波器可与保护共用一个二次绕组。

3）计量用电压互感器的准确级，最低要求选 0.2 级；保护、测量共用电压互感器的准确级为 0.5（3P）。

330kV 变电站常规电压互感器二次参数配置一览表见表 33.4-3。

表 33.4-3　330kV 变电站常规电压互感器二次参数配置一览表

项目	电压等级（kV）		
	330	110	35（10）
主接线	一个半断路器接线	双母线（双母单分段）	双母线（双母线双分段）	单母线
台数	母线：单相；线路、主变压器 330kV 侧：三相	母线、线路、主变压器 330kV 侧：三相	母线：三相；线路：单相	母线：三相
准确级	母线：0.2/0.5（3P）/0.5（3P）/3P；线路、主变压器 330kV 侧：0.2/0.5（3P）/0.5（3P）/3P	母线、线路、主变压器 330kV 侧：0.2/0.5（3P）/0.5（3P）/3P	母线：0.2/0.5（3P）/0.5（3P）/3P；线路：0.5（3P）/3P	母线：0.2/0.5（3P）/0.5（3P）/3P
二次绕组数量	母线：4；线路、主变压器 330kV 侧：4	母线、线路、主变压器 330kV 侧：4	母线：4；线路：2	母线：4

续表

项目	电压等级（kV）		
	330	110	35（10）
额定变比	母线、线路、主变压器 330kV 侧：$\dfrac{330}{\sqrt{3}} / \dfrac{0.1}{\sqrt{3}} / \dfrac{0.1}{\sqrt{3}} / \dfrac{0.1}{\sqrt{3}} / 0.1$	母线：$\dfrac{110}{\sqrt{3}} / \dfrac{0.1}{\sqrt{3}} / \dfrac{0.1}{\sqrt{3}}$ $\dfrac{0.1}{\sqrt{3}} / 0.1$；线路：$\dfrac{110}{\sqrt{3}} / \dfrac{0.1}{\sqrt{3}} / 0.1$	母线：$\dfrac{35（10）}{\sqrt{3}} / \dfrac{0.1}{\sqrt{3}} /$ $\dfrac{0.1}{\sqrt{3}} / \dfrac{0.1}{\sqrt{3}} / \dfrac{0.1}{\sqrt{3}}$
二次绕组容量	按计算结果选择	按计算结果选择	按计算结果选择	按计算结果选择

33.4.13　光/电缆选择

（1）光缆选择要求。

1）采样值和保护 GOOSE 等可靠性要求较高的信息传输应采用光纤。

2）主控楼计算机房与各小室之间的网络连接应采用光缆。

3）光缆起点、终点在同一智能控制柜内并且同属于继电保护的同一套的保护测控装置、合并单元、智能终端、过程层交换机等多个装置，可合用同一根光缆进行连接，一根光缆的芯数不宜超过 24 芯。

4）跨房间、跨场地不同屏柜间二次装置连接可采用室外双端预制光缆。

5）光缆选择。

a. 光缆的选用根据其传输性能、使用的环境条件决定；

b. 除线路纵联保护专用光纤外，其余宜采用多模光纤；

c. 室外预制光缆宜采用铠装非金属加强芯阻燃光缆，当采用槽盒或穿管敷设时，宜采用非金属加强芯阻燃光缆。光缆芯数宜选取 4 芯、8 芯、12 芯、24 芯；

d. 室内不同屏柜间二次装置连接宜采用尾缆或软装光缆，尾缆（软装光缆）宜采用 4 芯、8 芯、12 芯规格。柜内二次装置间连接宜采用跳线，柜内跳线宜采用单芯或多芯跳线；

e. 每根光缆或尾缆备用芯按不少于 20% 预留，并不得少于 2 根。

（2）网线选择要求。二次设备室内通信联系宜采用超五类屏蔽双绞线。

（3）电缆选择及敷设要求。

1）电缆选择及敷设的设计应符合 GB 50217 的规定。

2）为增强抗干扰能力，机房和小室内强电和弱电线应采用不同的走线槽进行敷设。

3）主变压器、GIS/HGIS 本体与智能控制柜之间二次控制电缆宜采用预制电缆连接。电流、电压互感器与智能控制柜之间二次控制电缆不宜采用预制电缆。交直流电源电缆可视工程情况选用预制电缆。

33.4.14　二次设备的接地、防雷、抗干扰

二次设备防雷、接地和抗干扰应满足现行行业标准 DL/T 621《交流电气装置的接地》、DL/T 5136《火力发电厂、变电站二次接线设计技术规程》和 DL/T 5149《220kV～500kV 变电所计算机监控系统设计技术规程》的规定。

（1）在二次设备室、敷设二次电缆的沟道、就地端子箱及保护用结合滤波器等处，使用截面积不小于 $100mm^2$ 的裸铜排敷设与变电站主接地网紧密连接的等电位接地网。

（2）在二次设备室内，沿屏（柜）布置方向敷设截面积不小于 $100mm^2$ 的专用接地铜排，并首末端连接后构成室内等电位接地网。室内等电位接地网必须用至少 4 根以上、截面积不小于 $50mm^2$ 的铜排（缆）与变电站的主接地网可靠接地。

（3）沿二次电缆的沟道敷设截面积不少于 $100mm^2$ 的裸铜排（缆），构建室外的等电位接地网。开关场的就地端子箱内应设置截面积不少于 $100mm^2$ 的裸铜排，并使用截面积不少于 $100mm^2$ 的铜缆与电缆沟道内的等电位接地网连接。

33.5　土建部分

站址基本技术条件：海拔≤1000m，设计基本地震加速度 0.10g，设计风速≤30m/s，地基承载力特征值 $f_{ak}=150$kPa，地下水无影响，场地同一标高，采暖区。

33.5.1　总平面布置

（1）变电站的总平面布置应根据生产工艺、运输、防火、防爆、保护和施工等方面的要求，按远期规模对站区的建构筑物、管线及道路进行统筹安排，工艺流畅。

（2）站内道路。

1）站内消防道路宜采用环形道路，消防道路边缘距离建筑物外墙不宜小于 5m；变电站大门宜面向站内主变压器运输道路。

2）变电站大门及道路的设置应满足主变压器、大型装配式预制件、预制舱式二次组合设备等整体运输的要求。

3）站内主变压器运输道路宽度为 5.5m、转弯半径不小于 9m；高抗运输道路宽度为 4m、转弯半径不小于 9m，消防道路宽度为 4m、转弯半径不小于 9m；检修道路宽度为 3m、转弯半径 7m。

4）站内道路宜采用公路型道路，湿陷性黄土地区、膨胀土地区宜采用城市型道路，可采用混凝土路面或其他路面。采用公路型道路时，路面宜高于场地设计标高 150mm。

（3）场地处理。户外配电装置区场地不应采用人工绿化草坪，应因地制宜地采用碎石、卵石、灰土封闭或简易绿化等地坪处理方式，满足设备运行环境。缺少碎石或卵石且雨水充沛地区，可采用简易绿化，但不应设置浇灌管网等绿化设施。

33.5.2　建筑

（1）站内建筑应按工业建筑标准设计，应统一标准、统一风格布置，方便生产运行。并做好建筑"四节（指节能、节地、节水、节材）一环保"工作。

建筑材料上宜选用节能、环保、经济、合理的材料，标准集约、节能环保。

建筑物名称：变电站内建筑物名称应统一，设有主控通信楼（室）、配电装置楼（室）、继电器小室、站用电室、泡沫消防室、消防泵房、警卫室等建筑物。

（2）主控通信楼（室）内生产用房设监控室、二次设备室、蓄电池室、通信蓄电池室（如单独设置）；辅助及附属房间有办公室 1 间、资料室 1 间、安全工具室 1 间、消防器具室 1 间、值班室 2 间、机动用房 1 间、男女卫生间等。

配电装置楼（室）内主要生产用房设有主变压器室、散热器室 330kV GIS 室、110kV GIS 室、35kV 配电装置室、电抗器室、电抗器散热器室、电容器室、站用变压器室、二次设备室、监控室、电缆层（户内）、蓄电池室，辅助

及附属房间有消防控制室、办公室 1 间、资料室 1 间、安全工具室、机动用房 1 间、值班室 2 间、男女卫生间等。

偏远地区、维稳地区的变电站可根据前期规划要求及工程需要适当增加附属用房；运维站可根据运检部门相关规定增设辅助用房。

（3）建筑物体型应紧凑、规整，在满足工艺要求和总布置的前提下，优先布置成单层建筑；外立面及色彩与周围环境相协调。对于严寒地区，建筑物屋面宜采用坡屋面。

（4）外墙、内墙涂料装饰；卫生间采用瓷砖墙面，设铝板吊顶。门窗几何规整，预留洞口位置应与装配式外墙板尺寸相适应，门采用木门、钢门、铝合金门、防火门，窗采用铝合金窗、塑钢窗，并采取密封、节能、防盗等措施。除卫生间外其余房间和走道均不宜设置吊顶。当采用坡屋面时宜设吊顶。

（5）屋面应采用Ⅰ级防水屋面。

（6）建筑物在满足工艺要求的条件下，二次设备室净高 3.0m，跨度根据工艺布置确定。

110kV GIS 配电装置室跨度为 10m，净高 6.5m。330kV GIS 配电装置室全电缆出线跨度为 14.5m，架空出线跨度为 14m，起吊净高均 9m，采用桁车起吊方式。

330kV 全户内站电缆层层高 4.5m。全户内变电站电缆层高出室外地坪高度按 0.45m 考虑。

（7）钢筋混凝土建筑墙体材料采用砖、砌块或其他节能环保材料。装配式建筑物外墙板及其接缝设计应满足结构、热工、防水、防火及建筑装饰等要求，内墙板设计应满足结构、隔声及防火要求。外墙板宜采用压型钢板复合板，城市中心地区可采用铝镁锰复合板，西北寒冷地区可采用纤维水泥复合板，选择时应满足热工计算。内墙板采用防火石膏板、复合轻质内墙板。防火墙板宜采用纤维水泥复合板。

（8）装配式建筑设计的模数应结合工艺布置要求协调，宜按 GB 50006—2010《厂房建筑模数协调标准》执行，建筑物柱距一般不宜超过三种。

33.5.3 结构

全站建筑物结构型式可选用钢结构、钢筋混凝土框架结构，若采用装配式建筑，应遵循以下原则。

（1）装配式建筑物宜采用钢框架结构或轻型门式刚架结构。当单层建筑物屋面活载不大于 0.7kN/m² ，基本风压不大于 0.7kN/m² 时可采用轻型门式刚架结构。地下电缆层采用钢筋混凝土结构。

（2）钢结构梁宜采用 H 型钢，结构柱宜采用 H 形、箱形截面柱。楼面板宜采用压型钢板为底模的现浇钢筋混凝土板，屋面板采用钢筋桁架楼承板，轻型门式刚架结构屋面板宜采用压型钢板复合板。

（3）钢结构的防腐可采用镀层防腐和涂层防腐。

（4）丙类钢结构多层厂房的耐火等级为一级、二级，丁、戊类单层钢结构厂房耐火等级为二级。

1）耐火等级为一级时，钢柱的耐火极限为 3h，钢梁的耐火极限为 2h；如为单层布置，钢柱的耐火极限为 2.5h。耐火等级为二级时，钢柱耐火极限为 2.5h，钢梁的耐火极限为 1.5h，如为单层布置，钢柱的耐火极限为 2h。

2）耐火等级为一级的丙类钢结构多层厂房柱可采用防火板外包和防火涂料，其余各构件应根据耐火等级确定耐火极限，选择厚、薄型的防火涂料。

33.5.4 构筑物

33.5.4.1 围墙及大门

围墙宜采用大砌块实体围墙，当经济性较好时可采用装配式围墙，围墙高度不低于 2.3m。城市规划有特殊要求的变电站可采用通透式围墙。

围墙饰面采用水泥砂浆或干粘石抹面，围墙顶部宜设置预制压顶。大砌块推荐尺寸为 600mm（长）×300mm（宽）×300mm（高）或 600mm（长）×200mm（宽）×300mm（高）。围墙中及转角处设置构造柱，构造柱间距不宜大于 3m，采用标准钢模浇制。

站区大门宜采用电动实体推拉门。

33.5.4.2 防火墙

防火墙宜采用框架+大砌块、框架+墙板、组合钢模混凝土防火墙等装配型式，耐火极限≥3h。

根据主变构架柱根开和防火墙长度设置钢筋混凝土现浇柱，采用标准钢模浇制混凝土；框架+大砌块防火墙墙体材料采用大砌块，水泥砂浆抹面；框架+墙板防火墙墙体材料采用 150mm 厚清水混凝土预制板或 150mm 厚蒸压轻质加气混凝土板。

33.5.4.3 电缆沟

（1）配电装置区不设电缆支沟，可采用电缆埋管、电缆排管或成品地面槽盒系统。除电缆出线外，电缆沟截面尺寸宜采用：800mm（宽）×800mm

（高）、1100mm（宽）×1000mm（高）。

（2）主电缆沟宜采用砌体或现浇混凝土沟体，当造价不超过现浇混凝土时，也可采用预制装配式电缆沟。砌体沟体顶部宜设置预制压顶。沟深≤1000mm时，沟体宜采用砌体；沟深>1000mm或离路边距离<1000mm时，沟体宜采用现浇混凝土。在湿陷性黄土及寒冷地区，不宜采用砖砌体电缆沟。电缆沟沟壁应高出场地地坪100mm。

（3）电缆沟采用成品盖板，材料为包角钢混凝土盖板或有机复合盖板。风沙地区盖板应采用带槽口盖板。

33.5.4.4 构支架

（1）构架结构型式可采用钢管构架或格构式构架，构架梁采用格构式钢梁，钢结构连接方式宜采用螺栓连接，构架柱与基础宜采用地脚螺栓。

（2）设备支架柱采用圆形钢管结构或型钢，支架横梁采用钢管或型钢横梁，支架柱与基础宜采用杯口插入式。

（3）独立避雷针及构架上避雷针设计应统筹考虑站址环境条件、配电装置构架结构型式等，采用圆管型避雷针或格构式避雷针等结构型式。对严寒大风地区，避雷针结构型式宜选用格构式。避雷针钢材应具有常温冲击韧性的合格保证。当结构工作环境温度低于0℃但高于−20℃时，Q235钢和Q345钢应具有0℃冲击韧性的合格保证；当结构工作环境温度低于−20℃时，Q235钢和Q345钢应具有−20℃冲击韧性的合格保证。

（4）构、支架防腐均采用热镀锌或冷喷锌防腐。

33.5.5 暖通、水工、消防

暖通、水工及消防应遵循节能环保和智能控制的设计原则，并统一标准。

二次设备室、继电器小室房间空调控制温度夏季26～28℃左右，冬季18～20℃左右，位于采暖区的变电站供暖方式为电暖器采暖。

户内变电站应优先采用自然通风。含SF$_6$气体设备房间应设置有害气体报警和自动排风设施，其室内温度范围宜为−25～+40℃。

变电站主变压器消防主要有排油充氮、泡沫喷淋、水喷雾灭火装置三种方式，根据各地消防部门的要求选择合适的消防方式。

变电站内建筑物满足耐火等级不低于二级，体积不超过3000m^3，且火灾危险性为戊类时，可不设消防给水。

变电站内耐火等级为一、二级且可燃物较少的单、多层丁、戊类厂房（仓库）可不设室内消火栓系统，但宜设置消防软管卷盘或轻便消防水龙。

污水处理设施根据当地环保部门要求设置。

33.5.6 降噪

变电站噪声须满足GB 12348—2008《工业企业厂界环境噪声排放标准》及GB 3096—2008《声环境质量标准》要求。

33.5.7 机械化施工

混凝土优先选用商品泵送混凝土，利用泵车输送到浇筑工位，直接入模。

构支架、装配式钢结构建筑，均采用工厂化加工，运输至现场后采用机械吊装组装。构支架、建筑结构钢柱等柱脚宜采用地脚螺栓连接，柱底与基础之间的二次浇注混凝土采用专用灌浆工具进行施工作业。

采用吊车等机械化安装设备开展电气安装。电气布置设计应结合安装地点的自然环境，综合考虑设备进场、安全电气距离等机械化施工作业因素，保证施工安全。

第34章　330kV变电站通用设计方案适用条件

330kV变电站通用设计方案适用条件见表34.0-1。

表 34.0-1　330kV变电站通用设计方案适用条件表

序号	方案类型	适用条件	技术方案
1	A1（户外GIS）	（1）人口密度高、土地昂贵地区； （2）受外界条件限制，站址选择困难地区； （3）复杂地质条件、高差较大的地区； （4）特殊环境条件地区，如高地震烈度、高海拔和严重污染等地区	电压等级330kV/110kV/35kV； 330kV采用双母线双分段接线，GIS，户外布置； 110kV采用双母线双分段接线，GIS，户外布置； 35kV采用单元制接线，设总回路断路器；总回路和分支回路采用开关柜，户内单列布置（A1-1方案）；总回路采用柱式断路器，户外布置；分支回路采用开关柜，户内单列布置（A1-2方案）
2	A2（全户内GIS）	（1）人口密度高、土地昂贵地区； （2）受外界条件限制，站址选择困难地区； （3）复杂地质条件、高差较大的地区； （4）特殊环境条件地区，如高地震烈度、高海拔、严寒、严重污染和大气腐蚀性严重等地区； （5）对噪声环境要求较高的地区	电压等级330kV/110kV/35kV； 330kV采用双母线双分段接线，GIS，户内布置，全电缆出线； 110kV采用双母线双分段接线，GIS，户内布置，全电缆出线； 35kV采用单元制接线，设总回路断路器；总回路采用柱式断路器，户内布置；分支回路采用开关柜，户内单列布置； 主变压器户内布置
3	A3（半户内GIS）	（1）人口密度高、土地昂贵地区； （2）受外界条件限制，站址选择困难地区； （3）复杂地质条件、高差较大的地区； （4）特殊环境条件地区，如高地震烈度、高海拔、高寒、大温差、严重污染和大气腐蚀性严重等地区	电压等级330kV/110kV/35kV； 330kV采用双母线双分段接线，GIS，户内布置，架空出线； 110kV采用双母线双分段接线，GIS，户内布置，架空出线； 35kV采用单元制接线，设总回路断路器；总回路采用柱式断路器，户外布置；分支回路采用开关柜，户内单列布置； 主变压器户外布置
4	B（HGIS）	（1）人口密度高，土地较昂贵的地区； （2）外界条件限制，站址选择困难地区； （3）特殊环境条件地区，如高地震烈度、高海拔、高寒和严重污染地区	电压等级330kV/110kV/35kV； 330kV采用一个半断路器接线，HGIS，一字形或C形户外布置； 110kV采用双母线双分段接线；GIS，户外布置（B-1方案）；HGIS或罐式封闭组合电器，户外布置（B-2方案）； 35kV采用单元制接线，设总回路断路器；总回路和分支回路采用开关柜，户内单列布置
5	C（柱式断路器）	（1）人口密度不高，土地相对便宜的地区； （2）环境条件较好地区	电压等级330kV/110kV/35kV； 330kV采用一个半断路器接线，柱式断路器，户外悬吊管型母线中型布置； 110kV采用双母线双分段接线，柱式断路器，户外支持管型母线中型布置； 35kV采用单元制接线，设总回路断路器，柱式断路器，户外软母线中型布置
6	D（罐式断路器）	（1）人口密度不高，土地相对便宜的地区； （2）特殊环境条件地区，如高地震烈度、高寒地区	电压等级330kV/110kV/35kV； 330kV采用一个半断路器接线，罐式断路器，户外软母线中型布置； 110kV采用双母线单分段接线，柱式断路器，户外软母线改进半高型布置； 35kV采用单元制接线，设总回路断路器；总回路和分支回路采用开关柜，户内单列布置

35.1　330-A1-1 方案主要技术条件

330-A1-1 方案主要技术条件见表 35.1-1。

表 35.1-1　330-A1-1 方案主要技术条件表

序号	项目		技　术　条　件
1	建设规模	主变压器	本期 2 组 240MVA，远期 3 组 240MVA
		出线	330kV：本期 4 回，远期 8 回；110kV：本期 8 回，远期 16 回
		无功补偿装置	330kV 高压并联电抗器：本期 1 组 90Mvar，远期 2 组，为线路高压并联电抗器，均装设中性点电抗器；35kV 并联电抗器：本期 2 组 30Mvar，远期 3 组 30Mvar；35kV 并联电容器：本期 6 组 20Mvar，远期 9 组 20Mvar
2	站址基本条件		海拔≤1000m，设计基本地震加速度 0.10g，设计风速≤30m/s，地基承载力特征值 f_{ak}=150kPa，无地下水影响，场地同一设计标高
3	电气主接线		330kV 本期及远期均采用双母线双分段接线；110kV 本期及远期均采用双母线双分段接线；35kV 单母线单元接线，设总回路断路器
4	主要设备选型		330、110、35kV 短路电流控制水平分别为 50、40、31.5kA；主变压器采用三相、自耦、有载调压；高压并联电抗器采用单相、油浸、自冷式；330kV 采用户外 GIS；110kV 采用户外 GIS；35kV 采用户内开关柜；35kV 并联电容器采用框架式、35kV 并联电抗器采用干式空芯
5	电气总平面及配电装置		330、110kV 及主变压器场地平行布置；330kV 户外 GIS，间隔宽度 18m；110kV 户外 GIS，两回出线共用一跨，间隔宽度 7.5m；35kV 户内开关柜单列布置

续表

序号	项目	技　术　条　件
6	二次系统	变电站自动化系统按照一体化监控设计；330kV 及主变压器各侧采用常规互感器模拟量采样，110kV 采用常规互感器+合并单元智能终端集成装置采样，35kV 采用常规互感器模拟量采样；330kV 及主变压器仅 GOOSE 组网，110kV GOOSE 与 SV 共网，35kV 不设置过程层网络，保护直采直跳；330kV 及主变压器保护、测控装置独立配置，110、35kV 采用保护测控一体化装置；采用站内一体化电源系统，通信电源独立配置；330kV 及主变压器设置 2 个继电器小室，110kV 设置 1 个Ⅲ型预制舱式二次组合设备
7	土建部分	围墙内占地面积：1.8177hm²；全站总建筑面积 1203m²，其中主控通信室建筑面积 473m²；建筑物结构形式：钢结构或钢筋混凝土结构；主变压器消防采用排油充氮系统

35.2　330-A1-1 方案基本模块划分

330-A1-1 方案主要包括 330kV 配电装置模块，110kV 配电装置模块，主变压器、35kV 无功配电装置模块，主控通信室模块，继电器小室模块，预制舱式二次组合设备模块 6 个基本模块，模块内容见表 35.2-1。

表 35.2-1　330-A1-1 方案基本模块划分表

序号	基本模块编号	基本模块名称	基本模块描述
1	330-A1-1-330	330kV 配电装置模块	330kV 本期 4 回出线、2 回主变压器进线，远期 8 回出线、3 回主变压器进线；高压并联电抗器本期 1 组 90Mvar，远期 2 组；330kV 采用双母线双分段接线，远期接线型式不变。330kV 采用 GIS 户外布置

序号	基本模块编号	基本模块名称	基本模块描述
2	330-A1-1-110	110kV 配电装置模块	110kV 本期 8 回出线、2 回主变压器进线，远期 16 回出线、3 回主变压器进线；110kV 本期采用双母线双分段接线，远期接线型式不变。110kV 采用 GIS 户外布置
3	330-A1-1-35	主变压器、35kV 无功配电装置模块	主变压器本期 2 组 240MVA，远期 3 组 240MVA，采用 330kV/110kV/35kV 三相、自耦、有载调压变压器。本期及远期每组主变压器 35kV 侧分别设置 1 组 30Mvar 并联电抗器和 3 组 20Mvar 并联电容器；全站设置 3 台 35kV、630kVA 站用变压器。35kV 单母线单元接线，设总回路断路器。35kV 采用户内开关柜。无功补偿设备平行于主变压器排列方向布置

序号	基本模块编号	基本模块名称	基本模块描述
4	330-A1-1-ZKL	主控通信室模块	主控通信室为单层建筑，单体建筑面积为 473m²，建筑体积为 1750m³，结构型式采用钢结构或钢筋混凝土结构
5	330-A1-1-JDQ	继电器小室模块	继电器小室为单层建筑，1 号 330kV 继电器小室和 2 号 330kV 继电器小室单体建筑面积均为 119m²，建筑体积均为 440m³，结构型式采用钢结构或钢筋混凝土结构
6	330-A1-1-YZC	预制舱式二次组合设备模块	采用预制舱式二次组合设备，全站设置 1 个Ⅲ型预制舱式二次组合设备，舱内二次设备双列布置

35.3　330-A1-1 方案主要设计图纸

330-A1-1 方案主要设计图纸详见图 35.3-1～图 35.3-4。

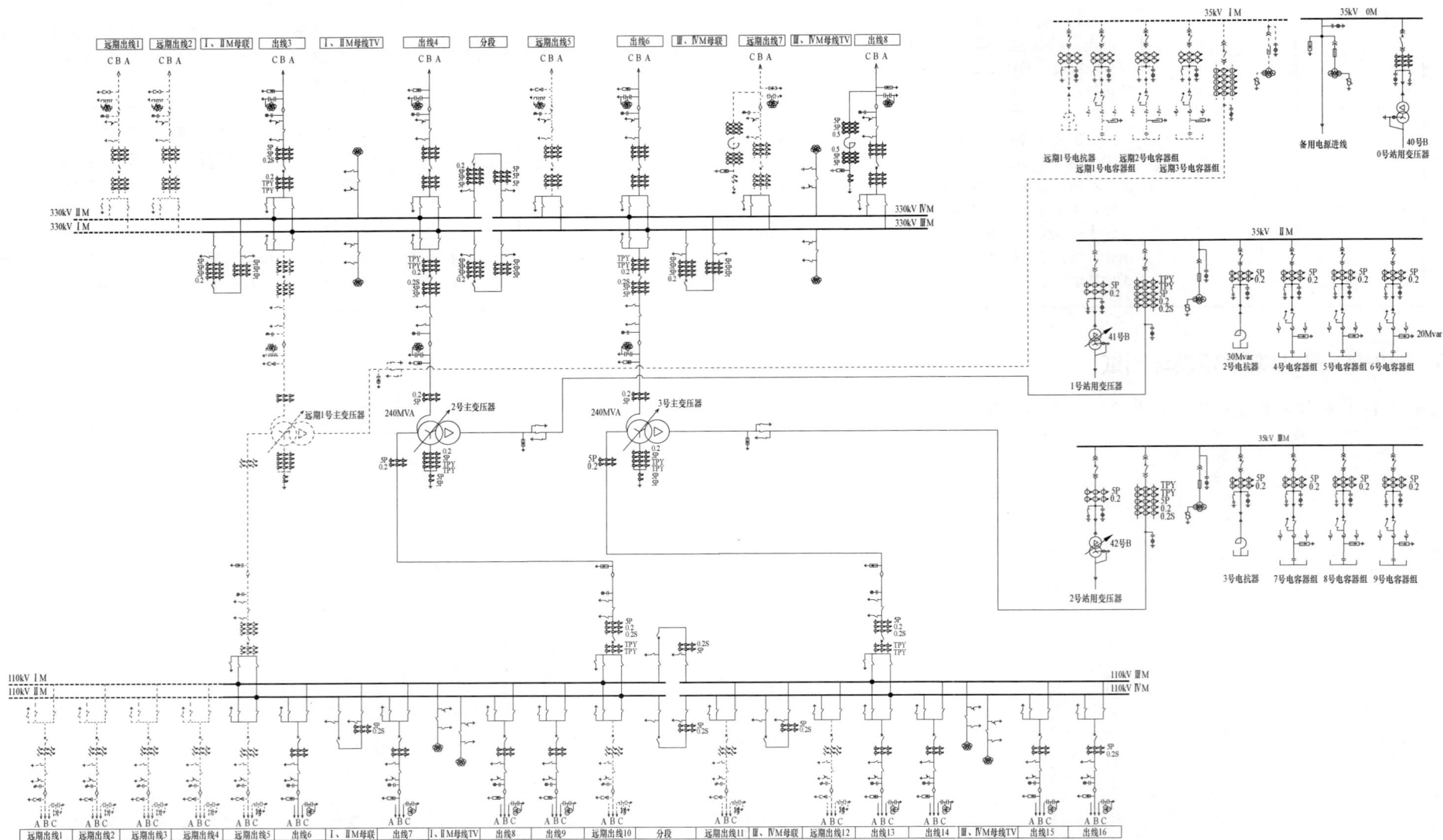

图 35.3-1　电气主接线图（330-A1-1-D1-01）

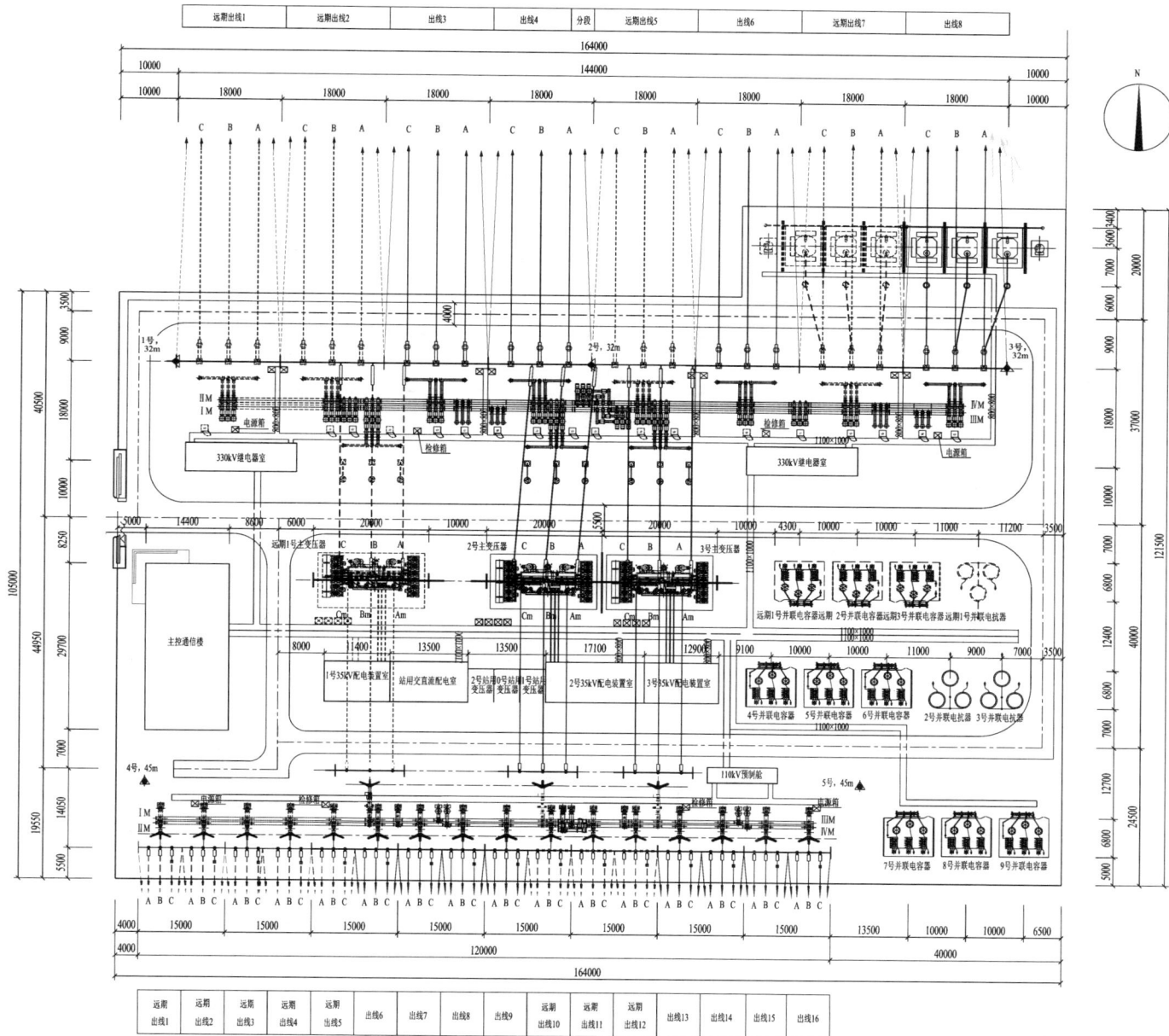

图 35.3-2　电气总平面布置图（330-A1-1-D1-02）

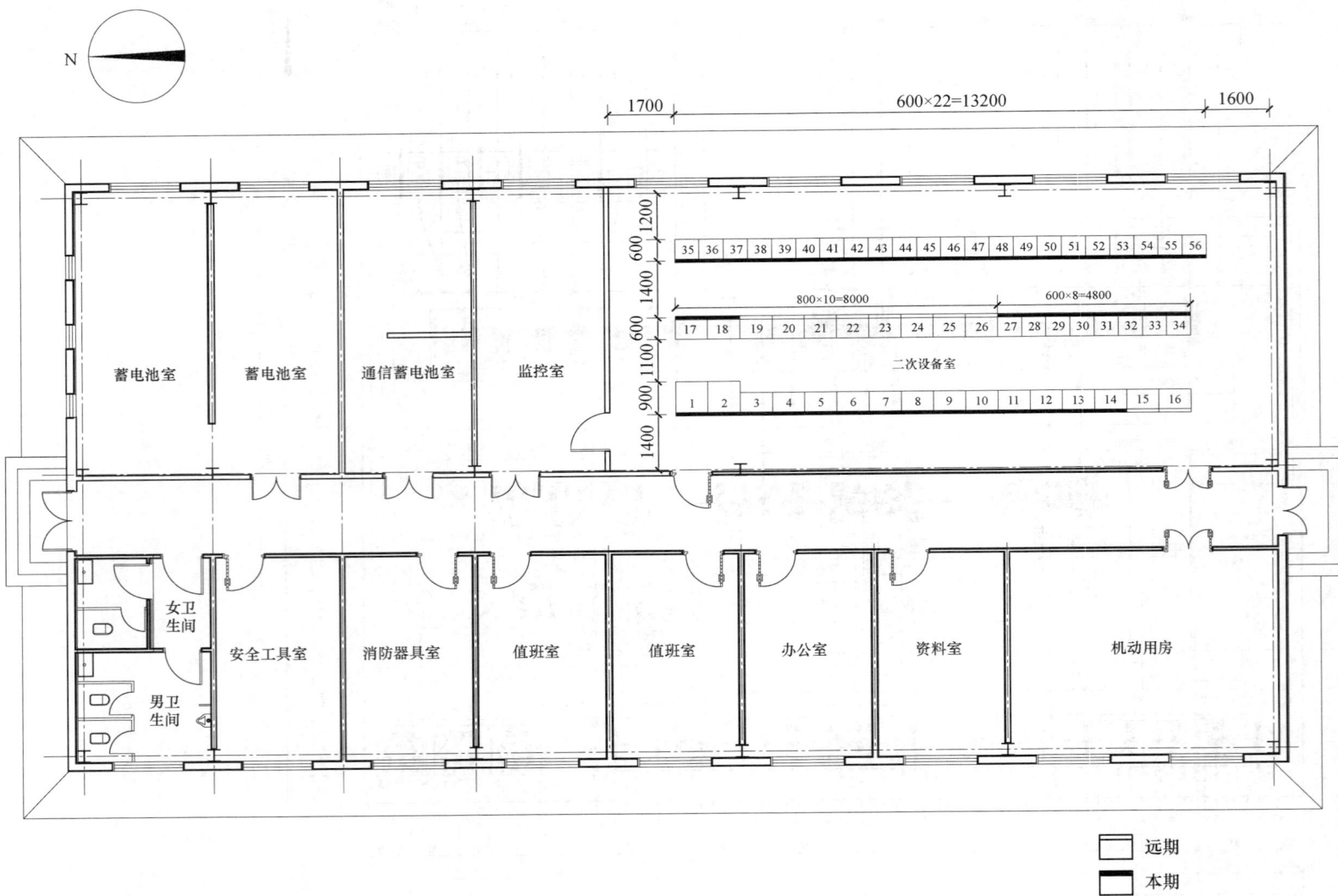

图 35.3-3 二次设备室屏位布置图（330-A1-1-D2-05）

二次设备室屏位一览表

屏号	名称	单位	本期	远期	备注
			数量		
1	主机兼操作员站主机柜	面	1		
2	综合应用服务器柜	面	1		
3	调度数据网设备柜1	面	1		
4	调度数据网设备柜2	面	1		
5	Ⅰ区通信网关机柜	面	1		
6	Ⅱ、Ⅲ/Ⅳ区通信网关机柜	面	1		
7	网络报文分析系统柜	面	1		
8	站控层公用测控柜	面	1		
9	智能辅助控制系统柜1	面	1		
10	智能辅助控制系统柜2	面	1		
11	同步时钟系统主时钟柜	面	1		
12	主变压器消防控制柜	面	1		
13	UPS电源馈线柜	面	1		
14	同步相量测量主机柜	面	1		
15～16	备用	面		2	
17～18	直流分电柜	面	2		
19～26	备用	面		8	
27～56	通信屏柜	面	30		

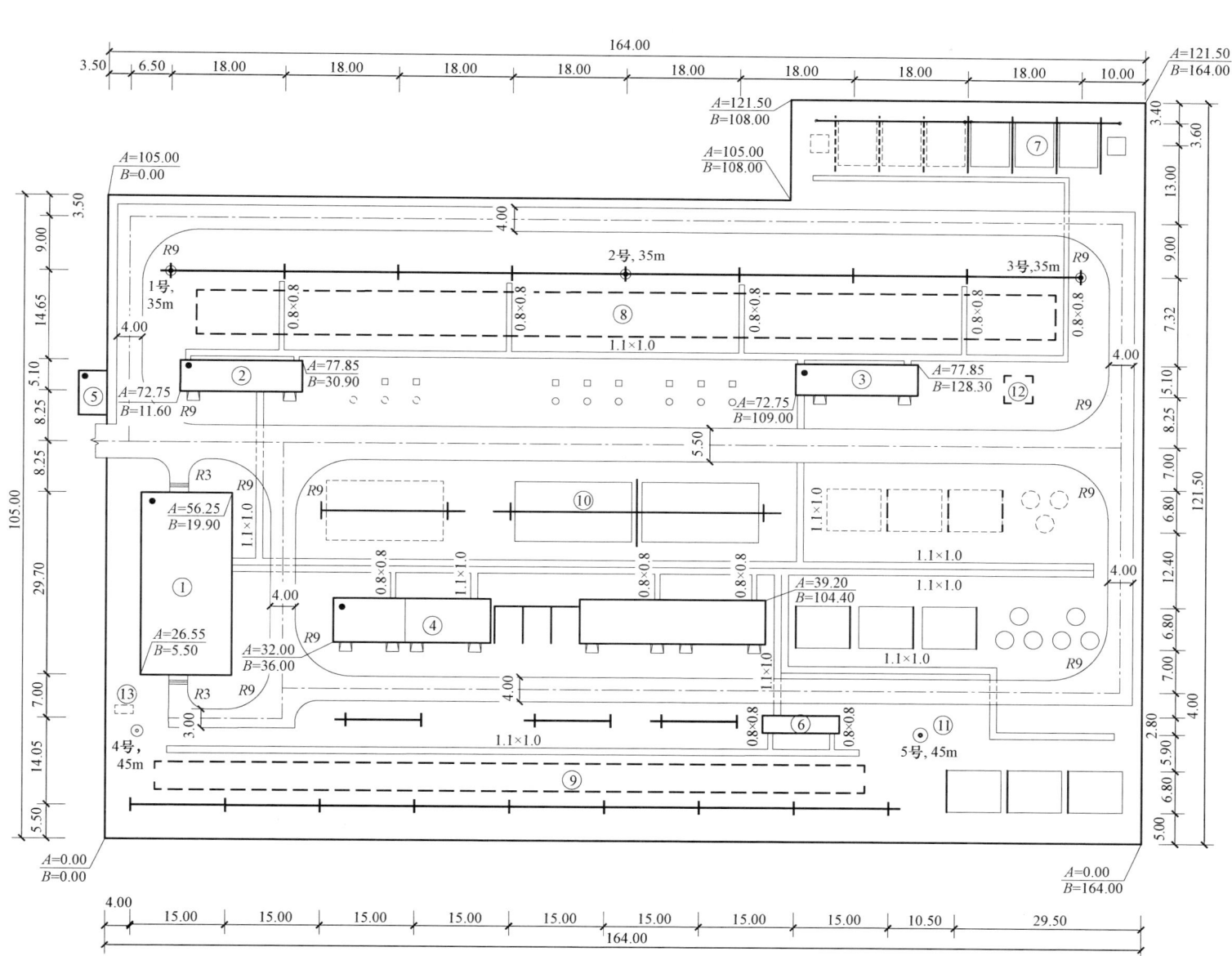

建（构）筑物一览表

编号	建（构）筑物名称	占地面积（m²）	备注
①	主控通信室	473	
②	1号330kV继电器小室	119	
③	2号330kV继电器小室	119	
④	站用电室及35kV配电装置室	452	
⑤	警卫室	40	
⑥	预制舱式二次组合设备	40	
⑦	高压并联电抗器场地	1040	
⑧	330kV配电装置场地	3906	
⑨	110kV配电装置场地	2317	
⑩	主变压器及35kV配电装置场地	5658	
⑪	独立避雷针		2座
⑫	事故油池	40	
⑬	化粪池	4	

主要技术经济指标表

序号	项目名称	单位	数量	备注
1	站区围墙内占地面积	hm²	1.8177	
2	站内电缆沟/隧道	m	821	
3	站内道路面积	m²	2756	
4	总建筑面积	m²	1203	钢结构
5	围墙长度	m	571	

说明：图中尺寸的计量单位均为 m。

图 35.3-4 总平面布置图（330-A1-1-T-01）

第 36 章　330-A1-2 方案

36.1　330-A1-2 方案主要技术条件

330-A1-2 方案主要技术条件见表 36.1-1。

表 36.1-1　330-A1-2 方案主要技术条件表

序号	项目		技 术 条 件
1	建设规模	主变压器	本期 2 组 360MVA，远期 4 组 360MVA
		出线	330kV：本期 4 回，远期 8 回； 110kV：本期 10 回，远期 22 回
		无功补偿装置	330kV 高压并联电抗器：本期 1 组 90Mvar，远期 2 组，为线路高压并联电抗器，均装设中性点电抗器； 35kV 并联电抗器：本期 2 组 30Mvar，远期 4 组 30Mvar； 35kV 并联电容器：本期 6 组 30Mvar，远期 12 组 30Mvar
2	站址基本条件		海拔 ≤1000m，设计基本地震加速度 0.10g，设计风速 ≤30m/s，地基承载力特征值 f_{ak}=150kPa，无地下水影响，场地同一设计标高
3	电气主接线		330kV 本期及远期均采用双母线双分段接线； 110kV 本期及远期均采用双母线双分段接线； 35kV 单母线单元接线，设总回路断路器
4	主要设备选型		330、110、35kV 短路电流控制水平分别为 50、40、31.5kA； 主变压器采用三相、自耦、有载调压；高压并联电抗器采用单相、油浸、自冷式；330kV 采用户外 GIS；110kV 采用户外 GIS；35kV 总回路采用户外柱式断路器，分支回路采用户内开关柜；35kV 并联电容器采用框架式、35kV 并联电抗器采用干式空芯
5	电气总平面及配电装置		330、110kV 及主变压器场地平行布置； 330kV 户外 GIS，一回出线一跨构架，间隔宽度 18m； 110kV 户外 GIS，两回出线共用一跨，间隔宽度 7.5m； 35kV 总回路采用户外柱式断路器，分支回路采用户内开关柜单列布置

续表

序号	项目	技 术 条 件
6	二次系统	变电站自动化系统按照一体化监控设计； 330kV 及主变压器各侧采用常规互感器模拟量采样，110kV 采用常规互感器+合并单元智能终端集成装置采样，35kV 采用常规互感器模拟量采样； 330kV 及主变压器仅 GOOSE 组网，110kV GOOSE 与 SV 共网，35kV 不设置过程层网络，保护直采直跳； 330kV 及主变压器保护、测控装置独立配置，110、35kV 采用保护测控一体化装置； 采用站内一体化电源系统，通信电源独立配置； 330kV 及主变压器设置 2 个继电器小室，110kV 设置 2 个Ⅱ型预制舱式二次组合设备
7	土建部分	围墙内占地面积：2.0361hm²； 全站总建筑面积 1321m²，其中主控通信室建筑面积 422m²； 建筑物结构形式：钢结构或钢筋混凝土结构。 主变压器消防采用排油充氮系统

36.2　330-A1-2 方案基本模块划分

330-A1-2 方案主要包括 330kV 配电装置模块，110kV 配电装置模块，主变压器、35kV 无功配电装置模块，主控通信室模块，继电器小室模块，预制舱式二次组合设备模块 6 个基本模块，模块内容见表 36.2-1。

表 36.2-1　330-A1-2 方案基本模块划分表

序号	基本模块编号	基本模块名称	基本模块描述
1	330-A1-2-330	330kV 配电装置模块	330kV 本期 4 回出线、2 回主变压器进线，远期 8 回出线、4 回主变压器进线；高压并联电抗器本期 1 组 90Mvar，远期 2 组；330kV 本期采用双母线双分段接线，远期接线型式不变。330kV 采用 GIS 户外布置

序号	基本模块编号	基本模块名称	基本模块描述
2	330-A1-2-110	110kV 配电装置模块	110kV 本期 10 回出线、2 回主变压器进线，远期 22 回出线、4 回主变压器进线；110kV 本期采用双母线双分段接线，远期接线型式不变。110kV 采用 GIS 户外布置
3	330-A1-2-35	主变压器、35kV 无功配电装置模块	主变压器本期 2 组 360MVA，远期 4 组 360MVA，采用 330kV/110kV/35kV 三相、自耦、有载调压变压器。本期及远期每组主变压器 35kV 侧分别设置 1 组 30Mvar 并联电抗器和 3 组 30Mvar 并联电容器；全站设置 3 台 35kV、630kVA 站用变压器。35kV 单母线单元接线，设总回路断路器，总断路器采用户外柱式断路器。35kV 分支回路采用户内开关柜。无功补偿设备垂直于主变压器排列方向集中布置

序号	基本模块编号	基本模块名称	基本模块描述
4	330-A1-2-ZKL	主控通信室模块	主控通信室为单层建筑，单体建筑面积为 422m²，建筑体积为 1562m³，结构型式采用钢结构或钢筋混凝土结构
5	330-A1-2-JDQ	继电器小室模块	继电器小室为单层建筑，1 号 330kV 继电器小室和 2 号 330kV 继电器小室单体建筑面积均为 119m²，建筑体积均为 440m³，结构型式采用钢结构或钢筋混凝土结构
6	330-A1-2-YZC	预制舱式二次组合设备模块	采用预制舱式二次组合设备，全站设置 2 个 Ⅱ 型预制舱式二次组合设备，舱内二次设备双列布置

36.3　330-A1-2 方案主要设计图纸

330-A1-2 方案主要设计图纸详见图 36.3-1～图 36.3-4。

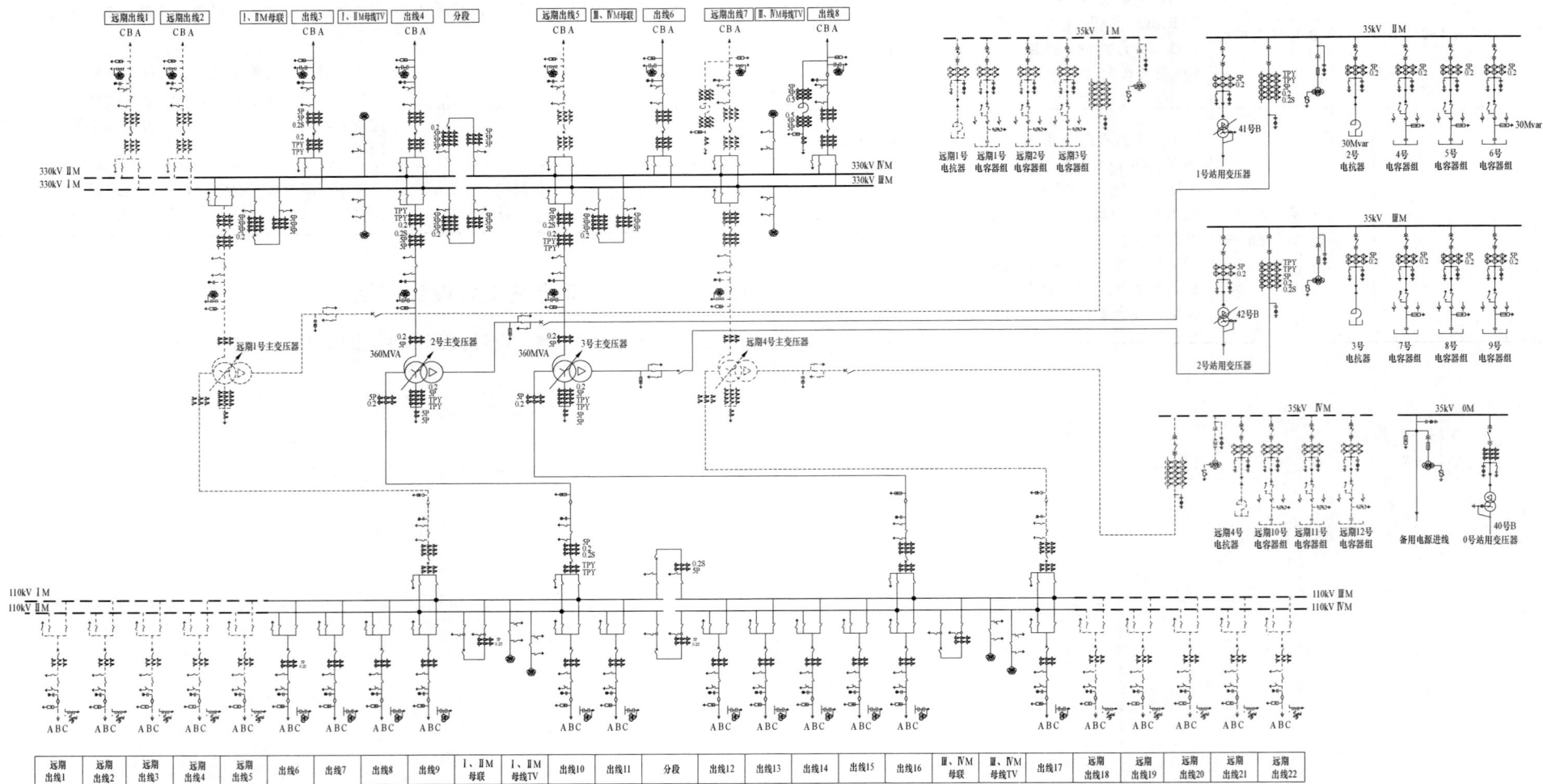

图 36.3-1 电气主接线图 (330-A1-2-D1-01)

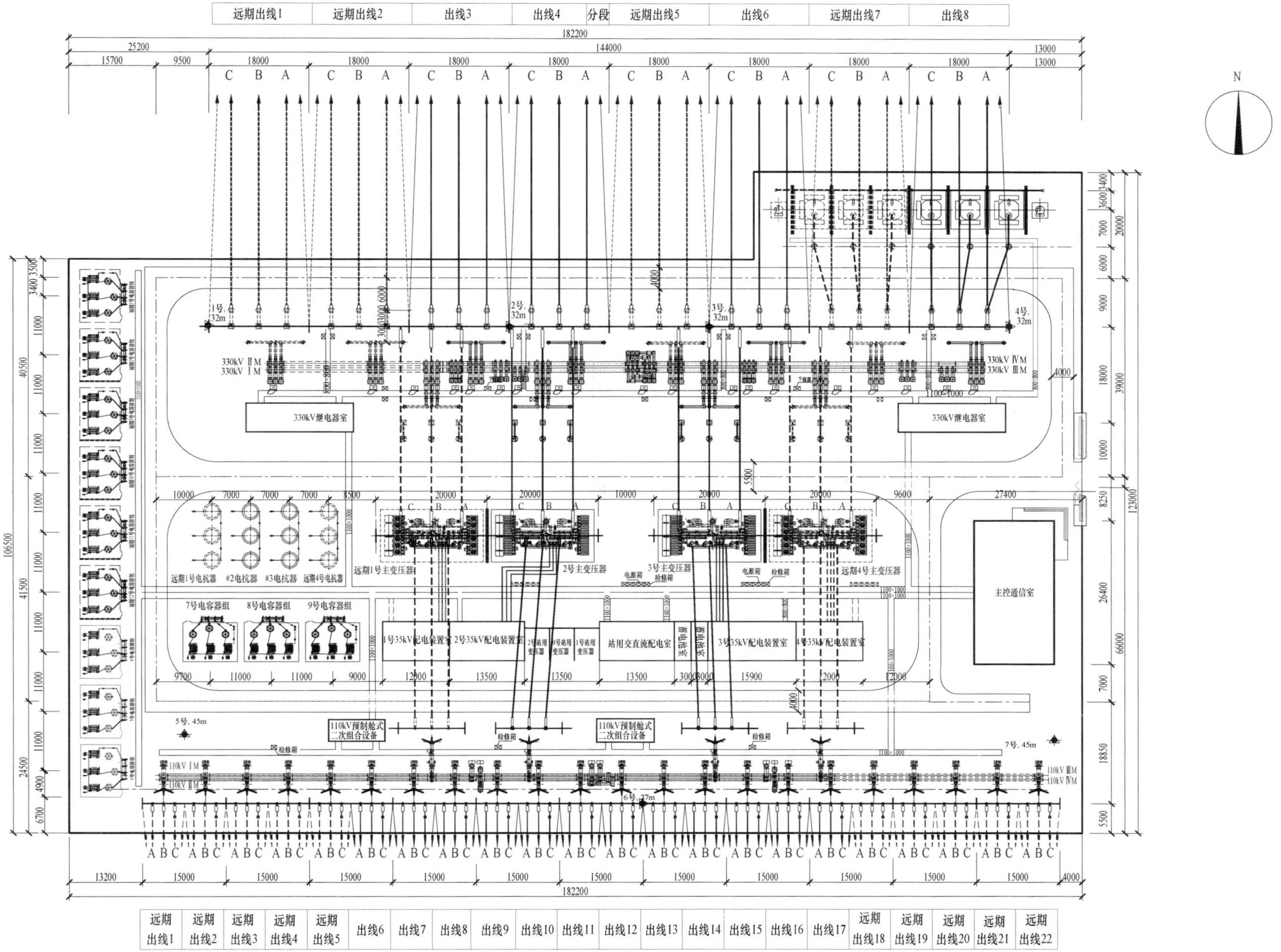

图 36.3-2　电气总平面布置图（330-A1-2-D1-02）

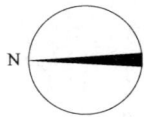

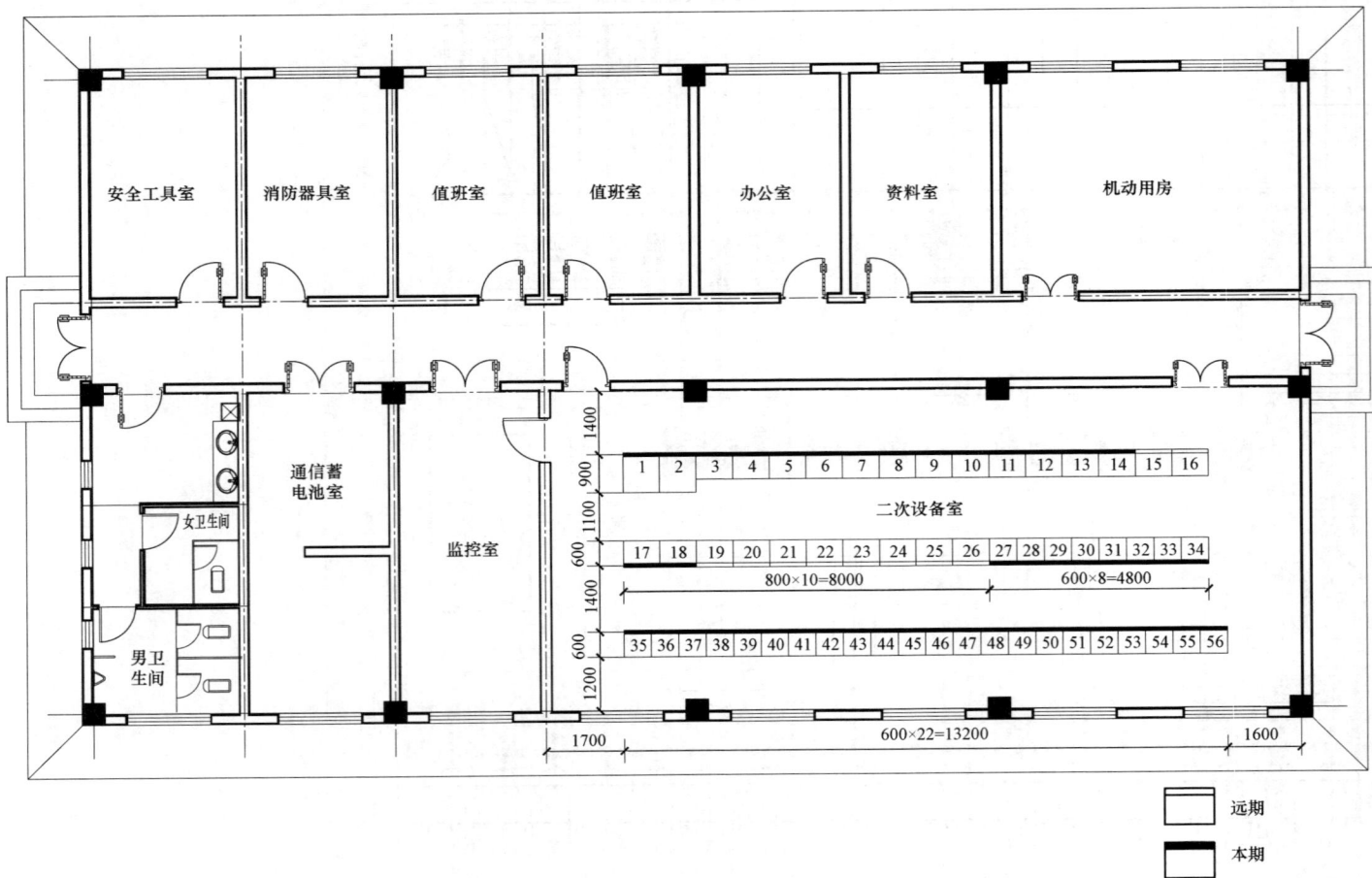

二次设备室屏位一览表

屏号	名称	数量		备注
		单位	本期	远期	
1	主机兼操作员站主机柜	面	1		
2	综合应用服务器柜	面	1		
3	调度数据网设备柜1	面	1		
4	调度数据网设备柜2	面	1		
5	Ⅰ区通信网关机柜	面	1		
6	Ⅱ、Ⅲ/Ⅳ区通信网关机柜	面	1		
7	网络报文分析系统柜	面	1		
8	站控层公用测控柜	面	1		
9	智能辅助控制系统柜1	面	1		
10	智能辅助控制系统柜2	面	1		
11	同步时钟系统主时钟柜	面	1		
12	主变压器消防控制柜	面	1		
13	UPS电源馈线柜	面	1		
14	同步相量测量主机柜	面	1		
15～16	备用	面		2	
17～18	直流分电柜	面	2		
19～26	备用	面		8	
27～56	通信屏柜	面	30		

安全工具室　消防器具室　值班室　值班室　办公室　资料室　机动用房

通信蓄电池室　女卫生间　男卫生间　监控室

二次设备室

1 2 3 4 5 6 7 8 9 10 11 12 13 14 15 16

17 18 19 20 21 22 23 24 25 26 27 28 29 30 31 32 33 34

35 36 37 38 39 40 41 42 43 44 45 46 47 48 49 50 51 52 53 54 55 56

800×10=8000　600×8=4800

600×22=13200

1700　1600

1400　900　1100　600　1400　600　1200

远期

本期

图36.3-3　二次设备室屏位布置图（330-A1-2-D2-05）

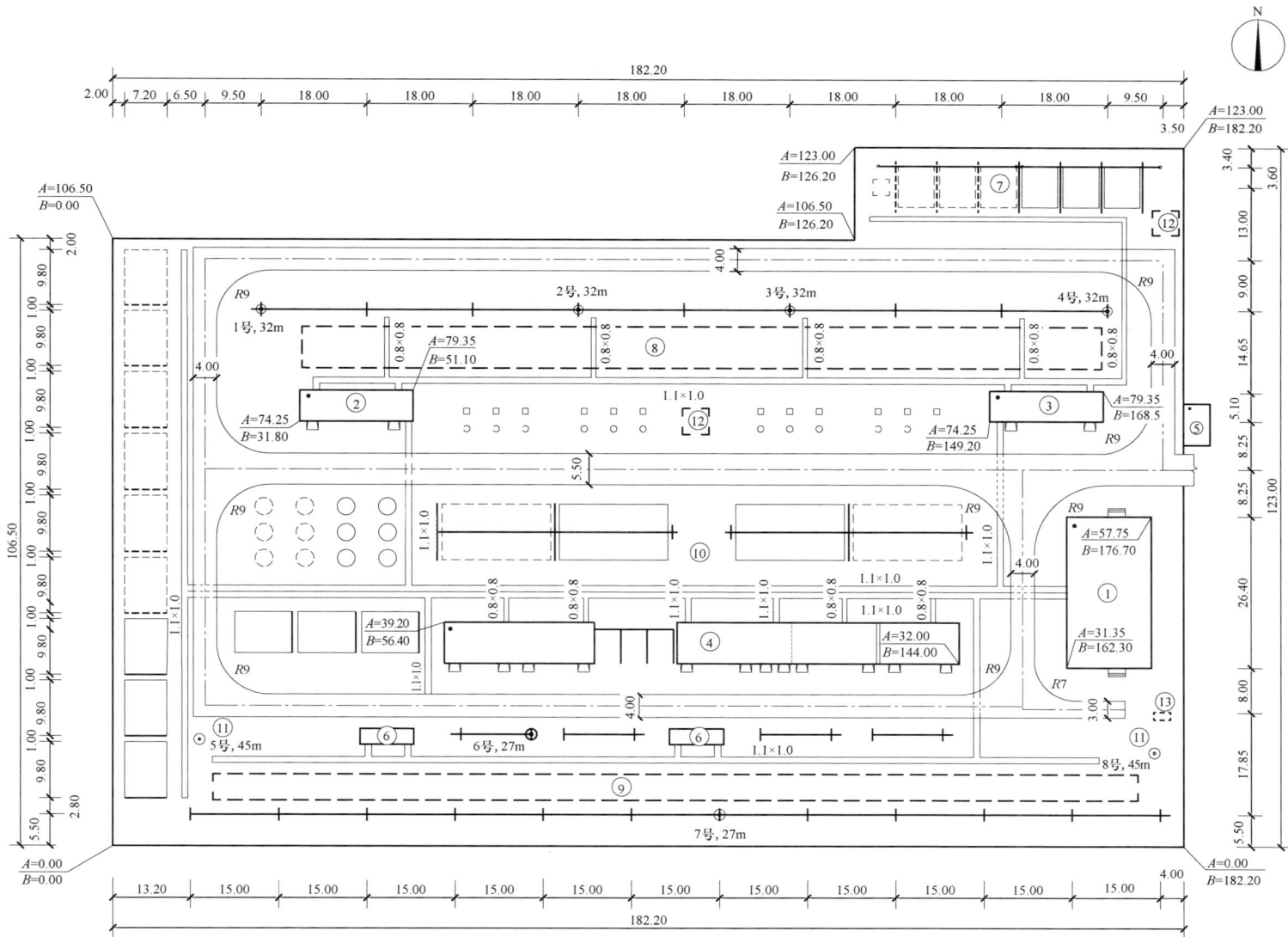

建（构）筑物一览表

编号	建（构）筑物名称	占地面积（m²）	备注
①	主控通信室	422	
②	1 号 330kV 继电器小室	119	
③	2 号 330kV 继电器小室	119	
④	站用电室、35kV 配电装置室及蓄电池	621	
⑤	警卫室	40	
⑥	预制舱式二次组合设备	60	2 座
⑦	高压并联电抗器场地	861	
⑧	330kV 配电装置场地	4596	
⑨	110kV 配电装置场地	3792	
⑩	主变压器及 35kV 配电装置场地	6196	
⑪	独立避雷针		2 座
⑫	事故油池	40	
⑬	化粪池	4	

主要技术经济指标表

序号	项目名称	单位	数量	备注
1	站区围墙内占地面积	hm²	2.0361	
2	站内电缆沟/隧道	m	933	
3	站内道路面积	m²	2831	
4	总建筑面积	m²	1321	钢结构
5	围墙长度	m	611	

说明：图中尺寸的计量单位均为 m。

图 36.3-4　总平面布置图（330-A1-2-T-01）

37.1 330-A2-1 方案主要技术条件

330-A2-1 方案主要技术条件见表 37.1-1。

表 37.1-1　　　　　　　330-A2-1 方案主要技术条件表

序号	项目		技 术 条 件
1	建设规模	主变压器	本期 2 组 360MVA，远期 4 组 360MVA
		出线	330kV：本期 4 回，远期 8 回； 110kV：本期 10 回，远期 22 回
		无功补偿装置	35kV 并联电抗器：本期 4 组 45Mvar，远期 8 组 45Mvar； 35kV 并联电容器：本期 4 组 40Mvar，远期 8 组 40Mvar
2	站址基本条件		海拔 ≤1000m，设计基本地震加速度 0.10g，设计风速 ≤30m/s，地基承载力特征值 f_{ak}=150kPa，无地下水影响，场地同一设计标高
3	电气主接线		330kV 本期及远期均采用双母线双分段接线； 110kV 本期及远期均采用双母线双分段接线； 35kV 单母线单元接线，设总回路断路器
4	主要设备选型		330、110、35kV 短路电流控制水平分别为 50、40、31.5kA； 主变压器采用三相、自耦、有载调压、分体；330kV 采用户内 GIS；110kV 采用户内 GIS；35kV 总回路采用柱式断路器户内布置，分支回路采用户内开关柜；35kV 并联电容器采用框架式、35kV 并联电抗器采用油浸铁芯
5	电气总平面及配电装置		所有电气设备均布置在一栋配电装置楼内； 配电装置楼一层布置主变压器、330kV GIS、110kV GIS、35kV 开关柜、35kV 并联电抗器；二层布置主变压器散热器、35kV 并联电容器、35kV 站用变压器及备用站用变压器、站用配电盘、蓄电池室及二次设备室；330、110kV 配电装置室下设电缆夹层； 330kV 主变压器分体、散热器错层布置，35kV 开关柜与主变压器相邻布置在一层； 330kV 配电装置室设 10t 行车；110kV 配电装置室设吊钩； 330kV GIS、110kV GIS 均采用电缆出线，330kV GIS、110kV GIS 主变压器进线均采用 SF_6 管道母线经油气套管与主变压器直接连接

续表

序号	项目	技 术 条 件
6	二次系统	变电站自动化系统按照一体化监控设计； 330kV 及主变压器各侧采用常规互感器模拟量采样，110kV 采用常规互感器+合并单元智能终端集成装置采样，35kV 采用常规互感器模拟量采样； 330kV 及主变压器仅 GOOSE 组网，110kV GOOSE 与 SV 共网，保护直采直跳； 330kV 及主变压器保护、测控装置独立配置，110、35kV 采用保护测控一体化装置； 采用站内一体化电源系统，通信电源独立配置； 主变压器二次设备布置在二次设备室
7	土建部分	围墙内占地面积 0.8477hm²； 全站总建筑面积 8384m²，其中配电装置楼建筑面积 8344m²； 建筑物结构型式为钢结构或钢筋混凝土结构； 主变压器消防排油充氮系统

37.2 330-A2-1 方案基本模块划分

330-A2-1 方案主要包括 330kV 配电装置模块，110kV 配电装置模块，主变压器、35kV 无功配电装置模块，配电装置楼模块 4 个基本模块，模块内容见表 37.2-1。

表 37.2-1　　　　　　　330-A2-1 方案基本模块划分表

序号	基本模块编号	基本模块名称	基本模块描述
1	330-A2-1-330	330kV 配电装置模块	330kV 本期 4 回出线、2 回主变压器进线，远期 8 回出线、4 回主变压器进线；330kV 本期采用双母线双分段接线，远期接线型式不变。330kV 采用 GIS 户内布置
2	330-A2-1-110	110kV 配电装置模块	110kV 本期 10 回出线、2 回主变压器进线，远期 22 回出线、4 回主变压器进线；110kV 本期采用双母线双分段接线，远期接线型式不变。110kV 采用 GIS 户内布置

序号	基本模块编号	基本模块名称	基本模块描述
3	330-A2-1-35	主变压器、35kV 无功配电装置模块	主变压器本期 2 组 360MVA，远期 4 组 360MVA，采用 330kV/110kV/35kV 三相、自耦、有载调压变压器。本期及远期每组主变压器 35kV 侧分别设置 2 组 45Mvar 并联电抗器和 2 组 40Mvar 并联电容器；全站设置 2 台 35kV、800kVA 站用变压器，1 台 35kV、800kVA 备用站用变压器。35kV 采用单母线单元接线，设总回路断路器。主变压器分体、散热器错层布置，本体布置在户内，散热器布置在户外；35kV 采用户内开关柜。35kV 并联电抗器采用油浸铁芯、分体、散热器前置布置在一层。35kV 并联电容器采用框架式，布置在二层。主变压器高、中压侧采用油气套管经 SF$_6$管道母线与 GIS 连接，低压侧采用绝缘母线与开关柜连接

序号	基本模块编号	基本模块名称	基本模块描述
4	330-A2-1-PDL	配电装置楼模块	配电装置楼为多层建筑，地下一层，地上局部二层，结构型式采用钢结构或钢筋混凝土结构，单体建筑面积为 8344m^2，建筑体积为 116816m^3

37.3　330-A2-1 方案主要设计图纸

330-A2-1 方案主要设计图纸详见图 37.3-1～图 37.3-7。

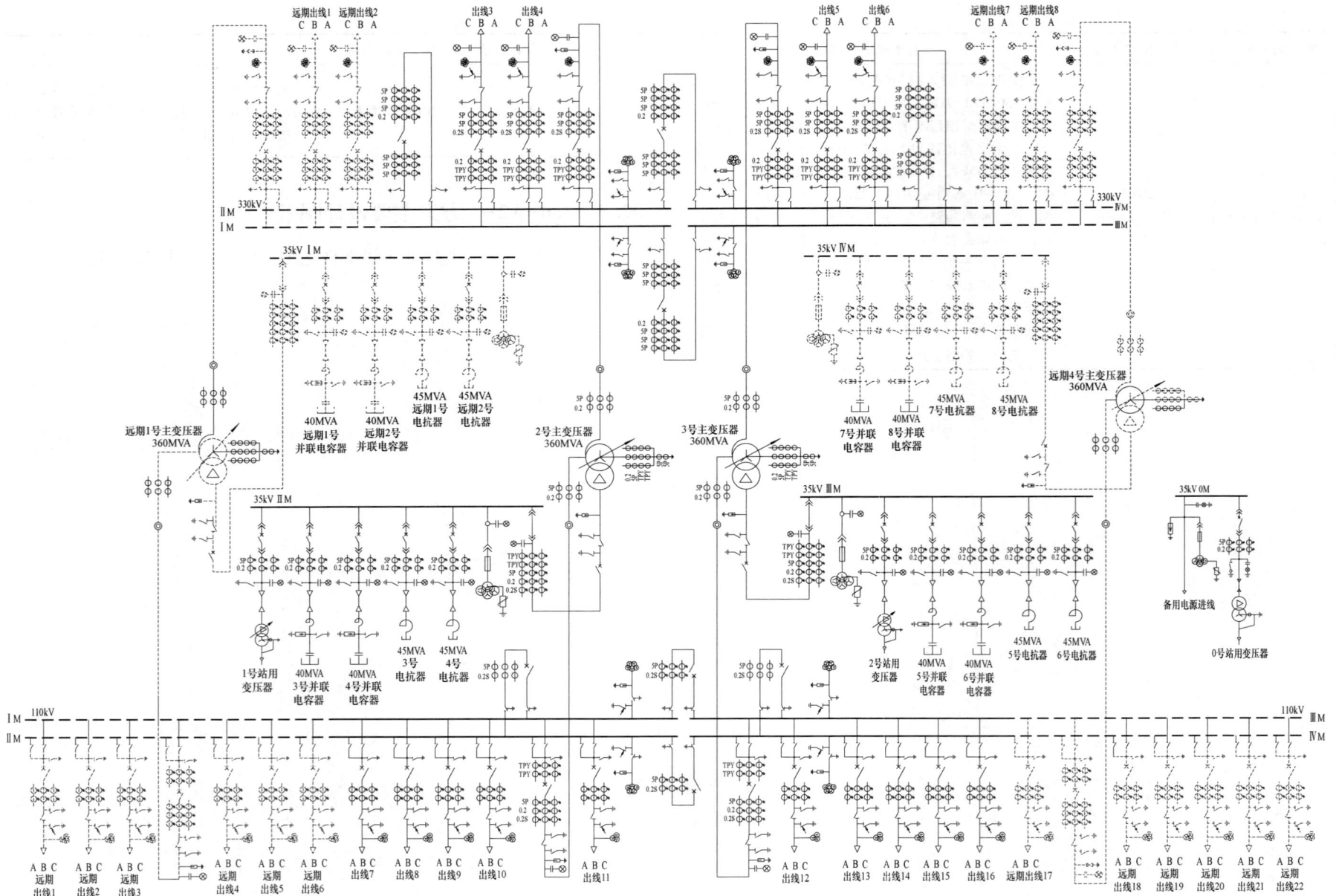

说明：实线部分表示本期工程，虚线部分表示远期工程。

图 37.3-1　电气主接线图（330-A2-1-D1-01）

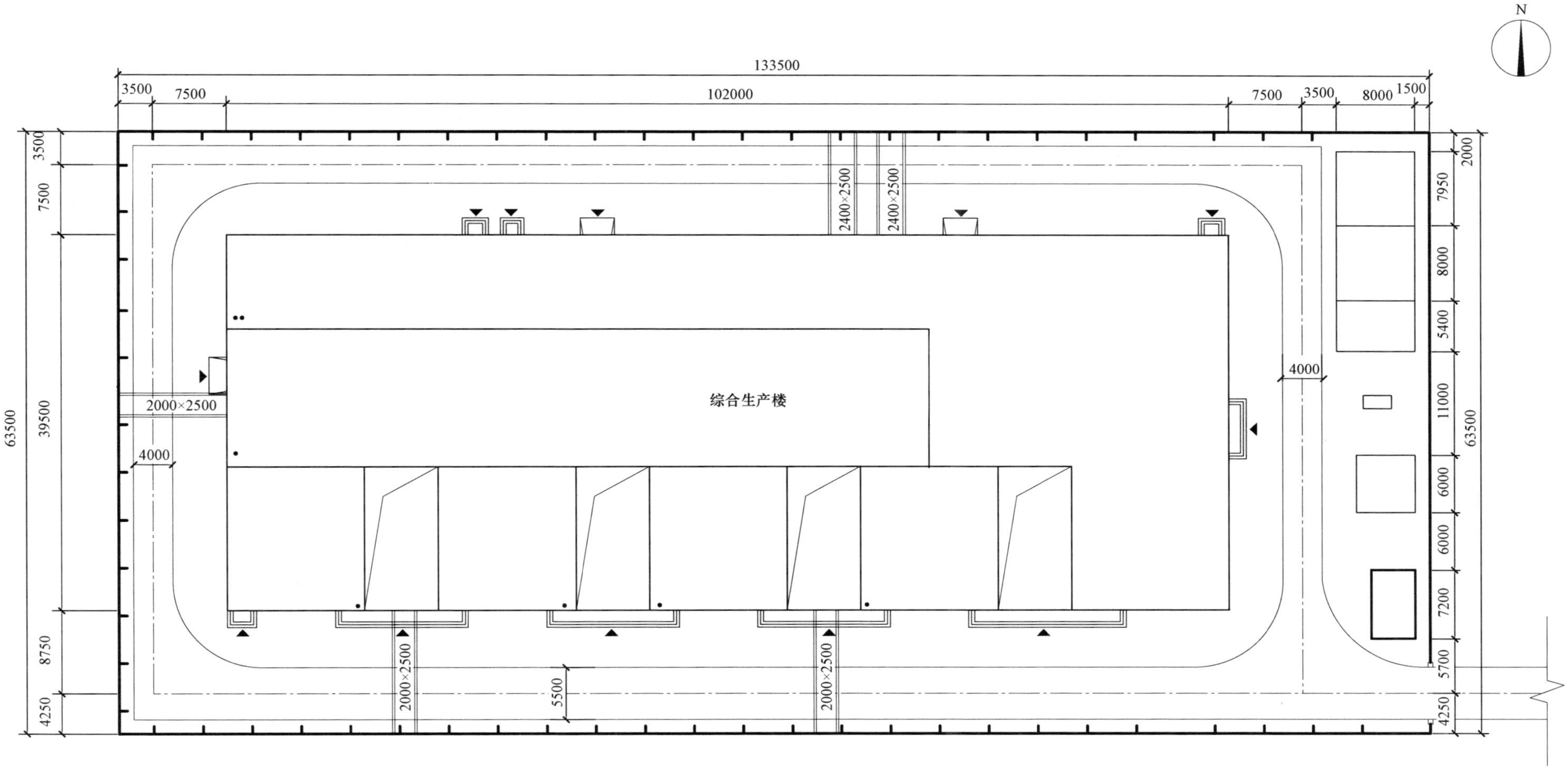

图 37.3-2 电气总平面布置图（330-A2-1-D1-02）

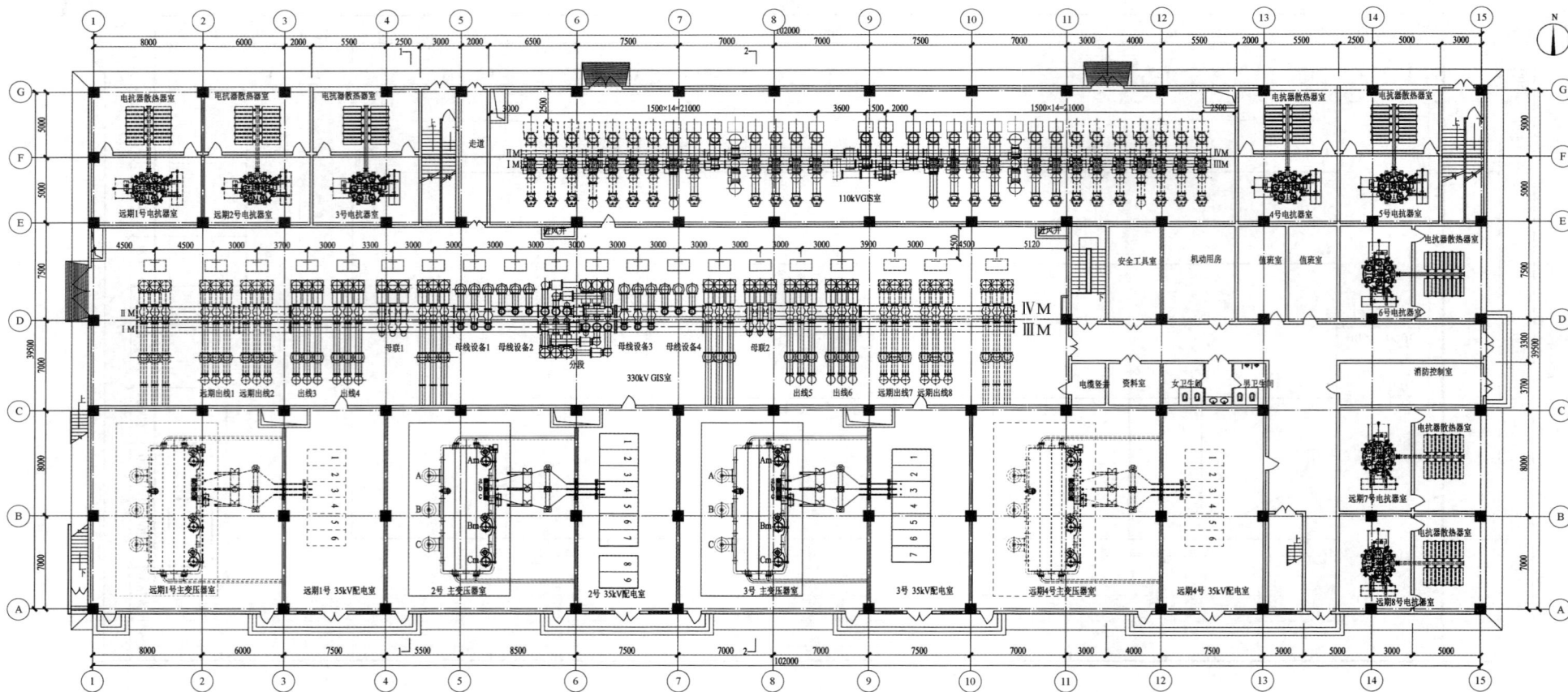

说明：实线部分表示本期工程，虚线部分表示远期工程。

图 37.3-3　配电装置楼（一层）电气平面布置图（330-A2-1-D1-03）

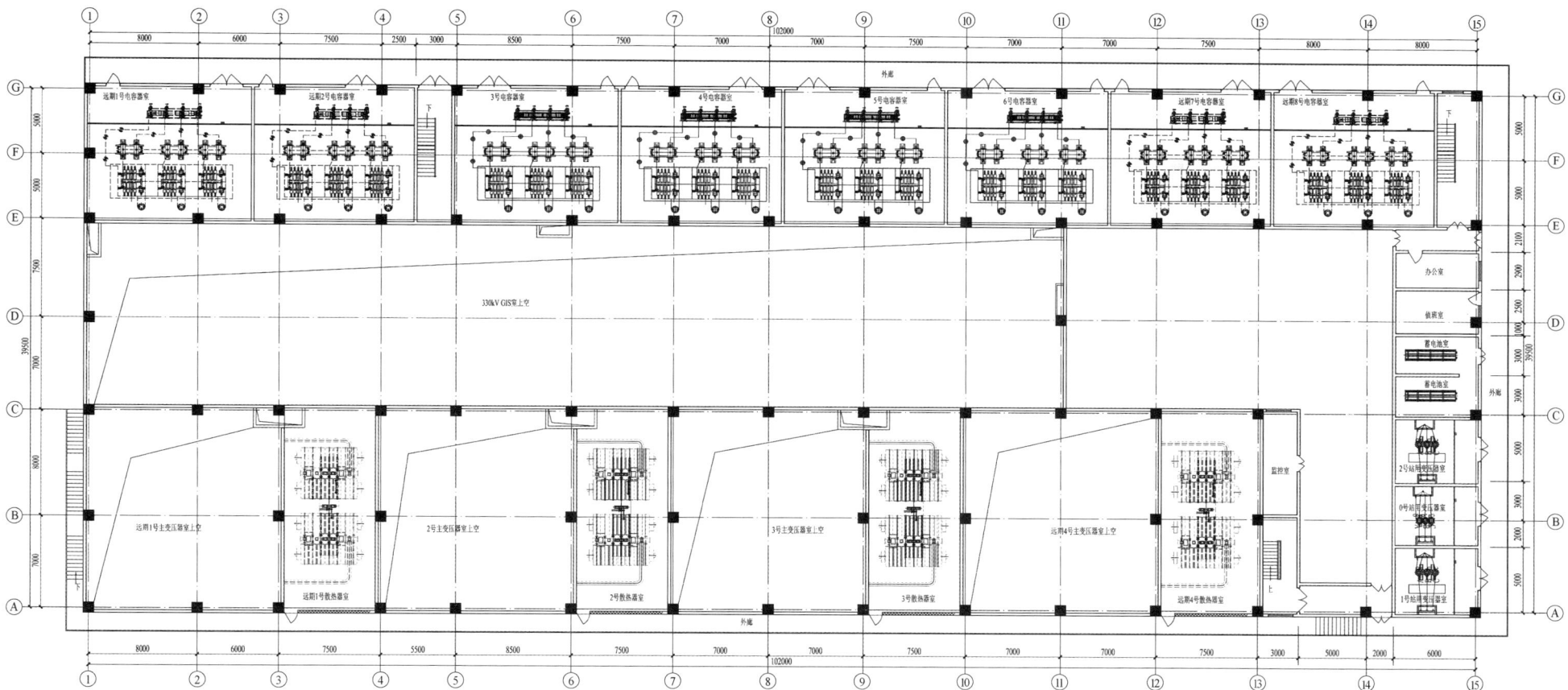

图 37.3-4 配电装置楼（二层）电气平面布置图（330-A2-1-D1-04）

说明：实线部分表示本期工程，虚线部分表示远期工程。

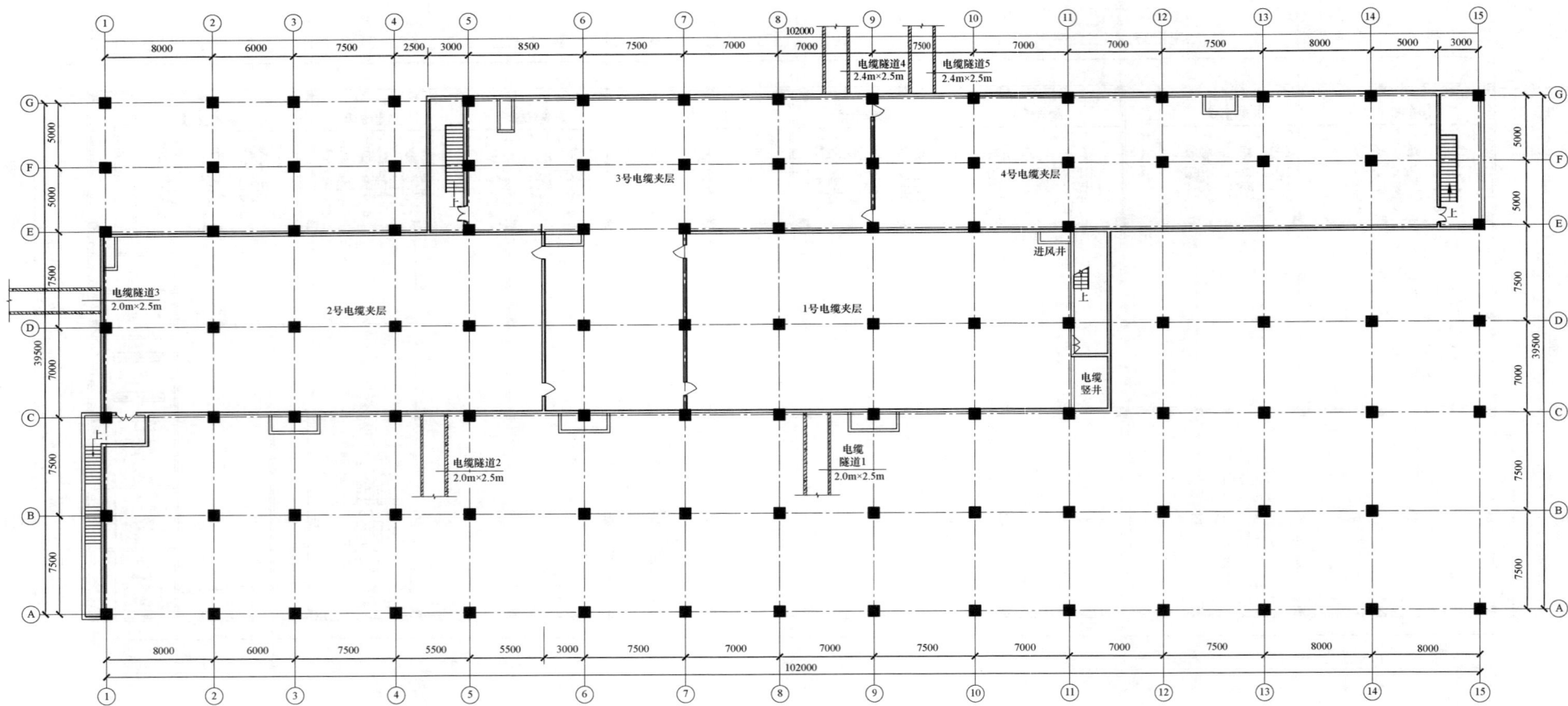

图 37.3-5 配电装置楼电缆夹层平面布置图（330-A2-1-D1-05）

二次设备室屏位一览表

屏号	名称	单位	本期	远期	备注	屏号	名称	单位	本期	远期	备注
1	主机兼操作员站主机柜	面	1			36～37	直流分电柜	面	2		
2	综合应用服务器柜	面	1			38～40	110kV 线路电能表柜	面	2	1	
3	调度数据网设备柜1	面	1			41	同步相量测量主机柜	面	1		
4	调度数据网设备柜2	面	1			42～43	同步相量测量采集柜	面	2		
5	Ⅰ区通信网关机柜	面	1			44	330kV 公用测控柜	面	1		
6	Ⅱ、Ⅲ/Ⅳ区通信网关机柜	面	1			45～46	330kV 间隔层交换机柜	面	1	1	
7	网络报文分析系统柜	面	1			47	330kV 及主变压器网络报文记录分析柜	面	1		
8	站控层公用测控柜	面	1			48～49	330kV 故障录波柜	面	1	1	
9	智能辅助控制系统柜1	面	1			50	330kV 母线差动保护 A 柜 1	面	1		
10	智能辅助控制系统柜2	面	1			51	330kV 母线差动保护 A 柜 2	面	1		
11	同步时钟系统主时钟柜	面	1			52	330kV 母线差动保护 B 柜 1	面	1		
12	主变压器消防控制柜	面	1			53	330kV 母线差动保护 B 柜 2	面	1		
13～14	同步时钟扩展柜	面	2			54	330kV 线路电能表柜	面	1		
15～16	110kV 过程层交换机柜	面	2			55～56	2 号变压器保护柜	面	2		
17	110kV 间隔层交换机柜	面	1			57	2 号变压器测控柜	面	1		
18	110kV 网络报文记录分析柜	面	1			58～59	3 号变压器保护柜	面	2		
19	110kV 公用测控柜	面	1			60	3 号变压器测控柜	面	1		
20	110kV 母线差动保护柜 A	面	1			61～62	主变压器电能表柜	面	1	1	
21	110kV 母线差动保护柜 B	面	1			63～64	主变压器故障录波柜	面	1	1	
22	35kV 母线及公用测控柜	面	1			65～66	1 号主变压器保护柜	面		2	
23～24	110kV 故障录波柜	面	1	1		67	1 号主变压器测控柜	面		1	
25	Ⅰ段直流馈电柜	面	1			68～69	4 号主变压器保护柜	面		2	
26	1 号直流充电柜	面	1			70	4 号主变压器测控柜	面		1	
27	1 号直流联络柜	面	1			71	330kV 保护光配柜	面	1		
28	备用直流充电柜	面	1			72	110kV 保护光配柜	面	1		
29	2 号直流联络柜	面	1			73～96	备用	面		24	
30	2 号直流充电柜	面	1			97～128	通信柜	面	32		
31	Ⅱ段直流馈电柜	面	1								
32	1 号 UPS 电源柜	面	1								
33	UPS 馈线柜	面	1			J1J13	站用交流屏柜	面	13		
34	2 号 UPS 电源柜	面	1								
35	事故照明柜	面	1								

图 37.3-6　二次设备室屏位布置图（330-A2-1-D2-05）

平面图标注：

N（指北针）

尺寸标注：24500；2200；9600；1300；9600；1800；14500；2600；600；1700；600；600；1700；600；810；600；1700；600；2300；11000；1900

设备编号（自上而下各排）：
24 23 22 21 20 19 18 17 16 15 14 13 ／ 12 11 10 9 8 7 6 5 4 3 2 1
48 47 46 45 44 43 42 41 40 39 38 37 ／ 36 35 34 33 32 31 30 29 28 27 26 25
72 71 70 69 68 67 66 65 64 63 62 61 ／ 60 59 58 57 56 55 54 53 52 51 50 49
96 95 94 93 92 91 90 89 88 87 86 85 ／ 84 83 82 81 80 79 78 77 76 75 74 73
128 127 126 125 124 123 122 121 120 119 118 117 116 115 114 113 ／ 112 111 110 109 108 107 106 105 104 103 102 101 100 99 98 97

J13 J12 J11 J10 J9 J8 J7 J6 J5 J4 J3 J2 J1

房间名称：办公室、通信蓄电池室、二次设备室、蓄电池室、蓄电池室、站用电室、监控室、站用电室、站用电室

图例：□ 远期　■ 本期

上（楼梯）

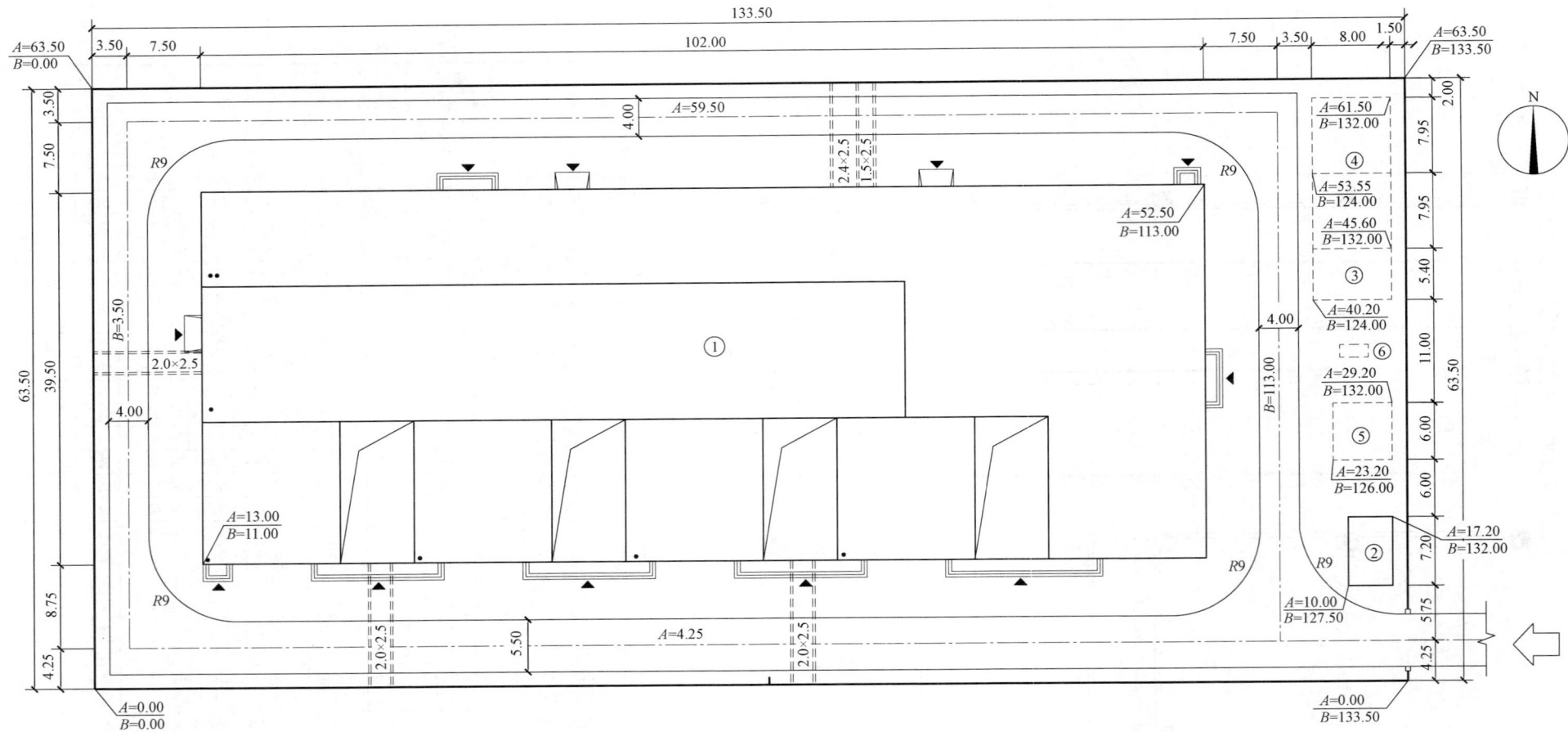

建（构）筑物一览表

编号	建（构）筑物名称	占地面积（m²）	备注
①	配电装置楼	4237	
②	警卫室	40	
③	消防泵房	44	
④	消防蓄水池	127	
⑤	事故油池	36	
⑥	化粪池	4	

主要技术经济指标表

序号	指标名称	单位	数量	备注
1	站区围墙内占地面积	hm²	0.8477	
2	电缆隧道长度	m	65	
3	站内道路面积	m²	1671	
4	总建筑面积	m²	8384	
5	站区围墙长度	m	394	

图 37.3-7　总平面布置图（330-A2-1-T-01）　　　　　说明：图中尺寸的计量单位均为 m。

第 38 章　330-A3-1 方案

38.1　330-A3-1 方案主要技术条件

330-A3-1 方案主要技术条件见表 38.1-1。

表 38.1-1　　　　330-A3-1 方案主要技术条件表

序号	项目		技 术 条 件
1	建设规模	主变压器	本期 2 组 360MVA，远期 3 组 360MVA
		出线	330kV：本期 4 回，远期 8 回； 110kV：本期 12 回，远期 24 回
		无功补偿装置	330kV 高压并联电抗器：本期 1 组 90Mvar，远期 2 组，为线路高压并联电抗器，均装设中性点电抗器； 35kV 并联电抗器：本期 2 组 30Mvar，远期 3 组 30Mvar； 35kV 并联电容器：本期 6 组 30Mvar，远期 9 组 30Mvar
2	站址基本条件		海拔≤1000m，设计基本地震加速度 0.10g，设计风速≤30m/s，地基承载力特征值 $f_{ak}=150$kPa，无地下水影响，场地同一设计标高
3	电气主接线		330kV 本期及远期均采用双母线双分段接线，高压并联电抗器回路不设置隔离开关； 110kV 本期及远期均采用双母线双分段接线； 35kV 单母线单元接线，设总回路断路器
4	主要设备选型		330、110、35kV 短路电流控制水平分别为 50、40、31.5kA； 主变压器采用三相、自耦、有载调压；高压并联电抗器采用单相、自冷式；330kV 采用户内 GIS；110kV 采用户内 GIS；35kV 总回路采用柱式断路器，分支回路采用开关柜；35kV 并联电容器采用框架式、35kV 并联电抗器采用干式空芯
5	电气总平面及配电装置		330、110kV 及主变压器场地平行布置； 330kV GIS 户内布置，架空出线，间隔宽度 18m； 110kV GIS 户内布置，架空出线，间隔宽度 7.5m（局部双层出线间隔宽度 8m）； 35kV 总回路柱式断路器户外中型布置，分支回路开关柜户内布置，配电装置一字形布置

续表

序号	项目	技 术 条 件
6	二次系统	变电站自动化系统按照一体化监控设计； 330kV 及主变压器各侧采用常规互感器模拟量采样，110kV 采用常规互感器+合并单元智能终端集成装置采样，35kV 采用常规互感器模拟量采样； 330kV 及主变压器仅 GOOSE 组网，110kV GOOSE 与 SV 共网，保护直采直跳； 330kV 及主变压器保护、测控装置独立配置，110、35kV 采用保护测控一体化装置； 采用站内一体化电源系统，通信电源独立配置； 330kV 及 110kV 户内 GIS 不设置继电器小室，主变压器设置 1 个继电器小室
7	土建部分	围墙内占地面积 2.4676hm²； 全站总建筑面积 4263m²，其中主控通信室建筑面积 365m²； 建筑物结构型式为钢结构或钢筋混凝土框架结构； 主变压器消防采用排油充氮系统

38.2　330-A3-1 方案基本模块划分

330-A3-1 方案主要包括 330kV 配电装置模块，110kV 配电装置模块，主变压器、35kV 无功配电装置模块，主控通信室模块，继电器室模块、GIS 配电装置室模块 6 个基本模块，模块内容见表 38.2-1。

表 38.2-1　　　　330-A3-1 方案基本模块划分表

序号	基本模块编号	基本模块名称	基本模块描述
1	330-A3-1-330	330kV 配电装置模块	330kV 本期 4 回出线、2 回主变压器进线，远期 8 回出线、3 回主变压器进线；高压并联电抗器本期 1 组 90Mvar，远期 2 组；330kV 本期采用双母线双分段接线，远期接线型式不变。330kV GIS 户内布置，架空出线

序号	基本模块编号	基本模块名称	基本模块描述
2	330-A3-1-110	110kV 配电装置模块	110kV 本期 12 回出线、2 回主变压器进线，远期 24 回出线、3 回主变压器进线；110kV 本期采用双母线双分段接线，远期接线型式不变。110kV GIS 户内布置，架空出线，局部双层出线
3	330-A3-1-35	主变压器、35kV 无功配电装置模块	主变压器本期 2 组 360MVA，远期 3 组 360MVA，采用 330kV/110kV/35kV 三相、自耦、有载调压变压器。本期及远期每组主变压器 35kV 侧分别设置 1 组 30Mvar 并联电抗器和 3 组 30Mvar 并联电容器；全站设置 3 台 35kV、630kVA 站用变压器。35kV 单母线单元接线，设总回路断路器。 35kV 总回路采用柱式断路器，户外中型布置；分支回路采用开关柜，户内单列布置。无功补偿设备平行于主变压器排列方向双列布置

序号	基本模块编号	基本模块名称	基本模块描述
4	330-A3-1-ZKL	主控通信室模块	主控通信室为单层建筑，建筑面积为 365m²，建筑体积为 1515m³。结构型式采用钢结构或钢筋混凝土结构
5	330-A3-1-JDQ	继电器室模块	继电器小室为单层建筑，主变压器继电器小室建筑面积为 155m²，建筑体积为 643m³；结构型式采用钢结构或钢筋混凝土框架结构
6	330-A3-1-GIS	GIS 配电装置室模块	330kV GIS 配电装置室为单层建筑，单体建筑面积 1442 m²，建筑体积为 19855m³，结构型式采用门式钢架结构；110kV GIS 配电装置室为单层建筑，单体建筑面积 1578m²，建筑体积为 12740m³，结构型式采用门式钢架结构

38.3　330-A3-1 方案主要设计图纸

330-A3-1 方案主要设计图纸详见图 38.3-1～图 38.3-4。

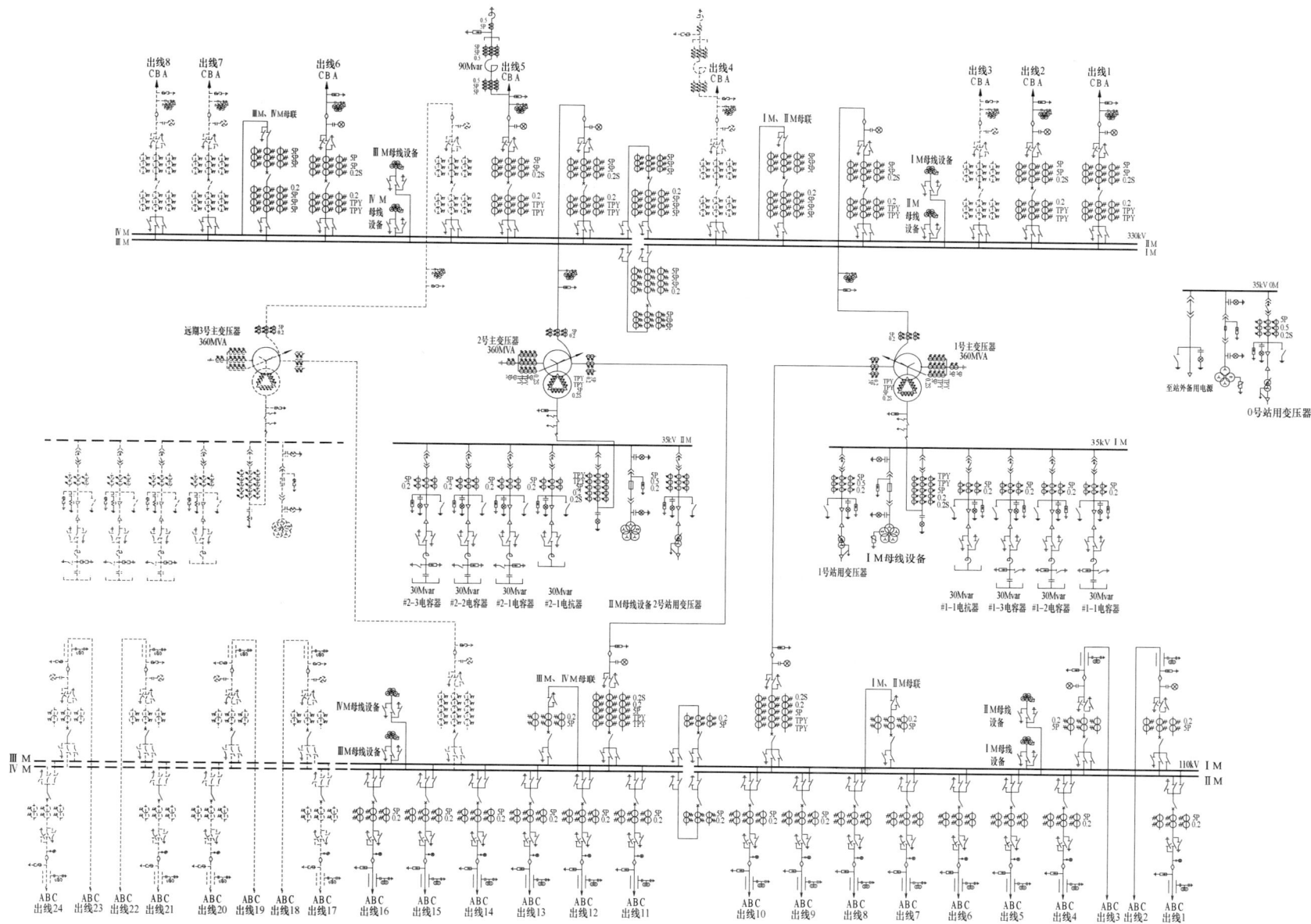

图 38.3-1 电气主接线图（330-A3-1-D1-01）

说明：实线部分表示本期工程，虚线部分表示远期工程。

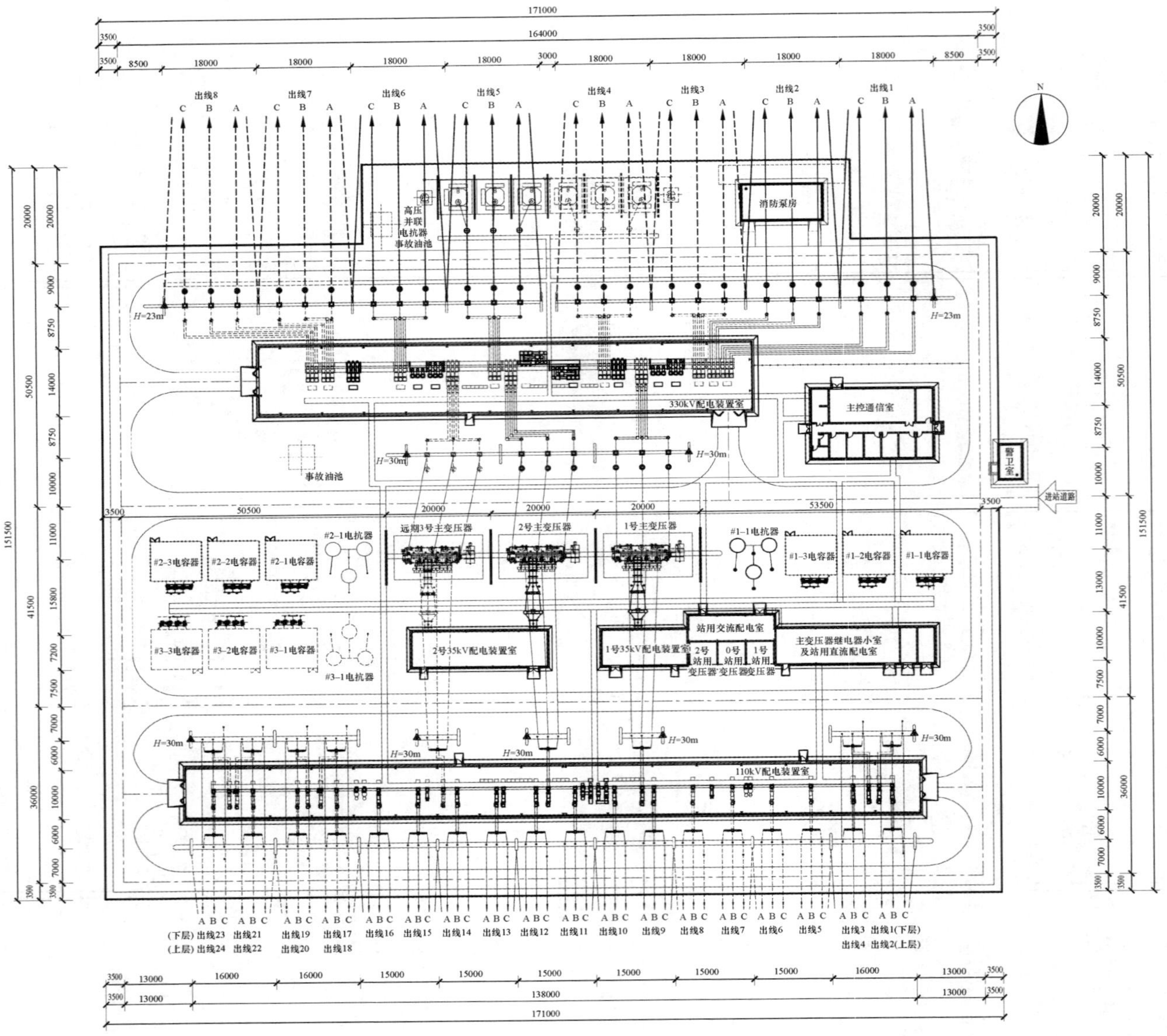

说明：实线部分表示本期工程，虚线部分表示远期工程。

图38.3-2 电气总平面布置图（330-A3-1-D1-02）

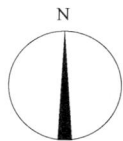

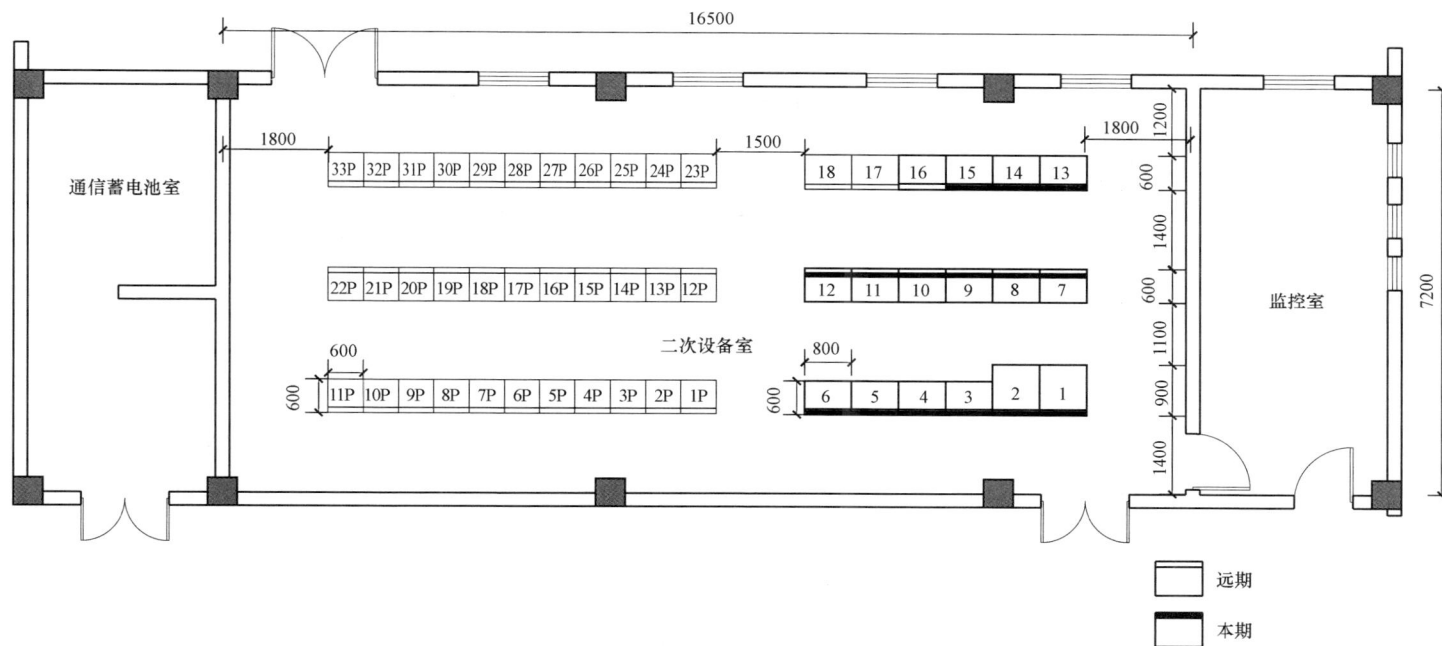

图 38.3-3 二次设备室屏位布置图（330-A3-1-D2-05）

屏 位 一 览 表

屏号	名　　称	数量			备　注
		单位	本期	远期	
1	主机兼操作员柜	面	1		
2	综合应用服务器柜	面	1		
3	Ⅰ区通信网关机柜	面	1		
4	Ⅱ\Ⅲ\Ⅳ区通信网关机柜	面	1		
5～6	调度数据网设备柜	面	2		
7	电能量计量终端柜	面	1		
8	同步时钟系统主时钟柜	面	1		
9	网络报文分析系统柜	面	1		
10	站控层交换机柜	面	1		
11	智能辅助控制系统柜	面	1		
12	站控层公用测控柜	面	1		
13	UPS分电柜	面	1		
14	直流分电柜	面	1		
15	同步相量主机柜	面	1		
16～18	备用	面		3	
1P～33P	通信屏位	面	33		

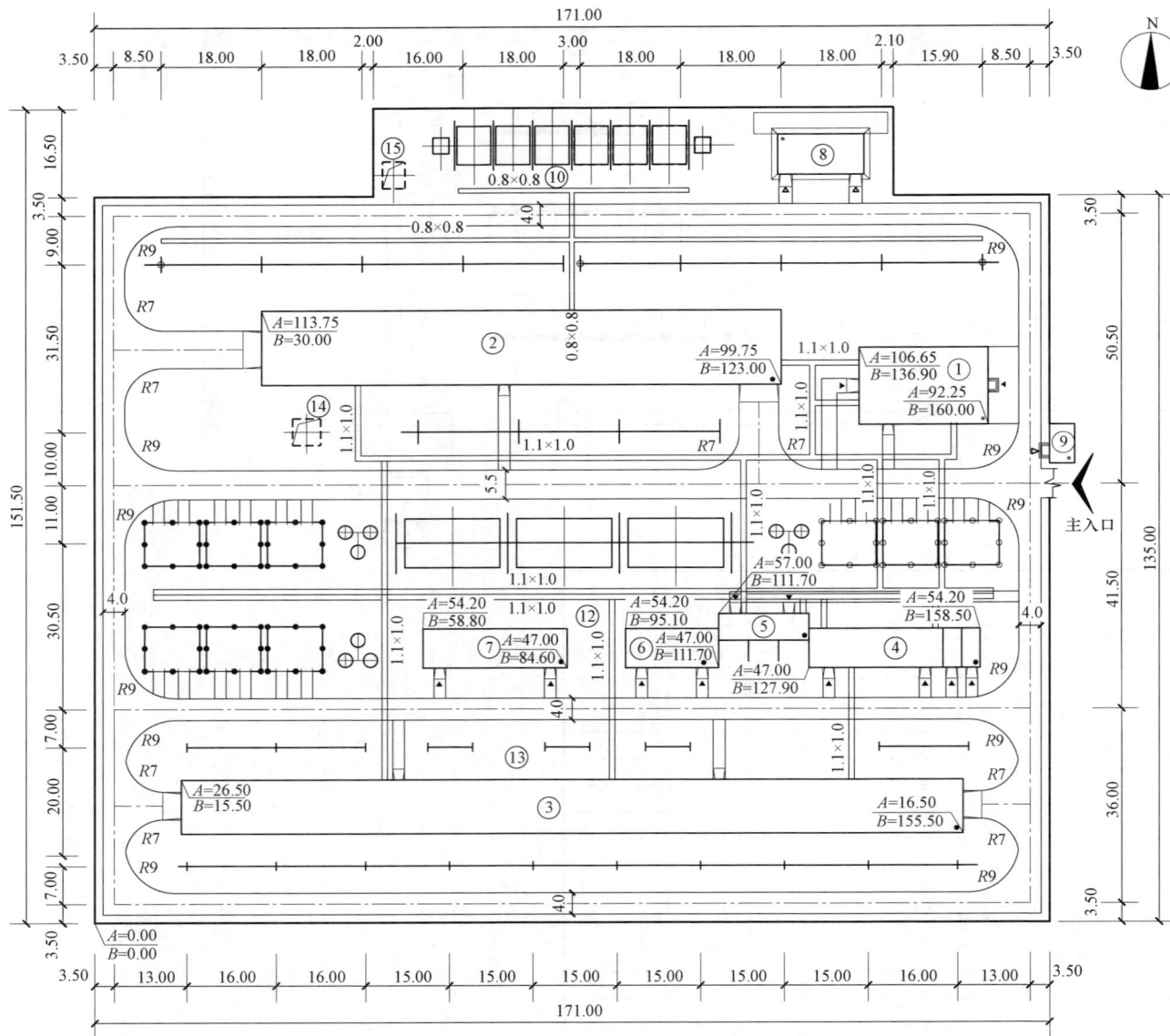

主要技术经济指标表

序号	名称	单位	数量	备注
1	站内围墙内占地面积	hm²	2.4676	
2	电缆沟长度	m	911	
3	站内道路面积	m²	4590	
4	总建筑面积	m²	4263	钢结构
5	站区围墙长度	m	632	

建（构）筑物一览表

编号	建（构）筑物名称	占地面积（m²）	备注
①	主控通信楼（室）	365	
②	330kV GIS 配电装置室	1442	
③	110kV GIS 配电装置室	1578	
④	主变压器继电器小室	235	
⑤	站用电室	90	
⑥	1 号 35kV 配电装置室	155	
⑦	2 号 35kV 配电装置室	220	
⑧	消防泵房	138	
⑨	警卫室	40	
⑩	330kV 高压并联电抗器场地	1296	
⑪	330kV 配电装置场地	6000	
⑫	主变压器及 35kV 配电装置场地	6399	
⑬	110kV 配电装置场地	3083	
⑭	主变压器事故油池	25	1 座
⑮	高压并联电抗器事故油池	20	1 座

说明：图中尺寸的计量单位均为 m。

图 38.3-4　总平面布置图（330-A3-1-T-01）

第39章 330-B-1方案

39.1 330-B-1方案主要技术条件

330-B-1方案主要技术条件见表39.1-1。

表39.1-1 330-B-1方案主要技术条件表

序号	项目		技 术 条 件
1	建设规模	主变压器	本期2组240MVA，远期3组240MVA
		出线	330kV：本期4回，远期8回； 110kV：本期8回，远期16回
		无功补偿装置	330kV高压并联电抗器：本期1组90Mvar，远期2组，为线路高压并联电抗器，均装设中性点电抗器； 35kV并联电抗器：本期2组20Mvar，远期3组20Mvar； 35kV并联电容器：本期6组20Mvar，远期9组20Mvar
2	站址基本条件		海拔≤1000m，设计基本地震加速度0.10g，设计风速≤30m/s，地基承载力特征值f_{ak}=150kPa，无地下水影响，场地同一设计标高
3	电气主接线		330kV本期及远期均一个半断路器接线，高压并联电抗器回路不设置隔离开关； 110kV本期及远期均采用双母线双分段接线； 35kV单母线单元接线，设总回路断路器
4	主要设备选型		330、110、35kV短路电流控制水平分别为50、40、31.5kA； 主变压器采用三相、自耦、无励磁调压；高压并联电抗器采用单相、自冷式；330kV采用户外HGIS；110kV采用户外GIS；35kV采用开关柜；35kV并联电容器采用框架式、35kV并联电抗器采用干式空芯
5	电气总平面及配电装置		330、110kV及主变压器场地平行布置； 330kV HGIS户外布置，架空出线，间隔宽度20m（跨路间隔宽度27m）； 110kV GIS户外布置，架空出线，间隔宽度15m（一个间隔有双回出线）； 35kV总回路柱式断路器户外中型布置，分支回路开关柜户内布置，配电装置一字形布置

续表

序号	项目	技 术 条 件
6	二次系统	变电站自动化系统按照一体化监控设计； 330kV及主变压器各侧采用常规互感器模拟量采样，110kV采用常规互感器+合并单元，35kV采用常规互感器模拟量采样； 330kV及主变压器仅GOOSE组网，110kV GOOSE与SV共网，保护直采直跳； 330kV及主变压器保护、测控装置独立配置，110、35kV采用保护测控一体化装置； 采用站内一体化电源系统，取消通信蓄电池； 330kV设置1个继电器小室，110kV设置1个Ⅲ型预制舱式二次组合设备，主变压器设置1个继电器小室
7	土建部分	围墙内占地面积2.4002hm²； 全站总建筑面积1317m²，其中主控通信室建筑面积413m²； 建筑物结构型式为钢结构或钢筋混凝土结构； 主变压器消防采用排油充氮灭火系统

39.2 330-B-1方案基本模块划分

330-B-1方案主要包括330kV配电装置模块，110kV配电装置模块，主变压器、35kV无功配电装置模块，主控通信室模块，继电器小室模块，预制舱式二次组合设备模块6个基本模块，模块内容见表39.2-1。

表39.2-1 330-B-1方案基本模块划分表

序号	基本模块编号	基本模块名称	基本模块描述
1	330-B-1-330	330kV配电装置模块	330kV本期4回出线、2回主变压器进线，远期8回出线、3回主变压器进线；高压并联电抗器本期1组90Mvar，远期2组；330kV本期采用一个半断路器接线，远期接线型式不变。330kV HGIS户外布置，架空出线

序号	基本模块编号	基本模块名称	基本模块描述
2	330-B-1-110	110kV 配电装置模块	110kV 本期 8 回出线、2 回主变压器进线，远期 16 回出线、3 回主变压器进线；110kV 本期采用双母线双分段接线，远期接线型式不变。110kV GIS 户外布置，架空出线
3	330-B-1-35	主变压器、35kV 无功配电装置模块	主变压器本期 2 组 240MVA，远期 3 组 240MVA，采用 330kV/110kV/35kV 三相、自耦、无励磁调压变压器。本期及远期每组主变压器 35kV 侧分别设置 1 组 20Mvar 并联电抗器和 3 组 20Mvar 并联电容器；全站设置 3 台 35kV、800kVA 站用变压器。35kV 单母线单元接线，设总回路断路器。 35kV 采用开关柜，户内单列布置。无功补偿设备平行于主变压器排列方向双列布置

序号	基本模块编号	基本模块名称	基本模块描述
4	330-B-1-ZKL	主控通信室模块	主控通信室为单层建筑，建筑面积为 413m^2，建筑体积为 1528m^3。结构型式采用钢结构或钢筋混凝土结构
5	330-B-1-JDQ	继电器小室模块	继电器小室为单层建筑，330kV 继电器小室建筑面积为 187m^2，建筑体积为 776m^3；结构型式采用钢结构或钢筋混凝土结构
6	330-B-1-YZC	预制舱式二次组合设备模块	采用预制舱式二次组合设备，全站设置 2 个 II 型预制舱式二次组合设备，舱内二次设备双列布置

39.3　330-B-1 方案主要设计图纸

330-B-1 方案主要设计图纸详见图 39.3-1～图 39.3-4。

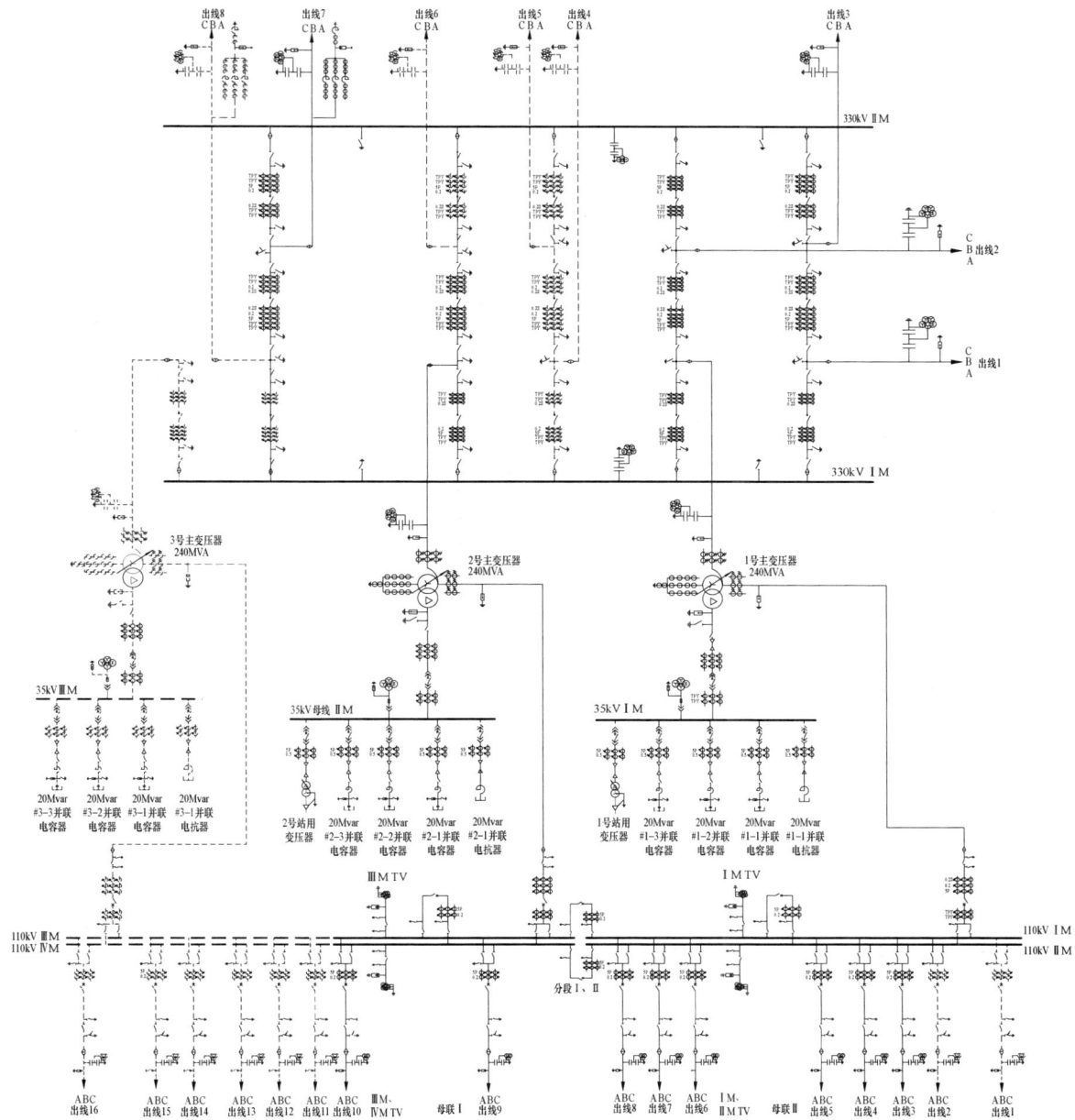

图 39.3-1 电气主接线图 (330-B-1-D1-01)

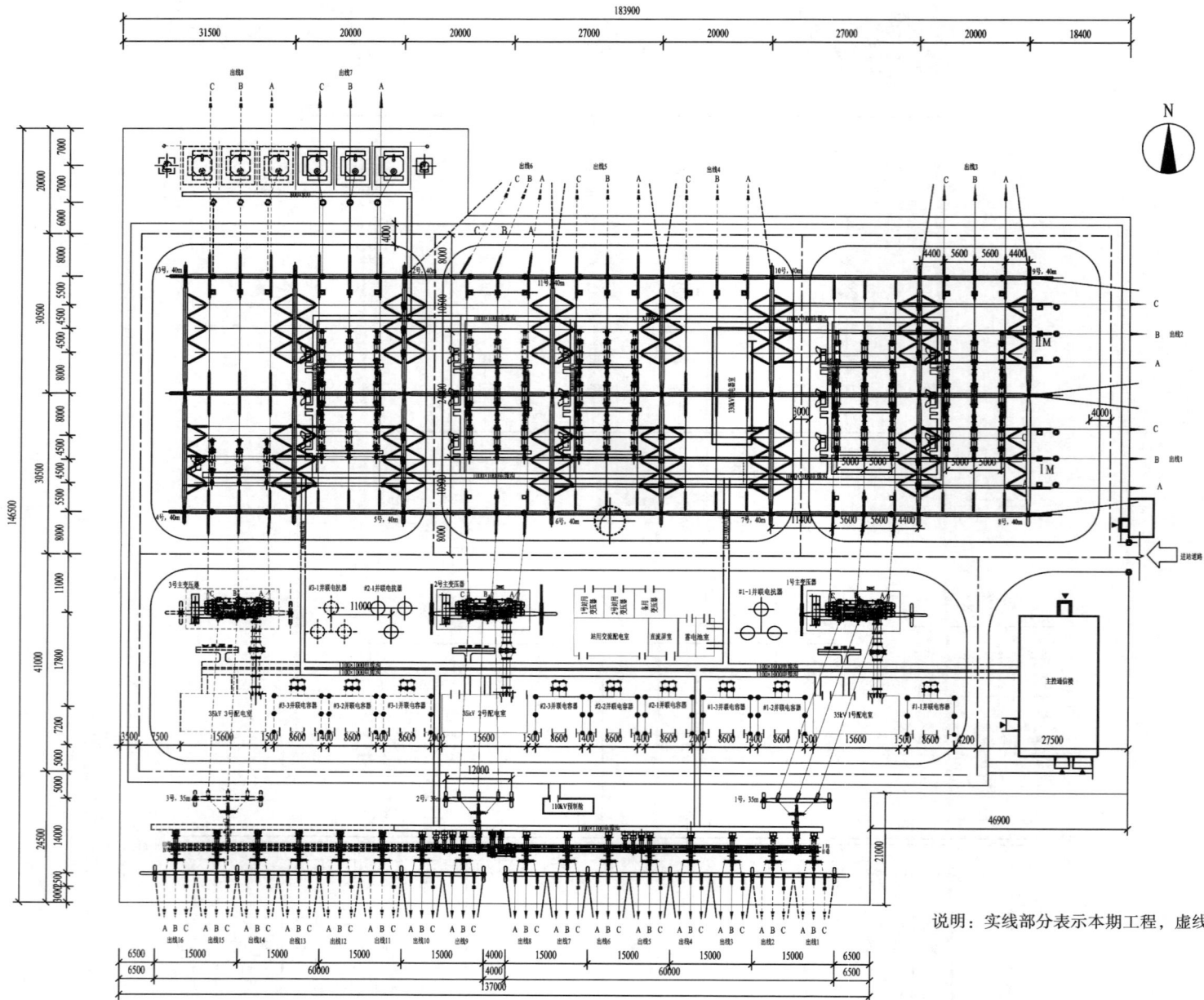

图 39.3-2　电气总平面布置图（330-B-1-D1-02）

说明：实线部分表示本期工程，虚线部分表示远期工程。

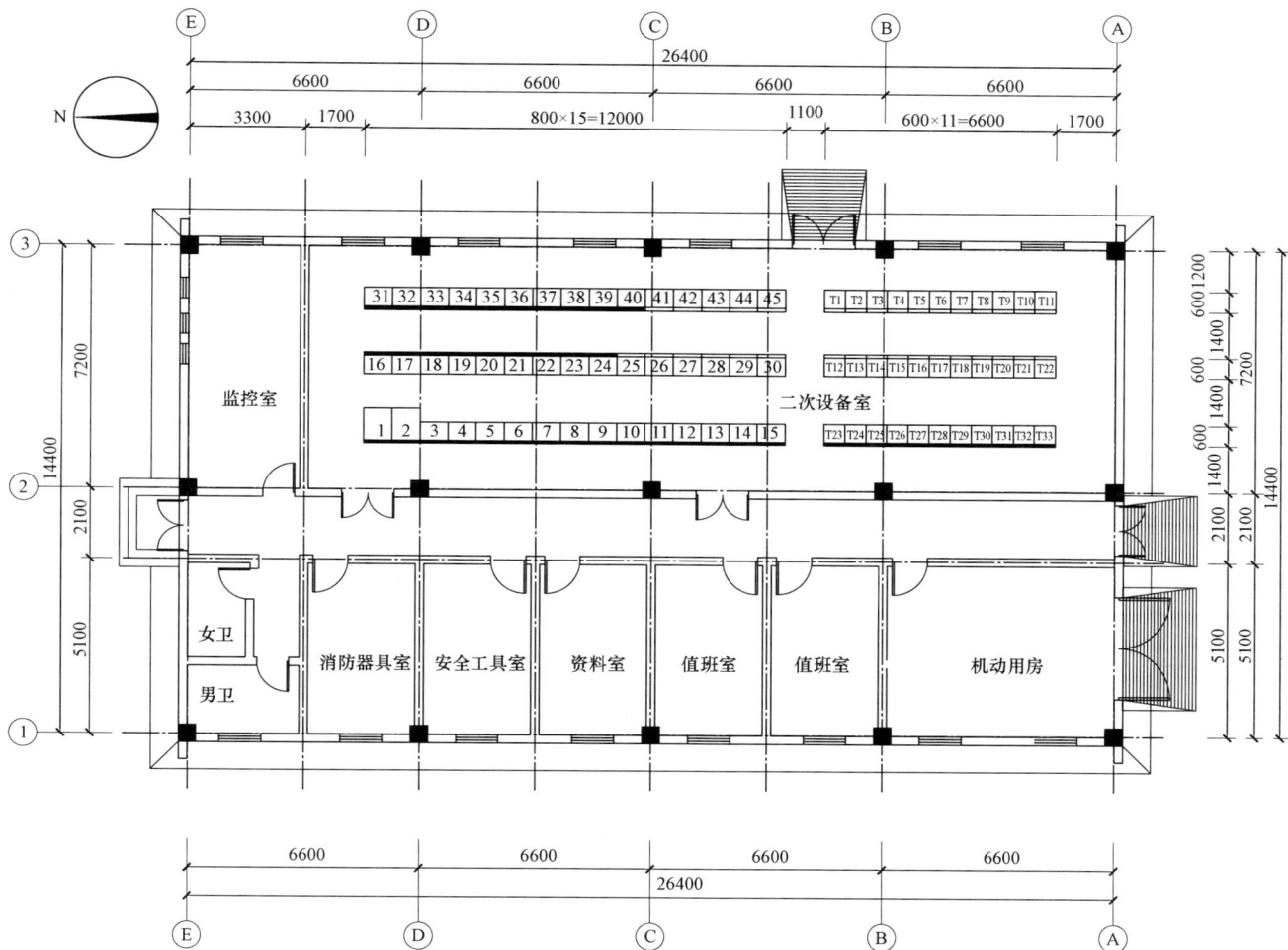

图 39.3-3 二次设备室屏位布置图（330-B-1-D2-05）

屏 位 一 览 表

屏号	名称	数量			备注
		单位	本期	远期	
1	监控主机柜	面	1		
2	综合应用服务器柜	面	1		
3	Ⅰ区通信网关机柜	面	1		
4	Ⅱ/Ⅲ/Ⅳ区通信网关机柜	面	1		
5	网络分析主机柜	面	1		
6	二次设备室公用测控屏	面	1		
7	同步时钟主机柜	面	1		
8	电能量远方采集终端屏	面	1		
9	同步相量主机柜	面	1		
10～11	电力调度数据网屏	面	2		
12	智能辅助控制系统柜	面	1		
13	保护配线柜	面	1		
14～15	间隔层交换机柜	面	2		
16～17	1号主变压器保护柜	面	2		
18	1号主变压器测控柜	面	1		
19～20	2号主变压器保护柜	面	2		
21	2号主变压器测控柜	面	1		
22～23	1号、2号主变压器故障录波柜	面	1		
24	主变压器消防柜	面	1		
25	3号主变压器保护柜	面		2	
26	3号主变压器测控柜	面		1	
27～28	3号主变压器故障录波柜	面		1	
29～30	备用			2	
31～32	试验电源柜	面	1		
33～34	交流分屏	面	2		
35～36	直流分屏	面	2		
37～38	UPS电源柜	面	2		
39～41	主变电能表柜	面	2	1	
42～45	备用	面		4	
T1～T33	通信柜	面		33	

远期

本期

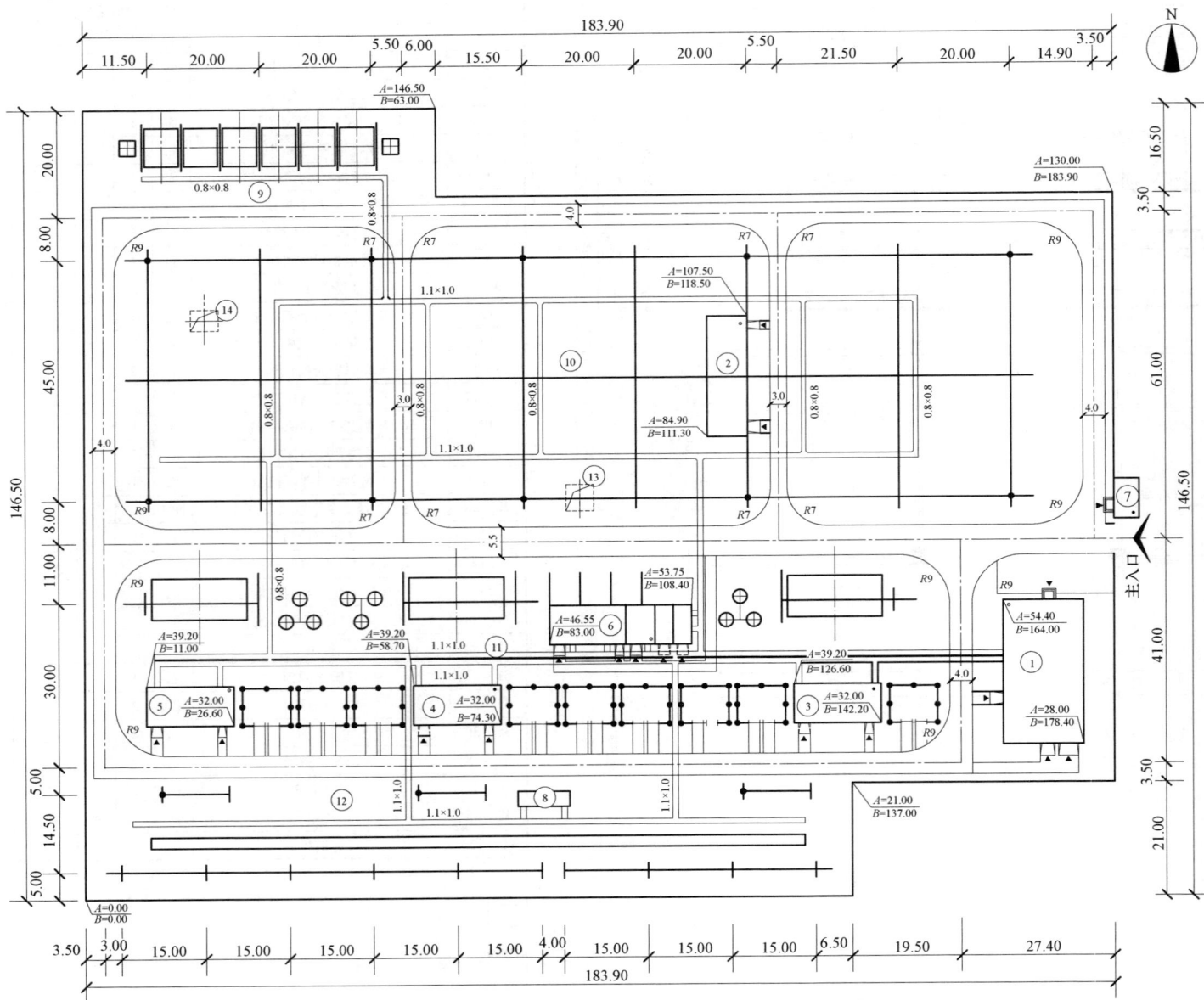

主要技术经济指标表

序号	名称	单位	数量	备注
1	站内围墙内占地面积	hm²	2.4002	
2	电缆沟长度	m	1076	
3	站内道路面积	m²	4010	
4	总建筑面积	m²	1317	钢结构
5	站区围墙长度	m	647	

建（构）筑物一览表

编号	建（构）筑物名称	占地面积（m²）	备注
①	主控通信楼室	365	
②	330kV 继电器小室	187	
③	1 号 35kV 配电装置室	125	
④	2 号 35kV 配电装置室	184	
⑤	3 号 35kV 配电装置室	157	
⑥	站用电室	206	
⑦	警卫室	40	
⑧	110kV 预制舱式二次组合设备	52	
⑨	330kV 高压并联电抗器场地	1080	
⑩	330kV 配电装置场地	9097	
⑪	主变压器及 35kV 配电装置场地	6399	
⑫	110kV GIS 配电装置场地	3083	
⑬	主变压器事故油池	25	1 座
⑭	高压并联电抗器事故油池	20	1 座

说明：图中尺寸的计量单位均为 m。

图 39.3-4　总平面布置图（330-B-1-T-01）

第 40 章　330-B-2 方案

40.1　330-B-2 方案主要技术条件

330-B-2 方案主要技术条件见表 40.1-1。

表 40.1-1　330-B-2 方案主要技术条件表

序号	项目		技 术 条 件
1	建设规模	主变压器	本期 2 组 240MVA，远期 3 组 240MVA
		出线	330kV：本期 4 回，远期 8 回； 110kV：本期 14 回，远期 24 回
		无功补偿装置	330kV 高压并联电抗器：本期 1 组 90Mvar，远期 2 组，为线路高压并联电抗器，均装设中性点电抗器； 35kV 并联电抗器：本期 2 组 30Mvar，远期 3 组 30Mvar； 35kV 并联电容器：本期 6 组 20Mvar，远期 9 组 20Mvar
2	站址基本条件		海拔≤1000m，设计基本地震加速度 0.10g，设计风速≤30m/s，地基承载力特征值 f_{ak}=150kPa，无地下水影响，场地同一设计标高
3	电气主接线		330kV 一个半断路器接线，本期 2 个完整串 2 个不完整串，远期 5 个完整串，1 组主变压器经断路器直接接入母线，高压并联电抗器回路不设置隔离开关； 110kV 本期及远期均采用双母线双分段接线； 35kV 单母线单元接线，设总回路断路器
4	主要设备选型		330、110、35kV 短路电流控制水平分别为 50、40、31.5kA； 主变压器采用三相、自耦、有载调压；高压并联电抗器采用单相、自冷式；330kV 采用户外一字型 HGIS（含 C 形 HGIS 模块）；110kV 采用户外 HGIS（含罐式封闭组合电器模块）；35kV 采用户内铠装手车式开关柜；35kV 并联电容器采用框架式、35kV 并联电抗器采用干式空芯

续表

序号	项目	技 术 条 件
5	电气总平面及配电装置	330kV、110kV 及主变压器场地平行布置； 330kV 户外悬吊管型母线中型、HGIS 三列布置，主变压器构架与 330kV 母线平行布置，间隔宽度 20m（检修环道间隔宽度 27m）； 110kV 户外支持管型母线中型、HGIS 双列布置，间隔宽度 7.5m，两回线路共用一跨 15m 宽出线门架； 35kV 户内开关柜单列布置
6	二次系统	变电站自动化系统按照一体化监控设计； 330kV 及主变压器各侧采用常规互感器模拟量采样，110kV 采用常规互感器+合并单元，35kV 不配置合并单元智能终端； 330kV 及主变压器仅 GOOSE 组网，110kV GOOSE 与 SV 共网，保护直采直跳； 330kV 及主变压器保护、测控装置独立配置，110、35kV 采用保护测控一体化装置； 采用站内一体化电源系统，通信电源共用一体化电源系统蓄电池； 330kV 设置 1 个继电器小室；110kV 设置 2 个 II 型预制舱式二次组合设备；主变压器二次设备布置在二次设备室
7	土建部分	一字形 HGIS 方案围墙内占地面积 2.6697hm²，C 形 HGIS 方案围墙内占地面积 2.4308hm²； 全站总建筑面积 1184m²，其中主控通信室建筑面积 418m²； 建筑物结构型式为钢结构或钢筋混凝土结构； 主变压器消防采用排油充氮系统

40.2　330-B-2 方案基本模块划分

330-B-2 方案主要包括 330kV 配电装置模块，110kV 配电装置模块，主变压器、35kV 无功配电装置模块，主控通信室模块，继电器小室模块，预制舱式二次组合设备模块 6 个基本模块，模块内容见表 40.2-1。

序号	基本模块编号	基本模块名称	基本模块描述
1	330-B-2-330	330kV 配电装置模块	330kV 本期 4 回出线、2 回主变压器进线，远期 8 回出线、3 回主变压器进线；高压并联电抗器本期 1 组 90Mvar，远期 2 组；330kV 采用一个半断路器接线，本期 2 个完整串 2 个不完整串，远期 5 个完整串，1 组主变压器经断路器直接接入母线。330kV 户外悬吊管型母线中型、HGIS 三列布置，2 组主变压器顺向进串，1 组主变压器直接接母线。330kV 母线和串中跨线按远期规模一次建设
2	330-B-2-110	110kV 配电装置模块	110kV 本期 14 回出线、2 回主变压器进线，远期 24 回出线、3 回主变压器进线；110kV 本期采用双母线双分段接线，远期接线型式不变。110kV 户外支持管型母线中型、HGIS 双列布置
3	330-B-2-35	主变压器、35kV 无功配电装置模块	主变压器本期 2 组 240MVA，远期 3 组 240MVA，采用 330kV/110kV/35kV 三相、自耦、有载调压变压器。本期及远期每组主变压器 35kV 侧分别设置 1 组 30Mvar 并联电抗器和 3 组 20Mvar 并联电容器；全站设置 3 台 35kV、800kVA 站用变压器。35kV 单母线单元接线，设总回路断路器。35kV 采用户内铠装手车式开关柜，单列布置。无功补偿设备平行于主变压器排列方向一列布置
4	330-B-2-ZKL	主控通信室模块	主控通信室为单层建筑，建筑面积为 418m²，建筑体积为 1735m³。结构型式采用钢结构或钢筋混凝土结构
5	330-B-2-JDQ	继电器小室模块	继电器小室为单层建筑，其中 330kV 继电器小室建筑面积为 176m²，建筑体积为 783m³；结构型式采用钢结构或钢筋混凝土结构
6	330-B-2-YZC	预制舱式二次组合设备模块	采用预制舱式二次组合设备，全站设置 2 个 II 型预制舱式二次组合设备，舱内二次设备双列布置

40.3   330-B-2 方案主要设计图纸

330-B-2 方案主要设计图纸详见图 40.3-1~图 40.3-7。

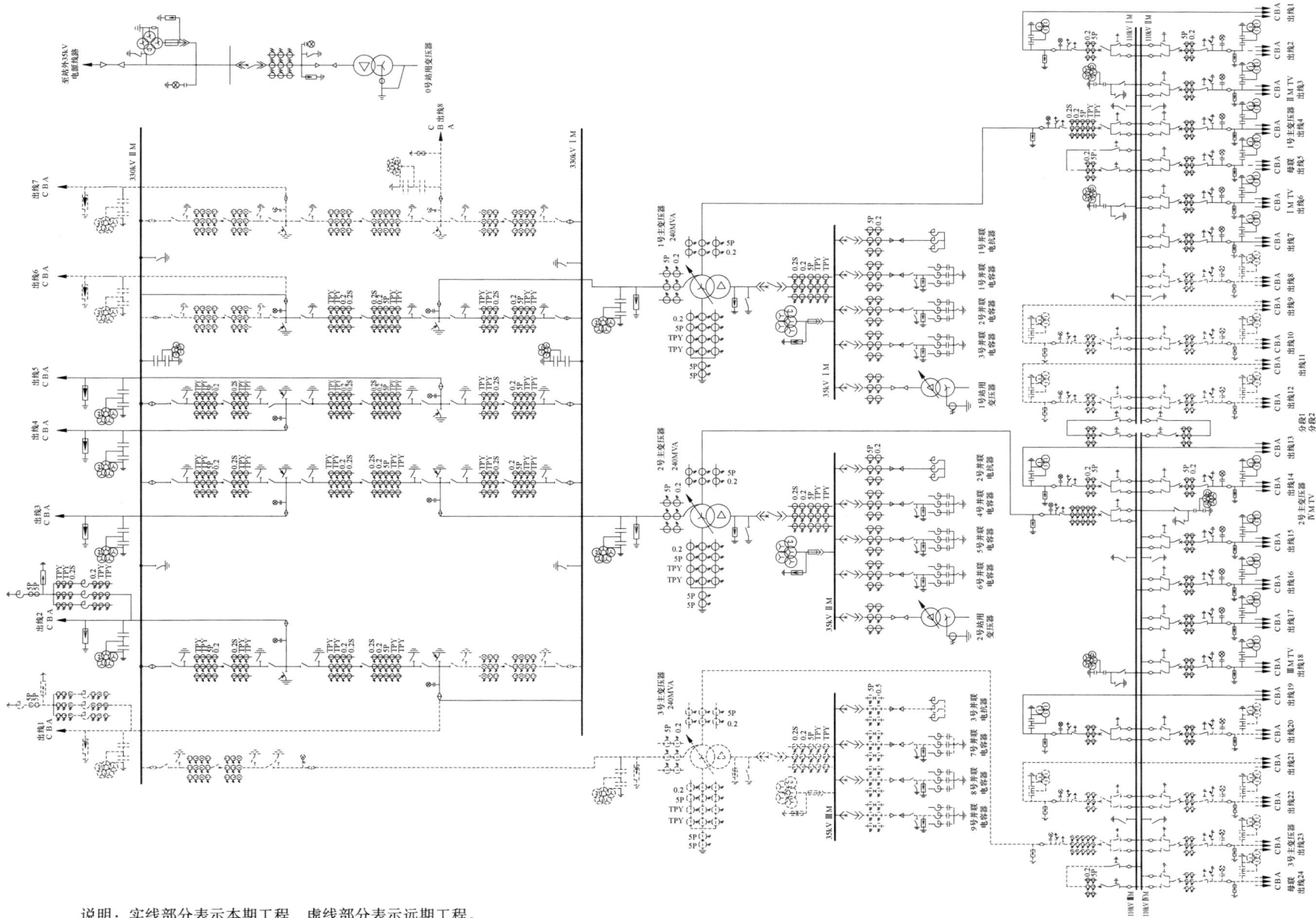

图中说明：实线部分表示本期工程，虚线部分表示远期工程。

图 40.3-1　电气主接线图（一字形 HGIS）（330-B-2-D1-01a）

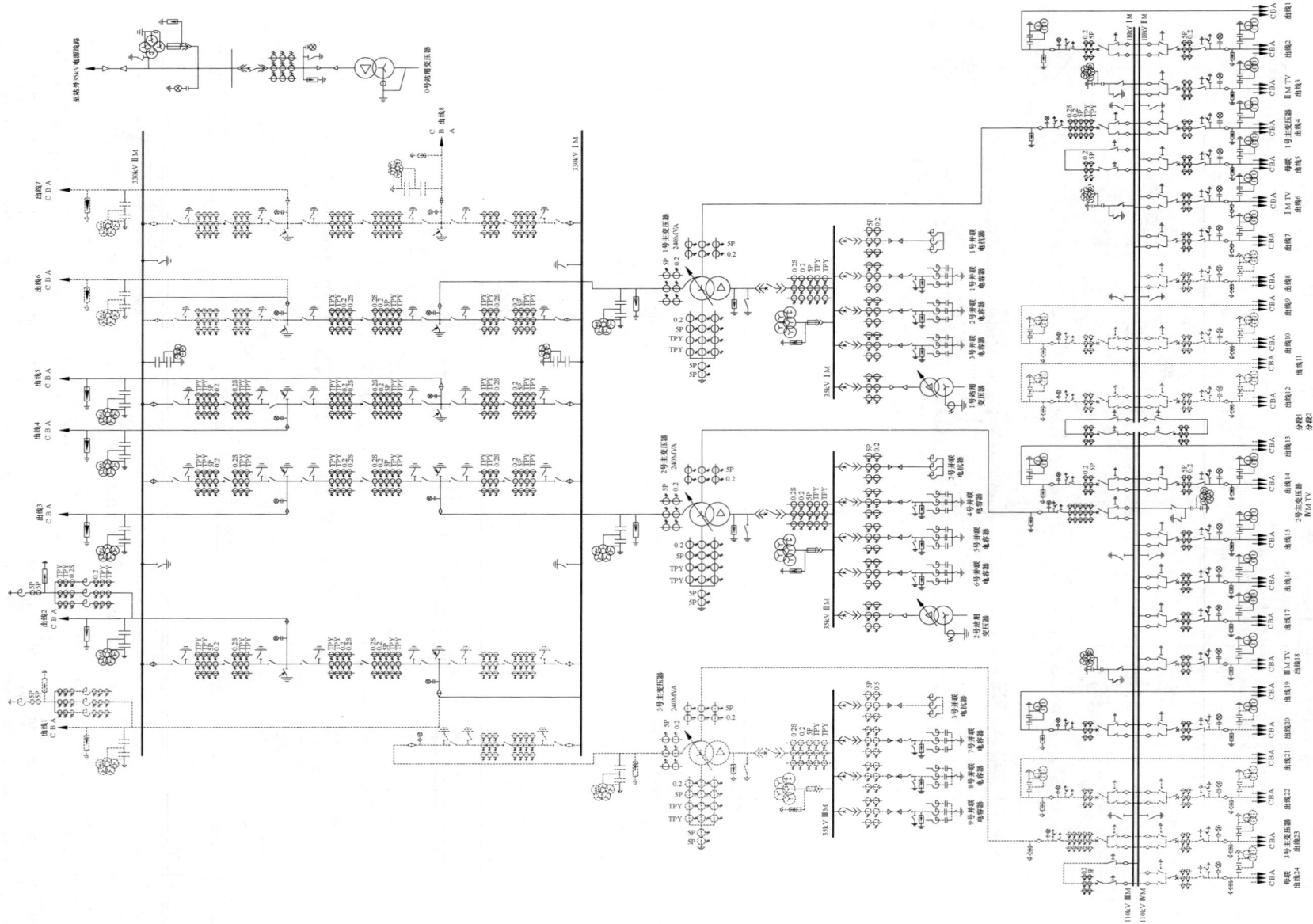

说明：实线部分表示本期工程，虚线部分表示远期工程。

图 40.3-2 电气主接线图（C 形 HGIS）（330-B-2-D1-01b）

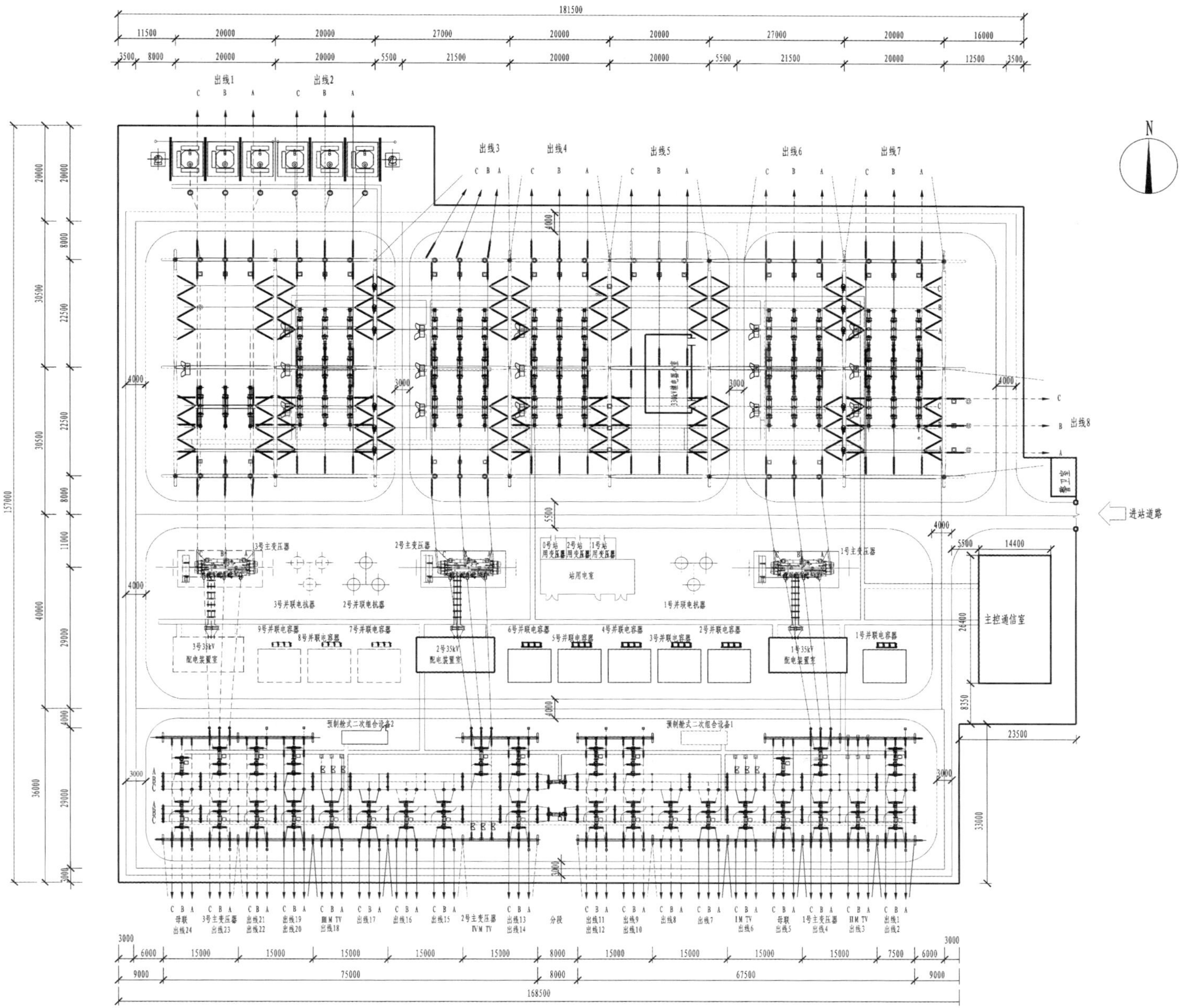

图 40.3-3 电气总平面布置图（一字形 HGIS）（330-B-2-D1-02a）

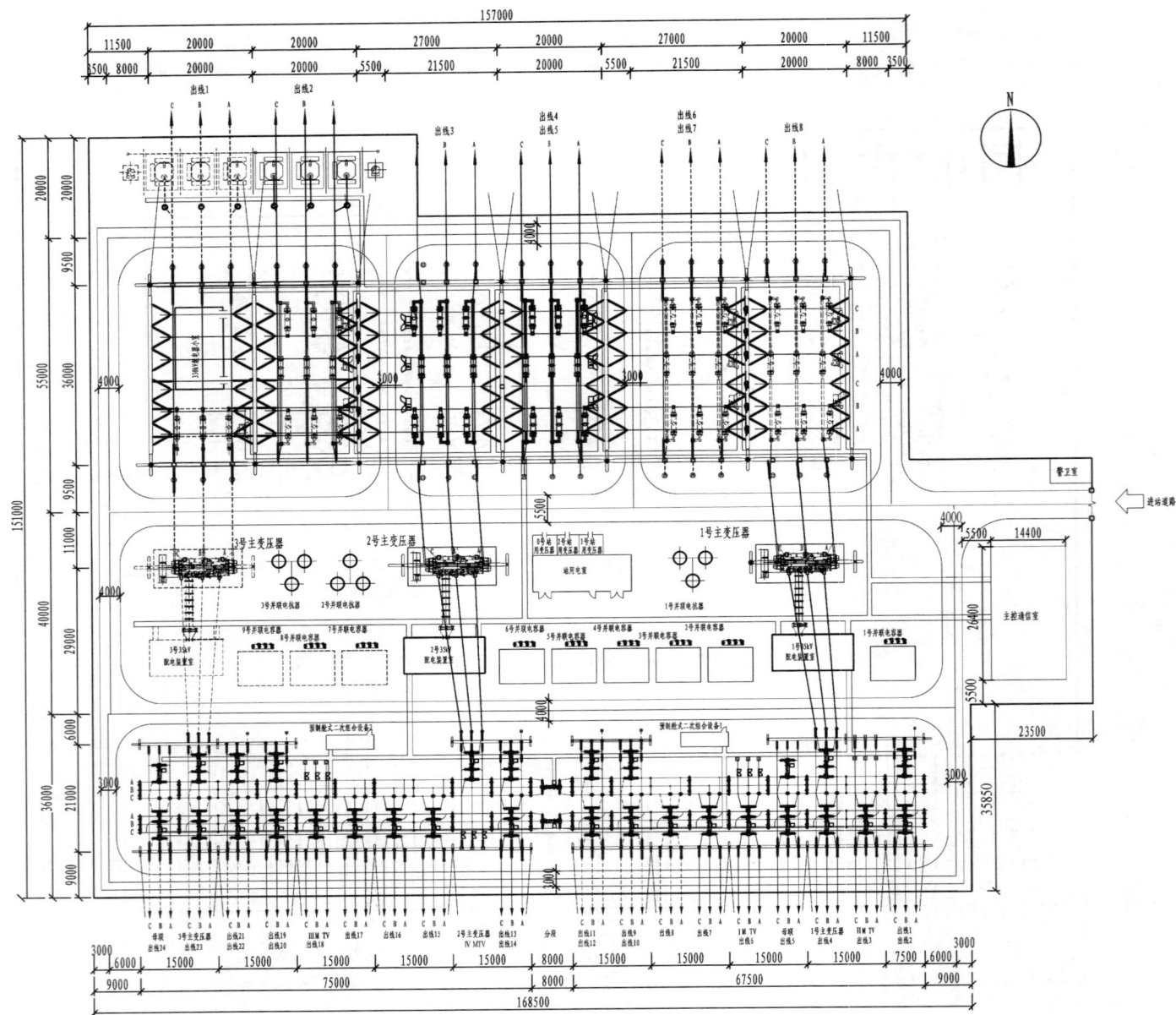

图 40.3-4 电气总平面布置图（C 形 HGIS）（330-B-2-D1-02b）

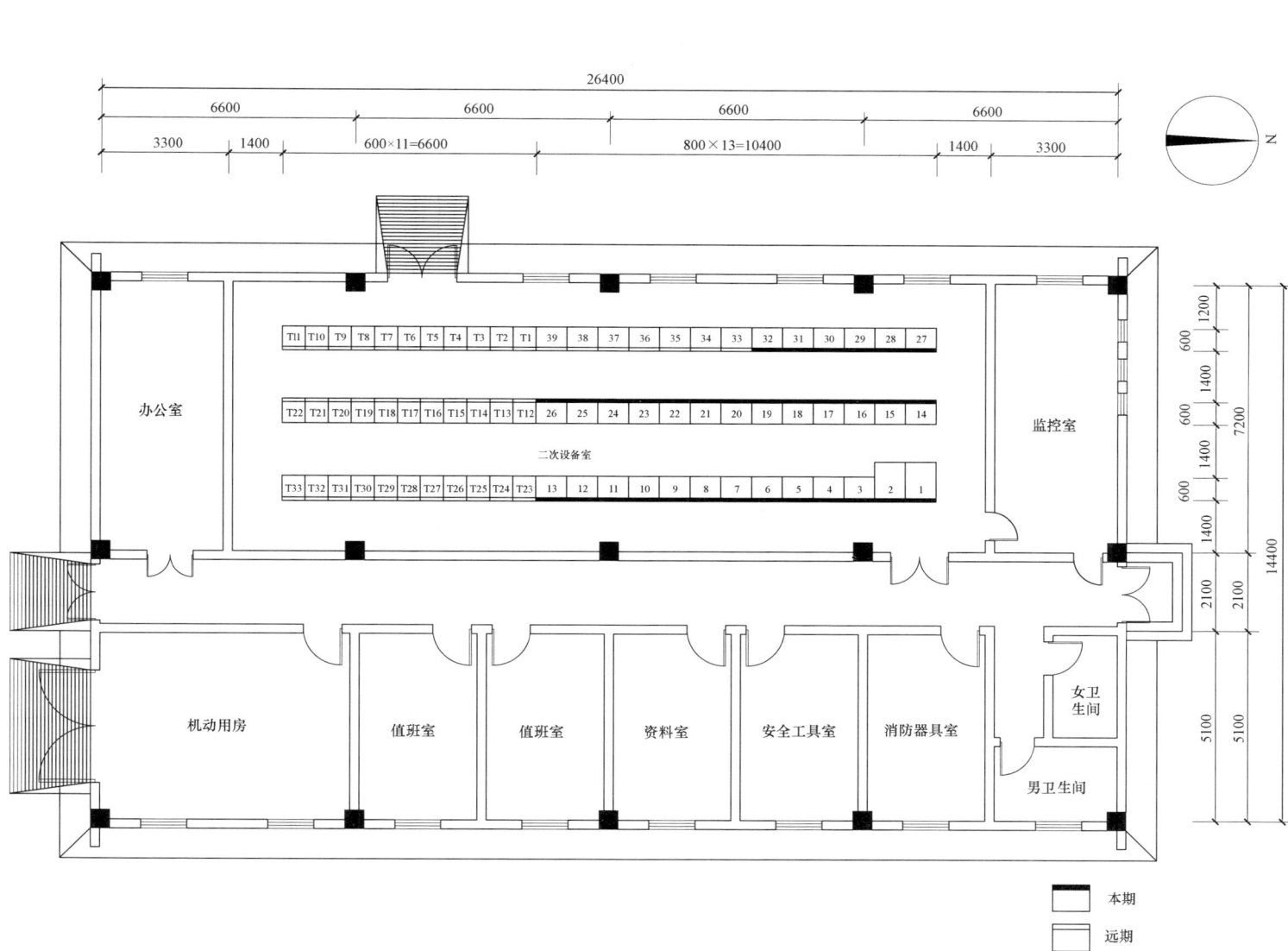

屏位一览表					
屏号	名称	单位	数量		备注
			本期	远期	
1	监控主机柜	面	1		
2	综合应用服务器柜	面	1		
3	Ⅰ区通信网关机柜	面	1		
4	Ⅱ/Ⅲ/Ⅳ区通信网关机柜	面	1		
5	网络分析主机柜	面	1		
6	二次设备室公用测控柜	面	1		
7	同步时钟主机柜	面	1		
8	电能量远方采集终端柜	面	1		
9	相量测量柜	面	1		
10	电力调度数据网柜1	面	1		
11	电力调度数据网柜2	面	1		
12	交流分柜	面	1		
13	直流分柜	面	1		
14	直流分柜	面	1		
15	1号UPS电源柜	面	1		
16	2号UPS电源柜	面	1		
17	智能辅助控制系统柜	面	1		
18	火灾报警主机控制柜	面	1		
19	1号主变压器保护A柜	面	1		
20	1号主变压器保护B柜	面	1		
21	1号主变压器测控柜	面	1		
22	2号主变压器保护A柜	面	1		
23	2号主变压器保护B柜	面	1		
24	2号主变压器测控柜	面	1		
25	1、2号主变压器故障录波柜	面	1		
26	1、2号主变压器消防柜	面	1		
27	3号主变压器保护A柜	面		1	
28	3号主变压器保护B柜	面		1	
29	3号主变压器测控柜	面		1	
30	3号主变压器故障录波柜	面		1	
31	3号主变压器消防柜	面		1	
32~39	备用	面		8	
T1~T33	通信柜	面		33	

图 40.3-5　主控通信室屏位布置图（330-B-2-D2-04）

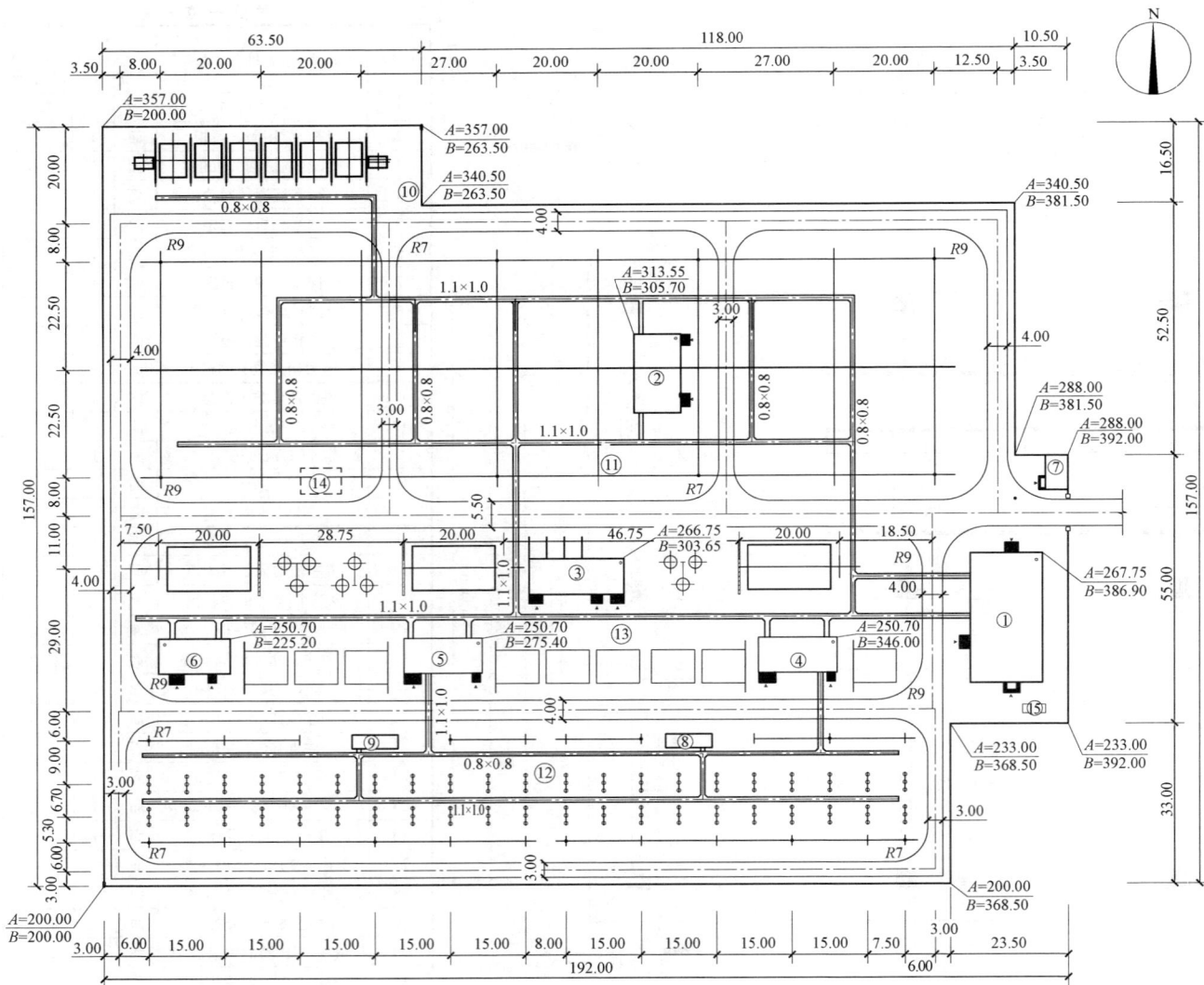

图 40.3-6 总平面布置图（一字形 HGIS）（330-B-2-T-01a）

建（构）筑物一览表

编号	建（构）筑物名称	占地面积（m²）	备注
①	主控通信室	418	
②	330kV 继电器小室	176	
③	站用电室	160	
④	1 号 35kV 配电装置室	134	
⑤	2 号 35kV 配电装置室	134	
⑥	3 号 35kV 配电装置室	122	
⑦	警卫室	40	
⑧	预制舱式二次组合设备 1	26	
⑨	预制舱式二次组合设备 2	26	
⑩	高压并联电抗器场地	1143	
⑪	330kV 配电装置场地	13837	
⑫	110kV 配电装置场地	6066	
⑬	主变压器及 35kV 配电装置场地	6600	
⑭	事故油池	40	
⑮	化粪池	9	

主要技术经济指标表

序号	名称	单位	数量	备注
1	站区围墙内占地面积	hm²	2.6697	
2	站区主电缆沟长度	m	1240	
3	站内道路面积	m²	4467	
4	总建筑面积	m²	1184	钢结构
5	站区围墙长度	m	698	

说明：图中尺寸的计量单位均为 m。

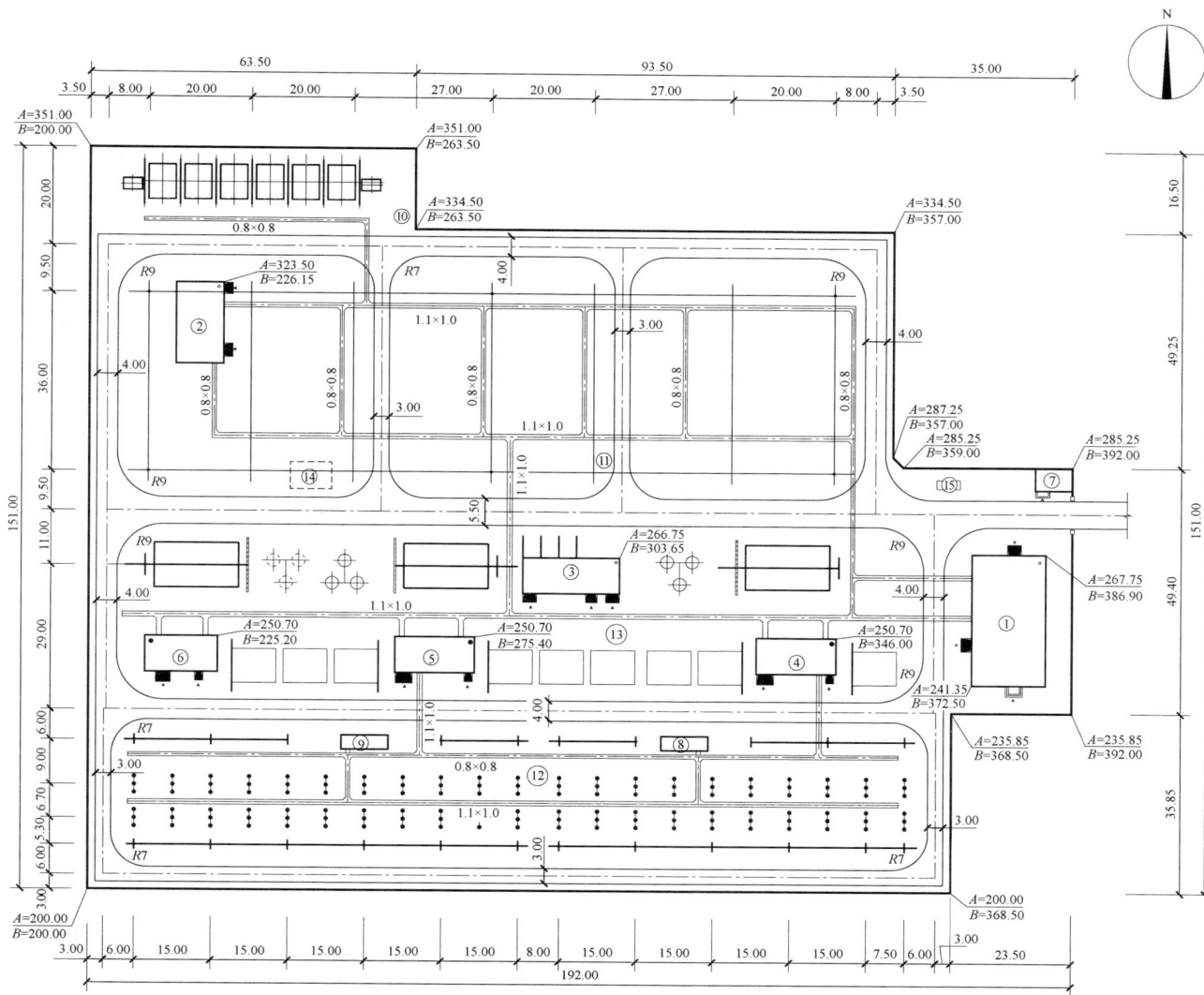

图 40.3-7 总平面布置图（C 形 HGIS）（330-B-2-T-01b）

建（构）筑物一览表

编号	建（构）筑物名称	占地面积（m²）	备注
①	主控通信室	418	
②	330kV 继电器小室	176	
③	站用电室	160	
④	1 号 35kV 配电装置室	134	
⑤	2 号 35kV 配电装置室	134	
⑥	3 号 35kV 配电装置室	122	
⑦	警卫室	40	
⑧	预制舱式二次组合设备 1	26	
⑨	预制舱式二次组合设备 2	26	
⑩	高压并联电抗器场地	1143	
⑪	330kV 配电装置场地	8949	
⑫	110kV 配电装置场地	6066	
⑬	主变压器及 35kV 配电装置场地	6600	
⑭	事故油池	40	
⑮	化粪池	9	

主要技术经济指标表

序号	名称	单位	数量	备注
1	站区围墙内占地面积	hm²	2.4308	
2	站区主电缆沟长度	m	1160	
3	站内道路面积	m²	4305	
4	总建筑面积	m²	1184	钢结构
5	站区围墙长度	m	685	

说明：图中尺寸的计量单位均为 m。

41.1　330-C-1 方案主要技术条件

330-C-1 方案主要技术条件见表 41.1-1。

表 41.1-1　　330-C-1 方案主要技术条件表

序号	项目		技 术 条 件
1	建设规模	主变压器	本期 2 组 240MVA，远期 3 组 240MVA
		出线	330kV：本期 4 回，远期 8 回； 110kV：本期 6 回，远期 16 回
		无功补偿装置	330kV 高压并联电抗器：本期 1 组 90Mvar，远期 2 组，为线路高压并联电抗器，均装设中性点电抗器； 35kV 并联电抗器：本期 2 组 30Mvar，远期 3 组 30Mvar； 35kV 并联电容器：本期 6 组 20Mvar，远期 9 组 20Mvar
2	站址基本条件		海拔≤1000m，设计基本地震加速度 0.10g，设计风速≤30m/s，地基承载力特征值 f_{ak}=150kPa，无地下水影响，场地同一设计标高
3	电气主接线		330kV 一个半断路器接线（3TA、6TA），本期 3 个完整串，远期 5 个完整串，1 组主变压器经断路器直接接入母线，高压并联电抗器回路不设置隔离开关； 110kV 本期采用双母线接线，远期采用双母线双分段接线； 35kV 单母线单元接线，设总回路断路器
4	主要设备选型		330、110、35kV 短路电流控制水平分别为 50、40、31.5kA； 主变压器采用三相、自耦、有载调压；高压并联电抗器采用单相、油浸、自冷式；330kV 采用户外柱式断路器；110kV 采用户外柱式断路器；35kV 采用户外柱式断路器；35kV 并联电容器采用框架式、35kV 并联电抗器采用干式空芯
5	电气总平面及配电装置		330、110kV 及主变压器场地平行布置； 330kV 户外悬吊管型母线中型布置、柱式断路器三列布置，主变压器构架与 330kV 母线垂直布置，间隔宽度 20m（高跨间隔 21m、环道间隔宽度 27m）； 110kV 户外支持管型母线中型布置、柱式断路器双列布置，间隔宽度 8m； 35kV 户外软母线中型布置，柱式断路器双列布置

续表

序号	项目	技 术 条 件
6	二次系统	变电站自动化系统按照一体化监控设计； 330kV 及主变压器各侧采用常规互感器模拟量采样，110kV 采用常规互感器+合并单元智能终端集成装置采样，35kV 采用常规互感器模拟量采样； 330kV 及主变压器仅 GOOSE 组网，110kV GOOSE 与 SV 共网，35kV 不设置过程层网络，保护直采直跳； 330kV 及主变压器保护、测控装置独立配置，110、35kV 采用保护测控一体化装置； 采用站内一体化电源系统，通信电源独立配置； 330kV 设置 1 个继电器小室，110kV 设置 1 个 III 型预制舱式二次组合设备，主变压器及 35kV 二次设备布置于二次设备室
7	土建部分	围墙内占地面积 3.5335hm²（3TA）、3.8456hm²（6TA）； 全站总建筑面积 843m²，其中主控通信室建筑面积 556m²； 建筑物结构型式为钢结构或钢筋混凝土结构； 主变压器消防采用排油充氮系统

41.2　330-C-1 方案基本模块划分

330-C-1 方案主要包括 330kV 配电装置模块，110kV 配电装置模块，主变压器、35kV 无功配电装置模块，主控通信室模块，继电器小室模块，预制舱式二次组合设备模块 6 个基本模块，模块内容见表 41.2-1。

表 41.2-1　　330-C-1 方案基本模块划分表

序号	基本模块编号	基本模块名称	基本模块描述
1	330-C-1-330	330kV 配电装置模块	330kV 本期 4 回出线、2 回主变压器进线，远期 8 回出线、3 回主变压器进线；高压并联电抗器本期 1 组 90Mvar，远期 2 组；330kV 采用一个半断路器接线，本期 3 个完整串，远期 5 个完整串，1 组主变压器经断路器直接接入母线。330kV 户外悬吊管型母线中型布置，1 组主变压器高跨横穿进串，1 组主变压器构架横穿进串，1 组主变压器低架直接接入母线。330kV 母线和串中跨线按远期规模一次建设

序号	基本模块编号	基本模块名称	基本模块描述
2	330-C-1-110	110kV 配电装置模块	110kV 本期 6 回出线、2 回主变压器进线，远期 16 回出线、3 回主变压器进线；110kV 本期采用双母线接线，远期采用双母线双分段接线。110kV 户外支持管型母线中型布置、柱式断路器双列布置
3	330-C-1-35	主变压器、35kV 无功配电装置模块	主变压器本期 2 组 240MVA，远期 3 组 240MVA，采用 330kV/110kV/35kV 三相、自耦、有载调压变压器。本期及远期每组主变压器 35kV 侧分别设置 1 组 30Mvar 并联电抗器和 3 组 20Mvar 并联电容器；全站设置 3 台 35kV、630kVA 站用变压器。35kV 单母线单元接线，设总回路断路器。35kV 户外软母线中型布置、柱式断路器双列布置。无功补偿设备平行于主变压器排列方向双列布置
4	330-C-1-ZKL	主控通信室模块	主控通信室为单层建筑，建筑面积为 556m²，建筑体积为 2057m³。结构型式采用钢结构或钢筋混凝土结构

序号	基本模块编号	基本模块名称	基本模块描述
5	330-C-1-JDQ	继电器小室模块	继电器小室为单层建筑，其中 330kV 继电器小室建筑面积为 168m²，建筑体积为 622m³；站用电室建筑面积为 79m²，建筑体积为 292m³；结构型式采用钢结构或钢筋混凝土结构
6	330-C-1-YZC	预制舱式二次组合设备模块	采用预制舱式二次组合设备，全站设置 1 个 Ⅲ 型预制舱式二次组合设备，舱内二次设备双列布置

41.3 330-C-1 方案主要设计图纸

330-C-1 方案主要设计图纸详见图 41.3-1～图 41.3-7。

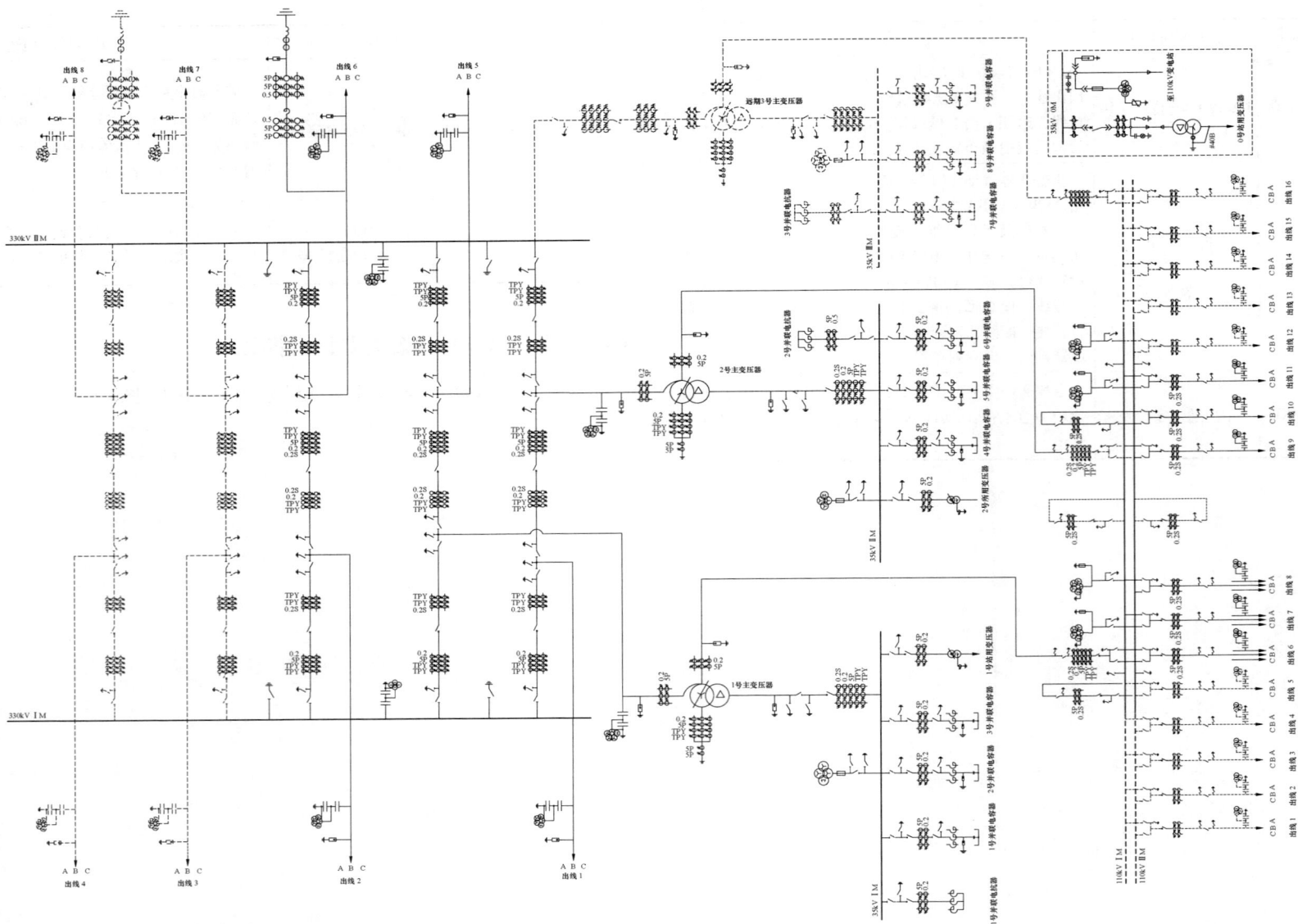

图 41.3-1 电气主接线图（6TA）（330-C-1-D1-01a）

说明：1. 本图中实线表示本期应安装的设备，虚线表示预留的设备。

2. 本方案最终建设规模为 3 台主变压器；330kV 为一台半断路器接线，母线选用管型母线，采用瓷柱式断路器，110kV 远期为双母线双分段接线，本期为双母线接线；母线采用支持式管型母线，断路器双列式布置。35kV 采用以主变压器为单元的单母线接线，采用屋外敞开式布置方案。

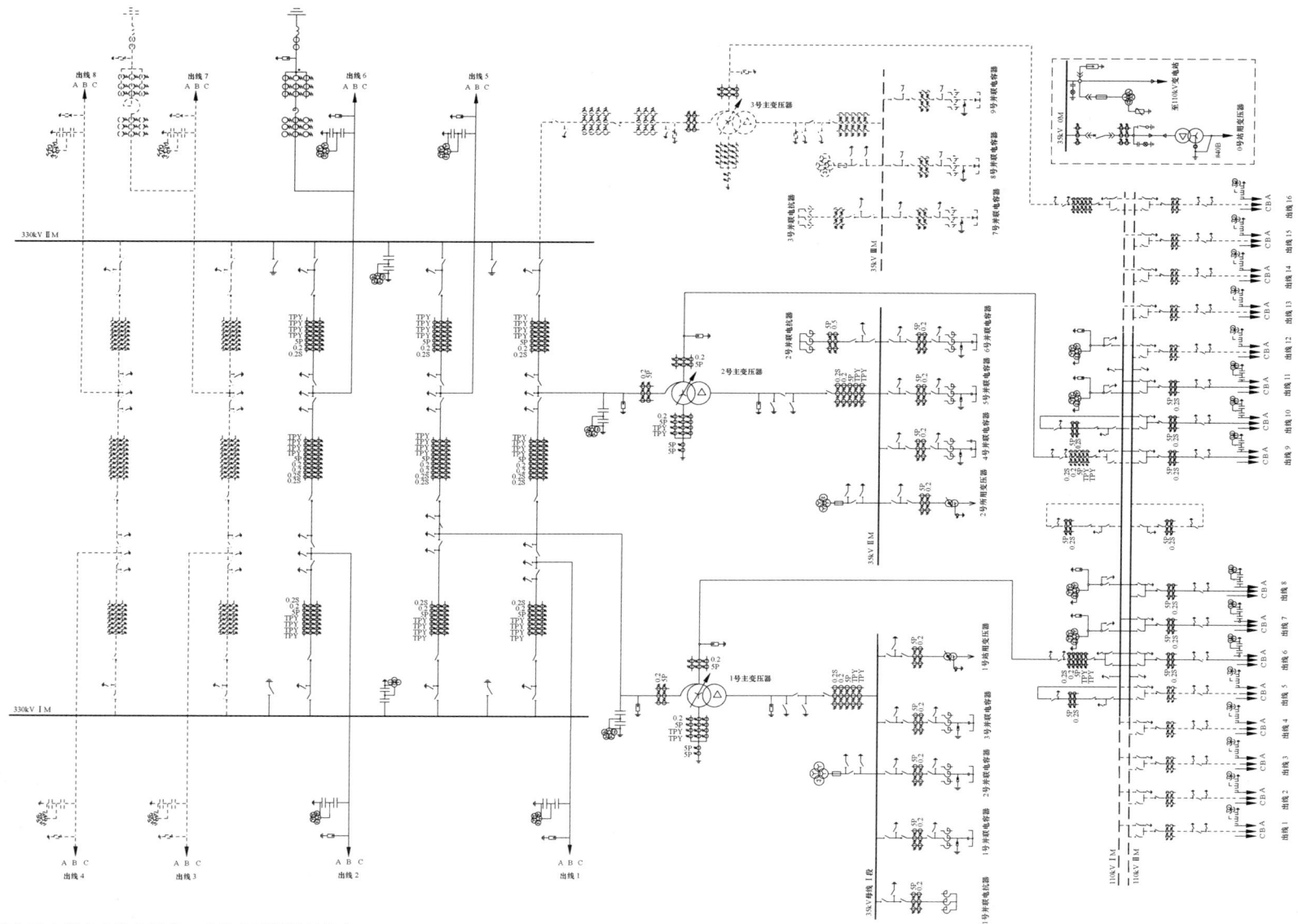

说明：1. 本图中实线表示本期应安装的设备，虚线表示预留的设备。

2. 本方案最终建设规模为 3 台主变压器；330kV 为一台半断路器接线，母线选用管型母线，采用瓷柱式断路器，110kV 远景为双母线双分段接线，本期为双母线接线；母线采用支持式管型母线，断路器双列式布置。35kV 采用以主变压器为单元的单母线接线，采用屋外敞开式布置方案。

图 41.3-2 电气主接线图（3TA）（330-C-1-D1-01b）

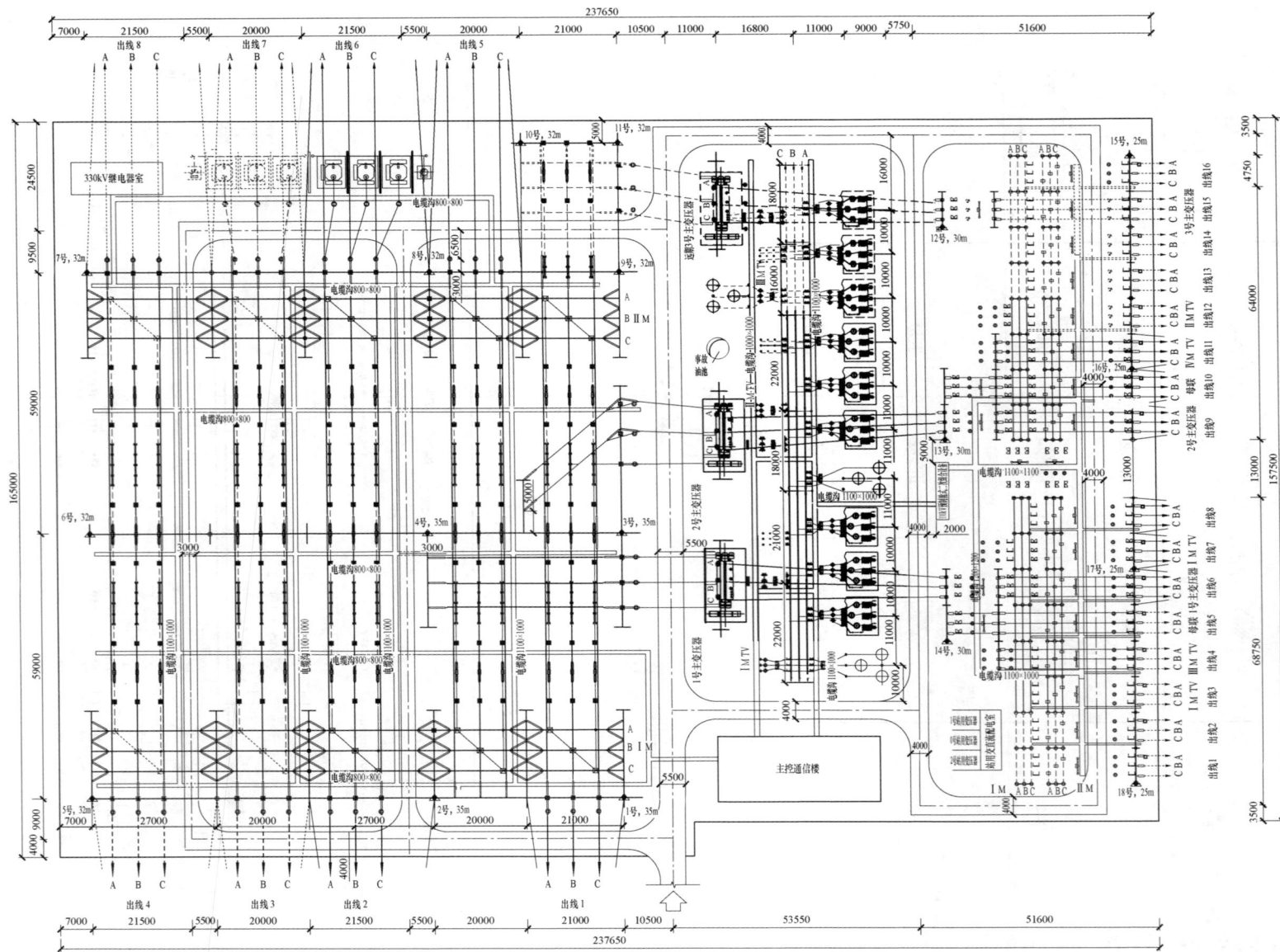

说明：本图中实线表示本期应安装的设备，虚线表示预留的设备。

图 41.3-3　电气总平面布置图（6TA）（330-C-1-D1-02a）

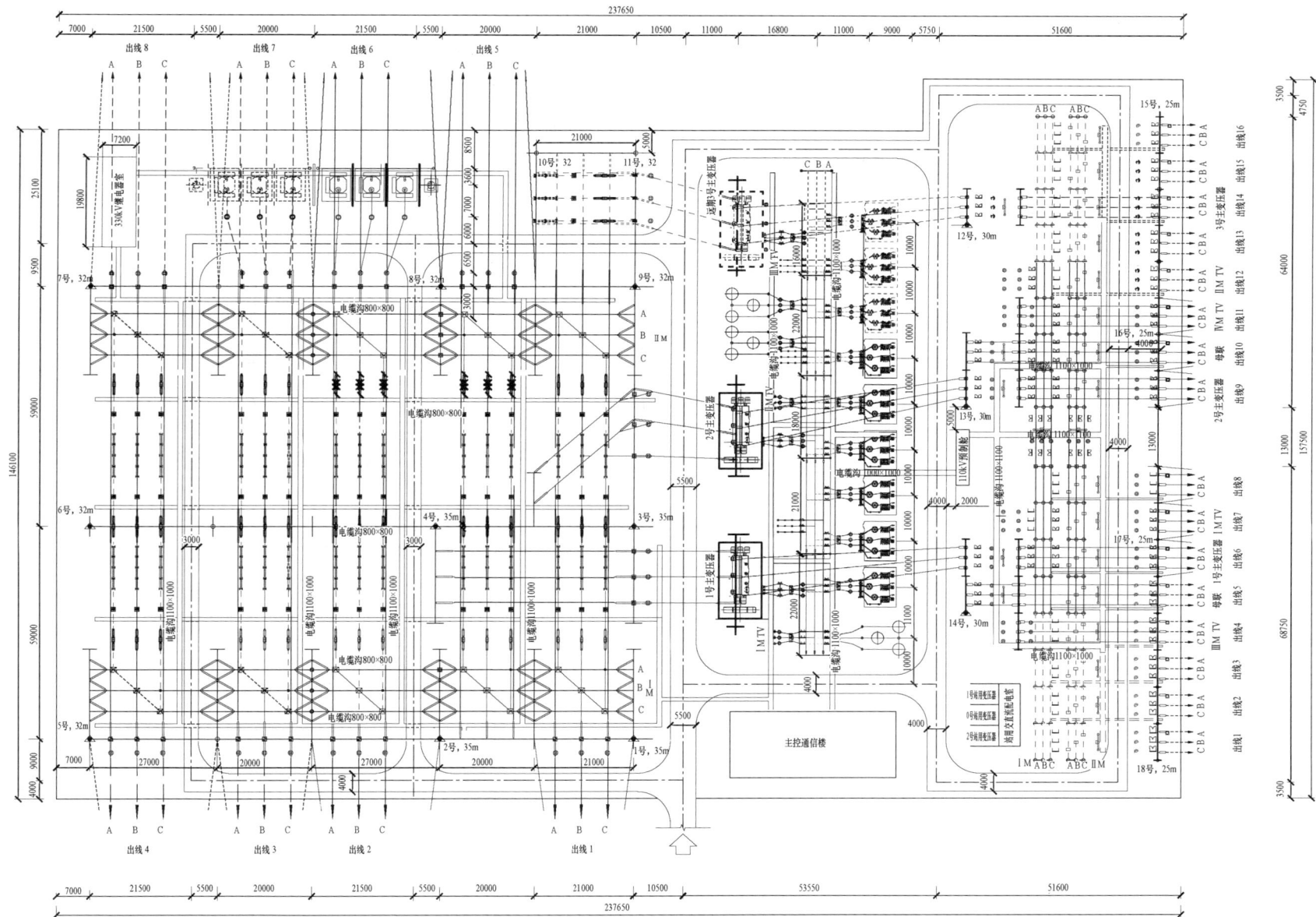

说明：本图中实线表示本期应安装的设备，虚线表示预留的设备。

图 41.3-4　电气总平面布置图（3TA）（330-C-1-D1-02b）

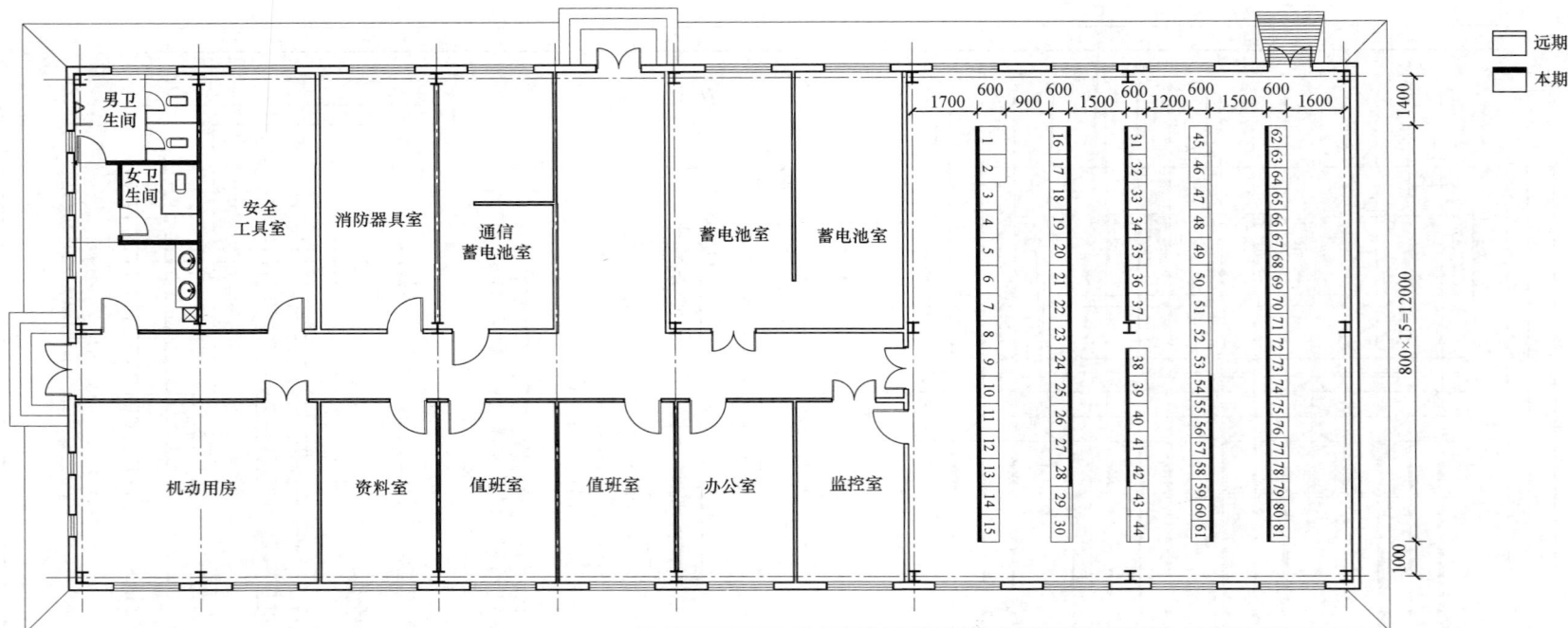

二次设备室屏位一览表

屏号	名称	单位	本期	远期	备注	屏号	名称	单位	本期	远期	备注	屏号	名称	单位	本期	远期	备注
1	主机兼操作员站主机柜	面	1			16	Ⅰ段直流馈线屏	面	1			33~34	1号主变压器保护柜	面	2		
2	综合应用服务器柜	面	1			17	1号充电屏	面	1			35	1号主变压器测控柜	面	1		
3	调度数据网设备柜1	面	1			18	1号联络屏	面	1			36	35kVⅠM并联补偿装置保护测控柜	面	1		
4	调度数据网设备柜2	面	1			19	备用充电屏	面	1			37~38	2号主变压器保护柜	面	2		
5	Ⅰ区通信网关机柜	面	1			20	2号联络屏	面	1			39	2号主变压器测控柜	面	1		
6	Ⅱ、Ⅲ/Ⅳ区通信网关机柜	面	1			21	2号充电屏	面	1			40	35kVⅡM并联补偿装置保护测控柜	面	1		
7	网络报文分析系统柜	面	1			22	Ⅱ段直流馈线屏	面	1			41	主变压器故障录波柜	面	1		
8	站控层公用测控柜	面	1			23	事故照明屏	面	1			42~43	主变压器电度表柜	面	1	1	
9	智能辅助控制系统柜1	面	1			24~25	UPS电源柜	面	2			44~45	3号主变压器保护柜	面		1	
10	智能辅助控制系统柜2	面	1			26	UPS馈线柜	面	1			46	3号主变压器测控柜	面		1	
11	同步时钟系统主时钟柜	面	1			27~28	直流分电屏	面	2			47	35kVⅢM并联补偿装置保护测控柜	面		1	
12	主变压器时钟同步扩展柜	面	1			29~30	备用	面		2		48	主变压器故障录波柜（备用）	面		1	
13	主变压器消防控制柜	面	1			31	35kV母线及公用测控柜	面	1			49~53	备用	面		5	
14	同步相量测量主机柜	面	1			32	站用变压器保护测控柜	面	1			54~81	通信屏	面	28		
15	同步相量测量采集柜	面	1														

图 41.3-5　二次设备室屏位布置图（330-C-1-D2-05）

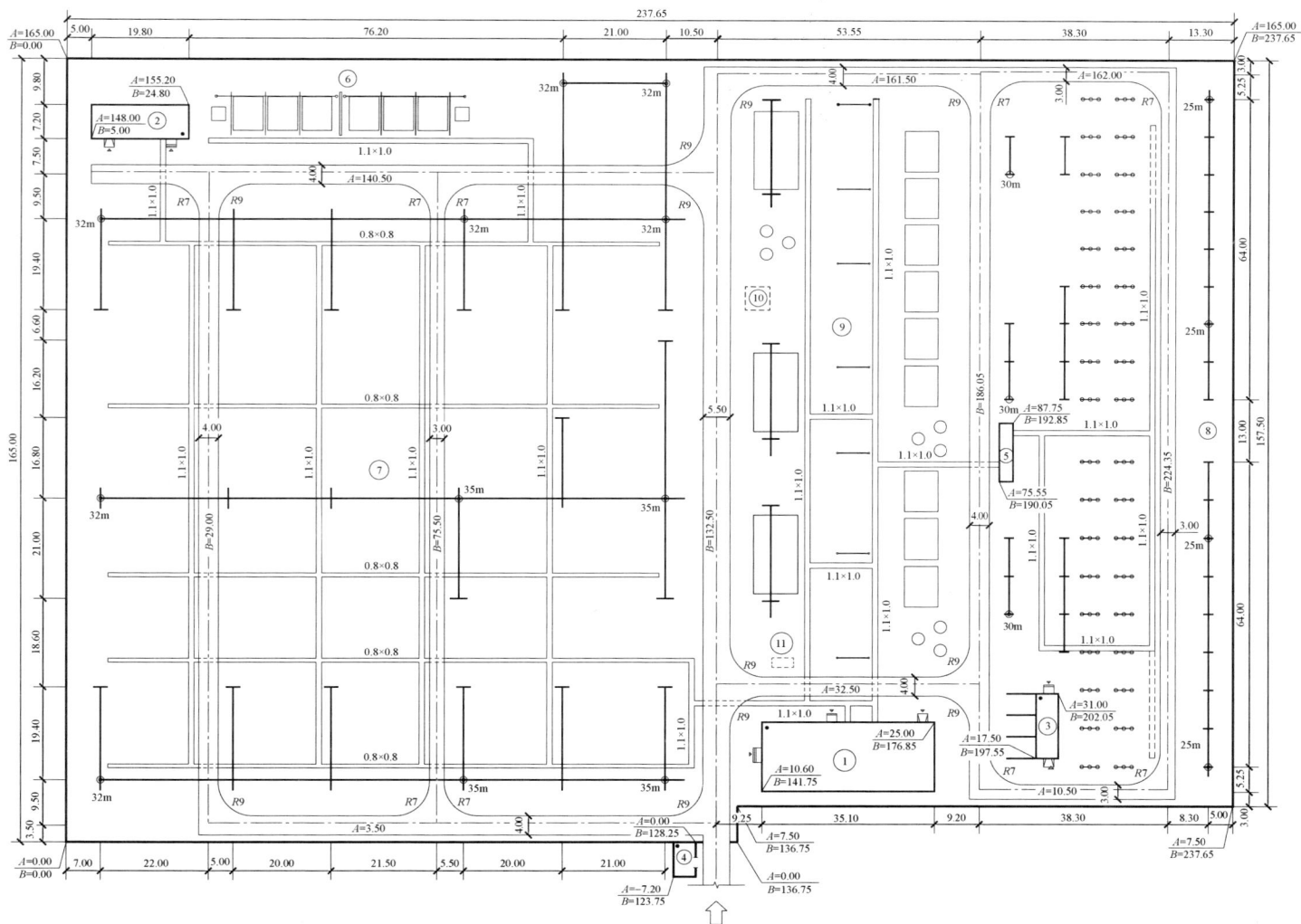

建（构）筑物一览表

编号	建（构）筑物名称	占地面积（m²)	备注
①	主控通信室	556	
②	330kV 继电器小室	168	
③	站用电室	79	
④	警卫室	40	
⑤	预制舱式二次组合设备 1	35	
⑥	高压并联电抗器场地	2273	
⑦	330kV 配电装置场地	17605	
⑧	110kV 配电装置场地	7766	
⑨	主变压器及 35kV 配电装置场地	6908	
⑩	事故油池	31	
⑪	化粪池	4	

主要技术经济指标表

序号	项目名称	单位	数量	备注
1	站区围墙内占地面积	hm²	3.8489	
2	站内电缆沟长度	m	1787	
3	站内道路面积	m²	4787	
4	总建筑面积	m²	843	钢结构
5	围墙长度	m	805	

说明：图中尺寸的计量单位均为 m。

图 41.3-6　总平面布置图（6TA）（330-C-1-T-01a）

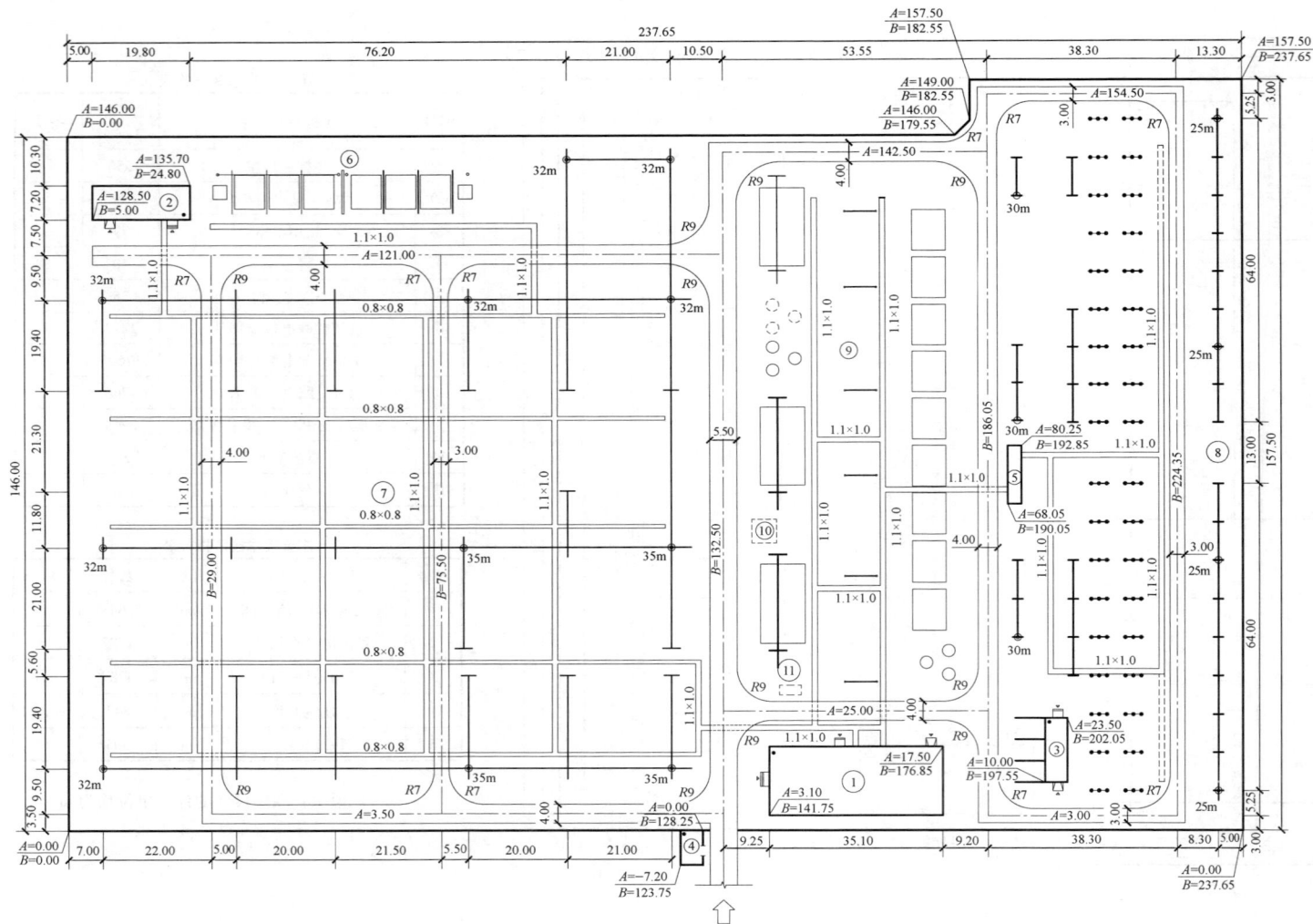

建（构）筑物一览表

编号	建（构）筑物名称	占地面积（m²）	备注
①	主控通信室	556	
②	330kV 继电器小室	168	
③	站用电室	79	
④	警卫室	40	
⑤	预制舱式二次组合设备1	35	
⑥	高压并联电抗器场地	2273	
⑦	330kV 配电装置场地	14684	
⑧	110kV 配电装置场地	7766	
⑨	主变压器及35kV配电装置场地	5837	
⑩	事故油池	31	
⑪	化粪池	4	

主要技术经济指标表

序号	名称	单位	数量	备注
1	站区围墙内占地面积	hm²	3.5368	
2	站内电缆沟长度	m	1635	
3	站内道路面积	m²	4487	
4	总建筑面积	m²	843	钢结构
5	围墙长度	m	789	

说明：图中尺寸的计量单位均为 m。

图 41.3-7　总平面布置图（3TA）（330-C-1-T-01b）

第42章 330-D-1方案

42.1 330-D-1方案主要技术条件

330-D-1方案主要技术条件见表42.1-1。

表42.1-1   **330-D-1方案主要技术条件表**

序号	项目		技术条件
1	建设规模	主变压器	本期2组240MVA,远期3组240MVA
		出线	330kV:本期4回,远期8回; 110kV:本期6回,远期16回
		无功补偿装置	330kV高压并联电抗器:本期1组90Mvar,远期2组,为线路高压并联电抗器,均装设中性点电抗器; 35kV并联电抗器:本期2组30Mvar,远期3组30Mvar; 35kV并联电容器:本期6组20Mvar,远期9组20Mvar
2	站址基本条件		海拔≤1000m,设计基本地震加速度0.10g,设计风速≤30m/s,地基承载力特征值f_{ak}=150kPa,无地下水影响,场地同一设计标高
3	电气主接线		330kV一个半断路器接线,本期3个完整串,远期5个完整串,1组主变压器经断路器直接接入母线,高压并联电抗器回路不设置隔离开关; 110kV本期双母线接线,远期双母线单分段接线; 35kV采用单母线单元接线,装设总断路器
4	主要设备选型		330、110、35kV短路电流控制水平分别为50、40、31.5kA; 主变压器采用三相、自耦、有载调压;高压并联电抗器采用单相、自冷式;330kV采用户外AIS设备;110kV采用户外AIS设备;35kV采用开关柜;35kV并联电容器采用框架式、35kV并联电抗器采用干式空芯
5	电气总平面及配电装置		330、110kV及主变压器场地平行布置; 330kV户外软母线中型、罐式断路器三列布置,主变压器构架与330kV母线垂直布置,间隔宽度20m(检修环道间隔宽度27m); 110kV采用户外软母线半高型、断路器单列式布置。每回出线用一跨构架,间隔宽度8m; 35kV户内开关柜布置,单列布置

续表

序号	项目	技术条件
6	二次系统	变电站自动化系统按照一体化监控设计; 330kV及主变压器各侧采用常规互感器模拟量采样,110kV采用常规互感器+合并单元,35kV不配置合并单元智能终端; 330kV及主变压器仅GOOSE组网,110kV GOOSE与SV共网,保护直采直跳; 330kV及主变压器保护、测控装置独立配置,110、35kV采用保护测控一体化装置; 采用站内一体化电源系统,通信电源共用一体化电源系统蓄电池; 330kV设置1个继电器小室;110kV设置1个Ⅲ型预制舱式二次组合设备;主变压器二次设备布置在二次设备室
7	土建部分	围墙内占地面积3.5349hm²; 全站总建筑面积1173m²,其中主控通信室建筑面积418m²; 建筑物结构型式为钢结构或钢筋混凝土框架结构; 主变压器消防采用排油充氮系统

42.2 330-D-1方案基本模块划分

330-D-1方案主要包括330kV配电装置模块,110kV配电装置模块,主变压器、35kV无功配电装置模块,主控通信室模块,继电器小室模块,预制舱式二次组合设备模块6个基本模块,模块内容见表42.2-1。

表42.2-1   **330-D-1方案基本模块划分表**

序号	基本模块编号	基本模块名称	基本模块描述
1	330-D-1-330	330kV配电装置模块	330kV本期4回出线、2回主变压器进线,远期8回出线、3回主变压器进线;高压并联电抗器本期1组90Mvar,远期2组;330kV采用一个半断路器接线,本期3个完整串,远期5个完整串,1组主变压器经断路器直接接入母线。330kV户外软母线中型、罐式断路器三列布置,1组主变压器横向高跨进串,1组主变压器斜拉低钻进串,1组主变压器直接接母线。330kV母线和串中跨线按远期规模一次建设

序号	基本模块编号	基本模块名称	基本模块描述
2	330-D-1-110	110kV 配电装置模块	110kV 本期 6 回出线、2 回主变压器进线，远期 16 回出线、3 回主变压器进线；110kV 本期采用双母线接线，远期双母线单分段接线。110kV 户外软母线中型、断路器单列布置
3	330-D-1-35	主变压器、35kV 无功配电装置模块	主变压器本期 2 组 240MVA，远期 3 组 240MVA，采用 330kV/110kV/35kV 三相、自耦、有载调压变压器。本期及远期每组主变压器 35kV 侧分别设置 1 组 30Mvar 并联电抗器和 3 组 20Mvar 并联电容器；全站设置 3 台 35kV、800kVA 站用变压器。35kV 单母线单元接线，设总回路断路器。35kV 采用户内铠装手车式开关柜，单列布置。无功补偿设备平行于主变压器排列方向一列布置

序号	基本模块编号	基本模块名称	基本模块描述
4	330-D-1-ZKL	主控通信室模块	主控通信室为单层建筑，建筑面积为 418m^2，建筑体积为 1735m^3。结构型式采用钢结构或钢筋混凝土结构
5	330-D-1-JDQ	继电器小室模块	继电器小室为单层建筑，其中 330kV 继电器小室建筑面积为 176m^2，建筑体积为 783m^3；结构型式采用钢结构或钢筋混凝土结构
6	330-D-1-YZC	预制舱式二次组合设备模块	采用预制舱式二次组合设备，全站设置 1 个 Ⅲ 型预制舱式二次组合设备，舱内二次设备双列布置

42.3　330-D-1 方案主要设计图纸

330-D-1 方案主要设计图纸详见图 42.3-1～图 42.3-4。

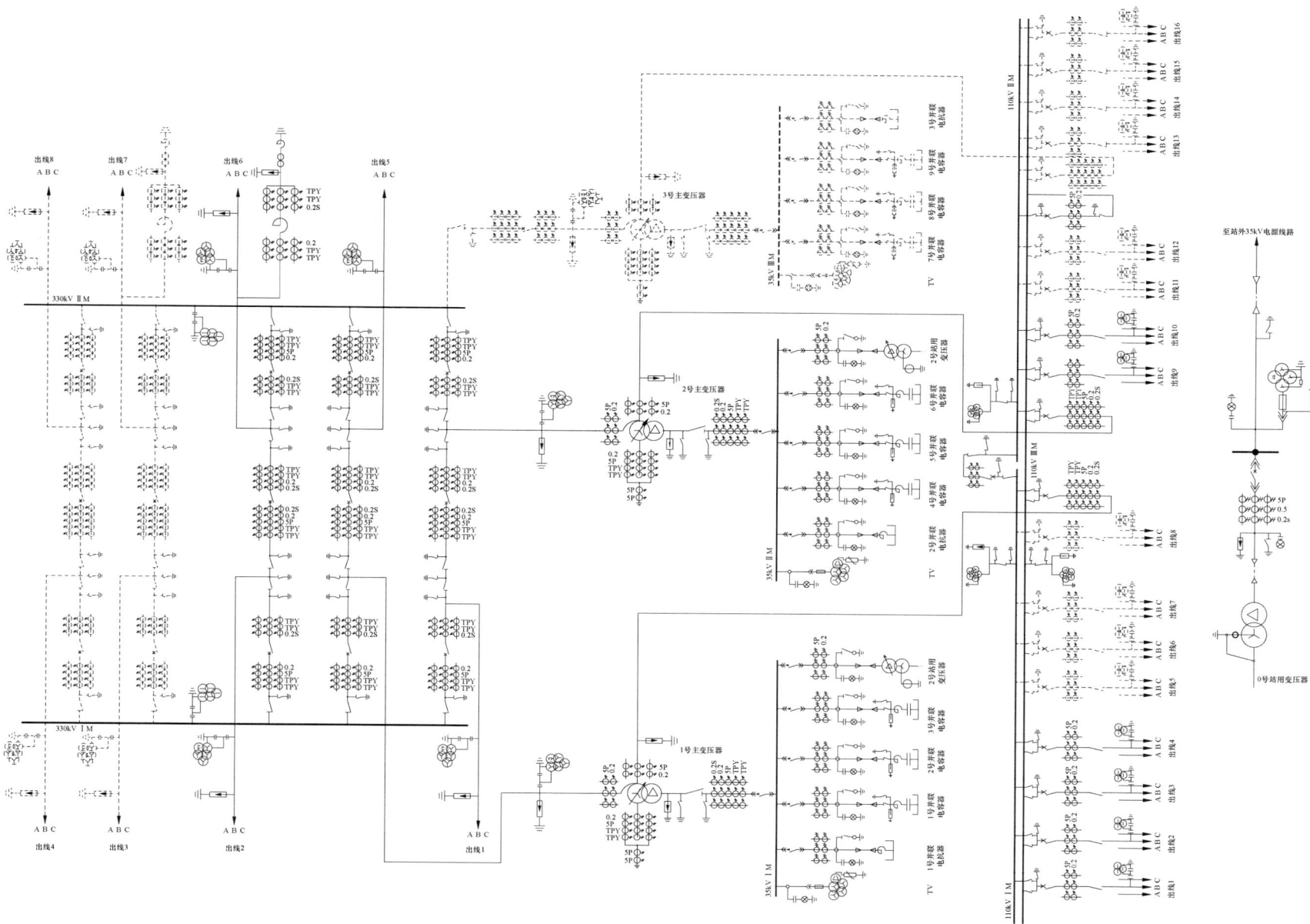

说明：实线部分表示本期工程，虚线部分表示远期工程。

图 42.3-1 电气主接线图（330-D-1-D1-01）

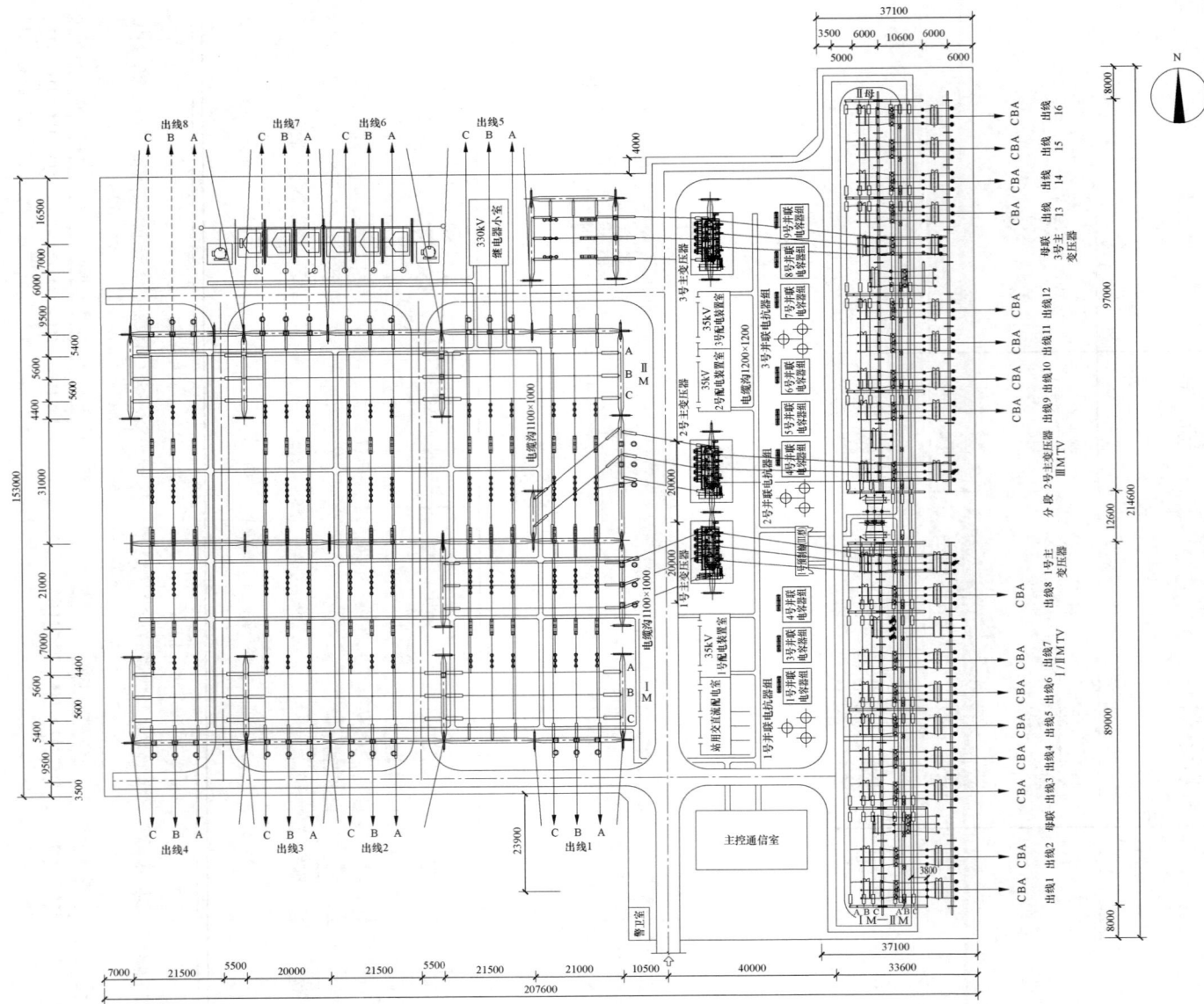

图 42.3-2 电气总平面布置图（330-D-1-D-02）

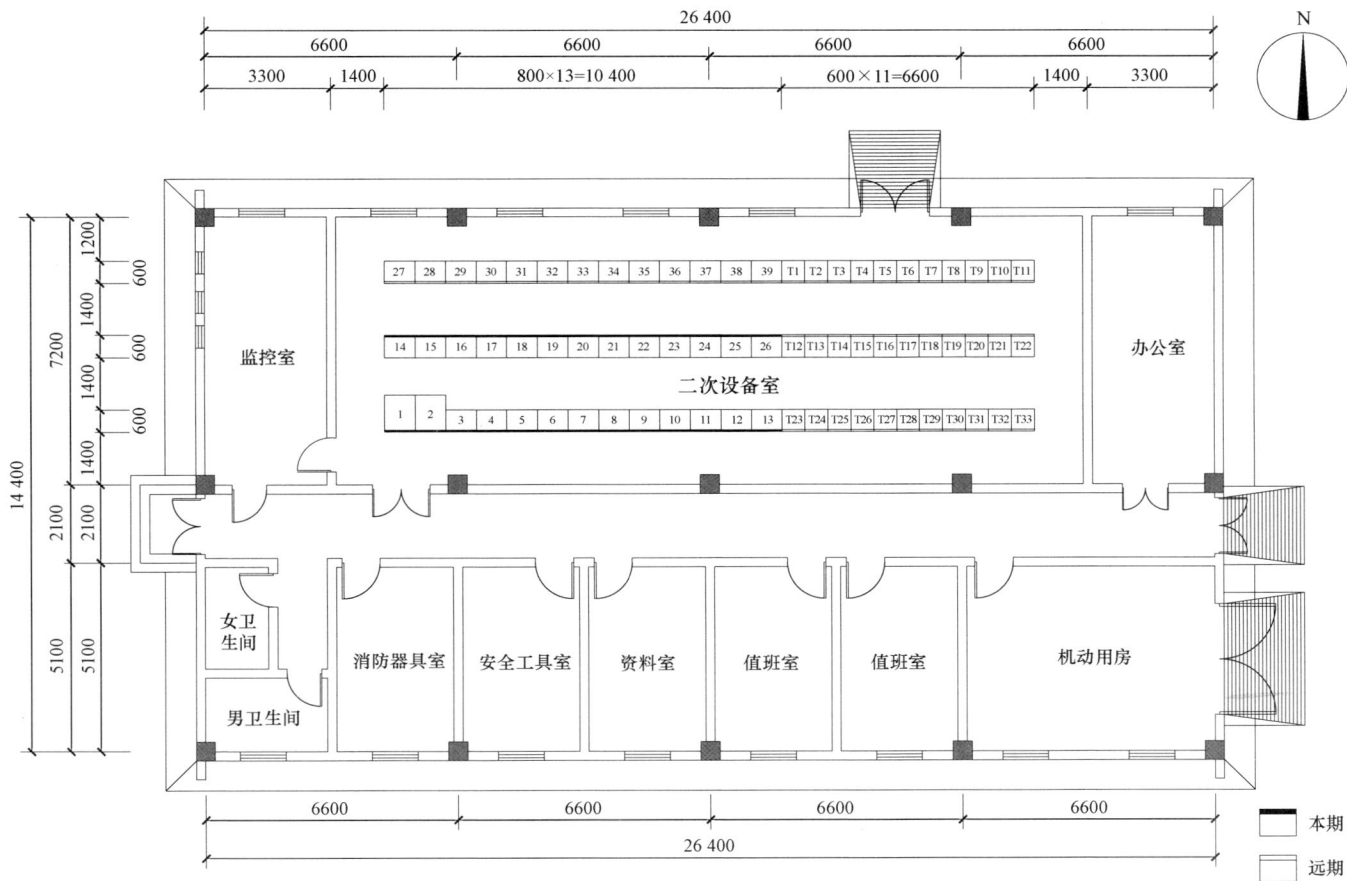

图 42.3-3　主控通信室屏位布置图（330-D-1-D2-04）

屏 位 一 览 表

屏号	名称	单位	数量 本期	数量 远期	备注
1	监控主机柜	面	1		
2	综合应用服务器柜	面	1		
3	Ⅰ区通信网关机柜	面	1		
4	Ⅱ/Ⅲ/Ⅳ区通信网关机柜	面	1		
5	网络分析主机柜	面	1		
6	二次设备室公用测控柜	面	1		
7	同步时钟主机柜	面	1		
8	电能量远方采集终端柜	面	1		
9	相量测量柜	面	1		
10	电力调度数据网柜1	面	1		
11	电力调度数据网柜2	面	1		
12	交流分柜	面	1		
13	直流分柜	面	1		
14	直流分柜	面	1		
15	1号UPS电源柜	面	1		
16	2号UPS电源柜	面	1		
17	智能辅助控制系统柜	面	1		
18	火灾报警主机控制柜	面	1		
19	1号主变压器保护A柜	面	1		
20	1号主变压器保护B柜	面	1		
21	1号主变压器测控柜	面	1		
22	2号主变压器保护A柜	面	1		
23	2号主变压器保护B柜	面	1		
24	2号主变压器测控柜	面	1		
25	1、2号主变压器故障录波柜	面	1		
26	1、2号主变压器消防柜	面	1		
27	3号主变压器保护A柜	面		1	
28	3号主变压器保护B柜	面		1	
29	3号主变压器测控柜	面		1	
30	3号主变压器故障录波柜	面		1	
31	3号主变压器消防柜	面		1	
32~39	备用	面		8	
T1~T33	通信柜	面		33	

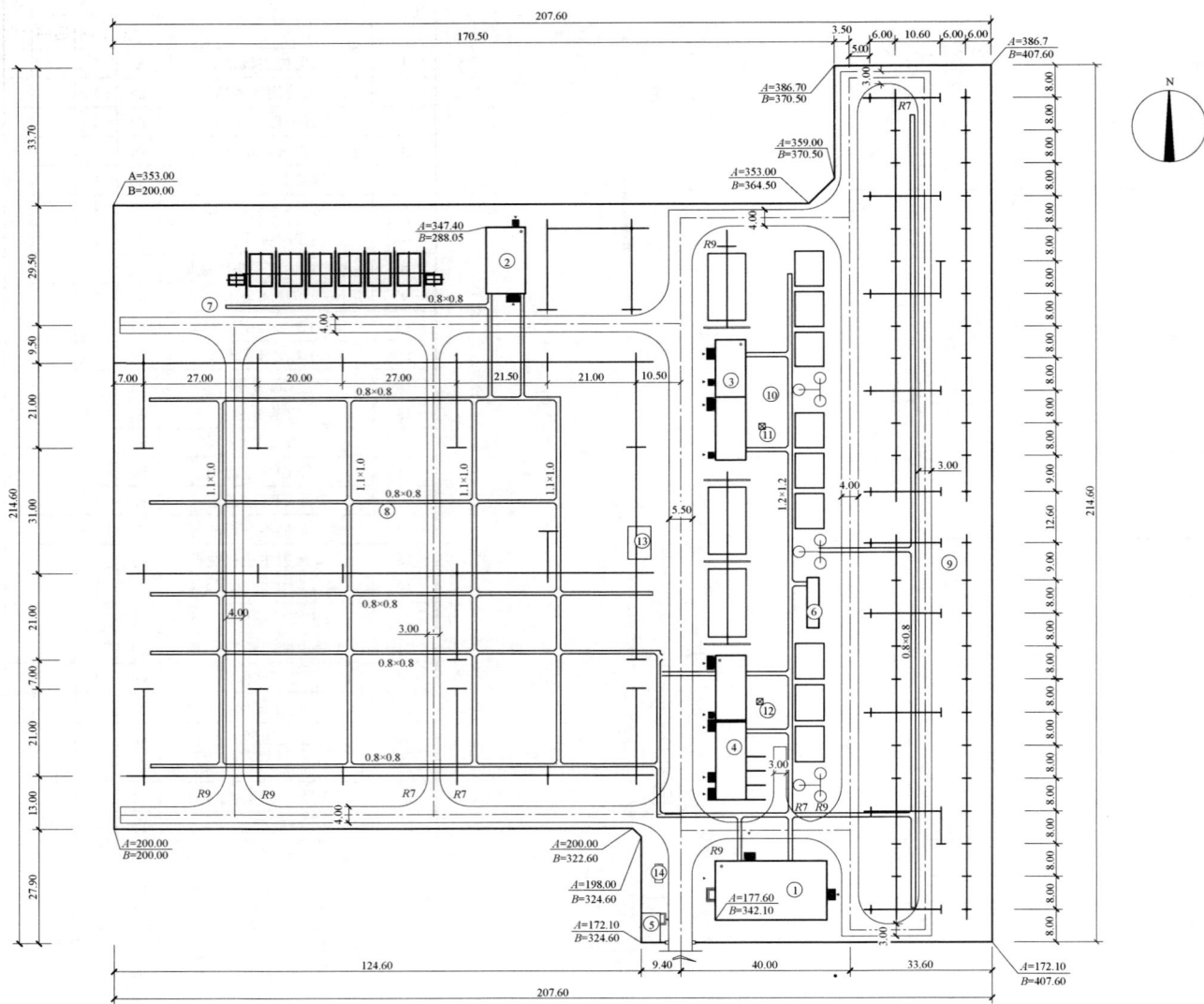

图 42.3-4　总平面布置图 (330-D-1-T-01)

建（构）筑物一览表

编号	建（构）筑物名称	占地面积（m²）	备注
①	主控通信室	418	
②	300kV 继电器小室	176	
③	35kV 配电装置室	249	
④	35kV 配电装置室及站用电室	290	
⑤	警卫室	40	
⑥	预制舱式二次组合设备	34	
⑦	高压并联电抗器场地	3932	
⑧	330kV 配电装置场地	16549	
⑨	110kV 配电装置场地	7340	
⑩	主变压器及 35kV 配电装置场地	6704	
⑪	1 号独立避雷针	18	
⑫	2 号独立避雷针	18	
⑬	事故油池	40	
⑭	化粪池	9	

主要技术经济指标表

序号	名称	单位	数量	备注
1	站区围墙内占地面积	hm²	3.5349	
2	站区电缆沟长度	m	1550	
3	站内道路面积	m²	5101	
4	总建筑面积	m²	1173	
5	站区围墙长度	m	840	

说明：图中尺寸的计量单位均为 m。

国家电网公司
STATE GRID
CORPORATION OF CHINA

330～750kV 变电站通用设计方案说明及图纸（见光盘）

附录 A　编写人员名单

750kV 变电站通用设计

通用设计方案编号　750-A1-1
设 计 单 位　中国电力工程顾问集团西北电力设计院有限公司
审　　　核　李志刚
设计总工程师　康　鹏
校　　　核　马侠宁　许玉香　顾　群
编　　　写　周春雨　郭良斌　张　红　卢　洁　陈　乐　杨　旭　汪　伟
　　　　　　刘庆欣

通用设计方案编号　750-A1-2
设 计 单 位　中国电力工程顾问集团西北电力设计院有限公司
审　　　核　李志刚
设计总工程师　康　鹏
校　　　核　马侠宁　许玉香　顾　群
编　　　写　刘　菲　杨　刚　张　红　卢　洁　陈　乐　张　超　张　瑞
　　　　　　谢玉和

通用设计方案编号　750-A3-1
设 计 单 位　中国电力工程顾问集团西北电力设计院有限公司
审　　　核　李志刚
设计总工程师　康　鹏
校　　　核　马侠宁　许玉香　顾　群
编　　　写　韩志萍　冯宝华　李　坤　赵　捷　陈　乐　程继红　闻　潜
　　　　　　刘庆欣

通用设计方案编号　750-B-1
设 计 单 位　中国能源建设集团甘肃省电力设计院有限公司

审　　　核　王　剑
设计总工程师　贾云辉
校　　　核　张广平　王辉君　朱殿之
编　　　写　陈　凯　崔景秀　何世洋　王　丹　董昶宏　王萍萍　任鹏飞
　　　　　　刘柞宇

通用设计方案编号　750-D-1
设 计 单 位　中国能源建设集团陕西省电力设计院有限公司
审　　　核　吴建华
设计总工程师　张光弢
校　　　核　康　乐　雷　宏　张海刚　史继宁
编　　　写　毕宇飞　蔡　丹　田纪坤　马丹阳　曹也坤　郝　原　吴　桐
　　　　　　高明鹏

通用设计方案编号　750-D-2
设 计 单 位　中国能源建设集团陕西省电力设计院有限公司
审　　　核　吴建华
设计总工程师　张光弢
校　　　核　康　乐　邹　瑄　张海刚　黄　瑜
编　　　写　毕宇飞　陈　磊　卢　雨　李　泉　童亦崴　李　娟　李秀璋
　　　　　　任泓瑾

500kV 变电站通用设计

通用设计方案编号　500-A1-1
设 计 单 位　中国能源建设集团江苏省电力设计院有限公司
审　　　核　卫银忠
设计总工程师　曹伟炜
校　　　核　熊　静　娄　悦　周元强

| 编 | | 写 | 王椿丰　周亚龙　王银银　沈　涛　施　金　纪卫尚　李龙剑 |

编　写　王椿丰　周亚龙　王银银　沈　涛　施　金　纪卫尚　李龙剑
　　　　陈　晋

编　写　刘新萌　杨　帆　刘满圆　邱文哲　黄业胜　蔡祖明　贺晓梅
　　　　雷　鸣

通用设计方案编号　500-A1-2
设 计 单 位　中国能源建设集团江苏省电力设计院有限公司
审　　　核　卫银忠
设计总工程师　曹伟炜
校　　　核　熊　静　娄　悦　周元强
编　　　写　王椿丰　周亚龙　王银银　沈　涛　施　金　纪卫尚　李龙剑
　　　　　　陈　晋

通用设计方案编号　500-A3-1
设 计 单 位　华东电力设计院有限公司
审　　　核　俞　正
设计总工程师　王晓京
校　　　核　胡文华　潘益华　李佑淮　林小兵
编　　　写　朱伟暐　刘　琳　吕　青　李克白　向　黎　李浩霭　姚加兴
　　　　　　陈　超

通用设计方案编号　500-A1-3
设 计 单 位　中国能源建设集团江苏省电力设计院有限公司
审　　　核　卫银忠
设计总工程师　曹伟炜
校　　　核　陈　斌　巫怀军　姚　刚
编　　　写　王彬彬　李　享　赵智成　沈　涛　何　毅　纪卫尚　丁子轩
　　　　　　王凯洋

通用设计方案编号　500-B-1
设 计 单 位　中国能源建设集团江苏省电力设计院有限公司
审　　　核　卫银忠
设计总工程师　李海烽
校　　　核　邓广静　朱东升　陆启亮
编　　　写　李思浩　羌丁建　赵　娜　汤向洋　杨利生　纪卫尚　史厚福
　　　　　　肖平成

通用设计方案编号　500-A1-4
设 计 单 位　中国能源建设集团江苏省电力设计院有限公司
审　　　核　卫银忠
设计总工程师　曹伟炜
校　　　核　陈　斌　巫怀军　姚　刚
编　　　写　王彬彬　李　享　赵智成　沈　涛　何　毅　纪卫尚　丁子轩
　　　　　　王凯洋

通用设计方案编号　500-B-2
设 计 单 位　中国能源建设集团江苏省电力设计院有限公司
审　　　核　卫银忠
设计总工程师　李海烽
校　　　核　邓广静　朱东升　陆启亮
编　　　写　李思浩　羌丁建　赵　娜　汤向洋　杨利生　纪卫尚　史厚福
　　　　　　肖平成

通用设计方案编号　500-A2-1
设 计 单 位　北京电力经济技术研究院有限公司
审　　　核　孙国庆
设计总工程师　丁　莉
校　　　核　时荣超　黄　伟　吴培红　白小会

通用设计方案编号　500-B-3
设 计 单 位　中国能源建设集团江苏省电力设计院有限公司
审　　　核　卫银忠
设计总工程师　李海烽
校　　　核　谭海兰　浦知新　杜苏明

编　　　写　周　冰　苏嘉彬　宗　柳　岳　嵩　谭志成　纪卫尚　张涌泉

通用设计方案编号　500-B-4
设 计 单 位　中国能源建设集团江苏省电力设计院有限公司
审　　　核　卫银忠
设计总工程师　李海烽
校　　　核　谭海兰　浦知新　杜苏明
编　　　写　周　冰　苏嘉彬　宗　柳　岳　嵩　谭志成　纪卫尚　张涌泉

通用设计方案编号　500-B-5
设 计 单 位　中国能源建设集团浙江省电力设计院有限公司
审　　　核　钱　锋
设计总工程师　况骄庭
校　　　核　周志超　黄达余　杨卫星　金　焰
编　　　写　沈从昱　吴　亮　齐　炜　徐　超　谢　瑞　李志统　钱　峰
　　　　　　方显业

通用设计方案编号　500-B-6
设 计 单 位　中国能源建设集团浙江省电力设计院有限公司
审　　　核　钱　锋
设计总工程师　况骄庭
校　　　核　周志超　黄达余　安春秀　金　焰
编　　　写　况骄庭　沈从昱　陈若曦　齐　炜　徐　超　李志统　钱　峰
　　　　　　方显业

通用设计方案编号　500-C-1
设 计 单 位　中国能源建设集团浙江省电力设计院有限公司
审　　　核　钱　锋
设计总工程师　况骄庭
校　　　核　周志超　黄达余　杨卫星　金　焰
编　　　写　陈　晴　梅狄克　齐　炜　张　杨　徐　超　李志统　钱　峰
　　　　　　李亚雷

通用设计方案编号　500-C-2
设 计 单 位　中国能源建设集团浙江省电力设计院有限公司
审　　　核　钱　锋
设计总工程师　况骄庭
校　　　核　周志超　黄达余　金　焰　毛　婕
编　　　写　陈　晴　梅狄克　杨卫星　陈建华　姚定侃　白　杨　钱　峰
　　　　　　李亚雷

通用设计方案编号　500-D-1
设 计 单 位　中国能源建设集团浙江省电力设计院有限公司
审　　　核　钱　锋
设计总工程师　况骄庭
校　　　核　周志超　黄达余　杨卫星　金　焰
编　　　写　於妮飒　邵雪军　齐　炜　李国尧　徐　超　李志统　韩建民
　　　　　　方显业

通用设计方案编号　500-D-2
设 计 单 位　中国能源建设集团浙江省电力设计院有限公司
审　　　核　钱　锋
设计总工程师　况骄庭
校　　　核　周志超　黄达余　安春秀　金　焰
编　　　写　於妮飒　邵雪军　齐　炜　姚定侃　金　诚　白　杨　韩建民
　　　　　　方显业

通用设计方案编号　500-D-3
设 计 单 位　中国能源建设集团浙江省电力设计院有限公司
审　　　核　钱　锋
设计总工程师　况骄庭
校　　　核　周志超　黄达余　金　焰　毛　婕
编　　　写　於妮飒　吴　亮　杨雷霞　姚定侃　周　毅　白　杨　韩建民
　　　　　　方显业

330kV 变电站通用设计

通用设计方案编号　330-A1-1

设 计 单 位　中国能源建设集团陕西省电力设计院有限公司
审　　　核　吴建华
设计总工程师　张光弢
校　　　核　康乐　邹瑄　雷晓锋　邵建华
编　　　写　姜源　刘捷　姚明　刘茜　李栋杰　刘盼盼　党林　原梦娜

通用设计方案编号　330-A1-2

设 计 单 位　中国能源建设集团陕西省电力设计院有限公司
审　　　核　吴建华
设计总工程师　张光弢
校　　　核　康乐　付艳　孙烨　杨海宁
编　　　写　朱弘毅　张轩诚　张彤晖　杨坤宁　潘超　张芸　杨卓　阚昆

通用设计方案编号　330-A2-1

设 计 单 位　中国能源建设集团陕西省电力设计院有限公司
审　　　核　吴建华
设计总工程师　张光弢
校　　　核　康乐　史继宁　宋永利　李俊
编　　　写　唐国宾　姜源　刘芮杉　张柳　杨西娜　李娟　李秀璋　杨丰

通用设计方案编号　330-A3-1

设 计 单 位　中国电力工程顾问集团西北电力设计院有限公司
审　　　核　李志刚
设计总工程师　康鹏
校　　　核　马侠宁　许玉香　顾群
编　　　写　赵晓辉　冯宝华　李坤　赵捷　陈乐　程继红　汪伟　谢玉和

通用设计方案编号　330-B-1

设 计 单 位　中国电力工程顾问集团西北电力设计院有限公司
审　　　核　李志刚
设计总工程师　康鹏
校　　　核　马侠宁　许玉香　顾群
编　　　写　曹鑫　冯宝华　李坤　赵捷　陈乐　张超　张瑞　闻潜

通用设计方案编号　330-B-2

设 计 单 位　中国能源建设集团甘肃省电力设计院有限公司
审　　　核　郑海涛
设计总工程师　贾云辉
校　　　核　张广平　张国强　奚增红
编　　　写　王丹　陈凯　孙向晶　孙先磊　张小文　保玉玮　马鑫　何伟

通用设计方案编号　330-C-1

设 计 单 位　中国能源建设集团陕西省电力设计院有限公司
审　　　核　吴建华
设计总工程师　张光弢
校　　　核　康乐　李慧敏　任哲　王英
编　　　写　朱弘毅　杨西娜　马雪杰　佘阳阳　何文茜　王少鹏　侯佳彤　徐刚

通用设计方案编号　330-D-1

设 计 单 位　中国能源建设集团甘肃省电力设计院有限公司
审　　　核　郑海涛
设计总工程师　贾云辉
校　　　核　张广平　张国强　奚增红
编　　　写　王丹　熊辉　孙向晶　孙先磊　孙志冰　雷延霞　黄蕾　马占寒

附录 B 光盘使用说明

B.1 内容介绍

本 DVD-ROM 数据光盘与《国家电网公司输变电工程通用设计 330～750kV 变电站分册（2017 年版）》纸质部分配套使用。光盘内容将图书的第五篇 330～750kV 变电站通用设计方案说明及图纸，利用计算机数据技术进行处理，建立起以 Adobe Reader 为环境的数据浏览和查询检索。

B.2 使用说明

光盘放入光驱，需要用户在光盘根目录下点击 setup.exe 文件运行执行程序。

引导程序第一次运行时，首先检测本机是否安装了 PDF 阅读器 Adobe Reader。如果检测到该阅读器存在，则直接运行光盘程序；如果检测到该阅读器未存在，则自动安装随盘所带的 Adobe Reader 8.0，然后运行光盘程序。此后双击光盘根目录下的 setup.exe 文件即可直接启动光盘程序。

需要注意的是，所有数据都加密保存在光盘上，所以要正常浏览和检索数据，需保证光盘始终在光驱中。

B.3 功能介绍

光盘上所有数据都基于 Adobe Reader 进行浏览，对数据进行处理时采用 PDF 格式文件保留原版面（包括工程图纸）版式，同时实现关键词的任意检索。

对 Adobe Reader 进行的二次开发在数据结构上采用书签和目录相结合的形式。书签形式清晰地表示出光盘目录的层次结构，化繁为简，可逐级点开，

能够最快定位到所需数据；而目录形式则将光盘数据结构全部呈现，一目了然，可精准定位到要查询的目录、模块和文件，并可直接打开进行浏览。

此外，由于使用了矢量处理技术，所有 PDF 文件可在极大范围内进行无损缩放。

B.4 运行环境

B.4.1 硬件条件

主机：Intel Pentium Ⅱ 以上
内存：64MB 以上
硬盘：剩余空间 1.5GB 以上
显示器：VGA/SVGA
其他：DVD-ROM 光盘驱动器

B.4.2 软件条件

操作系统：Windows 2000/XP/Vista/7/8 等简体中文版
浏览器：Adobe Reader 8.0 或以上版本
语言环境：简体中文系统

B.5 加密说明

光盘以及数据采用高强度加密。光盘本身不能够被复制，其上的关键数据文件被隐藏；文件仅供浏览和打印，不支持选中和拷贝；即使 PDF 文件被另存为副本，由于文件做了加密处理，拷出本机后也无法正常打开。

敬请注意：由于用户强行尝试破解导致的光盘损坏是不可恢复的。